胶黏剂技术及应用

熊前程　刘国聪　主　编

中国原子能出版社

图书在版编目（CIP）数据

胶黏剂技术及应用 / 熊前程，刘国聪主编 . 一 北京：
中国原子能出版社，2023.8
　　ISBN 978-7-5221-2858-0

　　Ⅰ.①胶… Ⅱ.①熊… ②刘… Ⅲ.①胶粘剂 Ⅳ.
① TQ430.7

中国国家版本馆 CIP 数据核字 (2023) 第 142972 号

胶黏剂技术及应用

出版发行	中国原子能出版社（北京市海淀区阜成路 43 号　100048）	
责任编辑	白皎玮	
责任印制	赵　明	
印　　刷	河北宝昌佳彩印刷有限公司	
经　　销	全国新华书店	
开　　本	787 mm×1092 mm　1/16	
印　　张	21	
字　　数	450 千字	
版　　次	2023 年 8 月第 1 版　　2023 年 8 月第 1 次印刷	
书　　号	ISBN 978-7-5221-2858-0	
定　　价	98.00 元	

参编人员

主　编：熊前程　刘国聪

副主编：郑健保　熊传银　熊　洋

参　编：王海涛　王　谦　卢　明　申玉求　刘必富　刘　珠
　　　　李险峰　李健鹏　李　斌　李锦青　杨　勇　吴志梁
　　　　邱　思　张　杰　林　博　罗付生　冼文琪　封科军
　　　　侯银臣　姚艳玲　邹　娇　唐子伦　黄思飙　喻　延
　　　　强　娜　赖育南　褚曰环　谭冰琼　魏红艳

前　言

随着高分子科学的发展，胶黏剂的制备技术和应用取得了长足的进步。胶黏剂已广泛地应用于包装、医疗、纺织、木材、塑料制品、电子、汽车制造及机械加工、航空和宇航、船舶修造、制鞋、服装及土木建筑等行业。胶黏剂品种日益繁多，黏接技术不断进步。胶黏剂产品可通过简单的工艺把特定的同质或异质且形状复杂的物体或器件连接在一起，具有绝缘、导热、导电、导磁、透明、阻尼、吸声、吸波、缓释、防护等特点。

为了便于读者全面了解胶黏剂，本书包含了详细的基础知识，为胶黏剂及密封胶工作者提供了设计、选择和应用的可靠数据，适合胶黏剂及密封胶用户及其生产、科研与购销技术人员参考阅读。

本书分别介绍了反应型、热熔型、水基型、功能型和其他类型胶黏剂，对其定义、制备方法、性能特点及应用领域进行了详细的描述。对环氧树脂、丙烯酸酯、有机硅树脂、聚氨酯、不饱和聚酯、酚醛树脂、脲醛树脂、紫外光固化、热熔胶、压敏胶等主要品种作了重点介绍，并结合实际进行了生产工艺、应用的分析。同时描述了黏接机理、黏接技术和胶黏剂配方设计，介绍了新技术及新材料在胶黏剂研究和生产中的应用。

本书主要是从胶黏剂的技术与应用出发，介绍各种胶黏剂的配方、黏接方法、及生产工艺，以满足相关行业的生产、销售人员对胶黏剂基本知识的需求，同时也能提高普通消费者对胶黏剂的正确认识，并帮助其在日常使用胶黏剂时做出正确合理的选择。全书共 22 章。第 1 章主要对胶黏剂的分类、基本组成及发展趋势进行概述；第 2 章阐述了胶黏剂的黏接基础理论和固化过程；第 3 ～ 4 章概述了胶黏剂的配制原则及胶黏剂的评价与检测；第 5 ～ 22 章介绍了不同用途胶黏剂的特性、常用配方和生产工艺。

本书内容新颖、系统全面、数据可靠、资料翔实，突出技术与工艺，兼顾其他，可操作性强，对于从事胶黏剂制备的专业技术人员及流通领域相关人员适用性较强。

本书得到了许多胶黏剂生产企业的支持，我们深表感谢。

胶黏剂领域涉及高分子化学、材料学、力学等诸多学科，发展十分迅速，应用领域不断拓展。本书仅是现阶段胶黏剂领域的概况，由于水平有限，收集的资料难免挂一漏万，虽认真编写，恐仍有不足之处，敬请读者批评指正，以便再版时更臻完善。

目　　录

第 1 章　胶黏剂概述

胶黏剂又称胶合剂、黏合剂和黏接剂，简称胶。它是一种将两种同类或不同类的固体材料紧密黏接在一起且结合处有足够强度的物质。采用胶黏剂将各种材料或部件连接起来的技术称为胶接技术。

人类使用胶黏剂有着悠久的历史。早在数千年前，人类的祖先就已经开始使用胶黏剂。许多出土文物表明，5000 年前我们祖先就使用黏土、淀粉和松香等天然产物作胶黏剂；4000 多年前就使用生漆作胶黏剂和涂料，制造器具；3000 年前的周朝已使用动物胶作为木船的填缝密封胶；2000 年前的秦朝使用糯米浆与石灰作砂浆黏合长城的基石，使万里长城成为中华民族伟大文明的象征之一。最早使用的胶黏剂大都来源于天然物质，如淀粉、糊精、骨胶、鱼胶等，仅用水作溶剂，经加工配制成胶。因其成分单一、适用性差，很难满足各种不同用途的需求。

随着高分子化学的不断发展，合成树脂胶黏剂被广泛地应用于各种黏接场合。最早使用的合成胶黏剂是酚醛树脂胶黏剂，1909 年实现了工业化，主要用于胶合板的制造。随着高分子材料工业的不断发展，相继出现了以脲醛树脂、丁腈橡胶、聚氨酯、环氧树脂、聚乙酸乙烯胶乳、丙烯酸树脂为原料的多种胶黏剂，大大充实了胶黏剂市场。由于胶黏剂具有应用范围广、使用简便、经济效益高等特点，因此胶黏剂的应用领域不断扩展，无论是在高精尖技术中还是在一般的现代化工业中，胶黏剂都发挥着极其重要的作用。目前我国已跨入世界胶黏剂生产和消费大国行列。

1.1　胶黏剂与黏接技术

胶黏剂和黏接技术在结构连接、装配加固、减震抗震、减重增速、装饰装修、防水防腐、应急修复等方面的作用越来越大，特别是在节能、环保、安全以及新技术、新工艺、新产品的开发中已经成为重要的工程材料和工艺方法。

黏接技术是其他连接方式无法比拟的特种工艺，在现代经济、现代国防、现代科技中发挥着重大作用，现代航天、航空的各种飞行器上黏接部位较多，黏接面积较大。例如 B-1 飞机的机身、机翼、操作面、整流罩、整体油箱等部位，其胶接面积高达全机表面积的 80%；波音 747 飞机的胶接面积约为 3000 m²。飞机采用胶黏连接，结构质量减轻 15%，总费用节约 25% ~ 30%。一架重型轰炸机采用黏接代替铆接，其结果是结构质量降低了 34%。

一台大型雷达采用胶黏结构，质量减轻 20%。轿车车身采用黏接代替点焊后，可减轻质量约 10%。轮船采用胶黏的蜂窝夹层板制造船身，可减轻质量 40%，且提高了行驶速度和安全性。随着汽车的轻量化、高速化、舒适化，必然要大量采用薄壁结构和塑料零件，黏接则是最好的连接方式。近代建筑要求美观新颖，室内设施讲究舒适豪华，装饰材料五花八门，胶黏剂在建筑中起着轻质、节能、密封、防漏、保暖、防污、耐久等特殊的作用。胶黏剂在医疗上的应用正在兴起与推广，用于修补脏器、接骨植皮、缝合止血、修补鼓膜等。

胶黏剂和黏接具有连接、密封、绝缘、减震、隔热、消音、阻尼、降噪、防潮、黏涂、导电、导磁、减磨、耐油等多种功能。胶黏剂用量很少，作用不小；耗费不多，收效很大。例如家喻户晓的 502 瞬干胶用量用滴计，固化以秒计，强力以吨计。黏接效率很高，近20 年来黏接和密封技术的发展速率比传统的铆焊连接方式快 2.5 倍。可以深信，胶黏剂和黏接技术在现代社会生产和生活中，一定会发挥更重要的作用

1.1.1　胶黏剂

1）概念

胶黏剂是一种起连接作用的物质，它将材料黏合在一起。胶黏剂是一类古老而又年轻的材料，早在数千年前，人类的祖先就已经开始使用胶黏剂。到 20 世纪初，合成酚醛树脂的发明，开创了胶黏剂的现代发展史。胶黏剂是具有良好黏结性能的物质，特别是合成胶黏剂强度高，对材质不同的重金属与非金属之间均可实现有效黏结，并且已经在越来越多的领域代替了机械连接，从而为各行业简化工艺、节约能源、降低成本、提高经济效益提供了有效途径。

2）胶黏剂的固化机理

形成永久黏接力应具备如下两个条件。

（1）胶黏剂必须以液状或膏状的形式涂于被黏物表面；

（2）胶黏剂必须固化。

胶黏剂的固化机理一般分为以下几种。

（1）热塑性高分子的冷却，如热熔胶等。

（2）溶剂或载体的散逸，如溶剂型胶、水溶液胶、乳液胶等。

（3）现场聚合反应

① 混合后反应固化，如双组分环氧胶、双组分聚氨酯胶、第二代丙烯酸酯胶等。

② 吸收潮气固化，如室温固化硅橡胶、单组分湿固化聚氨酯胶、氰基丙烯酸酯胶等。

③ 厌氧固化，如厌氧胶。

④ 辐射固化，如紫外线固化胶、电子束固化胶等。

⑤ 加热反应固化，如单组分环氧胶等。

另外，还有非固化型胶黏剂，如压敏胶等。

3）胶黏剂的组成

胶黏剂一般由多种材料组成，主要组分有基料、固化剂、稀释剂、增塑剂、填充剂、

防老剂等。这些组分主要包括天然的高分子化合物和合成高分子化合物为黏料，加入固化剂、增塑剂或增韧剂、稀释剂、填料等组成。

胶黏剂的组成根据具体要求与用途还可包括增黏剂、阻燃剂、促进剂、发泡剂、消泡剂、着色剂、防霉剂等。

应当明确，胶黏剂的组成中除了黏料不可缺少之外，其他成分则视需要决定取舍。基料是胶黏剂的主要成膜物质，是胶层的骨架，为最基本、不可缺少的材料。

1）胶黏剂的基料

（1）基本概念

基料通常是以具有黏性或弹性体的两个或两个以上胶黏材料牢固地连接在一起，并且具有一定力学强度的化学性质。例如，环氧树脂、磷酸 - 氧化铜、白乳胶等。

基料是胶黏剂中的基本组分，在两被黏物结合中起主要作用。胶黏剂的胶接性能主要由黏料决定，通常有以下各种物质可以作为胶黏剂的黏料。

①天然高分子化合物，如蛋白质、皮胶、鱼胶、松香、桃胶、骨胶等。

②合成高分子化合物：

a. 热固性树脂 如环氧树脂、酚醛树脂、聚氨酯树脂、脲醛树脂、有机硅树脂等。

b. 热塑性树脂如聚醋酸乙烯酯、聚乙烯醇及缩醛类树脂、聚苯乙烯等。

c. 弹性材料如丁腈橡胶、氯丁橡胶、聚硫橡胶等。

d. 各种合成树脂、合成橡胶的混合体或接枝、镶嵌和共聚体等。

（2）基料的结构与物理力学性能

对于热塑性树脂胶黏剂，基料分子量的大小及分布对黏接强度有一定的影响。基料的分子量大，胶层的内聚力大，黏接强度高，韧性也好些。但是分子量太大时黏度过大，链段运动变难，对被黏物的湿润性变差，黏接强度反而下降。分子量分布宽些，能使黏接范围变广，黏接强度尤其是初黏强度有所提高，但对胶层的耐热性不利。因此宜选用分子量适中、较为均匀的树脂作胶黏剂的基料。对于热固性树脂胶黏剂，分子量小，活动能力强，湿润性好，固化后黏接强度高，耐热性、耐油性均好。过度交联（分子量大）时胶层的韧性不好，因此，基料的分子量也应适当。分子量分布宽些对黏接强度与固化速度均有利。

基料分子的极性对黏接强度也影响很大。极性增大，胶层的力学性能、耐热性、耐油性均提高，但极性基团过多易造成互相约束，使链段运动受阻而降低黏接能力。应注意的是，基料的极性应与被黏材料的极性相对应，否则，难以产生渗透、扩散及吸附，从而不利于提高黏接强度。适当的结晶性可以提高胶黏剂的内聚强度和初黏力，结晶度过高时不易扩散，影响黏接强度，不宜用来作胶黏剂。

（3）基料的选择原则

作为胶黏剂的基料首先要对被黏物有良好的湿润性，以便能均匀涂胶，从而获得良好的黏接强度。其次应具有优良的综合机械性能，以满足各种性能上的要求，因此在配胶时可用几种材料进行复配，取长补短以获得理想的综合机械性能。基料还应具有良好的耐候性，以使胶层在各种外界条件下能保持良好的黏接强度。由于基料一般为固体或稠厚液体，做成的胶黏剂需加入一定量的稀释剂（溶剂）来改善操作工艺，有利于胶黏剂均匀分布，获得更好的黏接强度，因此基料应能溶于某些溶剂。进行黏接时，胶黏剂对被黏物适当浸润有利于提高黏接强度。

但在有些场合（如光学、电子元件）过度的浸润是有害的，因此胶黏剂的基料在保持必要的黏接强度的基础上应尽量不破坏被黏物表面。

（4）常用的基料及其性能

胶黏剂的基料按其结构与性质可分为树脂型聚合物、弹性体、活性单体、齐聚体和无机物等类。

树脂型聚合物主要有聚乙烯（PE）、聚丙烯（PP）、聚苯乙烯（PS）、聚氯乙烯（PVC）、氯乙烯–偏氯乙烯共聚物、聚丙烯酸酯、聚醋酸乙烯酯、丙烯腈–丁二烯–苯乙烯共聚物（ABS）等。聚乙烯由乙烯催化聚合而成，主要有高压和低压聚乙烯两种类型。高压聚乙烯大部分用于农业及包装薄膜、电线电缆的包覆等。低压聚乙烯具有优良的综合性能，高抗冲、低吸湿、耐疲劳、耐候性，广泛用于高频水底电缆包覆、化工设备制造等。胶黏剂工业中常用的是分子量较低（1000 ~ 10 000）的品种。聚丙烯的合成方法与聚乙烯相近，外观也相近，只是透明度高些，密度低些，物理力学性能也好些，主要有等规、无规和间规聚丙烯三种类型，用途也与聚乙烯相似。胶黏剂工艺中常用的是无规聚丙烯。聚苯乙烯为玻璃状材料，无色透明，无延展性，具有良好的光学、电学性能。工业上常用作容器、包装材料、保温材料等。用适当溶剂溶解后即具有黏接作用。聚氯乙烯能耐许多化学药品，对碱、大多数无机酸、多种有机与无机物溶液及过氧化氢等具有良好的稳定性；能溶于多种有机溶剂、聚合物单体，制成相应的胶黏剂；也常用作热固性树脂的改性。由于其电绝缘性能良好，广泛用于电线包覆。其不足之处是热性能不好，加热至 80℃就开始软化，120℃就开始分解，低温下会变硬变脆。将氯乙烯与偏氯乙烯、乙酸乙烯酯、丙烯酸、丙烯酸酯等单体进行共聚制得的共聚物以及将聚氯乙烯进行氯化制得的氯化聚氯乙烯等改性聚氯乙烯产品，其综合性能受共聚单体的影响均比聚氯乙烯好。例如，氯醋共聚物除保持了聚氯乙烯的基本性能外，其柔韧性、溶解性、与其他树脂的相容性等均有明显的提高，广泛用于溶剂型胶黏剂或作其他基料的改性材料。聚丙烯酸酯中最典型的是聚甲基丙烯酸甲酯，通常称有机玻璃，为透明性最好的一种塑料，具有良好的物理力学性能与耐环境性能，在户外使用 10 年后其性能变化不大，能溶于低级酮、酯及卤代烃等溶剂。其他的丙烯酸酯聚合物有些性能比有机玻璃差，但其柔韧性高，玻璃化转变温度低，特别适用于作胶黏剂，作安全玻璃的中间黏合层。50% 聚醋酸乙烯酯的乳液就是所谓的白乳胶，广泛用于木制品的加工与制造。在聚合过程中加入丙烯酸丁酯等憎水性单体制成的胶液广泛用于纺织品印染行业中。聚醋酸乙烯酯除直接用作胶黏剂外，其部分水解的产物聚乙烯醇及进一步与甲醛、丁醛等反应生成的聚乙烯醇缩醛等物具有良好的黏接性能，广泛用于纺织、建筑、造纸等行业及日常生活用品的黏接。ABS 树脂是丙烯腈、丁二烯和苯乙烯的共聚物，按聚合方法、聚合条件、原料配比的不同有许多品种，用途广泛，性能各异。ABS 树脂具有较高的抗冲击性能、良好的机械强度及化学稳定性，可制成溶剂型胶黏剂用于塑料的黏接或作其他胶黏剂的改性材料。另外，聚酯、聚酰胺等也常作为基料用于各种胶黏剂中。总之，可作胶黏剂基料的树脂型聚合物非常多，无法一一列举。

作为胶黏剂基料的弹性体为橡胶类物质，常用的有氯丁橡胶、丁腈橡胶、乙丙橡胶、丁基橡胶等合成橡胶与天然橡胶。氯丁橡胶化学稳定性好，具有良好的黏附性能，将其直接溶于一定的溶剂中或与酚醛树脂等配制成胶液广泛用于鞋类、织物的黏接。由于其黏接范围极其广泛，所以俗称"万能胶"。丁腈橡胶最大的特点是耐油性好，对金属具有良好的黏附力。乙丙橡胶具有优异的耐老化性能，但由于黏附性能不好，常用于其他橡胶的改性。丁基橡胶溶解性、机械强度及使用温度均高，常用于制清漆、薄膜等。天然橡胶的特点是弹性好、断裂伸长率高、易溶于有机溶剂、与其他橡胶及塑料能良好相容，广泛用于制鞋、纺织、汽车、医疗等行业中。这些弹性体除本身可用作胶黏剂外，还可用于其他胶黏剂（尤其是热固性胶黏剂）的改性。

用作胶黏剂基料的活性单体主要指那些直接作为胶液的主要成分，在黏接过程中聚合固化，并且固化物主要决定着胶层性能的物质，主要有乙烯基化合物、多异氰酸酯等类带有活性官能团的化合物。丙烯酸酯结构胶、厌氧密封胶、氰基丙烯酸酯瞬干胶等都是以不同类型的丙烯酸酯单体作主要组成部分；邻苯二甲酸二烯丙酯常用作层压板胶黏剂；苯乙烯在不饱和聚酯中作交联剂，就其用量、固化及对胶层性能影响的情况也可以归为此类；甲苯二异氰酸酯等单独或与其他材料配合均可发挥黏接作用。

合成某些胶黏剂时可将其制成分子量较大的半成品，使用时在催化剂、固化剂或其他条件下转化成高聚物，从而获得理想的黏接强度。这类分子量较大的半成品可归结为低聚物型基料，甲阶酚醛树脂、初期脲醛树脂、未交联的不饱和聚酯、未固化的环氧树脂、遥爪型丙烯酸酯预聚物及各种类型的聚氨酯预聚体等均属此类。

2）固化剂

固化剂直接参与化学反应，是使胶黏剂发生固化的成分。

固化剂是一种可使胶黏剂中单体或低聚物转化成具有特定物理力学性能的高聚物的物质。不同的胶黏剂或同种胶黏剂使用目的不同，所用的固化剂种类及用量不尽相同，因此固化剂的选择是根据固化反应的特点、需要形成胶膜的要求（如硬度、韧性等）以及使用时的条件来选定的。

选用固化剂品种及确定其用量是制备胶黏剂过程中极为重要的一环。对于某些类型的胶黏剂，固化剂是必不可少的组分。固化剂的性能和用量，直接影响胶黏剂的使用性能（如硬度、耐热性等）和工艺性能（如施工方式和固化条件等）。因此，选用固化剂，除了要考虑黏料的类型以外，还应考虑规定的工艺条件等。有时为了加快固化速度，加入第二固化剂或其他物质，这些物质称为固化促进剂。由环氧树脂、氨基树脂等组成的胶黏剂一般需加入固化剂固化；而不饱和聚酯、反应型丙烯酸酯胶黏剂固化时也需加入固化剂，这类固化剂称为引发剂。固化剂应尽量选用低毒、无色、无味、反应平稳的品种；为提高胶层的耐热性，宜选用多功能团的品种；分子链较长的固化剂可赋予胶层良好的韧性与耐低温性能。

固化剂的种类很多，不同的树脂要用不同的固化剂。例如环氧树脂，它的固化剂就在百种以上。

　　一般来讲，在树脂加入固化剂前，其分子结构是由许多结构相同的重复单元，一个一个以化学键连接起来而组成的线型结构，每根长分子链之间没有联系。

　　线型高分子可以熔融，在适当的溶剂中也能溶解。加入固化剂后，由于固化剂的作用，这些分子链和分子链之间架起了"桥"，使其互相交联在一起，形成了体型结构。这时它就变成了既不能熔融，也不能溶解的脆性固体了，这个过程就是固化。但有的树脂也不需要固化剂，而是借助其他条件进行固化。

　　3）增塑剂

　　增塑剂是一种高沸点液体，具有良好的混溶性。它不参与胶黏剂的固化反应。

　　增塑剂在胶层中对基料具有分子链间隔离作用，能屏蔽其活性基团，减弱分子间的相互作用力，从而降低其玻璃化转变温度与熔融温度，改善胶层脆性。按作用方式，增塑剂可分为内增塑剂与外增塑剂。内增塑剂能与基料发生化学反应连成一体，具有较高的增塑效果，常用的有液体丁腈橡胶、多缩二元醇等（有时也称为增韧剂）。外增塑剂只能以分离的分子形态分散于胶层中，效果差些，常用的有邻苯二甲酸酯、磷酸酯等。增塑剂分子中含有极性部分与非极性部分，发挥增塑作用时，利用其极性部分与被增塑材料互相作用形成一种均一稳定体系，利用其非极性部分起链间隔离作用。

　　一般来说，非极性部分与极性部分的比例由低到高，其相容性、塑化效率、挥发性与耐油性则由高到低；而其热稳定性、增塑糊黏度稳定性、低温柔软性与耐肥皂水性由低到高。另外，增塑剂的分子量、酯基结构对其增塑性能都有一定的影响，因此在选用增塑剂时应严格注意以上各方面。

　　增塑剂必须具备以下特点：①与聚合物有良好的相容性；②热稳定性能好、挥发性小、耐介质性好；③迁移性低；④低毒或无毒。

　　4）增韧剂

　　一般的树脂固化后，较脆，实用性差。当胶黏剂中加入增韧剂和增塑剂之后，不但可以提高它的冲击韧性，而且可以改善胶黏剂的流动性、耐寒性、耐振动性等。但是由于它们的加入，会使胶黏剂的剪切强度、耐热性等有所降低。

　　增韧剂和增塑剂的用量一般不宜太多，其质量分数一般为10%～20%，太多时会使胶黏剂的性能下降。

　　活性增韧剂参与胶黏剂的固化反应，并进入到固化产物最终形成的一个大分子的链结构中，同时提高了固化产物的韧性，如环氧树脂胶黏剂中的低分子聚酰胺等。

　　5）偶联剂

　　偶联剂分子中同时含有特殊的极性和非极性基因，能通过分子间力或化学键力与胶层中对应的组分进行桥联作用，从而大大增加胶层的内聚强度（基料与填料间桥联）和黏接强度（胶层上被黏物间的桥联）。胶黏剂工业中常用的偶联剂有硅烷和钛酸酯两种类型，硅烷类偶联剂品种很多，应用更为广泛。选用偶联剂应特别注意其分子中的特殊功能团类型，不同的材料应选用不同的偶联剂。

　　由于偶联剂一般用量很小（质量分数一般为1%～3%），因此使用偶联剂时使之能在胶料中均匀分散是一项重要的工艺技术。将偶联剂用溶剂稀释后再浸泡填料或用偶联剂与少许填料制成母料再用大量填料稀释等方法均可应用。

6）溶剂

胶黏剂的基料一般为固态物质或黏稠液体，不易施工，加入溶剂（也称稀释剂）可以提高胶黏剂的润湿能力，提高胶液的流平性，从而方便施工，提高黏接强度。常用的溶剂有烃类、酮类、酯类、卤烃类、醇醚类及强极性的砜类和酰胺类等。选用溶剂应注意其极性、挥发性、可燃性与毒性。溶剂的极性决定其适用对象与溶解能力，应与基料的极性相适应。选用溶剂时一般可遵照溶解度参数相近原则，溶剂与基料溶解度参数的差值大于 15 则一般难以溶解。如果将几种溶解度参数相差较大的溶剂按一定比例混合组成混合溶剂时可能获得良好的溶解能力。具体操作时，可按下式进行计算。

$$\delta_{mix} = \sum \phi_i \delta_i \qquad (1-1)$$

式中：δ_{mix} 为混合溶剂的溶解度参数；ϕ_i 与 δ_i 分别为第 i 种溶剂的体积分数和溶解度参数。

溶剂的挥发性应适当，挥发太慢，效率低；太快，不利于操作甚至影响胶层的微观结构，不利于黏接强度。

稀释剂（一般称为溶剂）的主要作用是降低胶黏剂的黏度，以便涂布、施工，同时也起延长胶黏剂使用寿命的作用。稀释剂分非活性稀释剂和活性稀释剂两类。

（1）非活性稀释剂不参与胶黏剂的固化反应。

（2）活性稀释剂又称反应性溶剂，是既能溶解或分散成膜物质，又能在涂料成膜过程中参与成膜反应，形成不挥发组分而留在涂膜中的一类化合物。其主要用于高固体份涂料和无溶剂涂料体系中，可分为：缩水甘油类，用于无溶剂环氧漆；端二（或三、四）丙烯酸酯类，用于光固化涂料；高羟基聚酯、聚醚类，用于高固体份涂料。

在稀释胶黏剂的过程中同时参加反应的稀释剂，分子中含有活性基团，能与胶黏剂的固化剂发生反应而无气体逸出，对固化后胶层的性能一般并无影响，同时还能起增韧作用。使用时，应将固化剂用量增加，其增加量按稀释剂的活性基团加以计算。多用于环氧树脂胶黏剂，主要品种有单环氧基的丙烯基缩水甘油醚、苯基缩水甘油醚、双环氧基的乙二醇双缩水甘油醚、间苯二酚双缩水甘油醚等。

活性稀释剂既可降低胶黏剂的黏度，又参与胶黏剂的固化反应，进入树脂中的网型或体型结构中，因此克服了因溶剂挥发不彻底而使胶黏剂的黏接强度下降的缺点。

当胶黏剂的组分中使用溶剂时，应考虑到它的挥发速度，使其挥发速度既不能太快，也不能太慢。若挥发太慢，则固化后在胶缝中还残存溶剂，从而影响胶黏剂的黏接强度，如果要使它挥发完全，则晾干的时间又太长，且工艺复杂，生产效率低；若挥发太快，则胶黏剂难以涂布，而且当空气中湿度太大时，由于溶剂的挥发带走了涂胶件上胶黏剂表面大量热量，致使涂胶件胶黏剂表面的温度比周围环境的温度低，这样，空气中的水蒸气就会凝聚在胶黏剂的表面上，使胶层发白，导致黏接后的强度降低。因此，空气中相对湿度大于 85% 时，则不应施工。

稀释剂的用量对胶黏剂的性能有影响。用量过多，由于胶黏剂系统中低分子组分多，阻碍了胶黏剂固化时的交联反应，影响了胶黏剂的性能。尤其是采用溶剂时，由于树脂的一边在固化，溶剂要从胶黏剂的系统中挥发出来，故增加了胶黏剂的收缩率，降低了胶黏剂的黏接强度、耐热性、耐介质性能。

（3）溶剂的一般性能一个对溶解现象有影响的因素是关于极性理论。无论溶质或溶剂都可按它的分子结构区分为非极性、弱极性和极性。这一性质受到诸如分子结构的对称性、极性基团的种类和数量、分子链的长短等的影响。

分子结构对称又不含极性基团的多种烃类溶质和溶剂是非极性的。分子结构不对称又含有各种极性基团（如羟基、羧基、羰基、硝基等）的溶质或溶剂常有不同的极性。极性分子由于极性基团的存在和结构的不对称，分子一端对另一端来说形成了电荷分布量不同的差距，名为偶极距。

溶剂的一些不同性质，可由溶解度参数来解释。

A和B两种液体混合在一起时，A分子能自由地在B分子间游动，两种液体才能互溶。如果A与A、B与B之间吸引力大于A与B之间的吸引力时，A与B就会分层，这两种液体就不能互溶。液体分子间吸引力和液体内聚强度有关，其强度叫内聚能密度。内聚能密度的平方根即是溶解度参数。

（4）溶剂的选择原则经常会遇到这样的问题，对于不同的高聚物，如何选用合适的溶剂呢？鉴于高聚物溶解比较复杂，影响因素很多，尚无比较成熟的理论指导。溶剂的选择大致可遵循以下几条规则。

① 经验规则。依照经验，高聚物与溶剂的化学结构和极性相似时，二者便溶解，即相似则相溶。例如聚苯乙烯溶于苯或甲苯，聚乙烯醇溶于水或乙醇。

② 溶解度参数原则。溶解度参数可作为选择溶剂的参考指标，对于非极性高分子材料或极性不很强的高分子材料，它的溶解度参数与某一溶剂的溶解度参数相等或相差不超过 ±1.5 时，该高聚物便可溶于此溶剂中，否则不溶。高聚物和溶剂的溶解度参数可以测定或计算出来。

③ 混合溶剂原则。选择溶剂，除了使用单一溶剂外，还可使用混合溶剂。有时两种溶剂单独都不能溶解的聚合物，但将两种溶剂按一定比例混合起来，却能使同一聚合物溶解。混合溶剂具有协同效应和综合效果，有时比用单一溶剂还好，可作为选择溶剂的一种方法。

确定混合溶剂的比例，可按式（1-2）进行计算，使混合溶剂的溶解度参数接近聚合物的溶解度参数，再由实验验证最后确定。

$$\delta_{mix}=\phi_1\delta_1+\phi_2\delta_2+\cdots+\phi_n\delta_n \qquad (1-2)$$

式中，ϕ_1、ϕ_2、$\cdots$、ϕ_n 分别表示每种纯溶剂的体积分数；δ_1、δ_2、$\cdots$、δ_n 每种纯溶剂的溶解度参数；δ_{mix} 混合溶剂的溶解度参数。

7）填料

（1）填料的性能与种类

填料是可以改变胶层性能，降低胶黏剂成本，基本上与基料不起反应的一类物质。在胶黏剂中加入一定量的填料一般能增加其黏接强度、硬度、耐热性、尺寸稳定性，降低固化收缩率和线膨胀系数，有些特定填料还能赋予胶层导电性、导热性等特定性能。常用的填料有金属粉、金属或非金属氧化物粉、陶土等天然矿粉以及玻璃纤维、植物纤维等物质。在不影响胶层性能与实用操作性能的前提下，可以尽可能多加填料以降低胶黏剂成本。

加入填料可以提高黏接接头的强度，增加表面硬度，降低线膨胀系数和固化收缩率，提高黏度、热导率、抗冲击韧性、介电性能（主要是电击穿强度）、耐磨性能和最高使用温度，改善胶黏剂的耐介质性能、耐水性能与耐老化性能。由于填料的加入，也相应地降低了胶黏剂的成本。

填料的种类、颗粒度、形状及添加量等，对胶黏剂都有不同程度的影响，应根据不同的使用要求进行选择。

（2）填料的选择

在一般情况下，选用的填料来源广泛，成本低廉，加工方便。其有以下几点要求：

①应符合胶黏剂的特殊要求，如导电性、耐热性等；

②与胶黏剂中的其他组分不起化学反应；

③易于分散，且与胶黏剂有良好的润湿性；

④不含水分、油脂和有害气体，不易吸湿变化；

⑤无毒；

⑥具有一定的物理状态，如粉状填料的粒度大小、均匀性等。

8）其他辅助材料

胶黏剂中需加入的辅助性材料很多，原则上与一般聚合物材料中所用的类型相同。不同的是由于胶层暴露部分较少，因此有些助剂可少加或不加。例如，防老剂中热稳定剂可适当加入，光稳定剂、抗氧剂可以不加。需要适当加入的其他辅助材料主要有稳定剂、分散剂、络合剂等。

1.1.2　黏接技术

（1）概述

凡是能把同种物质或异种物质通过表面紧密连接起来，可起应力传递作用，且能满足一定物理和化学性能要求的连接介质，可称为胶黏剂。一般来说，通过胶黏剂的黏接力使固体表面连接的方法叫黏接或胶接。被黏合的固体材料称被黏物。

黏接技术在工业上和焊接、铆接及螺栓连接等都是连接材料的工艺技术，但黏接技术比焊接、铆接及螺栓连接技术更复杂、更广泛。近代的黏接技术和胶黏剂的研究是一门多学科性的边缘学科。它是在高分子化学、有机化学、胶体化学和材料力学等学科的基础上发展起来的技术科学。

（2）黏接技术发展简史

人们使用胶黏剂有着悠久的历史，从考古发掘中发现，远在 5300 年前，人类就用水和黏土调和起来，把石头等固体黏接成生活用具。4000 年前我国就利用生漆作胶黏剂和涂料制成器具，既实用又有工艺价值。在 3000 年前的周朝已使用动物胶作为木船的嵌缝密封胶。秦朝以糯米浆与石灰制成的灰浆用作长城基石的胶黏剂，使得万里长城至今仍屹立于世，成为中华民族古老文明的象征。公元前 200 年，我国用糯米浆糊制成棺木密封剂，再配用防腐剂及其他措施，使在 2000 多年后出土的尸体不但不腐，而且肌肉及关节仍有弹性，从而轰动了世界。古埃及人从金合欢树中提取阿拉伯胶，从鸟蛋、动物骨骼中提取骨胶，从松树中收集松脂制成胶黏剂，还用白土与骨胶混合，再加上颜料，用于棺木的密封及涂饰。

数千年前，人类就注意到自然界中的黏接现象。例如，甲壳动物能牢固地黏贴于岩石等。自然界存在的黏接现象启发人类利用黏接作为连接物体的方法。早期的胶黏剂都来源于天然物质，例如用来黏编鬈髻的木汁、血胶，用来黏合箭头、矛头的松脂、天然沥青以及淀粉、骨胶、石灰、硅酸盐等。在古代，人们把黏接技术看作一种神秘的、不传外人的匠心工艺。

我国是应用胶黏剂最早的国家之一。据文字记载和出土文物的考察证实，我国远在秦、汉时代就有黏接箭羽、泥封和建筑上应用黏接技术的记录。

在古代的武器制造上，中国和日本都使用骨胶黏接铠甲、刀鞘，并且用来制造弓这类兼具韧性与弹性的复合材料制品。古罗马和中国都早已知道用树脂黏液来捕捉小鸟，用骨胶黏接油烟（或炭黑）制成的墨。至于人们从狩猎活动中发现血液的黏接性也有很长的历史，迄今猪血老粉在我国建筑、家具制造中仍占有重要地位。

在长期应用天然胶黏剂的时期，黏接技术未能得到显著地发展。胶黏剂在人类社会生活中并未占有重要地位。直到20世纪初，从美国发明酚醛树脂开始，胶黏剂和黏接技术进入了一个崭新的发展时期。

20世纪20年代，出现了天然橡胶加工的压敏胶，并试制成功醇酸树脂胶黏剂。30年代，美国开始生产氯丁橡胶、聚醋酸乙烯和三聚氰胺树脂，德国开始生产丁苯橡胶、丁腈橡胶、聚异丁烯及聚氨酯，前苏联成功地研制了聚丁二烯橡胶。在此时期，橡胶型胶黏剂迅速发展。40年代瑞士发明了双酚A型环氧树脂，美国出现了有机硅树脂等。环氧树脂的问世大大地促进了合成树脂胶黏剂和热固浇注工艺的发展。50年代，美国试制了第一代厌氧性胶黏剂和氰基丙烯酸酯型瞬干胶。60年代，醋酸乙烯型热熔胶、脂环族环氧树脂、聚酰亚胺、聚苯并咪唑、聚二苯醚等新型材料相继问世，胶黏剂品种的研究达到了高峰。70年代以来，胶黏剂新品种的出现略有下降，但胶黏剂工业逐渐转入系列化和完善化阶段。总的说来，合成胶黏剂的发展大致可分为3个时期：诞生期（20世纪初至30年代），成长期（30至60年代）和完善化期（60年代以后）。

随胶黏剂工业的发展，黏接理论的研究也逐渐得到人们的重视。大约3个世纪以前，牛顿对于黏接现象首次作了科学的论述。他指出，在自然界，有些物质能以强吸引力构成相互黏贴接头的基点，并预言通过实践将会发现它们。大约一百年后，Young通过表面张力的研究，提出了著名的Young公式。稍后，Dulpre研究了表面张力与黏附功的关系，奠定了古典热力学黏附理论的基础，Cooper等在研究杀虫剂液体在植物叶上分布的情况时，首次提出润湿的概念，这些研究迄今仍很重要。20世纪40年代以来，在研究黏接机理方面，吸附理论、静电理论和扩散理论三者之间曾出现热烈的争鸣局面，使理论界出现高潮。近三十多年来，在黏接界面化学、黏接破坏机理等方面的研究也取得了很大进展。

20世纪50年代以前，由于科学技术落后，我国基本上没有合成高分子材料工业，因此我国一直在使用天然胶黏剂的水平上踏步了几千年，更谈不上合成胶黏剂工业。1958年我国才开始合成胶黏剂的研制、生产和使用，60年代初出现了一批新品种，并成功地应用于航空、电子、机械及木材加工等领域。由于人们对黏接技术认识不足，发展仍很缓慢。20 世纪 70 年代末期，国外新技术、新工艺的引入，国内有关学术团体纷纷成立、学术会议积极进行讨论，大大促进了我国的胶黏剂工业向前发展。当前，胶黏剂品种、产量、档次及应用范围和方法等方面均发展很快，已跨入世界胶黏剂工业的行列。应该引起注意的是，我国的胶黏剂工业与其他发达国家相比，各方面还存在一定的差距，急需进一步加强这方面的工作。

目前，我国胶黏剂工业已经成为一个既有广泛生产实践，又有相当指导理论的独立性的新兴行业。胶黏剂在人类社会生活中发挥着越来越重要的作用。

1.2　胶黏剂的分类与应用

1.2.1　胶黏剂的分类与特点

胶黏剂有多种分类方法，一般按化学成分、形态、工艺、用途等进行分类。

（1）按化学成分

胶黏剂按化学成分可分为无机胶黏剂和有机胶黏剂两大类。

① 无机胶黏剂。硅酸盐、磷酸盐、硫酸盐、低熔点金属等。

② 有机胶黏剂。有机胶黏剂种类繁多，可分为天然胶黏剂和合成胶黏剂两类。详细分类见表 1-1。

表 1-1　有机胶黏剂的分类

天然胶黏剂	动物性		皮胶、骨胶、虫胶、酪素胶、血蛋白胶、鱼胶等
	植物性		淀粉、糊精、松香、阿拉伯树胶、天然树胶、天然橡胶等
	矿物性		矿物蜡、沥青等
合成胶黏剂	合成树脂型	热塑性	聚醋酸乙烯、聚乙烯醇、乙烯 - 醋酸乙烯共聚物、聚乙烯醇缩醛类，过氧乙烯、聚异丁烯，饱和聚酯类、聚酰胺类、聚丙烯酸酯类、热塑性聚氨酯等
		热固性	酚醛树脂、脲醛树脂、三聚氰胺 - 甲醛树脂、环氧树脂、有机硅树脂、不饱和聚酯树脂、丙烯酸酯树脂、聚酰亚胺、聚苯并咪唑、酚醛聚酰胺、酚醛环氧树脂、环氧聚酰胺、环氧有机硅树脂等
	合成橡胶型		氯丁橡胶、丁苯橡胶、丁基橡胶、丁腈橡胶、异戊橡胶、聚硫橡胶、聚氨酯橡胶、硅橡胶、氯磺化聚乙烯、苯乙烯 - 丁二烯 - 苯乙烯嵌段共聚物（styrene butadiene styrene block copolymer, SBS），苯乙烯 - 异戊二烯 - 苯乙烯嵌段共聚物（styrene isoprene styrene block copolymer, SIS）等
合成胶黏剂	树脂橡胶复合型		酚醛 - 丁腈、酚醛 - 氯丁、酚醛 - 聚氨酯、环氧 - 丁腈、环氧 - 聚氨酯、环氧 - 聚硫等

（2）按固化物的化学结构

可按化学组成对胶黏剂进行分类，如按广泛的意义分为4种类型。

① 热固性胶黏剂

指胶黏剂固化后，分子链相互化学交联，形成了空间网状结构，加热不能流动或软化，也不能溶于溶剂。由于热固性胶黏剂固化后的交联密度大，使其耐热性和耐溶剂性更好，且在高温下受力作用的弹性形变小，黏接件可在 90 ～ 200℃下使用。其剪切强度高，而剥离强度差。热固性胶黏剂主要用于高温受力部件的黏接，大多数材料都可用热固性胶黏剂黏接，但重点还是结构黏接。

② 热塑性胶黏剂

相对于热固性胶黏剂而言，固化后胶黏剂分子没有相互交联，仍呈线型，受热时可反复软化或溶于溶剂或分散于水中。热塑性胶黏剂是单组分体系，可靠熔体冷却（热熔胶）或溶剂和水分的蒸发固化。常用的乳白胶、热熔胶、装饰胶等都属于热塑性胶黏剂。热塑性胶黏剂的使用温度通常不超过60℃，只在某些用途中可达90℃。这类胶黏剂的耐蠕变性差，剥离强度低。常用于黏接非金属材料，尤其是木材、皮革、软木和纸张。除了一些较新的反应型热熔胶黏剂外，热塑性胶黏剂一般不能用于结构黏接。

③ 弹性体胶黏剂

这种胶黏剂的固化物具有橡胶的特性。供应形式有溶剂型、乳液型、胶带型、单组分或双组分无溶剂型或糊状型。固化方法因胶黏剂类型和形态的不同而异，可以配成反应型胶黏剂，也可以是溶剂挥发型，也可以是压敏型或自黏型。根据品种不同，使用温度低温可达 –110℃，高温在 60 ～ 204℃。硅橡胶或氟硅橡胶的耐温性较好。虽然黏接强度比较低，但具有优异的韧性和伸长率。接头的特点是弯曲性好，主要用于黏接橡胶、织物、金属箔、纸张、皮革和塑料薄膜等柔性材料与柔性材料或柔性材料与钢性材料，一般用于非结构件的胶接。

④ 复合型胶黏剂

也称高分子合金型胶黏剂，是由两种不同类型的热固性树脂、热塑性树脂或弹性体组合而成的，属于热固性胶黏剂。名称中一般以热固性树脂为主，辅以第二种树脂或橡胶的名称，如环氧–丁腈胶黏剂、环氧、聚硫胶黏剂。热固性树脂胶黏剂具有良好的耐热性、耐溶剂性和高的黏接力，但初始黏接力、耐冲击和弯曲性能比较差，固化时需加压。而热塑性树脂和橡胶胶黏剂的性能则恰恰相反。利用热固性树脂与热塑性树脂或弹性体相互配合的胶黏剂（复合型胶黏剂）可取长补短，使胶黏剂的耐温性不变或降低得较小，且更柔韧，更耐冲击。通常以溶剂形式、载体或无载体胶膜形式使用。它是非常重要的一种形式，在宇航、航空、兵器和船舶等工业中作为结构胶黏剂使用。

（3）按形态分

胶黏剂按形态可分为液体胶（俗称胶水，如水溶液胶、乳胶、溶剂型液体胶、无溶剂液体胶等）、固体胶（如胶粉、胶块、胶棒、胶带、胶膜等）及膏状 / 糊状胶等。

（4）按固化工艺分

胶黏剂按固化工艺可分为室温固化胶、热固性胶、厌氧胶、湿固化胶、光固化胶、电子束固化胶、热熔胶、压敏胶等。

（5）按用途分

胶黏剂按用途一般可分为结构胶黏剂、非结构胶黏剂和特种胶黏剂。

① 结构胶黏剂。能长期承受大负荷、良好的耐久性。

② 非结构胶黏剂。有一定的黏接强度和耐久性。

③ 特种胶黏剂。特殊用途如密封胶、导电胶、导热胶、应变胶、水下胶、高温胶等。

另外，胶黏剂按用途还可以分为工业用胶黏剂和家用胶黏剂。

① 工业用胶黏剂。主要用于工业领域的制造、装配、维修等，如工程胶黏剂、建筑胶黏剂、汽车胶黏剂、电子胶黏剂、鞋用胶黏剂、包装胶黏剂、医用胶黏剂等。

② 家用胶黏剂。主要用于家庭装修、日常维修及手工制作等，国外称为 DIY 用胶。

（6）按黏接强度和能力分

按黏接强度和能力进行分类有结构胶和非结构胶。

结构胶是有高强度和性能的材料，是指黏接强度大于被黏材料力学性能的胶黏剂。按此定义，同一种胶黏剂随着黏接对象的不同，其类型也不同。如同一种胶黏剂，用于木材黏接时，黏接强度大于木材，则为结构胶，当用于高强度金属合金时，则为非结构胶。因此，也有按剪切强度大小进行分类的，定义剪切强度大于 689 MPa 的为结构胶，并有耐大多数通用操作环境的能力，能抵抗高负荷作用而不被破坏。结构胶一般有较好的寿命，非结构胶在中等负荷下会蠕变，长期在环境中时会降解，经常被用于临时连接或短期连接中。非结构胶的例子有某些压敏胶、热熔胶和水基胶黏剂等。

（7）按贮运时的包装数量

为了便于在贮存过程中保持胶黏剂为液体状态，混合后又可以快速固化形成固体，一般把树脂基体及其配合物放在一个包装中，固化剂和促进剂及其配合物放入另一包装，使用时再按比例进行混合后再施胶和固化，这种包装形式的胶黏剂称为双包装胶黏剂，市场上也称为双组分胶黏剂。如果只有一个包装，通过加热、光照、空气湿气引起固化的胶黏剂类型称为单组分胶黏剂，这里的"组分"不是指胶黏剂的原料组分、成分，是指包装的数目。无论是单组分胶黏剂还是双组分胶黏剂，都是由多种原料配制而成的。

（8）按固化方式

根据胶黏剂的固化方式和原理进行分类，胶黏剂的固化方式有化学反应型和非转化型。非转化型又分为溶剂型、乳液型、热熔型、塑化型及压敏型。

通过固化反应的类型（包括用固化剂或外加能源如加热、辐射、表面催化等使之反应）有：

① 湿固化胶黏剂；

② 辐射（可见光、紫外光、电子束等）固化胶黏剂；

③ 通过基体催化的胶黏剂（厌氧胶）；

④ 热固化型胶黏剂；

⑤ 双组分胶黏剂。

通过失去溶剂或水分而固化的胶黏剂有：

① 接触胶（溶剂型，两面涂胶，待溶剂基本挥发后进行合拢，依靠自黏黏接）；

② 湿敏型胶黏剂（如邮票背面的预涂胶）；

③ 溶剂型胶黏剂；

④ 乳胶（液）型胶黏剂。

通过温度变化而固化的胶黏剂有：

① 热熔胶；

② 塑化型胶黏剂（PVC 糊树脂）。

压敏型胶黏剂有：

①橡胶型压敏胶；

②热塑弹性体型压敏胶；

③丙烯酸酯型压敏胶；

④有机硅型压敏胶；

⑤聚氨酯型压敏胶。

复合型（多种固化方式复合在一起）胶黏剂有：

① 热熔 + 反应型（PUR）；

② 溶剂 + 反应型；

③ 热熔 + 压敏型；

④ 溶剂 + 压敏型；

⑤ 热熔 + 光固化 + 压敏型。

（9）按综合费用

费用不是胶黏剂的分类方法，但它是选择专用胶黏剂的重要因素，也是确定胶黏剂能否使用的因素，因此，费用可作为分类和选择的方法，如非直接，至少也是间接的。预测胶黏剂费用时，不仅要考虑胶黏剂本身的价格，也要考虑为得到可靠的接头时相应的工装和工艺费等所需要的每一样费用。因此，胶黏剂的使用费用必须包括劳务费、装置费、胶黏剂固化所需的时间成本及由于舍弃有缺陷的接点而带来的经济损失。

1.2.2 胶黏剂的应用

全世界胶黏剂的总产量在 20 世纪 70 年代中期已接近 500 万 t。近年来，大约以每年 30 万 t 的速度继续增长。在全部胶黏剂产品中，高分子胶黏剂约占 80%。在技术先进国家中，胶黏剂每人每年的消耗量超过 5 kg。

胶黏剂在国民经济各部门中有重大作用。

（1）木材加工工业

由于胶合板、装饰板、家具及办公用品等广泛使用各种胶黏剂，木材加工工业是胶黏剂消耗量最大的部门。例如美国约有 60% 合成胶黏剂用于木材加工工业，日本大约为 75%，苏联为 70% ~ 80%。我国也有半数以上的胶黏剂用于木材加工。

在合成胶黏剂出现以前，木材加工部门大量使用各种动物胶和植物胶。这些天然胶黏剂一般不能承受较苛刻的环境条件。使用合成脲醛树脂胶黏剂可以克服上述缺点。据统计，在木材加工部门，每吨脲醛树脂胶黏剂可代替 2.5 t 动物胶使用脲醛树脂胶黏剂还可以提高生产效率达 50% 左右。

酚醛树脂胶黏剂用于要求承受高热和高湿环境作用的木制品，但用量不大。

（2）航空工业

1944 年，英国首先在大黄蜂型歼击机上使用了合成胶黏剂。第二次世界大战后，以航空工业为首的机械制造部门的需求，已成为推动现代胶黏剂发展的主要动力。现代的航空工业大都使用高性能的结构胶黏剂。例如，在 20 世纪 60 年代中期，不同国家的 100 多种飞机已大量采用酚醛-缩醛类结构胶，这些飞机包括有名的"鬼怪""三叉戟" B-58 "盗贼"等。单机使用胶黏剂的数量常常代表一个国家飞机制造工业的工艺水平。

目前，制造每架飞机大约需要 400 ～ 2200 kg 胶黏剂。航空工业用的胶黏剂一般用于飞机蒙皮与框架或桁架的黏接，组装蜂窝及直升机的螺旋桨叶片等。

（3）宇航工业

在人造卫星、宇宙飞船中，胶黏剂用于蜂窝结构的制造，太阳能电池，隔热材料的黏接，安装仪器及建造座舱。例如，泰洛斯气象卫星中有 9500 个光电池，信使 1B 通信卫星中有 20 000 个光电池都是用胶黏剂黏接的。双子星座、阿波罗和其他宇宙飞船的制造也使用了许多高性能的胶黏剂。

航空和宇航工业使用的胶黏剂大多数属于改性环氧、改性酚醛及聚氨酯等品种。

（4）汽车及车辆制造工业

汽车中的本身结构、内衬材料，防音材料、隔热材料，座椅及刹车片等的黏结，需用多种具有不同性能的胶黏剂，其中大部分为橡胶型胶黏剂。在美国，20 世纪 60 年代后期的乘用车每辆需用 82 kg 氯丁橡胶胶黏剂，如果把各种胶黏剂的用量加在一起，则每辆乘用车的用量约为 23 kg。

在铁道车辆工业中，对于各种机车（包括新干线高速电车）的制造和维修、客车及货车的制造、轨道铺设通信电气设备维修等都需用胶黏剂。特别是客车车厢，大量采用三合板、装饰材料作为内壁、隔墙、地板和门，因此，胶黏剂的使用相当普遍。

（5）机床工业

高分子胶黏剂既可用可拆卸的装配件，也可用于不可拆卸装配件的安装。例如，机床中托板与耐磨材料、导向装置与机床铸铁基座；陶瓷切削刀具与金属刀杆等的黏接，抗磨涂层，铸件缺陷的修补及堵漏密封等。

（6）电子、电器工业

国外生产的胶黏剂有 10% ～ 20% 用于电子、电器工业。胶黏剂在这些工业中主要作为绝缘材料，浸渍材料和灌封材料投入应用。目前，国外不少电气公司都附设有各自的胶黏剂生产厂或车间。电气工业所用的胶黏剂大部为改性环氧、酚醛 - 缩醛及有机硅聚合物方面的产品。

无线电电子工业经常用胶黏剂制造印刷电路板，磁带和箔式电容器。此外，用导电胶黏接线路接头，用导磁胶黏接磁性元件也是较普遍的。

（7）医学方面

以各种丙烯酸酯聚合物或单体为基料的胶黏剂在医学上有广泛的应用。例如在施行各种骨折连接手术、胸腔手术中的管质黏接问题，皮肤破损的黏接及止面问题，皮肤移植的固定和齿科的修补等都是重要的应用范例。

除了上述国民经济部门以外，胶黏剂在建筑工业、印刷装订工业、轻工业等部门亦有广泛的应用。

1.3 胶黏剂的发展趋势

合成胶黏剂的生产在我国已迅速发展，随着人民生活水平的不断提高，对城镇建筑业、纺织业、制鞋、汽车业等的促进大大加强，作为其辅助产业的胶黏剂业更是一个很大的市场。胶黏剂的应用是极其广泛的，在我国的市场潜力相当大，但对其要求越来越高，发展无毒、无害、无污染、高性能的胶黏剂是世界研究必须解决的重要课题之一。

现代的许多胶黏剂都含有大量挥发性很强的溶剂，这些溶剂不仅危害人的身心健康，而且会破坏大气层中的臭氧层。近年来，这个问题引起了政府的高度重视，发展无溶剂胶黏剂既有利于保护环境，又给胶黏剂工业带来了一种新的发展趋势。发展纳米胶黏剂有可能给全球胶黏剂市场带来新的经济增长点，纳米胶黏剂将成为一颗耀眼的新的科技明星。当一种胶黏剂同时具有多种功能的时候，它的应用价值往往陡增，所以多功能胶黏剂的生产是胶黏剂工业发展趋势之一。人造卫星、载人宇宙飞船在穿越厚厚的大气层时，由于高速气流的冲刷，表面温度可达 $2300 \sim 2600℃$，须用耐高温的烧蚀材料加以保护，烧蚀材料同金属壳体之间的连接只能用高温胶黏剂。由于胶黏剂拥有如此多的突出优点，正日益受到人们的重视，在材料科学领域已经发展成为独立的分支研究方向。

1.3.1 新产品

一种基本上不用甲醛的胶乳胶黏剂已由 Omnova Solution 公司研制成功，并申请了美国专利（US6034005）。美国胶黏剂的研究和开发主要是为了满足新的环保法规和顾客对规格不断变化的要求，其结果是采用有机溶剂的系统将逐渐过渡到更利于环境的配制系统，比如水溶、热熔和辐射固化等。ChemQuest 集团将美国胶黏剂市场分为压敏胶黏剂和非压敏胶黏剂两个主要的产品类型，它们分别占了总销售额的 25% 和 75%。非压敏胶黏剂包括 7 种配制技术。水溶剂型胶黏剂比例最大，约占美国胶黏剂市场的58%，其次是热熔型胶黏剂，占 20%，溶剂型胶黏剂占 9.2%。热熔胶黏剂中也包括一类增长速度非常快的反应型热熔聚氨酯。

据市场咨询公司 Frost & Sullivan 最近的一份报告称，广泛而深入的产品开发使欧洲热熔胶市场获益匪浅。热熔胶作为绿色胶黏剂越来越受到人们的欢迎，在大多数胶黏剂的主要市场中增长迅速。Frost & Sullivan 公司预测欧洲热熔胶市场将以每年 3.7% 的速度增长，其销售额从 1999 年的 7.946 亿美元上升到 2006 年的 9.97 亿美元。另一咨询公司 IAL 也认为欧洲热熔胶市场的增长率会达到每年 3.7%，相当于年产量从 1999 年的

25.7 万 t 增加到 2004 年的 30.8 万 t。德国是欧洲最大的热熔胶市场，约占欧洲总需求的 28%，其次是意大利，占 17.8%，法国占 14.8%，英国和爱尔兰占 11.8%，西班牙和葡萄牙占 10.0%，北欧地区占 7.4%，比利时、荷兰和卢森堡占 3.7%，奥地利和瑞士占 3.7%。除了聚酯类热熔胶以外，其他各种热熔胶在德国的消费量都是最多的。而意大利则是欧洲聚酯类热熔胶最大的消费国，这主要与当地发达的制鞋业密切相关。EVA 类热熔胶是西欧地区用量最多的热熔胶胶种，约占当地总消耗量的 63.4%；嵌段共聚物类产品次之，占 26.3%；其他种类的热熔胶还有聚烯烃类、聚氨酯类（湿固化）、聚酰胺类、聚酯类等。聚氨酯（湿固化）类热熔胶因具有优异的性能（比如耐高温、耐磨损等）在很多领域（如图书装订、汽车行业等）的应用增长迅速。因此，该产品已经成为欧洲市场上发展最快的热熔胶品种。据估计，在今后 5 年内，这种产品的年均消费增长率将为 4.9%。热熔胶在欧洲的应用领域可分为 8 大类。其中，消耗热熔胶量最多的为造纸及包装领域（包括图书装订、无纺制品）和木材加工领域，但是消费热熔胶增长最快的却是交通运输，年均消费增长率分别为 4.0% 和 5.3%。特别是在交通运输方面，热熔胶不断被开发出新的用途，如用于生产表面处理、防水黏接等具有特殊功用的产品。在其他类别中，热熔胶也正在不断取代各种传统的黏接方式或胶黏剂。在汽车用途中，国外已开始采用一些新的胶黏剂，如汽车挡风玻璃胶黏剂已由多组分发展为无需涂覆底胶的单组分聚氨酯胶黏剂；内装饰材料胶黏剂由于考虑环境问题，已由无毒、无味、阻燃、安全的水溶性丙烯酸酯胶黏剂替代传统的溶剂型氯丁橡胶或氯丁 - 酚醛胶黏剂；螺栓紧固、管接头密封用热熔性胶黏密封胶；汽车刹车蹄片用无溶剂型单组分胶黏剂；车身密封用室温固体型聚氯乙烯密封修补胶等。Frost & Sullivan 公司认为，要想在热熔胶这个成熟的市场中获得成功，就必须不断地升级现有产品，或开发新的产品以满足新的应用领域的需求。另外，如何用热熔胶较之传统溶剂型产品的优势来说服最终用户使用热熔胶也是成功必不可少的能力。该行业的全球化趋势使企业的经营策略变得尤为重要，只有真正的全球供应商才会在整个市场上大为获利。

1.3.2　新技术

另外一项发展很快的技术是紫外光 / 电子束（UV/EB）固化，它使生产出来的胶黏剂具有优异的耐热性和耐化学性、良好的透明度和剪切强度、极快的生产速度，并能完全消除造成污染的挥发性有机组分（volatile organic compound, VOC）和其他有机污染物，从而使产品满足环保要求。UV/EB 固化技术可用于固化热熔、温溶或接近 100% 固含量的液态体系，这些原料经过特殊配制，当暴露于紫外线或电子束时无需热、水或溶剂就可以即时聚合，这使用户在使用时不必害怕它变干。据推广 UV/EB 固化技术的北美 RadTech 国际公司称，建立 UV/EB 固化系统还可节约成本、节约空间并减少工作量。从原理上说，紫外光固化胶黏剂是借助 UV 辐射使黏接材料快速产生黏接性能的一类胶黏剂。UV 固化是利用光引发剂（光敏剂）的感光性，在紫外光照射下光引发剂形成激发态分子，引发不饱和有机物进行聚合、接枝、交联等化学反应达到固化的目的，紫外光引发聚合反应的规律主要是服从自由基的基本规律。在此紫外光作为光源，被光敏剂吸收分解出自由基或者光引发电子转移，亦可产生活性自由基，均具有引发单体聚合的能力。自由基型紫外光固化技术始于 20 世纪 50 年代初期，美国首先把它用于感光树脂印刷的制造。20 世纪 60 年代拜耳公司开发了不饱和聚酯及无溶剂型光固化树脂涂料，应用于快干油墨、复合材料织物整理、半导体及电子元器件加工，以及在压敏胶和各种快于光敏胶的制造等各个领域中。作为 UV 固化技术的应用领域之一，UV 固化胶黏剂引起了人们的极大兴趣，UV 固化胶黏剂具有高性能、高可靠性、无溶剂、固化迅速、可低温固化等优点，在电气、电子、光学、军工等领域得到了广泛应用。该技术对于开发既具有溶剂型产品的优越性能又兼具有环保型的无溶剂胶黏剂，具有重要作用。

DrMartens 制鞋在生产流程中加入了一个生物过滤系统以降低所用胶黏剂溶剂挥发，这对于溶剂型胶黏剂的生产过程也颇为实用。VOC 通过微生物膜反应器时，能被分解和转化为二氧化碳、水蒸气和生物体。

美国农业部门的研究者则看中豆蛋白泡沫胶。现在开发的豆类胶黏剂有 4 类：耐水性有所改进的用来代替酚醛胶的豆胶；用来取代脲醛胶的豆胶；豆蛋白与甲苯二异氰酸酯的混合物；豆粉 - 酚醛树脂胶。美国在林业、宇航工程、食品及人类营养等部门工作的技术人员合作研究了以豆蛋白为主剂的胶黏剂，压制木纤维混合农业剩余物纤维的湿法纤维板、干法硬质纤维板和干法中密度纤维板。虽然所得结果并不理想，但这是一个方向，尤其对我国而言，森林资源有限却是农业大国、大豆王国，更具有开发价值。

德国研究者提出，最近 5 年使用聚氨酯分散体的无溶剂胶黏剂的应用有了重大发展。聚氨酯分散体作为胶黏剂的原料在出现水分散交联异氰酸酯后才获得了较大的成功。使用以拜耳 HDI 三聚物为基础的聚氨酯分散体开发出的交联异氰酸酯只有很短的使用期，因为碱性胶黏剂混合物迅速凝结或变黏。若没有后续交联过程，用聚氯丁二烯胶黏剂水分散体而等到的黏合体只有中等耐热性（50 ~ 60℃），远低于溶剂基聚氯丁二烯胶黏剂分散体。研究者重点在开发也能用于强碱性聚氯丁二烯胶黏剂分散体的交联异氰酸酯。据称，这种产品使用期长，可生产耐热性大幅提高的新合体。目前美国氰特（CYTEC）公司与国内一家知名的胶黏剂生产厂已达成合作开发水性聚氨酯胶的协议。

瑞士学者研究了一种用于一元胶黏剂和水质系统的反应型硅烷中间体。有机功能烷氧基硅烷一般在胶黏剂、密封胶或涂料等应用中作为交联和偶联树脂的后添加剂。Silquest 硅烷技术在特制预聚体和合成稳定反应中间体（特别是在水质体系中）方面取得了进展。Silated 聚氨酯技术和用于胶乳的新硅烷结构具有更大的配方潜力，可改进相关体系固化后的机械性、紫外稳定性和耐化学性。

在用于热熔胶黏剂工业的浅色烃类胶黏剂方面，研究者结合环二烯的化学性质并通过强氢化过程开发了新的烃胶黏剂。这种胶黏剂明显很稳定，而且色浅味淡，可同各种胶黏剂聚合物相匹配，它在热熔胶黏剂和高效热熔包装中得到了应用。

日本广岛大学和积水化学工业公司通过稀土金属配位催化剂，采用活性聚合方法研制出丙烯酸系列新型胶黏剂。这种丙烯基嵌段聚合物胶黏剂分子量分布范围很窄且可耐 200℃以上高温，比过去的自由基引发聚合法所得的无规胶黏剂在耐热性、低温性和耐剥离性等方面优越得多，而且成本较低，在聚合过程逐步成熟后就可以进行工业化生产。

面对日益严格的环保法规和客户对产品越来越严格的质量要求，我国原有的粗放型、外延型的发展模式急需转变。一方面要调整产品结构，重点发展水性胶、热熔胶和符合国际标准的低甲醛释放量的脲醛胶等环保型胶黏剂；另一方面是要积极开发高品质高性能胶黏剂，目前国内已有一些研究报道，如 75% 高固含量及无溶剂型聚氨酯胶黏剂已由南京林业大学、北京化工研究院和黎明化工研究院等开发成功。黎明化工研究院 L805 无溶剂型胶现已批量供应市场。最新研制成功的 T3061 聚氨酯热熔胶已建立 100 t 中试装置，主要用于金属、塑料和木材的黏接。

普通食品包装覆膜用胶黏剂具有固化时间长，溶剂量大，残留物中苯含量高等缺点，而由湖南晶莹油墨化学有限公司研制成功的新一代高科技产品——改性 PU 干式覆膜胶黏剂克服了传统食品包装覆膜胶黏剂的这些不足之处。该公司引进了国外先进技术，并结合自主创新的方法获得的重大突破就是使这种新产品的溶剂残留量中苯含量降到了国家标准以内，使用时不污染环境，同时还具有良好的涂布性能、复合强度，透明性好，加工性能优良。改性 PU 干式覆膜胶黏剂已经投入生产，年产量为 1000 t。

从市场需求看，脲醛胶是我国产量最大的合成胶黏剂，大多数木材厂自产自用，技术水平低，产品甲醛释放量比国际标准高 4 ~ 5 倍。随着国家有关环保法规的推行，环保型脲醛胶市场需求将呈现爆炸式增长。目前国内技术已能生产 EI 级产品，但生产 EI 级产品只能采用引进技术。山东合力化工有限公司、吉林通化林业化工厂从德国引进的粉状脲醛树脂生产装置现已试车投产，产品的甲醛释放量可达到国际 EI 级标准，产品质量具有国际先进水平，为我国木材加工业的发展提供了原料保证。因此，今后只有符合国际标准的脲醛胶才是主导的产品。

目前，国内聚氨酯胶生产企业有 100 多家，其中有 10 多家规模较大的三资企业分布在广东及福建沿海地区，如广东南海南光化工包装有限公司和霸力化工公司等能力都在万吨以上。最近几年，黎明化工研究院和洛阳吉明公司等都在开发与国外产品性能相当的新品种和配套的底涂剂。

单组分湿固化聚氨酯密封剂目前主要有两种：一种是用于建筑、汽车和机械仪表的弹性密封剂；另一种是用于门窗墙体之间密封和管道保温的泡沫密封剂。前者，山东化工厂已引进 AM 系列生产线。

1.3.3　新应用领域

（1）软塑包装：市场空间大，未来朝环保型方向发展

软塑包装领域所使用的胶黏剂主要以溶剂型聚氨酯黏合剂、无溶剂型黏合剂、水性黏合剂三大类为主。溶剂型聚氨酯黏合剂因其性能优异一直在软包装领域占有重要份额；无溶剂黏合剂具有突出的环保性、安全性、经济性，在软包装领域迅速发展；水性黏合剂包括水性丙烯酸复合黏合剂、水性聚氨酯复合黏合剂两大类，以综合涂布成本低、无 VOC 排放、可有效利用原有溶剂型胶黏剂涂布设备生产等优势，是软包装黏合剂领域不可或缺的重要组成部分。

2015 年全球软包装市场规模达 2100 亿美元左右，其中塑料软包装市场规模达 917 亿美元。预计在 2016—2022 年全球塑料软包装市场规模将以 4.4% 增速的增长，到 2022 年全球塑料软包装市场规模将达到 1243 亿美元。2017 年我国塑料软包装市场规模

为 782 亿元，产量达到 1900 万 t，随着下游行业需求的增加，预计 2019 年整体规模将达到 900 亿元，产量预计 2050 万 t。

软包装胶黏剂逐步向安全性、环保性、经济性等方向发展。《食品容器、包装材料用添加剂使用卫生标准》（GB 9685—2008）中明确限定了与食品类接触材料所允许使用的材料清单及其应用过程的迁移限量。《包装用塑料复合膜、袋干法复合、挤出复合标准》（GB/T 10004—2008）中也明确限定了包装材料总的溶剂残留及禁止类溶剂种类及限量要求。随着国家环保政策的全面实施以及对 VOC 排放的严格要求，软包装复合黏合剂逐步向功能化、安全性、环保性、经济性等方向发展。

（2）建筑：城镇化加速，推动建筑用胶需求增长

建筑领域用胶逐步向绿色环保转变。过去，建筑领域用胶主要以溶剂型胶水为主，现在已经逐步退出市场。目前，无溶剂密封胶、结构胶、水性胶黏剂、热熔胶等高性能产品受到市场重视，被广泛应用于人造草坪、集成式房屋建筑、外墙节能技术等领域。

城镇化加速，建筑胶需求不断向好。胶黏剂在建筑领域的应用仅次于软塑包装领域，2017 年我国建筑胶黏剂消费量为 237 万 t，同比增长 10.7%，市场规模达到百亿元。建筑胶被广泛应用于建筑的黏结和密封，我国是世界最大的幕墙生产及消费国，建筑幕墙使用量占世界 2/3 左右，2017 年我国建筑幕墙行业总产值 2500 亿元，同比增长 13.6%，随着我国城镇化进程的加速，我国的建筑胶需求将不断向好。

（3）汽车：传统车需求平稳，新能源汽车带动需求增长

胶黏剂是汽车生产中不可或缺的原材料。在汽车制造中，良好的黏接技术的使用可以提高驾乘的舒适性、降低噪声、减震、轻量化、降低能耗、简化工艺、提高产品质量，因此，胶黏剂在车辆设计、制造中起到了不可替代的作用。根据功能来分，胶黏剂在汽车中的应用主要分为车体用胶、动力系统用胶、维修用胶。

汽车产销量整体保持稳定。2018 年，受多方因素影响，我国汽车产销分别完成 2780.9 万辆和 2808.1 万辆，分别同比下降 4.2% 和 2.8%。预计未来，随着去库存周期陆续结束，我国汽车销量将逐渐复苏。此外，新能源汽车发展潜力巨大，工业和信息化部《汽车产业中长期发展规划》明确提出：到 2020 年，中国新能源汽车年产量将达到 200 万辆；到 2025 年，中国新能源汽车销量占总销量的比例达到 20% 以上。预计未来，新能源汽车的增长带动胶黏剂需求的增长。

（4）交通运输：项目建设逐步落地，促进胶黏剂需求增长

胶黏剂在高速铁路方面主要用于无砟铁路铺设，具有黏接性能好、减震、降噪等性能。也广泛用于列车的玻璃、车体、内饰镜等材料的黏接。此外，在列车、机车的表面防腐涂漆中也有广泛应用，具有黏接强度高、密封度好、耐水、耐疲劳等性能。

高铁用聚氨酯胶黏剂主要包括日本高铁技术的 CRTS Ⅰ 型凸型台聚氨脂胶黏剂、德国高铁技术的 CRTS Ⅱ 型滑动层黏接料、我国自主创新设计的 CRTS Ⅲ 型聚氨酯胶黏剂。

高速铁路迅猛发展，胶黏剂市场空间广阔。2018 年底，我国铁路营业里程达到 13.1 万 km 以上，其中高铁 2.9 万 km 以上，具有世界上最现代化的铁路网和最发达的高铁网。国家《中长期铁路网规划》指出：到 2020 年，铁路网规模达到 15 万 km，其中高速铁路 3 万 km，覆盖 80% 以上的大城市；到 2025 年，铁路网规模达到 17.5 万

km 左右，其中高速铁路 3.8 万 km 左右，网络覆盖进一步扩大，路网结构更加优化。随着高速铁路建设的迅猛发展，预计高速铁路建设用胶黏剂的增速每年在 1 万 t 以上，未来 10 年内铁路胶黏剂用量将达到约 10 万 t 左右，市场前景非常广阔。

城市轨道交通迎来建设热潮，胶黏剂需求空间巨大。胶黏剂同样广泛使用于地铁中，司机室前挡风玻璃、侧窗玻璃需要胶黏剂黏结和密封。此外，胶黏剂在门槛、电器柜、轨道车辆部件链接方面有重要的作用。随着我国经济、人口的迅猛发展，城市轨道交通迎来大规模建设热潮，目前全国有 53 个城市轨道交通建设获得国家批复，其中 35 个城市已开通地铁运营。2016—2018 年，我国城市轨道交通累计新增运营线路长度 2143.4 km。

（5）新能源：风电、光伏和动力电池是主要应用领域，政策助力下游发展

在太阳能领域，胶黏剂主要用于太阳能光伏电池板的密封黏结、边框的密封、铝材和玻璃的黏结；在风能领域，胶黏剂主要用于风能发电机螺纹及密封、风机变速箱的密封、叶片的黏结。

风电、光伏行业持续回暖，带动胶黏剂需求增长。国家发改委、能源局《关于印发清洁能源消纳行动计划（2018—2020 年）的通知》提到：2020 年，全国弃风率要控制在 5% 以内，明确了部分省份风电消纳目标，弃风率的控制下降将提高风电投资的积极性，推动行业健康稳定发展，未来新增装机有望反弹；国家发改委下发《关于完善风电上网电价政策的通知》，2018 年底之前核准的陆上风电项目，2020 年底前仍未完成并网的，国家不再补贴，2018 年底前核准未并网项目规模近 100 GW，预计形成抢装。风电市场的回暖将带动胶黏剂的需求，预计到 2020 年底，我国风能所需胶黏剂为 3.5 万 t/a。

2018 年，全球光伏新增装机约 1.03 亿 kW，我国光伏发电新增装机 4426 万 kW，仅次于 2017 年新增装机，继续位居全球首位。预计未来，我国光伏产业继续保持稳增长态势。此外，未来随着海外市场的复苏，光伏装机将保持稳定增长，综合来看，新能源行业的持续健康发展将为光伏胶黏剂带来更广阔的市场空间。

胶黏剂是锂电池重要的辅助材料，对锂电池性能有重要影响。锂电池所用胶黏剂虽然本身没有容量，在电池中所占比重很小，但却是整个电极的力学性能主要来源，对电极的生产工艺和电化学性能有着重要影响。主要为：①为动力电池提供防护效果；②实现安全可靠的轻量化设计；③作为散热材料辅助散热；④帮助电池应对更复杂的使用环境。

胶黏剂主要用于电池 PACK 边框密封、电池黏接固定、内部元器件的密封固定、动力电池内部的灌封等。

胶黏剂在氢燃料电池中具有重要的应用。氢燃料电池由很多小电池单元组成，单元电池是由膜电极，阴极板和阳极板组合而成，各层之间用胶黏剂密封，防止氢气和氧气泄漏，这些单元电池层层叠加形成燃料电池组件。此外，由于氢分子极小，即使一个很小的缝隙也非常容易导致泄漏，因小火花而引发爆炸燃烧，所以要求胶黏剂必须能够提供电池单元间良好的气体密封。2017 年我国燃料电池出货量 44.7 MW，同比增长 90.21%。随着燃料电池应用的推广和出货量的不断增长，胶黏剂需求不断提升。

（6）电子器件：产品更新换代速度快，胶黏剂需求不断增长

胶黏剂在电子器件方面具有重要的用途。胶黏剂在电子元器件的生产、组装部件灌封等方面发挥着重要作用，胶黏剂的使用有利于提高电子元器件的抗冲击震动、防尘防潮、电绝缘导热的能力。

我国电子信息行业运行呈现总体平稳、稳中有进态势，2018 年我国规模以上电子信息制造业实现主营业务收入 142 041 亿元，主同比增长 9.0%，利润总额 6957 亿元，同比下降 3.1%。随着我国电子信息产业的发展，5G 的逐步应用，国内电子元器件发展迅速，对胶黏剂的需求也日益剧增。

（7）其他应用：胶黏剂在军工中有重要的应用

胶黏剂在军工电子、船舶、航空航天等领域有重要的应用。

第 2 章　黏接基础理论

胶黏剂与被黏物之间可以通过共价键互相结合，这种结合形式能显著地提高黏接强度，是最理想的一种作用方式，含有异氰酸酯基的胶料与带有活性氢的被黏物之间常采用这种方式结合。

分子间力属于次价力，包括取向力、诱导力、色散力和氢键，前三者就是通常说的范德华力。取向力与分子的极性有关，色散力与分子的变形性有关。胶黏剂基料分子中存在极性基团。电负性大的原子，又多是高分子化合物，因此组成的胶黏剂固化后这种次价力的作用是很大的，为黏接力的重要组成部分。

了解黏接原理，对于选用合适的胶黏剂，采用合理的黏接工艺，获得稳固的黏接很有指导意义。

2.1　润湿性和黏接力

黏接作用的形成，润湿是先决条件，流变是第一阶段，扩散是重要过程，渗透是有益作用，成键是决定因素。黏接作用发生在相互接触的界面，黏接作用与润湿性和黏接力有关，为了获得优良的胶接强度，要求胶黏剂与被黏物表面应紧密地结合在一起。在胶接过程中胶黏剂必须成为液体，并且完全浸润固体的表面。完全浸润是获得高强度胶接接头的必要条件。如果浸润不完全，就会有气泡出现在界面中，易发生应力集中降低强度。

润湿性是液体在固体表面分子间力作用下的均匀铺展现象，也就是液体对固体的亲和性。润湿性主要是由胶黏剂的表面张力和被黏物的临界表面张力所决定，还与工艺条件、环境因素等有关。液体和固体间的接触角越小，固体表面就越容易被液体润湿。液体的润湿主要由表面张力所引起，液体和固体皆有表面张力，对液体称为表面张力，而对固体则称为表面能，常以符号 γ 表示。不同的物质的表面张力不同，一般来说金属及其氧化物、无机物的表面张力都比较高（$0.2 \sim 5$ N/m），而聚合物固体、有机物、胶黏剂、水等的表面张力都比较低。一般小于 0.1 N/m，其数值见表 2-1 和表 2-2。

表2-1　常见聚合物的临界表面张力 γ_c（20～25℃）

聚合物	γ_c/（10^{-3}N/m）	聚合物	γ_c/（10^{-3}N/m）
脲醛树脂	61	聚乙烯	31
聚丙烯腈	44	聚异戊二烯	31
聚氧化乙烯	43	聚三氟氯乙烯	31
聚对苯二甲酸乙二醇酯	43	聚甲基丙烯酸甲酯	39
聚酰胺66	42.5	聚偏二氯乙烯	39
聚酰胺6	42	聚氯乙烯	39
聚丙烯酸甲酯	41	乙酸纤维素	39
聚砜	41	淀粉	39
聚硫	41	聚乙烯醇缩甲醛	38～40
聚苯醚	41	聚丁橡胶	38
聚丙烯酰胺	35～40	聚氨酯	29
氯磺化聚乙烯	37	聚乙烯醇缩丁醛	28
聚乙酸乙烯酯	37	丁基橡胶	27
聚乙烯醇	37	聚异丁烯	27
聚苯乙烯	32.8	聚二甲基硅氧烷	24
聚酰胺1010	32	硅橡胶	22
聚丁二烯（顺式）	32	聚四氟乙烯	18.5

表2-2　常见胶黏剂的表面张力（20～25℃）

聚合物	γ_c/（10^{-3}N/m）	聚合物	γ_c/（10^{-3}N/m）
酚醛树脂（酸固化）	78	动物胶	43
脲醛树脂	71	聚乙酸乙烯乳液	38
苯酚-间苯二酚-甲醛	52	天然橡胶-松香	36
间苯二酚甲醛树脂	51	一般环氧化树脂	30
特殊环氧化树脂	45	硝酸纤维素	26

　　黏接力是指胶黏剂与被黏物表面之间的连接力，它的产生不仅取决于胶黏剂和被黏物表面结构和状态，而且还与黏接过程的工艺条件密切相关，黏接力是胶黏剂与被黏物在界面上的作用力或结合力，包括机械嵌合力、分子间力和化学键力。机械嵌合力是胶黏剂分子经扩散渗透进入被黏物表面孔隙中固化后镶嵌而产生的结合力。分子间力

是胶黏剂与被黏物分子之间相互吸引的力，包括范德华力和氢键，其作用距离为 0.3 ～ 0.5 nm。范德华力接近于弱的化学键。分子间力是产生黏接力最普遍的原因。化学键力是胶黏剂与被黏物表面能够形成的化学键，有共价键、配位键、离子键、金属键等，键能比分子间力高得多，化学键的结合很牢固，对黏接强度的影响极大，若能形成化学键，则会使黏接力明显提高。

2.2　胶黏剂的黏附理论

胶黏剂和物体接触，首先润湿表面，然后通过一定的方式连接两个物体并使之具有一定的机械强度的过程称为胶接。胶接过程中必须经过一个便于浸润的液态或类液态向高分子固态转变的过程。胶接是一个复杂的物理化学过程。它包括胶黏剂与被黏物的接触、胶黏剂的液化流动、对被黏物的润湿、扩散、渗透、固化等。胶接涉及高分子化学、高分子物理学、界面化学、材料力学、热力学、流变学等多门学科。

2.2.1　机械理论

机械理论是最早提出的黏接理论，这种理论认为胶黏剂渗入被黏物凹凸不平的多孔表面内，并排除其界面上吸附的空气，固化产生锚合、钩合、锲合等作用，使胶黏剂与被黏物结合在一起。胶黏剂黏接经机械粗糙化处理材料的效果比表面光滑的材料效果好，因此，它无法解释致密被黏物如玻璃、金属等黏接的缘由。

2.2.2　吸附理论

吸附理论曾是较为流行的理论，它认为黏接是与吸附现象类似的表面过程。胶黏剂通过分子运动逐渐向被黏物表面迁移，极性基团靠近，当距离小于 0.5 nm 时，原子、分子或原子团之间必然发生相互作用，产生分子间力，这种力称作范德华力。固体表面由于范德华力的作用能吸附液体和气体，这种作用称为物理吸附。范德华力包括偶极力、诱导力和色散力，有时由于电负性的作用还会产生氢键力，从而形成黏接。吸附理论将黏接看作是一种表面过程，是以分子间力为基础的。同一种胶黏剂可以胶接不同材料，说明了吸附用途的普遍存在，但是吸附理论不能解释胶接的内聚破坏现象，无法解释非极性材料的胶接。

2.2.3　扩散理论

扩散理论又称为分子渗透理论，它认为聚合物的黏接是由扩散作用形成的。由于聚合物的链状结构和柔性，使胶黏剂大分子的链段通过热运动引起相互扩散，大分子绅结交织，类似表层的相互溶解过程，固化后则黏接在一起。如果胶黏剂能以溶液形式涂于被黏物表面，而被黏物又能在此溶剂中溶胀或溶解，彼此间的扩散作用更易进行，黏接强度则会更高。因此，溶剂或热的作用能促进相溶聚合物之间的扩散作用。加速黏接的完成和强度的提高。扩散理论主要用来解释聚合物之间的黏接，无法加上聚合物与金属黏接的过程。

2.2.4　静电理论

静电理论又叫双电层理论，它认为在胶黏剂与被黏物接触的界面上形成双电层，由于静电的相互吸引而产生黏接。但双电层的静电吸引力并不会产生足够的黏接力，甚至对黏接力的贡献是微不足道的。静电理论无法解释性能相同或相近的聚合物之间的黏接。

2.2.5　弱边界层理论

妨碍黏接作用形成并使黏接强度降低的表面层称为弱边界层，不仅聚合物表面存在，纤维、金属等表面也都存在着弱边界层。弱边界层来自胶黏剂、被黏物环境或三者的任意组合。如果杂质集中在黏接界面附近，并与被黏物结合不牢，在胶黏剂和被黏物中都可能出现弱边界层。当发生破坏时，看起来是发生在胶黏剂和被黏物界面，但实际上是弱边界层的破坏。

2.2.6　配位键理论

黏接界面的配位键是指胶黏剂与被黏物在黏接界面上电胶黏剂提供电子对，被黏物提供空轨道所形成的配位体系。有人认为配位键极结合是大多数，是产生黏接力的主要贡献者；有的则认为黏接界面的配位键，是黏接力最普通、最重要的来源。XPS（X射线光电子能谱）已经证实环氧胶黏剂与金属黏接的界面等都有配位键生成，对提高黏接强度作用很大，但配位键是否是黏接力的普遍来源和主要贡献者，还需要进一步深入研究。

2.2.7　化学键理论

该理论认为胶接作用是胶黏剂分子与被黏物表面通过化学反应形成化学键的结果。化学键能比分子间力要高 1～2 个数量级，如能形成化学键，则会获得高强度、抗老化的胶接。对于木材等的胶接很有指导意义。形成化学键胶接可以通过胶黏剂和被胶接物之间的活性基团在一定条件下反应形成化学键来实现，可以加入偶联剂或通过表面处理产生活性基团。但是化学键理论不能解释大多数不发生化学反应的胶接现象。

2.2.8　酸碱理论

酸碱理论认为胶黏剂和被黏物可按其接受质子能力分类，凡能接受质子的为碱性，反之为酸性。在黏接体系属于酸碱配对的情况下，酸碱作用能提高界面的黏接强度。从广义上讲，酸碱理论也属于配位键理论的范畴。

2.3　胶黏剂的固化过程

胶黏剂和被黏物之间通过各种机械、物理和化学的作用，产生黏附力，为使被黏物之间黏接牢固，胶黏剂必须以液态涂布于被黏物表面并且完全浸润。但是液态的胶黏剂填充在被黏物之间并没有抗剪切强度，如同两块玻璃中间的水，要把两块玻璃板拉开是十分困难的，但是一个很小的剪切力就可以把两者分开。因此，液态的胶黏剂浸润在被黏物表面后能通过适当的方法使胶黏剂变成固态才能承受各种负荷，这个过程即为胶黏剂的固化。胶黏剂的固化可以通过物理方法，也可以通过化学方法，使胶黏剂聚合成为固体的高分子物质。

2.3.1　热熔胶及热塑性高分子材料

热熔胶及热塑性高分子材料加热熔融之后就获得了流动性，许多高分子熔融体可以作为胶黏剂使用。高分子熔融体在浸润被黏表面之后经冷却就能发生固化。在配制热熔胶时必须解决胶黏剂的强度和熔融体黏度之间的矛盾。高分子材料必须有足够高的分子量才能具有一定的强度和韧性，但是熔融体的黏度也随着分子量的增高而迅速增大。提高温度当然能降低熔融体黏度，但是温度过高又会引起高分子的热降解，因此为了提高热熔胶的流动性和对被黏表面的黏附性，必须加入各种辅助成分。热熔胶可能包含下列成分：①基本树脂；②蜡；③增黏剂；④增塑剂；⑤填料；⑥抗氧剂。由于热熔胶只要将熔融体冷却即可固化，所以具有一系列优点：黏合速度快，便于机械化作业，无溶剂，安全，经济等。因此它在包装、装订、木材加工、制鞋等工业部门应用十分广泛。但是热熔胶也有耐热性较差、胶接时需要加热到较高的温度、对气候比较敏感、加热时易产生挥发性有机物等缺点。使用热熔胶时必须注意控制熔融温度和涂胶之后的晾置时间，如果聚合物是结晶性的，冷却速度也应加以控制。

另外，热塑性高分子材料的热封接和使用热熔胶有相似之处。热封接就是把热塑性高分子材料局部加热熔融并封接在一起，加热的方法有烙铁、热气、超声波、高频电磁场以及机械摩擦等。可以进行热封接的热塑性高分子材料有聚乙烯、聚氯乙烯、聚丙烯、聚苯乙烯、ABS 树脂、聚甲醛、聚丙烯酸酯、乙酸纤维素、聚酰胺、聚碳酸酯、聚苯醚、聚砜等。

2.3.2　溶剂型胶黏剂

溶剂型胶黏剂将热塑性的高分子物质溶解在适当的溶剂中成为高分子溶液以获得流动性。在高分子溶液浸润被黏物表面之后溶剂挥发掉，就会产生黏附力。溶剂型胶黏剂固化过程的实质是随着溶剂的挥发，溶液浓度不断增大，最后达到一定的强度。溶剂型胶黏剂的固化速度决定于溶剂的挥发速度，一些难以挥发的溶剂要求很长的固化时间；但是溶剂的挥发速度过快，则涂刷时容易起皮，因此配胶时要选择适当的溶剂，也可将多种溶剂混合使用以调节溶剂的挥发速度。溶剂型胶黏剂的一个突出优点是固化温度比较低，这就使一些高温下容易分解的高分子物也可能作为溶剂型胶黏剂来使用。例如聚喹噁啉树脂，它的熔点超过了分解温度，因此不能制成热熔胶，但是它能够溶解于甲酚、四氯乙烷等溶剂中，可以配制成耐高温的溶剂型胶黏剂。多数溶剂型胶黏剂可以室温固化。溶剂型胶黏剂的缺点是胶接强度低，一般只能在非结构部件上应用。另外，许多溶剂还有毒害和易燃的问题，严重污染环境，它将逐步被环境友好型的溶剂型胶黏剂取代。溶剂型胶黏剂在塑料胶接方面使用非常普遍。

用溶剂型胶黏剂胶接塑料，尤其是黏合薄的制品时，必须注意溶剂对被黏表面的腐蚀易造成被黏物变形的问题。聚甲基丙烯酸甲酯、聚苯乙烯、聚碳酸酯等塑料制品在溶剂的作用下会产生细的裂缝，这是由于塑料本身的内应力引起的。采用快干型胶黏剂或者用聚合型胶黏剂可以减小产生裂缝的危险。外应力也能引起裂缝，所以黏合这些塑料时压力不能加得太高。表2-3列出了一些常用的溶剂型胶黏剂的配方。

表2-3　常用的溶剂型胶黏剂的配方

被黏材料	胶黏剂的组成（质量份）
聚甲基丙烯酸甲酯	二氯乙烷（95），聚甲基丙烯酸甲酯（5）
聚氯乙烯	四氢呋喃（100），甲乙酮（25），聚氯乙烯或过氯乙烯（5）
聚苯乙烯	乙酸戊酯（60）、丙酮（20）、氯仿（13）、聚苯乙烯（7）
聚乙烯醇	水或甘油
聚碳酸酯	二氯乙烷（95）、聚碳酸酯（5）
聚苯醚	氯仿（95）、四氯化碳（5）、聚苯醚（5）
聚酰胺	苯酚（50）、氯仿（30）、聚酰胺（20）
乙酸纤维素	丙酮（60）、甲基溶纤剂（30）、乙酸纤维素（10）
橡皮	甲苯（20）、汽油（80）、天然橡胶（5）、松香酯（适量）
皮革	乙酸乙酯（50）、乙酸戊酯（50）、聚氨酯（20）

2.3.3　乳液胶黏剂

乳液胶黏剂是聚合物胶体在水中的分散体。胶体颗粒的直径通常是 0.1 ～ 2 μm，它的周围由乳化剂保护，目前用作乳液胶黏剂的高分子材料主要是聚乙酸乙烯酯及其共聚物和丙烯酸酯的共聚物。乳液胶黏剂的固化过程为乳液中的水逐渐渗透到多孔性的被黏材料中并挥发，使乳液浓度不断增大，最后由于表面张力的作用，使高分子胶休颗粒发生凝聚。环境温度对乳液的凝聚有很大的影响，当环境温度足够高时，乳液凝聚形成连续的胶膜，若环境温度低于最低成膜温度，就形成白色的不连续胶膜，强度很差。每种高分子材料都有最低成膜温度，通常比玻璃化转变温度略低一些，因此在使用乳液胶黏剂时环境温度不能低于最低成膜温度。乳液胶黏剂通常以水为分散介质，具有固体含量高、胶接强度优良、无毒以及价格低廉等优点，它适用于胶接多孔性材料如木材、纸张、纤维素制品等。但是乳液胶黏剂也有耐水性较差、容易发生蠕变等缺点。

也有使用有机溶剂作为分散介质的乳液胶黏剂，称为非水乳液、例如氯丁二烯与丙烯酸的共聚物可以分散在脂肪烃类溶剂（如庚烷）中，成为固体含量高达 50%（质量分数）的非水乳液胶黏剂。塑料溶胶与乳液相似，是用增塑剂作为高分子材料的分散介质。这种具有流动性的分散体系称为"塑料溶胶"，塑料溶胶也可以作为胶黏剂和密封剂来使用。在塑料溶胶的固化过程中发生增塑剂溶解于高分子固体中及高分子颗粒的融结等现象，所以体积收缩率很低，黏接效果很好。

2.3.4　热固性树脂

热固性树脂是具有三向交联结构的聚合物，它具有耐热性好，耐水、耐介质优良、蠕变低等优点。目前，结构胶黏剂基本上以热固性树脂为主体。热固性胶黏剂获得交联结构有两种方法：①把线型高分子交联起来，如橡胶的硫化；②由多官能团的单体或预聚体聚合成为三向交联结构的树脂。常用的热固性胶黏剂，如酚醛树脂胶黏剂和环氧树脂胶黏剂是第 2 种方法获得交联结构的典型。在一些结构胶黏剂的固化过程中，这两类交联反应可能同时存在。热固性树脂的性能不仅决定于配方，固化周期也十分重要，因为固化周期对于固化产物的微观结构有很大的影响。

官能团单体或预聚体进行聚合反应时，随着分子量的增大同时进行着分子链的支化和交联，当反应达到一定程度时体系中开始出现不溶、不熔的凝胶，这种现象称为凝胶化。胶液凝胶化后，胶层一般可获得一定的黏接强度，但在凝胶化以后的较长时间内黏接强度还会不断提高。由于凝胶化后分子运动变慢，因此这类胶黏剂在初步固化后适当延长固化时间或适当提高固化温度，以促进后固化过程的顺利进行对黏接强度是极其有利的。对于某一特定的胶种来说，设定的固化温度是不能降低的。温度降低的结果是固化不能完全，致使黏接强度下降，这种劣变是难以用延长固化时间来补偿的。对于设定在较高温度固化的胶种，最好采用程序升温固化，这样可以避免胶液溢流，不溶组分分离，并能减小胶层的内应力。

用固化剂固化的胶黏剂，固化剂用量一般是化学计量的，加入量不足时难以固化完全，过量加入则胶层发脆，均不利于黏接，为了保证固化完全、固化剂一般略过量一些。应用分子量较大的固化剂时，其用量范围可以稍大一些。用引发剂固化的胶黏剂，在一定范围内增大引发剂用量可以增大固化速度而胶层性能受影响不大。用量不足易使反应过早终止，不能固化完全；用量过大，聚合度降低，均使黏接强度降低。为了避免凝胶化现象对胶层的不利影响，可以使用复合引发剂，即将活性低与活性高的引发剂配合使用。加入引发剂后，再适当加入一些特殊的还原性物质（称为促进剂）可以大大降低反应的活化能，加大反应速率，甚至可以制成室温快固胶种，这就是氧化还原引发体系。由于还原剂在促进引发剂分解的同时降低了引发效率，因此在氧化还原引发体系中引发剂量应该加大。催化剂只改变反应速率，催化剂固化型胶黏剂在不加催化剂时反应极慢（指常温下），可以长期存放，加入催化剂后由于降低了固化反应的活化能而使固化反应变易、胶层可以固化，催化剂用量增大，固化速度变快，过量使用催化剂会使胶层性能劣化。在催化剂用量较少时适当提高固化温度也是可行的。

凝胶化的速度决定于官能团的反应活性以及多官能团单体的浓度和官能度。在合成树脂和胶黏剂的工艺中常常把凝胶化时间作为树脂工艺性能的一个指标。另外，在多官能团单体的浓度和官能度相同的情况下，可以通过测定凝胶时间来比较官能团的反应活性。相反，也可以根据凝胶点的反应程度来计算反应物的官能度。在凝胶化之后继续进行的反应大体上包括：①可溶性树脂的增长；②可溶性树脂分子间反应变成凝胶；③可溶性树脂与凝胶之间的反应；④凝胶内部进一步反应使交联密度提高。因此，热固性树脂固化产物不是结构均匀的整体，而是由交联密度乃至化学成分不同的区域所组成，热固性树脂采用不同的固化周期进行固化，将形成具有不同微观结构的产物，于是固化产物的性能也将有所差别。在使用热固性胶黏剂时，在一定的时间范围内延长固化时间和提高固化温度并不等效，对一种胶黏剂来说，降低固化温度难以用延长固化时间来补偿，降低固化温度往往以牺牲性能为代价。此外，为了获得性能优良的胶接接头，有时在胶黏剂和被黏物表面之间需要发生一定的化学作用。这种化学作用必须克服一定的能垒，因此只有在足够高的温度下才能进行。当然也不能认为在任何情况下提高固化温度都是有利的。在胶接两种膨胀系数相差很大的材料时，为了防止产生过高的热应力，宜采用较低的固化温度，最好选用常温固化的胶黏剂。有时过高的固化温度会引起胶黏剂的降解，或者使被黏物的性能发生变化，因此固化温度应该加以准确地控制。

有些热固性胶黏剂在固化过程中会产生小分子挥发性副产物。例如，酚醛树脂固化时放出水，它会在胶层中形成气泡，在这种情况下固化时必须加以一定的压力，如果固化时不产生挥发性副产物，那么只要微微加压使被黏物保持接触即可。

以上只是简单讨论了胶黏剂的固化情况，对于某一特定的胶黏剂，有时会应用几种固化方式，这样可以获得更好的综合性能。例如反应型热熔胶、反应型压敏胶等均有比普通品种更好的黏接性能。

2.4　胶黏剂的黏接强度及影响因素

胶黏剂的种类繁多，但是总结起来，就是所有能起到机械锚合、吸附等作用的物质，都能起到黏合的作用，都能用作黏合剂。许多的黏合剂都能黏合多种材料，例如橡胶黏合剂可以黏合多种材料，环氧树脂胶黏剂除了非极性材料和聚乙烯以及聚四氟乙烯塑料外几乎可以黏合一切物质，俗称"万能胶"但是在实际应用中要获得最佳黏接强度，还必须使胶黏剂与被黏物中所具有的物理作用力和化学作用力均能发挥到较为理想的程度。有许多因素影响着黏接强度。单位黏接面上承受的黏接力称为黏接强度，黏接强度的概念主要包括胶层的内聚强度和胶层与被黏面间的黏附强度，其大小与胶黏剂的组成、基料的结构与性质、被黏物的性能与表面状况及使用时的操作方式等因素有关。

2.4.1　胶黏剂基料的物理力学性能

合成胶黏剂的基料多为合成高分子材料，从结构上看，合成高分子材料可分为热塑性与热固性的，热塑性的又可分为晶态和非晶态的，不同的组成与结构对其物理力学性能影响很大。

2.4.2　影响黏接强度的物理因素

弱界面层影响黏接作用形成并使黏接强度降低的表面层称为弱边界层，不仅聚合物表面存在，纤维、金属等表面也都存在着弱边界层。弱边界层来自胶黏剂、被黏物、环境或三者的任意组合。如果杂质集中在黏接界面附近，并与被黏物结合不牢，在胶黏剂和被黏物中都可能出现弱边界层。当发生破坏时，看起来是发生在胶黏剂和被黏物界面，但实际上是弱边界层的破坏。

胶黏剂对被黏物表面的浸润和黏附，实质上是两者相互作用达到能量最低的结合，要使这些力发生作用，必须使两种物质的分子充分接近到间距小于 5×10^{-8} cm。在实际胶接时，由于固体表面都不是绝对平滑的，因此，胶黏剂因流动或变形而渗入被黏物表面的空隙内或细缝内，此时必须赶出缝隙内的空气，才能达到浸润目的。由此可见，胶黏剂的实际浸润与其黏度有密切关系。黏度小流动性好，从而有利于实际浸润。对于黏度较大的胶黏剂，就有必要进行加热、加压，以改善其浸润性。

（1）被黏物的表面处理

任何物质的表面都具有吸附性。为了得到最佳黏接效果，任何物质的表面都必须进行表面处理。被黏接材料表面的性质，对于黏接强度的影响极大。表面状态不佳，往往是造成黏接接头破坏的主要原因。凡是表面经过适当处理的金属，其黏接强度都有不同程度的提高，其中尤以铝合金最为显著，其剪切强度可提高 25% ~ 70%。因此，如何处理好被黏物的表面是一个极其重要的问题。

黏接件中的内应力有两个来源：一个是胶黏剂固化过程中由于体积收缩产生的收缩应力；另一个来源是胶黏剂和被黏物的热膨胀系数不同，在温度变化时产生热应力。黏接件中存在内应力将导致黏接强度大大下降，甚至会造成黏接自动破裂单位截面上附加的力为应力，接头在未受到外力作用时内部所具有的应力为内应力。在胶层固化时因体积收缩而产生的内应力为收缩应力；胶层与被黏物之间由于膨胀系数不同，在温度变化时产生的应力为热应力。这是胶层内应力的两个主要来源，内应力具有永久性；热应力为暂时性的，在温度还原后随之消失。

黏接件的内应力与老化过程有着十分密切的关系。在热老化过程中，由于热氧的作用和挥发性物质的逸出，胶黏剂层进一步收缩。相反，在潮湿环境中胶黏剂的吸湿也会造成胶层膨胀。因此，在老化过程中黏接件的内应力也在不断地变化着。黏接件的内应力还可能加速老化的进程。已经证明，对于某些环氧胶黏剂和聚氨酯胶黏剂，相当于黏结强度的3%的外加负荷能使黏接件的湿热老化大大加剧。因此，在制备黏接件时必须采取各种措施来降低内应力。

溶液型胶黏剂固体含量一般只有20%～60%，因此，在固化过程中也伴随着严重的体积收缩。熔融聚苯乙烯冷却至室温体积收缩率为5%。而具有结晶性的聚乙烯从熔融状态冷却至室温体积收缩率高达14%。通过化学反应来固化的胶黏剂，体积收缩率分布在一个较宽的范围内。缩聚反应体积收缩很严重，因为缩聚时反应物分子中有一部分变成小分子副产物逸出。例如，酚醛树脂固化时放出水分子，因此，酚醛树脂固化过程中收缩率可能比环氧树脂大6～10倍。烯类单体或预聚体的双键发生加聚反应时，两个双键由范德华力结合变成共价键结合，原子间距离大大缩短，所以体积收缩率也比较大。例如，不饱和聚酯固化过程中体积收缩率高达10%，比环氧树脂高1～4倍。开环聚合时，有一对原子由范德华力作用变成化学键结合，而另一对原子却由原来的化学键结合变成接近于范德华力作用。因此开环聚合时体积收缩比较小。环氧树脂固化过程中体积收缩率比较低，这是环氧胶黏剂能有很高的黏接强度的重要原因。必须注意，收缩应力的大小不是正比于整个固化过程的体积收缩率，而是正比于失去流动性之后进一步固化所发生的那部分体积收缩，因为处于自由流动的状态下内应力可以释放出来。

对于热固性胶黏剂来说，凝胶化之后分子运动受到了阻碍，特别是在玻璃化之后分子运动就更困难了，所以，凝胶化之后进一步的固化反应是造成收缩应力的主要原因。凝胶化理论表明反应物的官能度愈高，发生凝胶化时官能团的反应程度就愈低。因此，官能度很高的胶黏剂体系在固化之后将会产生较高的内应力。这可能是高官能度的环氧化酚醛树脂胶黏剂的黏接强度低于双酚A型环氧树脂胶黏剂的主要原因。

降低固化过程中的体积收缩率对于热固性树脂的许多应用都有十分重要的意义。降低收缩率通常采取下列各种办法。

① 降低反应体系中官能团的浓度。因为总的体积收缩率正比于体系中参加反应的官能团的浓度，通过共聚或者提高预聚体的分子量等方法来降低反应体系中官能团的浓度，是降低收缩应力的有效措施。已经证明，双酚A型环氧树脂胶黏剂的黏接强度与树脂的分子量有关，抗剪强度随着分子量的增大而提高。

② 加入高分子聚合物来增韧。要求高分子聚合物能溶于树脂的预聚体中，在固化过程中由于树脂分子量的增大能使高分子聚合物析出，相分离时所发生的体积膨胀可以抵消掉一部分体积收缩。例如，在不饱和聚酯中加入聚乙酸乙烯酯、聚乙烯醇缩醛、聚酯等热塑性高分子材料能使固化收缩显著降低。

③ 加入无机填料。由于填料不参加化学反应，加入填料能使固化收缩按比例降低。加入无机填料还能降低热膨胀系数，提高弹性模量。因此，加入适量填料能使某些胶黏剂的强度显著提高，但是填料用量不宜太大。

（2）收缩应力

胶黏剂无论用什么方法固化，都会发生一定的体积收缩。而在胶黏剂失去流动性之后，体积还没有达到平衡数值时，进一步固化引起体积收缩就会产生内应力溶剂型胶黏剂在溶剂挥发使胶层失去变形能力时就会产生内应力。热熔胶黏剂的固化也伴随着严重的体积收缩。熔融聚苯乙烯冷却至室温时的体积收缩率为 5%。通过化学反应固化的胶黏剂,体积收缩率分布在一个较宽的范围内。环氧树脂固化过程中,因开环聚合时原子间距离变化小而有较低的体积收缩率。不饱和聚酯树脂固化过程中因两个双键由范德华力结合转变为共价键结合,原子间距离缩短,产生较大的体积收缩,其体积收缩率达 10%。按缩聚反应历程进行固化的一类高分子材料,如酚醛树脂,因固化时有低分子反应物逸出,所以有较大的体积收缩。

热应力高分子材料与金属、无机材料的热膨胀系数相差很大,见表 2-4。

表 2-4　常见材料的热膨胀系数

材料种类	热膨胀系数	材料种类	热膨胀系数
石英	0.5	酚醛树脂(未加填料)	约 45
陶瓷	2.5 ~ 4.5	铸型聚酰胺	40 ~ 70
铜	约 11	环氧树脂(未加填料)	约 110
不锈钢	约 20	高密度聚乙烯	约 120
铝	约 24	天然橡胶	约 220

热膨胀系数不同的材料黏接在一起,温度变化会在界面中造成热应力。热应力的大小正比于温度的变化、胶黏剂与被黏物热膨胀系数的差别以及材料的弹性模量。在黏接两种热膨胀系数相差很大的材料时,热应力的影响尤其明显。当温度变化时就会在黏接界面产生热应力。热应力的大小与温度的变化、胶黏剂与被黏物热膨胀系数的差别以及材料的物理状态和弹性模量有关。为了避免热应力,黏接热膨胀系数相差甚大的材料一般选择比较低的固化温度,最好采用室温固化的胶黏剂。例如不锈钢与聚酰胺之间的黏接,如果采用高温固化的环氧胶黏剂只能得到很低的黏接强度,而采用室温固化的环氧 - 聚酰胺胶黏剂就能得到满意的黏接强度。

为了黏接热膨胀系数不能匹配的材料,使之在温度交变时不发生破裂,一般应采用模量低、延伸率高的胶黏剂,使热应力能通过胶黏剂的变形释放出来。在这种情况下提高胶层厚度有利于应力释放,现在已经有许多应力释放材料可供选择,例如室温熟化硅橡胶、聚硫橡胶、软聚氨酯等。硬铝与陶瓷的黏接,如果改用室温熟化硅橡胶就可以解决在温度交变时发生破裂的问题。

收缩应力和热应力一旦形成,即使还没能引起黏接接头本身的破坏,也必然要降低黏接强度。

在胶黏剂中加入增韧剂,借助其柔性链节的移动,可以降低其内应力;加入无机材料,可使固化收缩率和热膨胀系数下降。这些措施对降低这两种应力都是比较有效的。

胶黏剂固化时的相态变化、胶液组成、固化温度及黏接工件的使用时间变化等都将在接头中产生内应力。为了获得良好的黏接,应该设法消除或减少内应力,因为内应力可以抵消黏接力，降低黏接强度。在胶黏剂中适当加入易于产生蠕动或有助于基料分子产生蠕动的物料；采用程序升温方法固化胶层；设法使胶液在流动状态下完成大部分体积收缩；加入适当的填充料；选用与被黏物热膨胀性能相近的胶种等操作均有利于减少或消除内应力。

（3）胶层厚度

较厚的胶层易产生气泡、缺陷和早期断裂，因此应使胶层尽可能薄一些，以获得较高的黏接强度。另外，厚胶层在受热后的热膨胀在界面区所造成的热应力也较大，更容易引起接头破坏。因此，厚的胶层往往存在较多的缺陷，一般来说胶层厚度减少，黏接强度升高。当然，胶层过薄也会引起缺陷而降低黏接强度。不同的胶黏剂或同种胶黏剂使用目的不同，要求胶层厚度也不同，大多数合成胶黏剂以 0.05 ~ 0.1 mm 为宜，无机胶黏剂以 0.1 ~ 0.2 mm 为宜。

胶层厚度也与接头所承受的应力类型有关。单纯的拉伸、压缩或剪切，胶层越薄，强度越大。胶层厚时剥离强度会适当提高。对于冲击负荷，弹性模量小的胶黏剂，胶层厚则抗冲击强度高；而对弹性模量大的胶黏剂，冲击强度与胶层厚度无关。一般认为，胶层的厚度与黏接强度有密切关系。一般规律是，在保证不缺胶黏剂的情况下，黏接强度随胶层厚度的减少而增加。在实际工作中，用涂胶量以及固化时加压来保证一定的胶层厚度。

（4）使用时间

随着使用时间增长，常因基料的老化而降低黏接强度。胶层的老化与胶黏剂的物理化学变化、使用时的受力情况及使用环境有关。冬夏交替或频繁的热冷变更将引起接头中内应力不断地循环交变，使黏接强度迅速下降。环境温度对黏接强度的影响也很大，有可水解性基团的基料构成的胶黏剂可因基料的水解而破坏胶层；多极性基团基料组成的胶黏剂在使用过程中会因干湿交替而脱胶。另外，光、热、氧等也能造成胶层老化。因此，在制备胶黏剂时应选用耐老化的基料或加入抑制老化的助剂。

2.4.3 影响黏接强度的化学因素

黏接体系在受力破坏时大多数呈现内聚破坏和混合破坏，胶黏剂的黏接强度在很大程度上取决于胶层的内聚力。而其内聚力是与基料的化学结构密切相关的。

（1）内聚能与内聚能密度

内聚能是为克服分子间作用力，把 1 mol 液体或固体分子移到其分子间的引力范围之外所需要的能量。单位体积的内聚能称为内聚能密度（CED）。内聚能密度是评价高分子间作用力大小的一个物理量，主要反映基团间的相互作用。内聚能密度的概念不仅能够分析材料的黏接强度，更能分析有机高分子材料能否用作胶黏剂。测定内聚能密度的方法主要是最大溶胀比法和最大特性黏数法。一般来说，分子中所含基团的极性越大，分子间的作用力就越大，则相应的内聚能密度就越大；反之亦然。

$$CED = \Delta E / V \qquad\qquad (2-1)$$

式中：E 表示内聚能；V 表示摩尔体积。

CED 在 300 以下的聚合物，都是非极性聚合物，分子间的作用力主要是色散力，比较弱。分子链属于柔性链，具有高弹性，可用作橡胶。其中，聚乙烯例外，它易于结晶而失去弹性，呈现出塑料特性；CED 在 400 以上的聚合物，由于分子链上有强的极性基团或者分子间能形成氢键，相互作用很强，因而有较好的力学强度和耐执性，并且易于结晶和取向，可成为优良的纤维材料；CED 在 300 ～ 400 之间的聚合物。分子间相互作用能力适中，适合用于作塑料。

对于聚合物极性，一般认为，物质中每个原子由带正电的原子核及带负电的电子组成。原子在构成分子时，若正负电荷中心相互重合，分子的电性为中性即为非极性结构。如果正负电荷中心不重合（电子云偏转），则分子存在两电极（偶极），即为极性结构，分子偶极中的电荷和两极之间的距离的乘积称为偶极矩。

当极性分子相互靠近时，同性电荷互相排斥，异性电荷互相吸引。故极性分子之间的作用力是带方向性的次价键结合力。对非极性分子来说，其次价键力没有方向性。

聚合物极性基团对黏接力影响的例子很多。吸附理论的倡导者们认为胶黏剂的极性越强，其黏接强度越大，这种观点仅适合于高表面能被黏物的黏接。对于低表面能被黏物来说，胶黏剂极性的增大往往导致黏接体系的湿润性变差而使黏接力下降。这是因为低表面能的材料多为非极性材料，它不易再与极性胶黏剂形成低能结合，故浸润不好（如同水不能在油面上铺展一样），故不能很好黏接。但如果采用化学表面处理，使非极性材料表面产生极性，就可以采用极性胶黏剂进行胶接，同样可获得较好的黏接强度。在聚合物的结构中，极性基团的强弱和多少，对胶黏剂的内聚强度和黏附强度均有较大的影响，例如环氧树脂分子中的环氧基、羟基、醚键，工腈橡胶中的氰基等，都是极性较强的基团。根据吸附作用原理，极性基团的相互作用，能够大大提高黏接强度。因此，含有较多极性基团的聚合物，如环氧树脂、酚醛树脂、丁腈橡胶、氯丁橡胶等，都常被用作胶黏剂的主体材料。

（2）分子量与分子量分布

聚合物的分子量对聚合物的一系列性能起着决定性的作用。对于用直链聚合物基料构成的胶黏剂，在发生内聚破坏的情况下，黏接强度随分子量升高而增大，升高到一定范围后逐渐趋向一个定值。在发生多种形式破坏时，分子量较低的一般发生内聚破坏，随分子量增加黏接强度增大，并趋向一个定值。当分子量增大到使胶层的内聚力与界面的黏接力相等时，开始发生混合破坏；分子量继续增大，胶液的润湿能力下降，黏接体系发生界面破坏而使黏接强度显著降低。也就是说，基料聚合物的分子量与胶层的内聚强度、胶液对被黏物表面的润湿性能密切相关，从而严重影响黏接体系的黏接强度与接头破坏类型。另外，从力学性能来说，分子量提高对韧性有利，平均分子量相同而分子量分布不同时，其黏接性能也有所不同。低聚物多，胶层倾向于内聚破坏。随高聚物比例增大，由于内聚强度增大，胶层逐渐转变为界面破坏，达到某一特定比例时可获得最大黏接强度。

由表 2-5 可以看出：当聚异丁烯分子量较小（7000）时，发生内聚破坏而剥离强度近似为零，说明聚异丁烯的分子量为 7000 时，几乎没有内聚强度。当聚异丁烯分子量增加到 20 000 时，剥离强度急剧增加，并且破坏特征为内聚破坏和黏附破坏的混合状态，说明此时聚异丁烯的内聚强度和黏附强度适当，都表现出了较高的数值。聚异丁烯分子量继续增加到 100 000 时，剥离强度反而降低，并且表现出黏附破坏的特征，说明聚异丁烯的分子量过大时，黏附强度下降。由此看出，选择适当的分子量，对于提高黏接强度有很大影响。

表 2-5　聚异丁烯分子量的影响

分子量	剥离强度 /（N/cm）	破坏形式
7000	0	内聚
20 000	3.62	混合
100 000	0.66	界面
150 000	0.66	界面
200 000	0.67	界面

胶黏剂聚合物平均分子量相同而分子量分布情况不同时，其黏接性能亦有所不同。例如，用聚合度为 1535 的聚乙烯醇缩丁醛（组分 1）和聚合度为 395 的聚乙烯醇缩工醛（组分 2）混合制成的胶黏剂黏接硬铝时，两种组分的比例不同对剥离强度的影响见表 2-6，可以看到，低聚物与少量高聚物混合时，胶层往往呈内聚破坏。当高聚物含量增加时，由于胶层内聚力的增加，转而成界面破坏。当高聚物与低聚物两组分按 10 ∶ 90 混合时得到最大的黏接强度。

表 2-6　聚合物分布对黏接强度的影响

组分 1	组分 2	平均聚合度	剥离强度 /（N/cm）
100	0	1535	18.82
50	50	628	18.82
30	70	513	24.41
25	75	485	26.77
20	80	468	31.77
10	90	433	48.84
0	100	395	14.71

（3）主链结构

胶黏剂基料分子的主链结构主要决定胶层的刚柔性。主链全由单键组成的聚合物，由于分子链或链段运动较容易而柔性大，抗冲击强度好。含有芳环、芳杂环等不易内旋转的结构时，胶黏剂刚性大，黏接性能较差，但耐热性好。如果分子中既含有柔性结构，又含有刚性结构，又含有极性基团，则一定具有较好的综合物理力学性能。例如，环氧树脂的主链结构具备这些特点，因此它作胶黏剂基料时所制得的胶种具有很好的综合性能。

聚合物分子主键若全部由单键组成，由于每个键都能发生内旋转，因此，聚合物的柔性大。此外，单键的键长和键角增大，分子链内旋转作用变强，聚硅氧烷有很大的柔性就是此原因造成的；主链中如含有芳杂环结构，由于芳杂环不易内旋转，故此类聚合物如聚砜、聚苯醚、聚酰亚胺等的刚性都较大；含有孤立双键的大分子，虽然双键本身不能内旋转，但它使邻近单键的内旋转易于产生，如聚丁二烯的柔性大于聚乙烯等；含有共轭双键的聚合物，其分子没有内旋转作用，刚性大、耐热性好，但其黏接性能较差，聚苯、聚乙炔等属于此类聚合物。

（4）侧链结构

胶黏剂基料聚合物含有侧链的种类、体积、位置和数量等对胶层的性能有重大影响。基团的极性对分子间力影响极大，极性小，分子的柔性好；极性大，分子的刚性大。基团间距离越大，柔性越好。直链状的侧基在一定范围内链增长，分子的柔性大，具有内增塑作用。如果链太长则互相缠绕，不利于内旋转而使柔性与黏接力降低。

聚丙烯、聚氯乙烯及聚丙烯腈三种聚合物中，聚丙烯的侧基基团是甲基，属弱极性基团；聚氯乙烯的侧基基团是氯原子，属极性基团；聚丙烯腈的侧基（氰基）为强极性基团。三种聚合物柔性大小的顺序是：聚丙烯 > 聚氯乙烯 > 聚丙烯腈。

两个侧链基团在主链上的间隔距离越远，它们之间的作用力及空间位阻作用越小，分子内旋转作用的阻力也越小，聚氯丁二烯每 4 个碳原子有一个氯原子侧基，而聚氯乙烯每两个碳原子有一个氯原子侧基，故前者的柔性大于后者。

侧链基团体积大小也决定其位阻作用的大小。聚苯乙烯分子中，苯基的极性较小，但因为它体积大、位阻大，使聚苯乙烯具有较大的刚性。

侧链长短对聚合物的性能也有明显的影响。直链状的侧链，在一定范围内随其链长增大，位阻作用下降，聚合物的柔性增大。但如果侧链太长，有时会导致分子间的纠缠，反而不利于内旋转作用，而使聚合物的柔性及黏接性能降低。聚乙烯醇缩醛类、聚丙烯酸及甲基丙烯酸酯类聚合物等其侧链若含有 10 个碳原子，则具有较好的柔性和黏接性能。

侧链基团的位置也影响聚合物黏接性能。聚合物分子中同一个碳原子连接两个不同的取代基团会降低其分子链的柔性，如聚甲基丙烯酸甲酯的柔性低于聚丙烯酸甲酯。

（5）交联度

线型聚合物产生交联时原来链间的次价键力（分子间力）变成了化学键力，此时聚合物的各种性能都发生重大变化。在交联度不高的情况下，链段运动仍可进行，材料仍具有较高的柔性和耐热等性能。交联点增多，尤其是交联桥同时变短时，聚合物材料变硬发脆。也就是说，交联度增大聚合物材料蠕变减少，模量提高，延伸率降低，润湿性变差等。由于黏接体系在胶液固化前就能完成扩散和润湿等过程，所以通过适当交联来提高胶层的内聚力可以大大提高黏接强度，这在以内聚破坏为主的黏接体系中更为重要。

一些专家认为，线型聚合物的内聚力，主要取决于分子间的作用力。因此，以线型聚合物为主要成分的胶黏剂，一般黏接强度不高，分子易于滑动，所以它可溶可熔，表现出耐热、耐溶剂性能很差。如果把线型结构交联成体型结构，则可显著地提高其内聚强度。通常情况下，内聚强度随交联密度的增加而增大。如果交联密度过大，间距太短，则聚合物的刚性过大，从而导致变硬、变脆，其强度反而下降。

胶黏剂聚合物的交联作用一般包括以下几种不同的类型。

① 聚合物分子链上任意链段位置交联。如二烯类橡胶、硅橡胶、氟橡胶等在硫化剂存在下均可发生此种交联过程。这种交联作用形成的交联度取决于聚合物的主链结构、交联剂的种类及数量、交联工艺条件等。

② 通过聚合物末端的官能基团进行交联。

③ 通过侧链官能基进行交联。

④ 某些嵌段共聚物，可通过加热呈朔性流动而后冷却，并通过次价键力形成类似于交联点的聚集点，从而增加聚合物的内聚力。这种方法称为物理交联。

（6）结晶

有些线型聚合物可以处于部分结晶状态。这种结晶对黏接性能影响较大，尤是在玻璃化转变温度到熔点之间的温度范围内的影响更大，而液态聚合物的结晶在其玻璃化之前完成时效果才好。

一般来说，聚合物结晶度增大，其屈服应力、强度和模量及耐热性均提高，而伸长率、抗冲击性能却降低。高结晶度的聚合物往往较硬较脆，黏接性能不好。较大的球状结晶容易使胶层产生缺陷，常使力学性能降低；线型纤维状结晶却能使力学性能提高。线型聚合物在胶液中或在黏接前（如热熔胶）一般是非结晶状，在某些情况下设法使之在固化时产生一定量的结晶可以提高胶层的黏接强度及其他性能。例如，氯丁胶液固化时产生的结晶及热熔胶冷却时形成的微晶均能提高黏接强度。

第3章　胶黏剂配方设计

胶黏剂新配方设计一般经过配方的原理设计、配方组成设计和组分配比的最优化设计等3个阶段。

3.1　胶黏剂配方设计原理

根据胶黏剂的用途和主要功能指标，选择基料或合成新型高分子材料。根据基料的交联反应机理，选择固化剂或引发剂，以及相应的促进剂等直接参加反应的组分。将胶黏剂的主功能及有关指标作为设计的目标所数，进行配方试验、测试指标，通过方案设计评价系统，最终确定原理性配方的主要成分比例。

例如环氧树脂胶黏剂的设计。根据环氧树脂的开环聚合原理选择固化剂，并结合黏附强度、操作工艺、环境应力等要求，选择胺类或酸酐类化合物作固化剂。

胺类固化剂的交联反应为

其中，R 和 R′ 分别代表不同的烷基，三级胺尚可引发环氧基开环自聚而交联。因为胺类易挥发，用量适当过量，一般为当量值的 1.3 ～ 1.6 倍。

二元酸酐与环氧树脂固化反应如下。

首先用含活泼氢化合物，如乙二醇、甘油和含羟基的低分子聚醚等打开酸酐环。

酸酐开环反应生成的羟基与环氧基加成，生成酯。

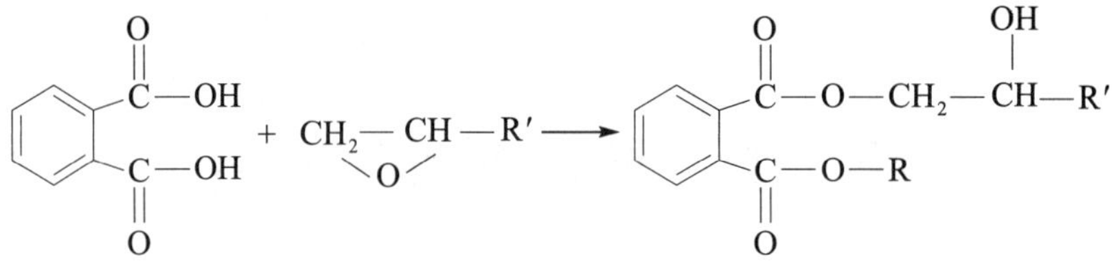

酯化生成的羟基可使酸酐开环，也可催化环氢基开环，生成醚键。

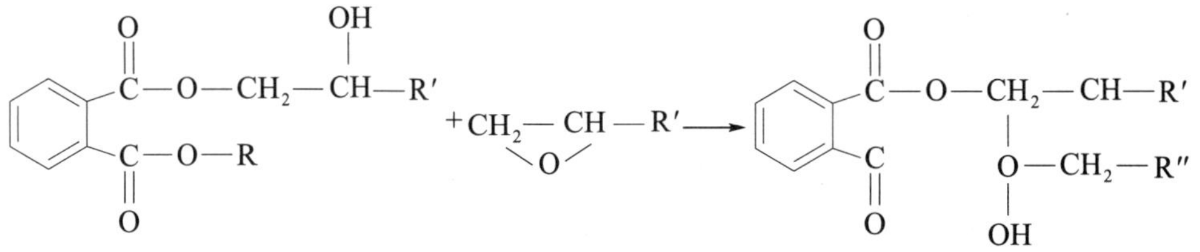

体系中的羟基还可与羧基反应。无论哪一种方式使酸酐开环，反应的中间产物均能使环氧基开环聚合。因此，不必按当量计算酸酐用量，可按酸酐及促进剂的活性，选用当量用量的 70% ～ 90% 即可。

胺类用量＝胺当量 × 环氧值 × （1.3 ～ 1.6）

酸酐用量＝酸酐当量 × 环氧值 × （0.7 ～ 0.9）

3.2　胶黏剂配方组成设计

胶黏剂的使用要求是多方面的。胶黏剂基料所能提供的功能是难以满足要求的，必须借助于其他助剂才能实现。

按功能互补原则，根据胶黏剂的功能要求加入助剂，使原有功能获得改善，增加所需功能。组分材料的选择原则是：溶解度参数相近，各组分间有良好的相容性；不直接参加反应的组分搭配，应遵循酸碱配位规则。酸碱配位本质上是电子转移过程。组分搭配也就是电子受体（酸）与电子给体（碱）的搭配。例如胶黏剂 / 被黏物、聚合物 / 填料等均应遵循酸碱匹配条件，体系才能稳定且具有较高的黏附力。

3.3　胶黏剂配方组分配比的优化设计

胶黏剂是一个复杂的体系。除了基料外，还有其他组分。某些组分间的作用可能是相反的，且处于胶黏剂体系之中。在配方设计中，必须进行科学的综合权衡，以求配方获得力学上稳定，主功能最优，其他功能全面满足要求。

3.3.1　胶黏剂体系的功能优化设计

胶黏剂的功能优化设计，指主功能优化、其他功能满足要求的配方设计。其设计过程是：首先将主功能作为设计的目标函数，然后进行配方设计；参与交联反应的组分按反应机理的当量关系进行设计，其他组分按功能互补原则配制、按酸碱配位原则选料；最后进行配方优化设计，以主功能作为评价标准，进行配方试验、性能测试，确定胶装利配方。胶站剂配方优化设计的方法很多，常用的有单因素优选法，多因素优选法，正交试验法，线性规则和改进的单纯形法等。

（1）单因素优选法

在几个组分的胶黏剂体系中，将（$n-1$）个因素固定，逐步改变一个因素的水平。根据目标函数评定该因素的最优水平。依次求取体系中各因素的最优水平。最后将各因素的最优水平组合成最好配方。显然，这样的配方并非该胶黏剂的最优配方。单因素优选法是最基本的方法，但实际问题比较复杂。运用时，应按因素对目标率数影响的敏感程度，逐次优选。常用单因素优选法中，有适于求极值问题的黄金分割法，即 0.618 法和分数法；以及适于选合格点问题的对分法等。

（2）多因素优选法

其实质是每一次取一个因素，按0.618法优选。依次进行，达到各因素优选。第二轮起，每次单因素优选，实际只做一个试验则可比较。此法的试验次数也较多。

（3）正交试验法

它是多因素优选的一种方法。其特点是对各因素选取数目相同的几个水平值，按均匀搭配的原则，同时安排一批试验。然后，对试验结果进行统计处理，分析出最优的水平搭配方案。分析方法有简单的直观分析法和有可靠性判断的方差分析法。

下面以厌氧胶的配方设计为例说明。

厌氧胶配方的基本成分有单体、稳定剂、促进剂、助促进剂、引发剂和填料。配方中单体含量为100，作为计量单位标准，保持恒定。采用 $L_{16}(4^5)$ 正交表安排试验，以黏接螺栓的牵出强度作为目标函数，选取最佳配方。5 因素 4 水平取值列表于表 3-1，正交试验安排表 3-2 试验结果结构及极差列表于表 3-3。

表 3-1　厌氧胶配方设计因素——水平表

因素 水平	稳定剂 A（g）	助促进剂 B（g）	填料 C（g）	促进剂 D（g）	引发剂 E（g）
1	0.25	2.5	0	7.5	7.5
2	0.15	10	50	5	2.5
3	0.4	7.5	75	2.5	15
4	0.05	5	25	10	30

表3-2　厌氧胶正交实验表

实验号＼列号	A	B	C	D	E
1	2	1	1	1	1
2	1	2	2	2	2
3	1	2	3	3	3
4	1	4	4	4	4
5	2	1	2	3	4
6	2	3	1	4	3
7	2	3	1	4	3
8	2	4	3	2	1
9	3	1	3	4	2
10	3	2	4	3	1
11	3	3	2	2	4
12	3	1	2	1	3
13	4	1	4	2	3
14	4	3	3	1	4
15	4	3	2	4	1
16	4	4	1	3	2
组	1	2			

表3-3　厌氧胶正交实验结果及极差

水平＼因素	稳定剂 A	助促进剂 B	填料 C	促进剂 D	引发剂 D
1	198	143	265	205	193
2	171	171	132	170	196
3	112	203	92	155	161
4	159	89	147	107	144
极差	86	114	173	98	52

　　从表3-3中可以看出，各因素极差大小顺序为填料＞助促进剂＞促进剂＞稳定剂＞引发剂。

　　各因素的最好水平搭配为 $A_1B_3C_1D_1E_2$，即稳定剂0.25 g，助促进剂7.5 g，填料0，促进剂7.5 g，引发剂2.5 g。

采用上述配方测得的破坏强度为 180 kgf·cm。（1 kgf·cm=9.81 N·cm）

牵出强度为 300 kgf·cm。其中牵出强度略低于正交设计中最好点的试验结果。说明上述配方是较好的。但不是最优配方。可通过交互作用的正交试验或其他最优化设计方法，进一步提高配方的优化程度。

（4）改进的单纯形法

线性规划实质上是线性最优化问题。当目标函数为诸变元的已知线性式，且诸元满足一组线性约束条件（等式或不等式）时，要求目标函数的极值。它是最优化方法中的基础方法之一。改进单纯形法可解一般线性规划问题。其优点是运算量较单纯形法小，适用面广，便于上计算机计算。此法在胶黏剂配方的计算机辅助设计中有详细介绍。

3.3.2　胶黏剂体系的稳定性设计

胶黏剂体系一般由高分子基料、固化剂及填料等辅助材料构成。在一定条件下，各组分之间互相扩散、互相溶解，从而获得良好的稳定性、优良的黏接特性和较长的使用寿命。体系的稳定设计，就是体系必须符合热力学条件。胶黏剂的配制过程，体系的自由能降低，则过程可以自发进行。所获得的体系必然是稳定的、配制过程的自由能变化可用下式表示。

$$\Delta F = \Delta H - T\Delta S \tag{3-1}$$

式中：ΔF 为体系的自由能变化；ΔH 为体系的热焓变化；ΔS 为熵变；T 为热力学温度。

对于两种高分子化合物的互溶过程，体系的热焓可用式（3-2）表示：

$$\Delta H = (x_1 v_1 + x_2 v_2)(\delta_1^2 + \delta_2^2 - 2\phi\delta_1\delta_2)\phi_1\phi_2 \tag{3-2}$$

式中：x_1、x_2 分别为两种高分子的摩尔分数；ϕ_1、ϕ_2 分别为两种高分子的体积分数；δ_1^2、δ_2^2 分别为两种高分子的内聚能密度；δ_1、δ_2 分别为两种高分子的溶解度参数；v_1、v_2 分别为两种高分子的摩尔体积；ϕ 为两种高分子的相互作用常数。

当过程自发进行时，$\Delta F \leqslant 0$，则 $\Delta H < 0$ 或者 $\Delta H < T\Delta S$。

对于高分子聚合物，只有 $\delta_1 \approx \delta_2$ 时，才可满足热力学条件。一般情况 $\delta_1 - \delta_2 < 1.7 \sim 2.0$，溶解过程还能进行，$\delta_1 - \delta_2 > 2.0$ 时，溶解无法进行。因此，配方设计时，聚合物与辅助组分间的溶解度参数应尽可能相近，才可获得热力学的稳定体系。这是配方设计的基本原则之一。热力学稳定条件可采用最优化法求解。

3.3.3　胶黏剂固化工艺与配方设计

设计配方时应顾及固化工艺，有时为了获得良好的操作工艺，必须调整胶黏剂配方。固化方法有物理方法和化学方法两大类。例如，热熔胶可通过冷却而固化；溶液胶可通过溶剂蒸发而固化；乳液胶通过水分的渗透、挥发而凝聚固化；热固性胶黏剂则通过多官能团单体或固化剂交联反应而固化。胶黏剂基料类别不同，采用的固化方法不同。另外，相同配方的胶黏剂，固化条件不同其黏接特性也会发生变化，有时影响是很大的，在一定程度上决定了胶黏剂的特性与用途。因此，固化工艺设计本身也是胶黏剂配方设计的一个重要组成部分。胶黏剂固化方法中，压力、温度及其保持时间是固化过程的 3 个主要参数。每个参数的变化都将对固化过程及黏接性能产生直接影响。在胶黏剂配方设计中要特别重视。

3.4　计算机辅助胶黏剂配方优化设计

随着计算机应用的日益广泛，计算机辅助胶黏剂配方设计得到了迅速发展。例如，采用回归分析法建立性能与配方组分之间的关系；用等值线图法，寻找热熔胶的最优配方；用线性规划法设计丙烯酸漆配方；用二次回归正交设计方法建立性能与变量组分间的关系；用计算机处理数据，获得绝缘胶最佳配方以及丁基橡胶优选配方。计算机辅助配方设计必将推动胶黏剂配方设计工作的迅速发展和加速新品种的诞生。

3.4.1　优化设计的原理及过程

计算机辅助配方最优化设计原理是应用数理统计理论设计变量因子水平的实验，用计算机处理实验数据，根据回归分析建立变量因子与指标之间的数学关系，采用最优化方法在配方体系中寻找最优解，从全部最优解得出最佳配方。其主要步骤如下：

变量因子水平设计→配方实验＞建立数学模型→配方最优化→验证实验→最优配方。

最佳配方设计的关键是最优化方法的选择，它直接影响到最佳配方的优劣。这种以数理统计和最优化方法为基础的计算机辅助配方设计，具有如下特点：实验次数少，数据处理快，可求得最优的胶黏剂配方，经费节省。在一定范围内可预测各变量因子不同水平下的胶黏剂特性，可得出满足不同要求的胶黏剂配方，因此，具有重要的技术、经济意义。

3.4.2　环氧胶黏剂的最优化配方设计

要设计出环氧胶黏剂的最佳配方，达到所要求的胶接性能，就必须了解环氧胶黏剂的黏附机理和胶接的破坏机理。我国在这方面已做了大量研究，并提出了许多理论，虽然都还存在一些不足之处，但是已阐明和解决了不少实际问题，大大推动了环氧胶黏剂的开发应用。关于环氧树脂胶黏剂最优化配方设计的基本原则，应把握好以下 3 个方面。

（1）胶黏剂性质与胶接性能的关系

胶黏剂的性能对胶接性能具有决定性的影响，对胶黏剂的配方设计至关重要。接头中胶层和界面层的性能主要取决于胶黏剂的结构、性能及其固化历程，当然还与被黏物的表面结构和性质等有关。本节讨论的胶黏剂的性质是指固化后的胶层和界面层阶性质。影响胶接性能的胶黏剂性能主要有以下几方面。

① 胶黏剂的强度和韧性。前者是胶黏剂抵抗外力的能力，而后者是降低应力集中、抵抗裂纹扩展的能力。提高胶黏剂的强度和韧性有利于提高接头的胶接强度。

② 胶黏剂的模量和断裂伸长率。二者影响胶接接头的应力分布。低模量和高断裂伸长率的胶黏剂会大大提高"线受力"时的胶接强度。但是模量太低、断裂伸长率太大往往会降低内聚强度，反而使胶接强度降低。对这两种影响相反的因素，只有找到它们共同影响下的最佳值，才能得到最好的"线受力"胶接强度。

③ 胶黏剂的稳定性和耐久性。这是它抵抗周围环境（温度、湿度、老化、介质侵蚀等）使胶黏剂性能劣化和结构破坏的能力。对提高接头的耐热性、耐湿热性、耐老化性、耐腐蚀性及安全可靠性等有决定性作用。抗剪强度（面受力）和剥离强度（线受力）显然是性质不同的两类性能。前者属于应力范畴，是材料的极限应力（破坏应力）；后者与胶黏剂的形变能有关，属于能量范畴，是材料的断裂能（断裂功），所以有人把剥离强度列为韧性参数。中尾一宗等测定了胶层厚度、温度及测试速度与剥离强度的关系，发现这些参数可以换算，曲线中剥离强度峰的数目与胶黏剂的转变点数目有关。环氧胶黏剂的硬度、模量与胶接性能的关系，可按硬度大小分成 4 个区域：非结构性胶黏剂、柔性胶黏剂、一般结构胶黏剂和耐热胶黏剂。必须指出的是，胶黏剂的性能与胶接性能是相互关联又相互制约的，只有综合考虑、全面权衡，才能设计出所需环氧胶黏剂的最佳配方。

（2）确定所需环氧胶黏剂关键性能的主要依据

① 按接头中胶层的受力状态和大小选择胶黏剂的性能。若为"面受力"，宜选用内聚强度和黏附强度大、韧性好的胶黏剂。若为"线受力"则宜选用韧性好、模量较小、断裂伸长率较大的胶黏剂。受疲劳或冲击载荷时宜选用韧性好的胶黏剂。

② 按被黏物的性质选择胶黏剂。刚性大的脆性材料（如玻璃、陶瓷、水泥、石料等）宜用强度高、硬度和模量大、不易变形的胶黏剂。钣金件和结构件等坚韧、高强的刚性材料，由于承载大并有剥离应力、冲击和疲劳应力，惯用强度高、韧性大的结构胶黏剂，如环氧 - 丁腈胶。柔软及弹性材料（塑料薄膜、橡胶等）一般不用环氧胶，也可选用柔性大的环氧胶。多孔性材料（泡沫朔料等）宜用黏度较大、柔性好的环氧胶。极性小的材料（聚乙烯、聚丙烯、氟塑料等）应先经表面活化处理后再用环氧胶黏接。

③ 按使用温度选择胶黏剂。胶黏剂的玻璃化转变温度 T_g 一般应大于最高使用温度。通用型环氧胶黏剂的使用温度约为 -40 ~ 80℃。使用温度高于150℃时宜用耐热胶黏剂。使用温度在 -70℃以下时宜用韧性好的耐低温胶黏剂，如环氧聚氨酯胶、环氧 - 聚酰胺胶等。冷热交变对接头破坏较大，宜用韧性好的耐高低温胶，如环氧 - 聚酰胺胶等。

④ 按其他使用性能要求选择胶黏剂，如耐水性、耐湿热性、耐老化性、耐腐蚀性、介电性等。

⑤ 按工艺要求（固化温度、固化速度、教度、潮面或水中固化等）选择胶黏剂。所选出的胶黏剂常常不能同时满足所有的要求。这就需要正确地判断哪些性能是所需胶黏剂的主要性能（关键性性能），哪些是次要性能，并按照确保主要性能，兼顾其他性能的原则设计胶黏剂配方。

（3）环氢胶黏剂配方设计的步骤和方法

首先应根据使用性能和允许的固化工艺条件判断采用环氧胶黏剂是否有可能，在性能价格比上是否有优势。然后大体上按照以下步骤进行配方设计。

① 初步判断所需环氧胶黏剂的主要性能是哪些，次要性能是哪些。

② 本着确保主要功能，兼顾其他功能的原则，按照组分材料的结构和性能与胶黏剂性能的关系来确定胶黏剂的初步配方（胶黏剂的组配和配比），还应考虑成本及组分材料的来源。a.先选配环氧树脂固化体系。按化学当量计算树脂和固化剂的理论用量。对催化剂和促进剂用量则参考经验数据。b.再选配其他助剂。参照经验数据或试配法选定初步用量（配比）。组分材料的在选配时还应注意组分材料之间的相互影响。

③ 按照主功能最优，其他功能适当的原则对初步配方进行优化。如采用正交回归分析法等，并借助计算机辅助设计，经过综合权衡，最后定出最佳配方。

必须指出，按标准方法测出的胶接强度并不是实际接头的强度。这是因为胶接强度不仅与胶黏剂和被黏物性质有关，而且还受接头的形式和几何尺寸、胶接工艺条件、环境温度和湿度、加载方式和速度等因素的影响。实际接头和标准试样在这些方面并不完全相同。所以对实际结构还要进行模拟件的强度测试，必要时还必须对实际胶接件直接进行破坏性强度测试。

（4）环氧树脂胶黏剂配方最优化设计举例

以环氧树脂胶黏剂为例，进行配方最优化设计。

① 变量因子水平设计及配方实验胶黏剂配方组成，四官能环氧树脂（AG-80），固化剂「4，4′-二氨基二苯砜（DDS）」，改性树脂和填料。

变量因子水平：参考正交回归设计安排，因为环氧树脂配方，一般按照树脂100 g计算的，所以，树脂为常量。变量因子的水平值列于表3-4。

表3-4 变量因子水平性能和指标值

变量因子 试验号	环氧树脂	固化剂（x_1）	填料（x_2）	改性树脂（x_3）	性能指标（y）/MPa	
					测定值	预测值
1	100	31	30	25	9.680	9.867
2	100	31	30	45	8.788	8.832
3	100	31	90	25	5.319	5.326
4	100	31	90	45	9.648	9.649
5	100	51	30	25	9.181	9.503
6	100	51	30	45	10.662	1.0673
7	100	51	90	25	8.168	8.168
8	100	51	90	45	9.635	9.645
9	100	27.5	60	30	9.799	9.726
10	100	54.5	60	30	10.691	10.682

变量因子 试验号	环氧树脂	固化剂（x_1）	填料（x_2）	改性树脂（x_3）	性能指标（y）/MPa	
					测定值	预测值
11	100	41	19.4	30	9.531	9.474
12	100	41	100.6	30	7.927	7.920
13	100	41	60	9.7	9.769	9.783
14	100	41	60	50.3	9.397	9.396
15	100	41	60	30	8.875	8.894
16	100	54.5	68	45	11.057	11.042
17	100	41	30	30	9.727	9.356
18	100	54.5	30	10	9.993	9.874

以胶黏剪切强度为实验目标值，考察胶黏接头耐碱能力。试验：碱水的pH=13 ~ 14，压力 0.51 MPa，于 150 ℃下煮 8 h，然后测指标，目标值越大越好。试件按照 GB 1046—70 标准制作，在 DL1000 型电子拉力机上测定。测试速度 10 mm/min，温度 150 ℃。结果见表 3-4。

② 建立数学模型。

数学模型的建立，一般采用回归分析方法求得性能指标与变量因子之间的回归方程。本试验采用逐步回归方法，建立性能指标 y 与变量因子 x_1，x_2，x_3 的回归方程。对于多元回归问题，每个变量并不是都对 y 有重要影响，逐步回归的目的就是要从中选取对 y 有重要影响的因子，组成"最优"回归方程。逐步回归方法的数学模型与多元线性回归方法的模型相同，采用最小二乘法估计回归系数，其方程为

设变量 y 与 x_1，x_2，$\cdots$，x_n 的关系为

$$y = \beta_0 + \beta_1 x_1 + \beta_2 x_2 + \cdots + B_n I_n \tag{3-3}$$

设 β_0，β_1，β_2，$\cdots \beta_n$，分别为的最小二乘法估计，则回归方程式为

$$y = \beta_0 + \beta_1 x_1 + \beta_2 x_2 + \cdots + \beta_n x_n \tag{3-4}$$

由最小二乘法知道，β_0，β_1，β_2，$\cdots$，β_n 应使全部观察值 y_a 与回归值 $\acute{y}_a$ 的偏差平方和 Q 达到最小，即

$$Q - \sum (y_a - \acute{y}_a)^2 = \min$$

根据求值原理，β_0，β_1，β_2，$\cdots$，β_n 应是下列方程组的解

$$aQ/ab_0 = -2\sum (y_a - \acute{y}_a) = 0$$

$$aQ/ab_j = -2\sum (y_a - \acute{y}_a) X_{aj} = 0, \quad j = 1, 2, \cdots, n \tag{3-5}$$

采用 BASIC 语言逐步回归计算程序进行计算处理。此例尚可采用多变量的任意多项式回归模型，即

$$y=\beta_0+\beta_1x_1+\beta_2x_2+\beta_3x_3+\beta_4x_1x_2+\beta_5x_1x_3+\cdots+\beta_{50}X_1^2X_2^2X_3^2 \qquad (3-6)$$

令 $Z_1=x_1$，$Z_2=x_2$，$Z_3=x_3$，$Z_4=x_1x_2\cdots Z_{50}=X_1^2X_2^2X_3^2$

则 $y=\beta_0+\beta_1Z_1+\beta_2Z_2+\beta_3Z_3+\beta_4Z_4+\beta_5Z_5+\cdots+\beta_{50}Z_{50}$ \qquad (3-7)

将式（3-4）化为多元线性回归方程。处理结果，最后得到如下的回归方程：

$$y=\beta_0+\beta_1x_1+x_2+\beta_2x_3^2+\beta_3x_2^3+\beta_4x_1x_2^2x_3+\beta_5x_1^3x_3^2+\beta_6x_1^2x_3^3+\beta_7x_2^2x_3^3+\beta_8x_2^3$$
$$x_3^2+\beta_9x_2^4+\beta_{10}x_2^5+\beta_{11}x_1^2x_2^2x_3^2 \qquad (3-8)$$

其中：$\beta_0=11.950948$

$\beta_1 = -3\,538\,471\,098 \times 10^{-3}$

$\beta_2 = -166\,947\,067 \times 10^{-3}$

$\beta_3 = 135\,109\,536 \times 10^{-4}$

$\beta_4 = -9\,491\,222\,973 \times 10^{-9}$

$\beta_5 = 159\,993\,498 \times 10^{-8}$

$\beta_6 = 210\,413\,021 \times 10^{-8}$

$\beta_7 = 657\,834\,171 \times 10^{-9}$

$\beta_8 = 147\,159\,615 \times 10^{-8}$

$\beta_9 = 2.995\,662\,78 \times 10^{-8}$

$\beta_{10} = -16\,656\,731 \times 10^{-8}$

$\beta_{11} = -144\,315\,867 \times 10^{-10}$

回归方程的相关系数为 0.995，根据变量个数、误差自由度，查表得置信水平 1% 的相关系数临界值 $y_{0.01}=0.706$，这说明回归方程中变量间存在着明显的线性关系。

试验实测值 y 与预测值 y_a 间的偏差（$y-\acute{y}$）服从正态分布，y 值在（$\acute{y}_a-1.96S_y$，$\acute{y}_a+1.96S_y$），区间的概率为 95%。

$$S_{\bar{y}} = \frac{\sum_{i=1}^{n}(y_i-\bar{y}_{ai})^2}{n=21}$$

式中：S_y 为剩余离差；y_i、ya_i 分别为测定值和回归值；n 为试验个数。

从表 3-4 的测定值和预测值求得 $S_y=0.1361$。用式（3-7），估算 y 值的预测区间为

$$（\acute{y}_a-0.2668，\acute{y}_a+0.2668）$$

表 3-4 中的测定值，除了 5 号、17 号外，均在预测区间内。回归方程（3-6）较好地反映了变量 y 与 x_1、x_2、x_3 之间的关系。

3.4.3　配方最优化设计

环氧胶黏剂配方最优化设计是多极值的最优化问题。下面介绍采用逐步搜索法与单

纯形加速法联用进行配方最优化设计的原理。实际上是用逐步搜索法求出近似最优解，作为初始点，用单纯形加速法进行寻优处理，最后得出满足精度要求的全局最优解。

（1）逐步搜索法

在变量因子取值范围内，按一定步长，逐次改变每个变量值，按回归方程计算 y 值。与前面求得的值比较，选出最大值并求出相应的变量因子水平，获得最佳配方。用 BASIC 语言编制的逐步搜索法优化程序框图，见图 3-1。

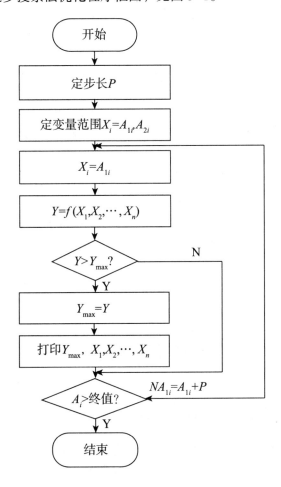

图 3-1　局部搜索法程序框图

（2）单纯形加速法单纯寻优方法是一种直接试验方法。按照一定法则不断运行单纯行，使试验结果趋向最优化。图 3-2 是二维（因素）单纯形运行过程。单纯形是一种简单的几何体，在 N 维空间中是具有（$N+1$）个顶点的多面体。其设计步骤如下。

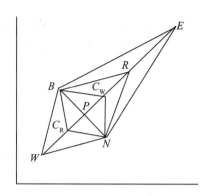

图 3-2 二因素单纯形运行图

① 建立初始单纯形在试验范围内选定初始点，确定步长，建立初始单纯形。对于 N 个因素，可取 N 维空间中的（$N+1$）个点：x_0，x_1，…，x_n。要求 N 个向量：

$$（x_1-x_0），（x_2-x_0），…，（x_n-x_0） \tag{3-9}$$

线性无关，以保证初始单纯形在 N 维空间中为相应的多面体。

② 寻优。

单纯形的每个顶点代表一组试验条件，比较各顶点的试验结果。摒弃最差点，求剩余点重心 P。参看图 3-2，新点按下式求取

$$R=P+a（P-W） \tag{3-10}$$

式中：R 为新点坐标；W 为最差点坐标；P 为除 W 外，各顶点的中心。

3.5 提高胶黏剂黏接耐久性的设计

3.5.1 提高胶黏剂的耐水性的设计

水分和湿气对黏接的耐久性影响极大，因此，胶黏剂的耐水性好、吸水性低是黏接耐久性高的先决条件，特别是在湿热环境中更为重要。环氧 – 聚酰胺胶、环氧 – 低分子聚酰胺胶、环氧聚砜胶等耐水性不好，只能用于干燥环境，不适宜在潮湿场合长期使用。环氧 – 丁腈胶、环氧酚醛胶、环氧 – 聚硫胶等耐水性好，在潮湿或湿热条件下都具有很好的耐久性。采用芳胺固化的环氧胶具有更好的耐湿热性能。如果使用环氧树脂与煤焦油混合（1∶2 或 2∶1）固化后耐水性很高，当环氧树脂中含 2% ～ 10%（质量）煤焦油时，耐水性最好，在 60℃中保持 3000 h，强度下降不超过 20 %。810 水下环氧固化剂不仅可以在潮湿环境或水中固化环氧树脂，而且有很好的耐水性能，可在水中长期使用。环氧树脂与有机硅树脂反应生成环氧有机硅树脂，使耐水性提高。

胶黏剂中加入的填料应耐水性好，不然会降低胶黏剂的耐水性，例如农机 2 号胶，因加入较多量的氧化钙，故耐水性不好。

3.5.2　提高胶黏剂的耐热性的设计

胶层在长期的高温作用下，因热与氧的联合作用引起胶黏剂的老化，导致耐久性降低，提高胶黏剂的耐热性至关重要。含有芳环、脂环、杂环、酚醛、硅、硼、磷、钛的环氧胶黏剂会提高耐热性，脂环族环氧树脂耐候性较强、耐热性较高。

环氧 – 酚醛胶、环氧 – 有机硅胶、环氧 – 聚砜胶、环氧 – 双马树脂胶、双酚 S 环氧胶等都具有较高的耐热性。环氧胶黏剂中加入耐热性填料，如温石棉粉、氧化锑粉（锑白粉）、铝粉、硫酸钙晶须、氢氧化镁晶须、氧化锌晶须、纳米 SiO_2、纳米 $CaCO_3$、纳米 TiO_2 等都可以提高耐热性。

以脂环族环氧树脂、氨基多官能环氧树脂、酚醛环氧树脂、双酚 S 环氧树脂、有机钛环氧树脂、有机硅环氧树脂、液晶环氧树脂、海因环氧树脂等配制的胶黏剂比双酚 A 型环氧树脂胶的耐热性好得多。芳香胺固化的环氧胶黏剂具有较高的耐热性能。

F 系列固化剂固化的环氧胶黏剂可耐 300℃ 高温。芳香胺固化的环氧胶耐热性比脂肪胺高 30℃。用三乙醇胺固化环氧胶黏剂比低分子聚酰胺且有优良的耐热性和耐水性。

3.5.3　加入防老剂

防止老化的方法很多，其中之一就是于环氧胶黏剂中加入适当的防老剂，以延缓老化，提高耐久性。该法简便易行，效果比较明显。防老剂是一类能够抑制热、光、氧、重金属离子等对胶层产生破坏的物质，按其作用机理和功能可分为热稳定剂、光稳定剂、抗氧剂、金属离子钝化剂、防霉剂等。添加光热稳定剂可提高环氧胶黏剂的光稳定性和热稳定性。

在环氧胶黏剂中加入稳定剂，如 8- 羟基喹啉、乙酰丙酮、邻苯二酚、水杨酸、没食子酸、水杨醛等能与过渡金属离子（铁、铜、钴等）形成稳定络合物的有机化合物，可以降低对热氧化分解的催化作用。其中，8- 羟基喹啉对降低环氧胶的热氧化效果很好。炭黑也是有效的氧化抑制剂。环氧胶黏剂中加入 0.1% ～ 0.5% 的抗氧剂 264，对于减缓老化，延长使用寿命的效果非常显著；加入 0.5% ～ 1.0% 的抗氧剂 1010 能够提高环氧胶的耐候性，264 与 1010 混用效果更好。

环氧胶黏剂中加入紫外线吸收剂，如 UV–531 等，可以防止或抑制光氧老化的产生与发展。延长户外使用寿命。尤其是带环氢基的反应型光稳定剂效果更佳，环境友好。如果几种防老剂并用，则有协同效应，效果会更优。

3.5.4　使用偶联剂的设计

多年来的实践表明，在环氧胶黏剂和黏接过程中使用偶联剂能够极大地提高黏接强度、耐水性、耐热性和耐湿热老化性，从而使黏接结构更为可靠耐久，这是提高黏接耐久性最简单、最有效的方法，可使耐久性提高 1 ～ 2 倍（也有说 4 ～ 7 倍）。

于环氧胶黏剂中加入 1% ～ 3%（以环氧树脂计）的偶联剂，而以 0.5% ～ 1% 的乙醇溶液对被黏表面处理（120℃ 干燥 1h），底涂效果更好。采用 KH–560 处理钢板时，能使钢板在水中和高湿状态下具有非常优异的黏接耐久性。若用偶联剂溶液处理被黏表面，同时又将偶联剂加入环氧胶黏剂中，其效果最佳。硅烷偶联剂的烷氧基团在弱酸性（乙酸）介质中水解生成硅烷三醇，吸附在被黏物表面上，与其表面上的羟基缩合生成—S—O—S（被黏物）化学键，并在界面上缩聚成硅氧烷聚合物。

通过偶联剂的架桥作用使胶层与被黏物实现化学键结合，黏接强度大增。同时，界面上的硅氧烷聚合物是一憎水膜，覆盖在基体表面，可有效阻止水分的渗透、扩散。也就是说，形成一个完整的防水界面，起着保护作用。

以环氧树脂与低氨数胺类固化剂加入 KH–560 或 KH–792 硅偶联剂黏接带油钢材，在水煮后仍有很好的耐久性，其原因是固化剂与钢的结合面之间有化学作用，红外光谱亦证明胺固化剂与油内的钙化物形成了盐。

实验表明，2% KH–560 在弱酸性（醋酸调节 pH=5）醇 / 水（90/10）溶液中水解的硅醇在铝合金氧化物表面吸附性能最优，固化后的硅烷化膜层与铝合金表面形成铝硅氧烷共价键网络，KH–560 中的环氧基位于膜层表面，能与环氧胶黏剂以化学键结合，是黏接耐久性提高的重要保证。偶联剂处理的铝合金黏接耐久性与铬酸盐处理的相当，但裂纹断裂能却略高于铬酸盐处理。

偶联剂能够提高耐久性，可归因如下几方面。

①黏接界面形成化学键或氢键结合，使界面变得更牢固、更稳定。

②改变了环氧树脂与填料的结合性能，使胶层内聚强度增加。

③形成了环氧胶黏剂和被黏物与聚硅氧烷的新界面，防止水分和湿气渗透到界面，有了阻挡层，增强了抗御环境腐蚀能力。

④偶联剂与环氧树脂和被黏表面反应生成化学键，使黏接力增大，黏接强度提高。

⑤偶联剂降低了环氧胶黏剂体系的黏度和表面张力，改善了对被黏物的湿润性。

⑥能减小或消除界面上的内应力。

偶联剂具有选择性，也就是说，不是一种偶联剂可以适用于任何体系，而是需要匹配，除了按照偶联剂的有机官能团与环氧树脂的反应性选择外，还要考虑体系的酸碱性。一般来说，对于酸性聚合物环氧树脂、酸性填料（二氧化硅）最好选择碱性偶联剂（KH–550）；反之，碱性填料（氧化铝、碳酸钙等）应选用酸性偶联剂（南大 –43）为宜。因此，选择偶联剂既要考虑成键的化学作用，又要考虑酸碱的物理作用。偶联剂对高能光滑金属表面和非金属表面效果最优，而对粗糙、低能表面基本无效。需要指出的是，对于不同的表面处理方法和不同的被黏物，偶联剂有不同的效果。例如，对于经碱处理和喷砂处理的铝黏接，偶联剂可提高耐久性，而仅用溶剂脱脂处理的效果较差。偶联剂对于提高环氧胶黏剂黏接低碳钢的耐久性很明显。

1）选用硅烷偶联剂的一般原则

（1）官能团

硅烷偶联剂的水解速度取决于官能团 Si—X，而与有机聚合物的反应活性则取决于碳官能团 C—Y。因此，对于不同基材或处理对象，选择适用的硅烷偶联剂至关重要。选择官能团的方法主要通过试验，预选并应在既有经验或规律的基础上进行。在一般情况下，不饱和聚酯多选用含 $CH_2 = CMeCOOVi$ 及 CH_2—$CHOCH_2O$ 的硅烷偶联剂，环氧树脂多选用含 CH_2CHCH_2O 及 H_2N 硅烷偶联剂，酚醛树脂多选用含 H_2N 及 H_2NCONH 硅烷偶联剂，聚烯烃多选用乙烯基硅烷，使用硫磺硫化的橡胶则多选用烃基硅烷等。由于异种材料间的黏接强度受到一系列因素的影响，诸如润湿、表面能、界面层及极性吸附、酸碱的作用、互穿网络及共价键反应等。因而，光靠试验预选有时还不够精确，还需综合考虑材料的组成及其对硅烷偶联剂反应的敏感度等。为了提高水解稳定性及降低改性成本，硅烷偶联剂中可掺入三烃基硅烷使用；对于难黏材料，还可将硅烷偶联剂交联的聚合物共用。

硅烷偶联剂用作增黏剂时，主要是通过与聚合物生成化学键、氢键、润湿及表面能效应，改善聚合物结晶性、酸碱反应以及互穿聚合物网络的生成等而实现的。增黏主要围绕 3 种体系：①无机材料对有机材料；②无机材料对无机材料；③有机材料对有机材料。对于第一种黏接，通常要求将无机材料黏接到聚合物上，故需优先考虑硅烷偶联剂中 Y 与聚合物所含官能团的反应活性，后两种属于同类型材料间的黏接，故硅烷偶联剂自身的反亲水型聚合物以及无机材料要求增黏时所选用的硅烷偶联剂。

（2）使用方法

硅烷偶联剂的主要应用领域之一是处理有机聚合物使用的无机填料。后者经硅烷偶联剂处理，即可将其亲水性表面转变成亲有机表面，既可避免体系中粒子集结及聚合物急剧稠化，还可提高有机聚合物对补强填料的润湿性，通过碳官能硅烷还可使补强填料与聚合物实现牢固键合。但是，硅烷偶联剂的使用效果还与硅烷偶联剂的种类及用量、基材的特征、树脂或聚合物的性质以及应用的场合、方法及条件等有关。

本节侧重介绍硅烷偶联剂的三种使用方法，即表面处理法、迁移法及整体掺混法。前法是用硅烷偶联剂稀溶液处理基体表面；后法是将硅烷偶联剂原液或溶液直接加入由聚合物及填料配成的混合物中，因而特别适用于需要搅拌混合的物料体系。

硅烷偶联剂用量计算：被处理物（基体）单位比表面积所占的反应活性点数目以及硅烷偶联剂覆盖表面的厚度是决定基体表面硅基化所需偶联剂用量的关键因素。为获得单分子层覆盖，需先测定基体的 SiOH 含量。已知多数硅质基体的 SiOH 含量是 4～12 个 /m²，因而均匀分布时 1 mol 硅烷偶联剂可覆盖约 7500 m² 的基体。具有多个可水解基团的硅烷偶联剂，由于自身缩合反应，多少要影响计算的准确性。若使用 Y_3SiX 处理基体，则可得到与计算值一致的单分子层覆盖。但因 Y_3SiX 价品贵，且耐水解性差，故无实用价值。此外，基体表面的 Si-OH 数也随加热条件而变化。例如，常态下 SiOH 数为 5.3 个 /m² 硅质基体，经在 400℃或 800℃下加热处理后，则 SiOH 值可相应降为 2.6 个 /m² 或 1 个 /m²。反之，使用湿热盐酸处理基体，则可得到高 SiOH 含量；使用碱性洗涤剂处理基体表面，则可形成硅醇阴离子。

①表面处理法。

将硅烷偶联剂配成 0.5%～1% 浓度的稀溶液，使用时只需在清洁的被黏表面涂上薄薄的一层，干燥后即可上胶。所用溶剂多为水、醇、或水醇混合物，并以不含氟离子的水及价廉无毒的乙醇、异丙醇为宜。除氨烃基硅烷外，由其他硅烷偶联剂配制的溶液均需加入醋酸作水解催化剂，并将 pH 调至 3.5～5.5。长链烷基及苯基硅烷由于稳定性较差，不宜配成水溶液使用。氯硅烷及乙酰氧基硅烷水解过程中伴随有严重的缩合反应，也不宜配成水溶液或水醇溶液使用，而多配成醇溶液使用。水溶性较差的硅烷偶联剂，可先加入 0.1% ～ 0.2%（质量分数）的非离子型表面活性剂，然后再加水加工成水乳液使用。

此法系通过硅烷偶联剂将无机物与聚合物两界面连接在一起，以获得最佳的润湿值与分散性。表面处理法需将硅烷偶联剂酸成稀溶液，以利与被处理表面进行充分接触。所用溶剂多为水、醇或水醇混合物，并以不含氟离子的水及价廉无毒的乙醇、异丙醇为宜。除氨烃基硅烷外，由其他硅烷配制的溶液均需加入乙酸作水解催化剂，并将 pH 调至 3.5 ～ 5.5。长链烷基及苯基硅烷由于稳定性较差，不宜配成水溶液使用。氯硅烷及乙酰氧基硅烷水解过程中，将伴随严重的缩合反应。也不适于制成水溶液或水醇溶液使用。对于水溶性较差的硅烷偶联剂，可先加入 0.1% ～ 0.2%（质量分数）的非离子型表面活性剂，而后再加水加工成水乳液使用。为了提高产品的水解稳定性的经济效益，硅烷偶联剂中还可掺入一定比例的非碳官能硅烷。处理难黏材料时，可使用混合硅烷偶联剂或配合使用碳官能硅氧烷。

配好处理液后，可通过浸渍、喷雾或刷涂等方法处理。一般来说，块状材料、粒状物料及玻璃纤维等多用浸渍法处理；粉末物料多采用喷雾法处理；基体表面需要整体涂层的，则采用刷涂法处理。下面介绍几种具体的处理方法。

a. 使用硅烷偶联剂醇水溶液处理法。此法工艺简便，首先由 95% 的 EtOH 及 5% 的 H_2O 配成醇水溶液，加入 AcOH 使 pH 为 4.5 ～ 5.5。搅拌下加入硅烷偶联剂使浓度达 2%，水解 5 min 后，即生成含 SiOH 的水解物。当用其处理玻璃板时，可在稍许搅动下浸入 1 ～ 2 min，取出并浸入 EtOH 中漂洗 2 次，晾干后，移入 110℃的烘箱中烘 5 ～ 10 min，或在室温及相对湿度 60% 条件下干燥 24 h，即可得产物。如果使用氨烃基硅烷偶联剂，则不必加 AcOH，但醇水溶液处理法不适用于氯硅烷型偶联剂，后者将在醇水溶液中发生聚合反应。当使用 2% 浓度的三官能度硅烷偶联剂溶液处理时，得到的多为 3 ～ 8 分子厚的涂层。

b. 使用硅烷偶联剂水溶液处理。工业上处理玻璃纤维大多采用此法。具体工艺是先将烷氧基硅烷偶联剂溶于水中，将其配成 0.5% ～ 2.0% 的溶液。对于溶解性较差的硅烷，可事先在水中加入 0.1% 非离子型表面活性剂配制成水乳液，再加入 AcOH 将 pH 调至 5.5。然后，采用喷雾或浸渍法处理玻璃纤维。取出后在 110 ～ 120℃下固化 20 ～ 30 min 即得产品，由于硅烷偶联剂水溶液的稳定性相差很大，如简单的烷基烷氧基硅烷水溶液仅能稳定数小时，而氨烃硅烷水溶液可稳定几周。由于长链烷基及芳基硅烷的溶解度参数低，故不能使用此法。配制硅烷水溶液时，无需使用去离子水，但不能使用含氟离子的水。

c. 使用硅烷偶联剂有机溶剂配成的溶液处理。使用硅烷偶联剂溶液处理基体时，一般多选用喷雾法。处理前，需掌握硅烷用量及填料的含水量。将偶联剂先配制成 25% 的醇溶液，而后将填料置入高速混合器内，在搅拌下泵入呈细雾状的硅烷偶联剂溶液，硅烷偶联剂的用量约为填料质量的 0.2% ～ 1.5%，处理 20 min 即可结束，随后用动态干燥法干燥。

除醇外，还可使用酮酯及烃类作溶剂，并配制成 1% ～ 5%（质量分数）的浓度。为使硅烷偶联剂进行水解，或部分水解溶剂中还需加入少量水，甚至还可加入少许乙酸作水解催化剂而后将待处理物料在搅拌下加入溶液中处理，再经过滤，在 80 ～ 120℃ 下干燥固化数分钟，即可得产品。

采用喷雾法处理粉末填料，还可使用硅烷偶联剂原液或其水解物溶液。当处理金属、玻璃及陶瓷时，宜使 0.5% ～ 2.0%（质量分数）浓度的硅烷偶联剂醇溶液，并采用浸渍、喷雾及刷涂等方法处理，根据基材的外形及性能，既可随即干燥固化，也可在 80 ～ 180℃下保持 1 ～ 5 min 达到干燥固化。

d. 使用硅烷偶联剂水解物处理。即先将硅烷通过控制水解制成水解物而用作表面处理剂。此法可获得比纯硅烷溶液更佳的处理效果，它无需进一步水解，即可干燥固化。

② 迁移法。

将硅烷偶联剂直接加入到胶黏剂组分中，一般加入量为基体树脂量的 1% ～ 5%。涂胶后依靠分子的扩散作用，偶联剂分子迁移到黏接界面处产生偶联作用。对于需要固化的胶黏剂，涂胶后需放置一段时间再进行固化，以使偶联剂完成迁移过程，方能获得较好的效果。实际使用时，偶联剂常常在表面形成一个沉积层，但真正起作用的只是单分子层，因此，偶联剂用量不必过多。

③ 整体掺混法。

整体掺混法是在填料加入前，将硅烷偶联剂原液混入树脂或聚合物内。因而，要求树脂或聚合物不得过早与硅烷偶联剂反应，以免降低其增黏效果。此外，物料固化前，硅烷偶联剂必须从聚合物迁移到填料表面，随后完成水解缩合反应。为此，可加入金属羧酸酯作催化剂，以加速水解缩合反应。此法对于宜使用硅烷偶剂表面处理的填料，或在成型前树脂及填料需经混匀搅拌处理的体系，尤为方便有效，还可克服填料表面处理法的某些缺点。有人使用各种树脂对比了掺混法及表面处理法的优缺点。在大多数情况下，掺混法效果优于表面处理法。掺混法的作用过程是硅烷偶剂从树脂迁移到纤维或填料表面，并进而与填料表面作用。因此，硅烷偶联剂掺入树脂后，须放置一段时间，以完成迁移过程，而后再进行固化，方能获得较佳的效果。从理论上推测，硅烷偶联剂分子迁移到填料表面的量，仅相当于填料表面生成单分子层的量，故硅烷偶联剂用量仅需树脂质量的 0.5% ～ 1.0%。还需指出，在复合材料配方中，当使用与填料表面相容性好且摩尔质量较低的添加剂，且要特别注意投料顺序，即先加入硅烷偶联剂，而后加入添加剂，才能获得较佳的结果。

复合材料是指由基体树脂、增强材料（填料、玻璃纤维）、功能性助剂（偶联剂、脱模剂、增韧剂）等经过特定设备加工而成的材料，主要有不饱和聚酯复合材料、酚醛模塑料、环氧塑封料、环氧灌封料、环氧浇注料、环氧玻璃纤维布等。其特点为高强度、高电性能、成型性好等。

硅烷偶联剂含有可以和无机填料反应的硅氧烷基团以及和有机树脂反应的环氧基、氨基、乙烯基基团等。作为复合材料中常用的助剂，它的作用为改善基体树脂对填料、玻璃纤维的浸润性，使得基体树脂通过化学键和填料或玻璃纤维相连接，进而提高复合材料的弯曲强度、冲击强度、耐水性、电性能等。

增韧型硅烷偶联剂是指在硅氧烷基团和有机活性基团之间含有一定分子量的柔性长链。由于柔性长链的存在，适当降低了复合材料中填料表面层的化学键合密度，当复合材料受到外界冲击时，填料表面包裹的柔性链能很好地吸收冲击能量，这样就改善了复合材料的冲击强度，减少了应力开裂。同时，由于长链硅烷偶联剂大部分分散在填料的表面层，树脂层中含量较少，适当的用量情况下对复合材料的热变形温度、玻璃化转变温度影响不大。

添加增韧型硅烷偶联剂的复合材料具有高韧性且内应力较低，而耐热性却下降不大。和一般的硅烷偶联剂相比，长链硅烷偶联剂在改善胶液对填料的浸润性方面亦有其独特的优点，尤其对于那些具有很高的表面能的填料如玻璃纤维、纳米二氧化硅等，长链硅烷偶联剂由于具有疏水性的柔性长链，极大地降低了填料的表面能，使得胶液中的溶剂、树脂、助剂等能均匀地渗透到玻璃纤维中或均匀分散到纳米填料表面，这就提高了复合材料的冲击强度、耐热性等。而经过一般的硅烷偶联剂处理的玻璃纤维布在涂胶处理时（如覆铜板生产用的环氧 – 玻璃纤维半固化片），由于毛细现象，纤维布表面胶液中的内酮、二甲基甲酰胺等低分子量的极性溶剂总是优先在玻璃纤维中扩散，这样就使得纤维布表面的胶液黏度急剧增大，胶液中的树脂和固化剂难以迅速向玻璃纤维中渗透，由此得到的复合材料冲击强度、耐热性较差。另外，已证明经过长链硅烷偶联剂处理的玻璃纤维复合材料具有更好的耐离子迁移性。

由于长链的影响，增韧型硅烷偶联剂和填料或玻璃纤维表面硅醇键的反应速度稍慢，所以需适当延长处理填料的时间。

3.5.5　增大交联程度的设计

增大环氧胶黏剂的交联程度，可以提高黏接强度、耐热性、耐辐射和抗腐蚀能力，例如采用多官能环氧树脂、高环氧值的环氧树脂，可以在固化后使交联程度增大。但要注意，交联程度不能过大，否则又会使环氧胶黏剂脆性增加，降低抵抗裂缝的扩展能力，致使耐老化性变差。

3.5.6　消除内应力

降低内应力对环氧胶黏剂的耐久黏接非常重要，其途径是尽量减少内应力的产生，并使已产生的内应力尽快弛豫掉。

内应力可促进在胶层或界面中产生微裂纹，有助于介质（尤其是水）的渗透，加速界面上的解吸附作用，是降低黏接强度及其稳定性的根本原因。内应力的存在使黏接的耐久性变差，因此，内应力也是影响黏接耐久性的重要因素，可采取如下措施消除或减小内应力。

① 选择弹性模量低、收缩率小、热膨胀系数小的环氢树脂和长链固化剂。

② 增加环氧胶黏剂的韧性，形成韧性界面层，使内应力容易弛豫（松弛）。

③ 严格控制环氧胶中胺类固化剂的用量，若量过大引起高度交联，弹性收缩量大，容易产生巨大的内应力。

④ 加入惰性或无机填料，减小收缩率，但受种类和用量影响，二氧化硅、碳酸钙能

降低内应力,陶土、云母粉、硅藻土却会增加内应力,而滑石粉则使内应力变化极不规律。添加量超过限度反而使内应力大幅度上升。纤维和填料一定要分散均匀。

⑤ 胶层尽量薄些,使体积收缩小,缺陷少。

⑥ 溶剂型环氧胶黏剂涂布后,应充分挥除溶剂和水分,既可避免溶剂残留,又能减小固化时体积收缩,从而减小内应力。

⑦ 降低固化过程升温和冷却速度,尽量保持均匀的温度场。

⑧ 固化速度不宜太快,因为固化越快,内应力积累越甚。

⑨ 加温固化后不能急剧冷却,给予内应力弛豫的时间。

⑩ 进行后固化处理,能使内应力弛豫。

⑪ 减小环氧胶黏剂与被黏接物热膨胀系数的差异。

⑫ 增加环氧胶黏剂的导热性,可减小因热膨胀系数不同产生的收缩应力。

⑬ 在允许的情况下,尽可能降低胶层的弹性模量和玻璃化转变温度。

3.5.7　化学处理和底涂剂的设计

对被黏物表面进行化学处理,可以改变表面的状态和结构,有利于形成化学键结合和牢固的界面,可以大大提高黏接强度和耐久性。对于要求强度高、使用寿命长的结构黏接,都应进行适当的化学处理。非晶态铬酸盐铝表面在沿海大气曝露时有特殊效果。用碱性过氧化物处理钛合金有更佳的耐久性,在湿热环境下更为突出。用阳极氧化处理的铝黏接后能获得最好的耐水性。磷酸阳极氧化的黏接接头经湿热老化 3000 h 后,剪切强度下降不到 10%。底涂剂能保护表面处理后氧化膜（层）免被水解,多数底涂剂含有抑制腐蚀剂,进一步改善环氧胶与金属界面的水解稳定性和防止处于盐雾中被腐蚀,对提高黏接强度和耐久性意义重大。例如,以弹性体改性的环氧胶黏接 2024-T3 包铝搭接剪切试样,121℃固化后,曝露于盐雾环境中,使用 BR-127 抑制腐蚀底胶时,经 180 d 曝露之后,剪切强度由最初的 39.2 MPa 下降到 30.89 MPa,强度保留率为 79%。而用无抑制腐蚀剂的 BR-123 时,同样曝露 180 d 后,剪切强度由最初的 40.5MPa 降低为零。

以铬酸钴（$CoCrO_4$）水溶液（0.19 g/mL）处理铝合金表面,改善了黏接界面对水的稳定性,极大地提高黏接耐久性。

3.5.8　加热固化的设计

环氧胶黏剂只有达到基本完全的固化程度,才能获得良好的力学性能和耐久性。一些环氧胶黏剂,虽然可以室温固化,但是加热固化可以提高固化程度,总比室温固化强度高、耐久性好。因此,为满足高性能的要求,在条件允许的情况下应尽可能采用加热固化。因为热固化不仅可使固化反应进行完全,提高交联程度,而且还可能使环氧胶黏剂与被黏表面形成化学键结合,对提高黏接的耐久性效果显著。环氧结构胶黏剂耐久性最好的是 177℃固化的环氧 – 丁腈、环氧 – 酚醛、环氧胶膜,还有 121℃固化的环氧 –

丁腈、环氧缩醛、环氧 – 聚酰胺胶膜及加热固化的环氧 – 丁腈，环氧 – 聚酰胺、改性环氧胶。室温固化的环氧 – 脂肪胺、环氧 – 酸酐耐久性最差。

3.5.9　引入纳米填充剂

一些纳米材料具有优秀的紫外线吸收功能，如纳米二氧化钛可作为一种良好的永久性紫外线吸收剂，还能提高黏接强度，可用于制备耐久性和可靠性优的环氧胶黏剂。纳米氧化锌、纳米碳酸钙都具有大颗粒所不具备的特殊光学性能，普遍存在"蓝移"现象，添加到环氧胶黏剂之中能形成屏蔽作用，从而达到耐紫外线的目的，明显提高胶层的耐老化性和耐候性。碳纳米管长径比较大（100 ～ 1000），是目前为止已知的最细纤维材料，具有优异的力学性能，拉伸强度达到 50 ～ 200 GPa，是钢的 100 倍，还有很好的耐高温性能，又有良好的导热性。将其加入环氧胶中，在高温下可将热量通过碳纳米管导出，从而降低树脂的温度，起到一定的保护作用，防止降解，延缓老化。

3.5.10　涂层密封防护

黏接件因温度变化、氧气、紫外光以及水蒸气和各种介质的共同作用，使曝露在外的胶层老化龟裂，水等介质更易顺裂缝渗入胶层内部蒸煮袋、软罐头包装，加速黏接接头的破坏。若在胶层外表面（胶缝）及整修边缘涂上一层耐老化好的防护涂料（如氟碳涂料、有机硅涂料等）或密封胶，封闭保护胶层不受侵蚀，防止湿气、盐雾、腐蚀性介质渗入黏接界面，使黏接结构的使用寿命延长，还可以增加外表的美观。一般是先涂防锈或防水涂料，再涂普通的饰面涂料。借助防护涂层往往可以使黏接耐久性得到明显改善。例如，环氧 – 聚酰胺胶剪切强度和剥离强度都很高，只是耐湿热性差，如果在胶层表面涂上一层有机硅涂料或氟碳涂料软罐头，就可以在潮湿环境中长期使用。其中氟碳涂料饰面具有超强的耐候性和耐酸碱、耐盐雾等特性，可保持 15 年以上。

3.5.11　采用先进黏接体系的设计

20 世纪中后期，确立了先进黏接体系概念，即把黏接接头作为一个整体看待，从胶黏剂体系到被黏接表面处理，直至黏接工艺、胶缝密封，全面加强黏接接头各个组成部分，杜绝一切薄弱环节，从而得到一个可靠、耐久的黏接体系。实际试验结果表明，新的黏接体系的耐久性比老黏接体系提高了一个数量级。

第4章 胶黏剂性能评价与检测

胶黏剂是一种出色的胶黏化工品，是通过黏合作用使被黏物结合在一起的物质，具有一定的评价标准。这种评价标准基本分为两类：第一类是对胶黏剂本身的特性的评价，包括它的相对密度、黏度、固含量、挤出特性、下垂度、施工适用期、固化速度以及贮存稳定性等。第二类是要在胶黏剂实施黏合后，对黏合效果的评价。评价胶黏剂的黏合效果，一般有"两部曲"，即感观性检测和量化性检测。

4.1 胶黏剂性能评价

4.1.1 感官性检测

感观性检测通常用在选择胶黏剂的品种方面，在胶黏剂进行黏合施工前对其黏合强度进行初步评价。具体的操作步骤为将用胶黏剂黏合好的基材进行剥离等破坏性试验，通过观察黏合层的状况来判断胶黏剂的黏接强度。破坏的黏合层大致可以分为以下三种情况。

（1）若黏合界面被破坏，则说明胶黏剂与被黏物表面处的黏接效果差，由此可以推断出现这种情况是由于被黏物基材的表面处理不佳所致。

（2）若黏合层被破坏，则说明胶黏剂与被黏基体表面的黏合效果良好，由此可以判断胶黏剂与被黏基体之间有较好的黏接能力。

（3）若在对被黏物进行强制分离时被黏物基体遭到破坏，则说明胶黏剂的性能优良，黏合强度大于被黏物基材的撕裂或拉伸强度。

4.1.2 量化性检测

对胶黏剂的量化性检测是在统一的受力状态和检测条件下，根据有关黏合效果的检测标准对胶黏剂进行的一类检测，通过量化性检测的实验结果可以十分直观、科学地判断胶黏剂黏合效果的优、良、好、坏，并以量化的方式直观的表现出来。虽然有关胶黏剂检测的标准各有差别，但基本方式分为以下几种。

（1）T型黏接强度检测

T型黏接强度的测定方法多用于高强度硬质基材之间黏接强度的测定，具体操作工序为在规定面积的硬质基材试样表面上涂覆聚氨酯胶黏剂，并根据黏接工艺条件进行黏接处理，然后将试样置于拉力试验机的专用夹具中，以规定速度沿轴线做匀速拉伸，直至黏合分离。最后根据拉开分离施加的作用力和黏接面积，计算出胶黏剂的拉伸黏合强度。

（2）剪切强度检测

与 T 型黏接强度检测类似，剪切强度的测定方法也常用于高强度硬质基材之间黏合强度的测定，但两种检测方法的操作步骤有很大差异。洛阳天江化工的专家告诉我们，剪切强度的具体检测步骤为首先将片状试件按规定的面积和黏合工艺条件进行黏合后，固定在拉力试验机的专用夹具上做匀速拉伸，使黏合层承受越来越大的剪切外力，直至黏合层分离。最后根据黏合面积和测定的作用力，计算胶黏剂的剪切黏合强度。

（3）剥离强度检测

剥离强度的测定方法主要是针对软质基材或软质基材与硬质基材之间黏合强度的评价。首先，在规定尺寸标准的硬质基材和软质基材的规定面积中，按黏合工艺条件实施黏合，然后将试样置于拉力试验机上，使其做 180° 匀速拉伸，直至黏合层分离，最后根据在试件上施加的剥离外力和黏接长度，计算出胶黏剂的剥离强度。

4.2　胶黏剂检测仪器

4.2.1　胶黏剂甲醛检测系统

系统介绍：在室内建筑装饰装修过程中会大量用到胶黏剂，而其中含有游离态的甲醛。对室内环境污染有重大影响。本系统基于国标 GB 18583—2001，可以广泛适用于游离甲醛含量大于 0.005% 的室内建筑装饰装修用胶黏剂。检测的精确度达到国家质量监督检验局要求。

1）原理

水基型胶黏剂用水溶解，而溶剂型胶黏剂先用乙酸乙酯溶解后再用水溶解，在酸性条件下水中的甲醛会随水蒸出。在缓冲溶液中，馏出液中甲醛与显色剂作用，在沸水浴条件下迅速生成稳定的黄色化合物，冷切后测定其吸光度可以计算出对应的甲醛含量。

2）系统特点

（1）本系统技术可靠，数据准确，可用于生产质量评定检测。

（2）本系统相当于一个小型实验室，把复杂的系统简便化，经过公司的专业培训后可以熟练操作。

（3）本系统专门开发了功能强大的软件管理系统，操作人员只需要按检测仪器上的 PC 键，整个检测报告就可以打印出来，可充分做到人机合一。同时可以管理每次检测数据、分析检测样品结果，便于改进生产工艺。

（4）本系统检测成本低，每次检测成本不超过 20 元。同样送检一次检测费用高达千元。

3）系统组成

本系统包含三部分，一部分是取样设备，一部分为检测部分，一部分为软件数据处理部分。取样部分由蒸馏烧瓶、直形冷凝管、若干个容量瓶、水浴锅组成。检测部分由分光光度计、比色皿、数据线组成。软件数据处理可以配由打印机。萃取药剂若干。

4）参考标准

GB 18583—2001《室内装饰装修材料胶黏剂中有害物质限量》。

4.2.2　SNB-2-J 数字旋转黏度计（胶黏剂专用）

1）产品用途

本仪器根据 HG/T 3660—1999《热熔胶黏剂熔融黏度试验标准》制造，以旋转法测定热熔胶黏剂熔融黏度，以帕斯卡·秒（Pa·s）计。

2）技术性能

（1）测定范围 100 ～ 200 000 mPa·s。

（2）测量误差 ±2%（F.S）。

（3）转子规格 21、27、28、29 号转子。

（4）温度范围 室温 +15 ～ 200℃（如需更高温度，订货时请说明）。

（5）控温精度 ±0.1℃。

（6）样品用量 10 mL。

DV-I，DV-II，SNB-1，SNB-2，NDI-5S，NDI-8S 等数字旋转黏度计和各种电子分析天平电子精密天平、机械天平等，以及油品分析仪器、沥青检测仪器、各种高低温恒温槽及加热、干燥设备和硬度计、测厚仪是上海兰光科技仪器有限公司专业生产和提供的。同时也专业配套提供氧弹计、气体检测仪、张力仪和电导率、酸度计、辐射仪等环保分析测试及电化学化验等实验室分析、检测仪器。在化工、医药、胶黏剂、松香、树脂、油品、油漆、涂料等行业得到广泛应用。

4.2.3　ZCA-725 纸张尘埃度测定仪

1）产品用途

纸张尘埃度测定仪适用于纸或纸板尘埃度的测定，是依据 GB/T 1541—1989《纸与纸板尘埃度的测定法》设计制造的。如图 4-1 所示为 ZCA-725 纸张尘埃度测定仪。

2）技术指标

（1）光源 20 W 日光灯。

（2）照射角 60°。

（3）工作台有效面积为 0.0625 m²，可旋转 360°。

（4）标准尘埃图片 0.05 ～ 5.0 mm²。

（5）外形尺寸 428 mm × 350 mm × 250 mm。

（6）质量 12.5 kg。

图 4-1　ZCA-725 纸张尘埃度测定仪

4.2.4　施胶度测量套装

（1）产品用途

本套装是根据 GB/T 460—2002《纸施胶度的测定（墨水划线法）》要求而设计的专门用于纸和纸板施胶度测定工具。

用具划线器（鸭嘴笔）、标准墨水、透明标准宽度片、玻璃平板。

（2）测量方法

① 按 GB/T 460 要求，切取 150 mm×150 mm 的试样，标明正反面。每面纸至少需要 3 个试样。最好戴手套操作，避免直接用手接触测试面。

② 调整划线器的宽度，使之与要测试的纸对应。如 40～50 g 纸为 0.50 mm，60 g 纸为 0.75 mm。注满标准墨水。

③ 把试样平铺于玻璃板上，把划线器与玻璃板呈 45°角，迅速轻划一直线（在 1 s 内应该划 10 cm 以上）。

④ 如果墨水不扩散不渗透，需不断调整（增加）笔的宽度划线，直至发生扩散或渗透。如果出现扩散或渗透，需不断调整（减少）笔的宽度划线，直至不发生扩散或渗透。

⑤ 把试样自然风干后，用透明标准宽度片进行比较（试样头、尾各 1.5 cm 不要），每面不发生扩散或渗透的线条最大宽度即是纸的施胶度。

（3）参考数据

凸版印刷用纸的施胶度约为 0.25 mm；胶版印刷用纸的施胶度为 0.75 mm；一般食品包装纸：40～50 g 的施胶度为 0.50 mm，60 g 的为 0.75 mm。

4.2.5　紫外分析测定仪

（1）产品用途

在科学实验工作中，用于检测许多主要物质如蛋白质、核苷酸等。

在药物生产和研究中，可用来检查激素生物碱、维生素等各种能产生荧光药品的质量，特别适宜做薄层分析，纸层分析斑点和检测。

在染料涂料橡胶、石油等化学行业中，测定各种荧光材料、荧光指示剂及添加剂，鉴别不同种类的原油和橡胶制品。

在纺织化学纤维中可以用于测定不同种类的原材料如羊毛、真丝人造纤维、棉花合成纤维，并可检查成品质量。

（2）适用范围

在粮油、蔬菜、食品部门可用于检查毒素（如黄曲霉素等）、食品添加剂，变质的蔬菜、水果、巧克力、脂肪、蜂蜜、糖等的质量。

在地质、考古等部门可起到发现各种矿物质、判别文物化石真伪的作用。在公安部门可检查指痕测定、密写字迹等。

（3）技术指标

① 电源 220 V，50 Hz。

② 功率 25 W。

③ 紫外线波长 254 nm、365 nm。

④ 外形尺寸 270 mm × 270 mm × 300 mm。

⑤ 滤色片 200 mm × 50 mm。

⑥ 重量约 3 kg。

4.2.6　LSY-200 赫尔茨贝格式滤速仪

（1）仪器名称

赫尔茨贝格式滤速仪，滤速仪，纸张过滤速度测定仪，纸板过滤速度测定仪，纸和纸板过滤速度测定仪，纸和纸板过滤速度测试仪，过滤速度测试仪，过滤速度试验仪，过滤速度仪，过滤速度试验仪。

符合标准 GB 10340—89。

（2）产品用途

主要适用于具有一定湿强度的过滤纸及过滤纸板滤水速度的测定，是造纸、用纸企业、质检部门、高校实验室等理想的检测设备。

（3）技术指标

① 测定滤纸厚度范围 0.10 ～ 3.00 mm。

② 试验面积（10 ± 0.05）cm。

③ 夹环内径 D35.7 mm。

④ 夹环外径 ϕ50 mm。

4.2.7　DLSC 纸张抗张强度试验仪

（1）产品用途

本试验机采用直流伺服电机及调速系统一体化结构驱动同步带减速机构,经减速后带动丝杠副进行加载。电气部分包括负荷测量系统和变形测量系统。所有的控制参数及测量结果均可以在液晶屏幕上实时显示,并具有过载保护、位移测量等功能。

（2）技术指标

① 最大试验力 300 N。

② 试验力最小分辨力 0.01 N。

③ 试验力示值误差 ±1。

④ 位移最大行程 600 mm。

⑤ 位移示值最小分辨力 001 mm。

⑥ 位移准确度 ±1。

⑦ 横移动速度 1 ～ 500 mm/min,无级调速,采用直流伺服电机及控制系统。

⑧ 液晶显示内容试验力、位移、最大力、运行状态、运行速度等。

⑨ 主机重量 100 kg。

⑩ 试验机尺寸 530 mm × 260 mm × 1780 mm。标准配置主机、标准夹具一套、打印机。DLSC 纸张抗张强度试验仪如图 4-2 所示。

图 4-2　DLSC 纸张抗张强度试验仪

4.2.8　CNY-1 初黏性测试仪

（1）产品用途

采用斜面滚球法,通过钢球和测试试样黏性面之间以微小压力发生短暂接触时,胶黏带、标签等产品对钢球的附着力作用来测试试样初黏性。

（2）技术参数

① 可调倾角 0 ～ 60°。

② 台面宽度 120 mm。

③ 试区宽度 80 mm。

④ 标准钢球 1/32 ～ 1 in（1 in=0.0254 m）。

⑤ 外形尺寸 320（L）mm × 140（B）mm × 180（H）mm。

⑥ 重量 6 kg。

⑦ 标准配置主机、钢球一盒。

标准 GB 4852、JIS Z0237。

另外，还有 CNY-1C 斜面滚槽法测试的初黏性测试仪以及符合 FINAT 标准的 CNY-F 进口初黏性测试仪。

CNY-1 初黏性测试仪如图 4-3 所示。

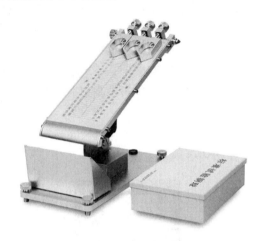

图 4-3　CNY-1 初黏性测试仪

4.2.9　CNY-1 初黏性测试胶带保持力测试仪

（1）产品用途

把贴有试样的试验板垂直吊挂在试验架上，下端悬挂规定重量的砝码，用一定时间后试样黏脱的位移量，或试样完全脱离的时间来表征胶黏带抵抗拉脱的能力。本设备采用单片机计时，LCD 液晶显示试验时间。适用于压敏胶黏带等产品进行持黏性测试试验。

（2）技术参数

① 标准压辊（2000 ± 50）g。

② 砝码（1000 ± 10）g（含加载板重量）。

③ 试验板 60（L）mm × 40（B）mm × 1.5（D）mm。

④ 计时范围 0 ～ 100 h。

⑤ 工位数 6 件。

⑥ 外形尺寸 600（L）mm × 240（B）mm × 400（H）mm。

⑦ 净重 20 kg。

⑧ 电源 AC 220 V、50 Hz。

⑨ 胶带保持力测试仪标准配置 主机、标准压辊、试验板。

⑩ 胶带保持力测试仪标准 GB 4851。

胶带保持力测试仪本设备采用单片机计时，LCD 液晶显示试验时间。适用于压敏胶黏带等产品进行持黏性测试试验。

4.2.10　CNY-2 持黏性测试仪

（1）产品用途

本产品按照中华人民共和国国家标准 GB/T 4851—1998 的规定制造，适用于压敏胶黏带等产品进行持黏性测试试验。

（2）工作原理

把贴有试样的试验板垂直吊挂在试验架上，下端挂规定重量的砝码，用一定时间后试样黏脱的位移量或试样完全脱离所需的时间来测定胶黏带抵抗拉脱的能力。

（3）仪器结构

主要由计时机构、试验板、加载板、砝码、机架及标准压辊等部分构成。

CNY-2 持黏性测试仪如图 4-4 所示。

图 4-4　CNY-2 持黏性测试仪

（4）技术指标

① 砝码（1000±10）g（含加载板重量）。

② 试验板 60（L）mm×40（B）mm×1.5（D）mm（与加载板相同）。

③ 压辊荷重（200 050）g。

④ 橡胶硬度 80°±5°（邵尔硬度）。

⑤ 计时器 99 h 59 min60 s。

⑥ 工位 6 工位。

⑦ 净重 12.5 kg。

⑧ 电源 220 V，50 Hz。

⑨ 外形尺寸 600（L）mm×240（B）mm×400（H）mm。

（5）操作方法

① 水平放置仪器，打开电源开关，并将砝码放置在吊架下方槽内。

② 不使用的工位可按"关闭"键停止使用，重新计时可按"开启/清零"键。

③ 除去胶黏带试卷最外层的 3～5 圈胶黏带后，以约 300 mm/min 的速率解开试样卷（对片状试样也以同样速率揭去其隔离层），每隔 200 mm 左右，在胶黏带中部裁取宽 25 mm，长约 100 mm 的试样。除非另有规定，每组试样的数量不少于 3 个。

④ 用擦拭材料沾清洗剂擦洗试验板和加载板，然后用干净的纱布将其仔细擦干，如此反复清洗三次以上，直至板的工作面经目视检查达到清洁为止。清洗以后，不得用手或其他物体接触板的工作面。

⑤ 在温度（23±2）℃，相对湿度（65±5）% 的条件下，将试样平行于板的纵向黏贴在紧挨着的试验板和加载板的中部。用压辊以约 300 mm/min 的速度在试样上滚压。注意滚压时，只能用产生于压辊质量的力，施加于试样上。滚压的次数可根据具体产品情况加以规定，如无规定，则往复滚压三次。

⑥ 试样在板上黏贴后，应在温度（23+2）℃，相对湿度（65+5）% 的条件下放置 20 min。然后将试验板垂直固定在试验架上，轻轻用销子连接加载板和砝码。整个试验架置于已调整到所要求的试验环境下的试验箱内。记录测试起始时间。

⑦ 到达规定时间后，卸去重物。用带分度的放大镜测出试样下滑的位移量，精确至 0.1 mm；或者记录试样从试验板上脱落的时间。时间数大于等于 1 h 的，以 min 为单位，小于 1 h 的以 s 为单位。

（6）试验结果处理

试验结果以一组试样的位移量或脱落时间的算术平均值表示。

第5章 环氧树脂胶黏剂

环氧胶黏剂是以环氧树脂为基料的胶黏剂的总称，它对多种材料具有良好的黏接力，具有收缩率低、黏接强度高、尺寸稳定、电性能优良、耐化学介质等优点，广泛应用于建筑、机械、汽车、船舶、轨道交通、电子电器、风能发电等领域。

5.1 概　　述

5.1.1 简介

环氧树脂胶黏剂是由环氧树脂、固化剂、增韧剂、促进剂、稀释剂、填充剂、偶联剂、阻燃剂、稳定剂等组成的液态或固态胶黏剂，对各种金属和大部分非金属材料均有良好的黏接性能，具有收缩率低、胶黏强度高、尺寸稳定、电性能优良、耐化学介质、配制容易、工艺简单、危害小、不污染环境等优点，对多种材料具有良好的胶黏能力。此外，还有密封、绝缘、防漏、紧固、防腐、装饰等多种功能，故常被称作"万能胶""大力胶"，广泛应用于飞机、汽车、建筑、电子电器和木材加工等工业部门。

5.1.2 环氧树脂胶黏剂的分类

目前使用的环氧胶黏剂品种比较多，其分类方法也较多，尚不统一，常用分类方法有以下几种。

（1）按功能分类

可分为通用品种（包括室温固化、中温固化、高温固化和低温固化胶）、功能胶、环保胶和专用胶等。

（2）按其专业用途

可分为机械用环氧树脂胶黏剂（如农机胶）、建筑用环氧树脂胶黏剂（如黏钢加固胶）、电子用环氧树脂胶黏剂（如灌封胶）、修补用环氧树脂胶黏剂（如混凝土灌注胶）以及交通用胶、船舶用胶等。

（3）按照固化条件

可分为高温固化（固化温度 ≥ 150℃）、中温固化（固化温度 80 ～ 150℃）、室温固化（固化温度 15 ～ 40℃）和低温固化（固化温度 <15℃）四类。其中室温固化是指在室温下为液状的，调制后可于室温条件下几分钟到几小时内凝胶，在不超过 7 d 的时

间内完全固化并达到可用强度。它具有很大的优越性。其特点是固化工艺简单,使用方便,不需固化设备,所以能源省,成本低;室温使用期短,故多以双组分供应,或现用现配;通常固化 24 h 达到适用强度,3 ～ 7 d 达到最高强度,并随气温的高低有所变化。

（4）按照包装形态

可分为单组分胶、双组分胶等。

（5）按照胶接接头受力情况

可分为结构胶和非结构胶两大类。

5.2　环氧树脂胶黏剂的特点和性能

5.2.1　特点

（1）黏附性好

环氧树脂结构中含有环氧基、羟基、氨基等极性基团,因此能使相邻界面产生电磁力,在固化过程少,伴随和固化剂的化学作用,还能进一步生成羟基和醚键,不仅有较高的内聚力,而且产生很强的黏附力,故对金属、玻璃、塑料、陶瓷等都有较强的黏附力。

（2）收缩率低

环氧树脂的分子排列紧密,在固化过程中不析出低分子物,而且它可以配制成无溶剂型胶黏剂,所以它的收缩率一般比较低。加入硅、铝或其他填料后,收缩率可降至 1% 左右。

（3）耐腐蚀性强

环氧树脂结构中存在稳定的苯环、醚链以及固化后结构致密,因此该胶黏剂对大气、潮湿、化学介质、细菌等的作用有很强的抵抗力,可应用在许多较为苛刻的环境中。

（4）耐热性高、吸水性小

一般双酚 A 型环氧树脂的使用温度从 –60 ～ 175℃,有时短时间达 200℃,若采用耐高、低温的新型环氧树脂,使用温度可更高或更低,且环氧树脂的吸水性小,对潮气不敏感。

（5）适用期短

大部分双组分胶黏剂必须在配制后立即使用,否则就会固化。

（6）毒性

一些环氧树脂和稀释剂会引起皮炎,某些胺类固化剂是有毒的,但固化的环氧树脂对身体无害。

5.2.2　性能

（1）电绝缘性能

环氧树脂固化后，可获得良好的电绝缘性能：击穿电压 >35 kV/mm，体积电阻 >1015 Ω·cm，介电常数（50 Hz）3 ～ 4，抗电弧 100 ～ 140 s。

（2）工艺性能

根据所选用的固化剂种类不同，环氧胶黏剂可分别在常温、中温或高温下固化。一般固化时只需要接触压力 0.1 ～ 0.5 MPa，大部分环氧树脂胶黏剂不含溶剂，操作方便。一般环氧胶的施工黏度、适用期限和固化速度可通过配方调节，满足各种要求。这不但易于保证黏接质量，也简化了固化工艺及设备。

（3）适应性能

环氧树脂胶黏剂改变其组成（固化剂、增韧剂、填料等），可以得到一系列不同性能的胶黏剂配方，以适应各种不同的需要，而且和许多改性剂（如酚醛树脂、丁腈橡胶等）混合而产生各种性能不同的品种。

5.3　环氧树脂胶黏剂组成

5.3.1　环氧树脂胶黏剂的组成及其作用

环氧树脂胶黏剂主要由环氧树脂和固化剂两大组分组成。根据不同的性能要求，还可加入其他添加剂，如增塑剂、增韧剂、稀释剂、填充剂、偶联剂等。

（1）环氧树脂

环氧树脂不能单独使用，只有用固化剂固化后才能交联成热固性树脂，起到黏接作用。

①类别。

环氧树脂的品种很多，在胶黏剂配方中使用的环氧树脂可分为两大类，即由环氧氯丙烷与含有活泼氢原子的有机化合物如多元酚与多元醇、多元酸、多元胺等缩聚而成的缩水甘油型环氧树脂和由含不饱和双键的低分子量的直链或环状化合物被过氧化物环氧化而成的环氧化烯烃型环氧树脂。

环氧树脂按其主要组成物质不同而分类，并分别给以代号，如表 5-1 所示。

表 5-1　环氧树脂的分类

代号	类别
E	二酚基丙烷环氧树脂
ET	有机钛改性二酚基丙烷环氧树脂
EG	有机硅改性二酚基丙烷环氧树脂
EX	溴改性二酚基丙烷环氧树脂
EL	氯改性二酚基丙烷环氧树脂
EI	二酚基丙烷侧链型环氧树脂
F	酚醛多环氧树脂
B	丙三醇环氧树脂
ZQ	脂肪酸甘油酯环氧树脂
IQ	脂环族缩水甘油酯
L	有机磷环氧树脂
G	硅环氧树脂
N	酚酞环氧树脂
S	四酚基环氧树脂
J	间苯二酚环氧树脂
A	三聚氰酸环氧树脂
R	二氧化双环戊二烯环氧树脂
Y	二氧化乙烯基环己烯环氧树脂
W	二氧化双环戊烯基醚树脂
D	聚丁二烯环氧树脂
H	3，4- 环氧基 -6- 甲基环己烷甲酸 -3′，4′- 环氧基 -6′- 甲基环己烷甲酯

②型号。

环氧树脂以一个或两个汉语拼音字母与两位阿拉伯数字作为型号，表示类别及品种。

型号的第一位采用主要组成物质名称。取其主要组成物质汉语拼音的第一个字母，若遇相同取其第二个字母，依次类推。

第二位是组成中若有改性物质，则用汉语拼音字母表示；若不是改性则划一横线。第三和第四位标识出该产品的环氧值平均数。

例如：

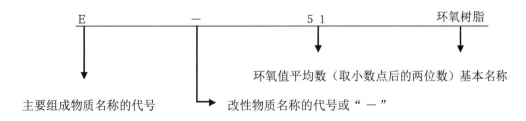

（2）固化剂

①类别。

环氧树脂加入固化剂后，线型结构的环氧树脂分子交联成网状结构的环氧树脂大分子，表现出优异性能，因此固化剂是构成环氧树脂胶黏剂不可缺少的重要组分。固化剂种类也很多，有胺类（如乙二胺、三乙烯四胺、低分子聚酰胺）固化剂，酸酐类（如70酸酐）固化剂，改性胺（如593）固化剂等。有的需加温固化，有的可室温固化；有的可快速固化，有的固化较慢。选择不同的固化剂，可以配成性能各异的环氧树脂胶黏剂。

根据多元分类法可将环氧树脂固化剂分为显在型固化剂、潜伏型固化剂。

显在型固化剂为普通使用的固化剂，又可分为加成聚合型和催化型。所谓加成聚合型即打开环氧基的环进行加成聚合反应，固化剂本身参加到三维网状结构中去。这类固化剂如加入量过少，则固化产物连接着未反应的环氧基。因此，对这类固化剂来讲，存在着一个合适的用量。而催化型固化剂则以阳离子方式或者阴离子方式使环氧基开环加成聚合，最终固化剂不参加到网状结构中去，所以不存在等当量反应的合适用量，不过，增加用量会使固化速度加快。

加成聚合型固化剂有多元胺、酸酐、多元酚、聚硫醇等。其中，最重要、应用最广泛的是多元胺和酸酐，多元胺占全部固化剂的71%，酸酐类占23%。从应用角度出发，多元胺多数经过改性，而酸酐则多以原来的状态，或者两种、三种低温共熔混合使用。

而潜伏型固化剂则指的是这类固化剂与环氧树脂混合后，在室温条件下相对长期稳定（一般要求在3个月以上，才具有较大实用价值，最理想的则要求半年或者1年以上），而只需暴露在热、光、湿气等条件下，即开始固化反应。这类固化剂基本上是用物理和化学方法封闭固化剂活性的。在显在型固化剂中，双氰胺、己二酸二酰胺这类品种，在室温下不溶于环氧树脂，而在高温下溶解后开始固化反应，因而也呈现出一种潜伏状态。

②固化与温度。

各种固化剂的固化温度各不相同，固化物的耐热性也有很大不同。一般地说，使用固化温度高的固化剂可以得到耐热优良的固化物。对于加成聚合型固化剂，固化温度和耐热性按下列顺序提高：脂肪族多胺≤脂环族多胺≤芳香族多胺≤酚醛≤酸酐。

催化加聚型固化剂的耐热性大体处于芳香多胺水平。阴离子聚合型（叔胺和咪唑化合物）、阳离子聚合型（BF_3 络合物）的耐热性基本上相同，这主要是虽然起始的反应机理不同，但最终都形成醚键结合的网状结构。

固化反应属于化学反应，受固化温度影响很大，温度增高，反应速度加快，凝胶时间变短；凝胶时间的对数值随固化温度上升大体呈直线下降趋势。但固化温度过高，常使固化物性能下降，所以存在固化温度的上限；必须选择使固化速度和固化物性能折中的温度，作为合适的固化温度。按固化温度可把固化剂分为4类：低温固化剂固化温度在室温以下；室温固化剂固化温度为室温～50℃；中温固化剂为50～100℃；高温固化剂固化温度在100℃以上。属于低温固化型的固化剂品种很少，有聚硫醇型、多异氰酸酯型等，近年来国内研制投产的T-31改性胺、YH-82改性胺均可在0℃以下固化。属于室温固化型的种类很多：脂肪族多胺、脂环族多胺、低分子聚酰胺以及改性芳胺等。

属于中温固化型的有一部分脂环族多胺、叔胺、咪唑类以及三氟化硼络合物等。属于高温型固化剂的有芳香族多胺、酸酐、甲阶酚醛树脂、氨基树脂、双氰胺以及酰胺等。

对于高温固化体系，固化温度一般分为两阶段，在凝胶前采用低温固化，在达到凝胶状态或比凝胶状态稍高的状态之后，再高温加热进行后固化，相对之前段固化为预固化。

（3）促进剂

为了加速环氧树脂的固化反应、降低固化温度、缩短固化时间、提高固化程度，可加入促进剂。常用的促进剂有 DMP-30、苯酚、脂肪胺、2- 乙基 -4- 甲基咪唑等，各种促进剂都有一定的适用范围，应加以选择使用。

（4）稀释剂

环氧树脂胶黏剂较黏稠，为便于操作，可加入稀释剂稀释。稀释剂有惰性稀释剂和活性稀释剂两类。胶黏剂的溶剂都能作稀释剂用。溶剂作稀释剂时，不参与固化反应。最终要从胶层中挥发出去的稀释剂称为惰性稀释剂。应选择溶解性强，易从胶黏剂中挥发出来的溶剂，以防溶剂包藏于固化了的胶层中而降低胶接强度。但室温固化胶黏剂最好不使用溶剂。此外，还要尽可能选择低毒性溶剂，以免对环境和人体造成危害。常用的惰性稀释剂有邻苯二甲酸二辛酯、邻苯二甲酸二丁酯、磷酸三乙酯等；溶剂有丙酮、丁酮、甲苯、二甲苯、甲乙酮、环己酮、正丁醇等。

活性稀释剂能够参与固化反应，可成为交联结构的组成物。这类稀释剂主要有环氧基化合物或低黏度的环氧树脂。其用量一般不大于 5% ～ 10%。常用的活性稀释剂有丁基缩水甘油绊、甘油环氧树脂、间苯二酚双缩水甘油醚、苯基缩水甘油醚、甲酚类缩水甘油醚等。

（5）填充剂（填料）

填料能影响胶层的物化性能。例如，羧基铁粉添加到环氧树脂中能改进导磁性能。填料使胶液增稠或使黏度增大；填料降低收缩应力和热应力；另外，填料的加入会降低环氧胶的剥离强度，因此一般地结构胶除加入具有触变性的 2 号 SiO_2 外，不再加填料。

填料不仅可以降低成本，还可改善胶黏剂的许多性能，如降低热膨胀系数和固化收缩率，提高黏接强度、耐热性和耐磨性等。同时，还可增加胶液的黏度，改善触变性等。常用填充剂及其作用见表 5-2。

表 5-2　常用填充剂的种类、用量及作用

种类	用量 / %	作用
石英粉、刚玉粉	40 ～ 100	提高硬度、降低收缩率和热膨胀系数
各种金属粉	20 ～ 50	提高导热性、导电性和可加工性
二硫化钼、石墨	30 ～ 80	提高耐磨性及润滑性
石棉粉、玻璃纤维	20 ～ 50	提高冲击强度和耐热性
碳酸钙、水泥、陶土、滑石粉等	25 ～ 100	降低成本，降低固化收缩率
白炭黑、改性白土	<10	提高触变性，改善淌胶性能

（6）偶联剂

偶联剂是分子两端含有性质不同基团的化合物，其分子的一端可与被黏物表面反应，另一端与胶黏剂分子反应，以化学键的形式将被黏表面与胶黏剂紧密地连接在一起。

偶联剂使用较多的是有机硅偶联剂，如 γ- 氨丙基三乙氧基硅烷、γ- 环氧丙氧基丙基三甲氧基硅烷、γ- 硫醇丙基三乙氧基硅烷等。

偶联剂的用量很少，一般为 0.1% ～ 3%，可以直接将它加到胶液里，也可以将偶联剂配制成稀溶液浸渍或涂在被黏物表面上。因为品种不同的偶联剂在性能上有差异，所以对不同的胶黏剂和被黏物体系，应根据胶黏剂的用途和性能选用不同的偶联剂。

（7）阻燃剂

为提高环氧树脂胶黏剂的阻燃性能，可以加入阻燃剂，常用的阻燃剂为三氧化二锑、磷酸三乙酯、硼酸锌、氢氧化铝、氯化石蜡等。

（8）着色剂

为改变胶黏剂的颜色，可加入着色剂。国内已有白、黄、红、绿、蓝、棕黑色等着色剂，这些着色剂能使环氧树脂染上均匀、规则、色泽稳定、漂亮的颜色。

5.4　常用环氧胶黏剂品种

目前使用的环氧胶黏剂品种比较多，有结构胶、非结构胶；有单组分，也有双组分；有室温固化，也有的需加温固化；按用途又可分为连接用胶、填补胶、导电胶、点焊胶、耐高温胶以及水下固化胶等。

5.4.1　通用环氧胶黏剂黏料

（1）室温固化环氧胶黏剂

室温固化胶黏剂指室温下为液体的，调制后可于 20 ～ 40℃条件下几分钟到几小时内凝胶，在不超过 7 d 的时间内完全固化并达到可用强度的一类胶黏剂，具有省时、省力、省工、节省能源、使用方便等一系列优点，在航空航天飞行器材的制造，汽车、电器、仪表、舰船制造，以及建筑的装饰、装修、维修，医用、医药，日常生活用品的维修等行业获得广泛应用。

就其应用而言，室温固化环氧胶可分为结构型和非结构型两大类，其包装形式大多数为糊状双组分。双组分室温固化环氧胶，通常在其组分中分别含有一种或几种环氧树脂和胺类固化剂，固化主要是通过两组分混合后的加成 - 放热固化反应来实现，因此胶的 A、B 组分一经混合，胶黏剂就存在工作寿命或适用期问题。超过适用期的胶液，由于固化反应程度加深，胶黏剂的表观黏度增大，不宜再用于胶接。

近年来室温固化环氧胶的研究已经取得了很大进展，但综合性能优异者极少，由于可用于胶黏剂室温固化的材料以及化学反应的类型有限，不能加热固化等缺点，这类胶的研制难度较大。

在我国，比起室温固化胶黏剂在民品修理以及电子工业中的应用，室温固化结构胶黏剂在航空、航天领域，特别是在飞机关键部件的制造中尚未得到广泛使用，这主要是由于室温固化型结构胶黏剂的综合性能尚未达到军工产品生产和使用方面的要求，特别是在耐高温及耐持久方面的苛刻要求。人们尚不敢应用固化温度低于飞机飞行工作温度的各种胶黏剂去黏接这些部件。

（2）中温固化环氧胶黏剂

中温固化环氧树脂体系的研究始于 20 世纪 60 年代，与高温体系相比，具有成型温度低、周期短、对工装模具要求不严、制作内应力小、尺寸稳定性好、抗断裂韧性高等优点。但也有很多问题有待解决，如需要选择适当的固化剂与促进剂配合在降低固化温度的同时保证树脂具有较高的耐热温度和较长的室温贮存期。

（3）耐温环氧胶黏剂

耐温环氧胶黏剂目前制备耐高温环氧胶黏剂的途径大致有三：一是采用耐高温树脂（如酚醛树脂、有机硅树脂、聚砜树脂等）改性环氧树脂；二是合成新型耐高温环氧树脂（如多官能团环氧树脂、双酚 S 环氧等）；三是采用耐高温固化剂。比较常用的方法是第一种。

（4）耐低温环氧胶黏剂

耐低温环氧胶黏剂，一般来说，有些环氧胶由于在 -50℃ 以下出现脆性而迅速失去强度，以致无法使用。用聚氨酯、聚酰胺、弹性体改性可以制得耐超低温环氧胶黏剂，在 -200℃，甚至 -269℃ 均有良好的黏接性能。

5.4.2　改性环氧胶黏剂

1）橡胶改性环氧胶黏剂

环氧胶黏剂的增韧方法基本上与环氧树脂相同，比较成熟和研究最多的是采用橡胶弹性体和热塑性树脂。这是因为：一方面，橡胶能很好地溶解于未固化的环氧基体树脂体系中，然后在环氧树脂固化过程中，发生相分离，分散于基体树脂中；另一方面，对橡胶进行适当的化学处理后，分子结构含有与树脂基体反应的活性基团，使得分散的橡胶相与基体连续相界面有较强的化学键合作用。由于橡胶耐冲击，分散相橡胶粒子在材料受到冲击时起到了吸收能量的应力集中物和弹性储能体的作用，从而抑制裂纹扩展，这是使环氧树脂强韧化的主要原因。但是，采用橡胶增韧时，因为改性的橡胶有小部分溶解在环氧树脂基体中，共混物韧性的有效提高要以牺牲其强度、模量、耐热性等为代价，从而使基体树脂的物理、力学和热性能的提高受到限制；不仅如此，橡胶弹性体在胶黏剂生产过程中本身难以保证充分有效分散，体系会表现出增韧不均现象。另外，在混合过程中出现黏稠度较大，也势必造成叶片生产现场施工难度增加，增加混胶设备的磨损度，这在一定程度上限制了其在叶片行业大规模的推广应用。

环氧胶黏剂之所以有很好的增韧作用，是因为：①当橡胶能很好地溶解于未固化的树脂体系中后，能在树脂凝胶过程中析出第二相（即发生相分离），分散于基体树脂中；②橡胶的分子结构中含有能与树脂基体反应的活性基团，使得分散的橡胶相与基体连续相界面有较强的化学键合作用。一般用"海岛结构"模型来描述橡胶增韧环氧树脂机理，环氧为连续相，橡胶粒子分散其中。由于橡胶的耐冲击性，基体中的分散相（橡胶粒子）在材料受到冲击时起到了吸收能量的应力集中物和弹性储能体的作用，从而抑制裂纹扩展，因此分散相吸收能量是环氧树脂强韧化的主要原因。

丁腈橡胶分为固体和液体两种，固体的分子量较大，液体的分子量较小。

（1）固体丁腈橡胶，如果用固体丁腈橡胶来增韧环氧树脂，比较好的方法是与环氧树脂及固化剂共混后制成胶膜。用大分子丁腈-40与环氧制成胶膜，发现丁腈的含量决定胶的剥离性能，随丁腈用量的增加剥离强度也逐渐增加，而胶的剪切强度则在丁腈含量为35%时最高。用固体端羧基丁腈橡胶来增韧酚醛环氧树脂并制成胶膜，通过性能测试和扫描电镜分析，发现橡胶与树脂分相明显。加入适量的此种橡胶可改善树脂性能，增强韧性，降低玻璃化转变温度和固化温度。如固体橡胶加入过多，虽然树脂的韧性好，但其力学性能和高温性能会损失很大。

（2）液体丁腈橡胶，液体丁腈橡胶增韧环氧是研究环氧增韧的热点，液体丁腈橡胶分子量在10 000以内，它较易与环氧树脂混合，其加工性能良好，可配制成无溶剂或流动性好的低黏度胶黏剂。

①一般液体丁腈橡胶其分子中没有活性基团，它不与环氧树脂反应，在环氧的固化过程中从树脂中沉淀出来，环氧树脂形成连续相，橡胶是分散相。这种丁腈橡胶因为不与树脂反应，故加入量不宜过多，否则它会沉淀过多使胶接界面黏附作用减弱，从而导致增韧效果降低。

②无规羧基丁腈橡胶（CRBN）它是丁二烯、丙烯腈与少量丙烯酸的三元共聚物，少量的丙烯酸无规地分布在分子链中，在环氧树脂固化时，丙烯酸的羧基会与环氧树脂的环氧基发生反应，使环氧树脂固化物交联网络中含丁腈橡胶软段，形成交联嵌段共聚物，这种软段使固化环氧网络中形成多相体系，从而增强了环氧树脂的韧性。

③端羧基液体丁腈橡胶（CTBN）分子链的两端是活性官能团羧基，这种丁腈与环氧树脂发生反应，它对环氧树脂增韧效果良好，增韧强度是无规羧基丁腈橡胶的近两倍，且随温度上升，强度下降缓慢，所以国内的学者围绕它做了大量的研究工作。在国外，用多端基官能团的CTBN来增韧环氧-胺体系，发现CTBN不仅可起到增韧的作用，同时也能加速体系的固化。分相后，环氧相和CTBN本身的T都有所下降；对于CTBN改性环氧树脂后的吸水性，发现改性后的体系由于CTBN的极性吸水性增强，吸水后使体系结构更加紧密。

④端羟基液体丁腈橡胶（HTBN）虽然CTBN增韧效果良好，但其价格昂贵，为降低成本，研究了与CTBN结构相似但价格较便宜的增韧剂，端羟基丁腈橡胶（HTBN）便是其中一种。如果将HTBN直接混入环氧树脂中往往达不到理想的增韧效果，主要起增塑作用。为了能使HTBN和环氧树脂成键连接，起到更好的增韧作用。有人研究了端羟基丁腈-环氧树脂嵌段共聚物的合成。采用预聚法，先用HTBN与3，4-TDI反应形成端—NCO基液体丁腈橡胶（ITBN）然后再与含有少量羟基的环氧树脂反应形成ITBN-环氧树脂嵌段共聚物（ETBN）。采用此方法增韧的环氧树脂，储存稳定性好，在加热及室温条件下固化，均能获得较高的剪切强度和剥离强度。另一种方法是用异氰酸酯将HTBN接枝到环氧树脂上，也能取得很好的增韧效果。

⑤端氨基液体丁腈橡胶（ATBN）ATBN也与CTBN有相似的链结构，而端基为氨基，有学者进行了ATBN增韧环氧树脂的研究，发现ATBN能起到很好的增韧效果。

2）聚氨酯改性环氧胶黏剂

在众多环氧树脂增韧技术中，以聚氨酯为代表的弹性体的增韧效果最为显著。但是环氧树脂是线型的热塑性树脂，本身不会硬化，只有加入固化剂，使它由线型结构交联成网状或体型结构，才能实现固化。因此，在利用聚氨酯对环氧树脂进行增韧的同时，需要添加固化剂，使其满足施工时对固化性能的要求。

选用的固化剂为T-31。T-31固化剂是一种透明的棕色黏稠液体，属于酚醛胺类固化剂，易溶于丙酮、乙醇、二甲苯等有机溶剂，微溶于水，毒性极小。分子内含脂肪胺类分子中的活性氢，又含有能起催化、促进环氧树脂固化的基团和苯环结构。与脂肪胺相比，它具有较强的憎水性，能在0℃以下的低温下固化环氧树脂，也完全可以在相对湿度大于90%或水下固化各种环氧树脂。T-31环氧树脂固化剂具有耐腐蚀、抗渗透性好、固化速度快、黏接强度高、操作使用方便、价格较低等特点，适用范围非常广泛。根据需要加入适量T-31固化剂调节固化反应速率，使环氧树脂胶黏剂既能保证室温下的固化速度，又能保证固化产物较好的力学性能。

5.4.3　环氧树脂功能胶黏剂

1）环氧树脂导电胶黏剂

导电胶黏剂是由导电性填料、黏合剂、溶剂和添加剂组成的。是适应电子工业发展需要出现的胶黏剂品种，它用于电器和电子装配过程中需要接通电路的地方，以黏代焊。采用焊料焊接需要高温加热，有时容易损伤元器件，也难于控制使用极少量的焊料或极准确地焊接，黏接则是比焊接更理想的连接方法，导电胶黏剂可以制成导电浆料，利用其对很多材料的良好黏接性能，将图形线条印刷于不同材质的线路板上，作为导电线路。

配制导电环氧胶有两条途径：一是在树脂体系内添加一定量的导电性金属或非金属粒子，如银粉、金粉、铜粉、镍粉、导电石墨、炭黑等，属添加型导电胶；另一途径是选用具有导电性或半导电性的高分子聚合物，如聚乙炔、聚氮化硫、以TCNQ为基础的络合物、有机金属聚合物等，但后者尚处于研究阶段，制备工艺复杂，成本极高。添加型导电胶制备工艺简便，将导电粒子均匀混入胶黏剂内就可得到。

2）环氧树脂导磁与导热胶黏剂

导磁胶、导热胶是在一般环氧胶中加入一些特殊填料制成的，如导磁胶中加入磁性材料（羰基铁粉）、导热胶中加入导热性好的银粉、乙炔炭黑等。

3）环氧树脂光学胶黏剂

无色透明胶黏剂由于其优异的透光率和折射率常用于透明材料以及光线仪器的黏接，在光学领域，特别是一些光学仪器特殊部件如测距仪、高度仪、望远镜、显微镜、投影仪的镜头以及放大镜等的黏接；在玻璃建筑中替代有机硅黏合剂用于玻璃和金属的黏接；也用作光纤连接、聚焦的固化材料，此外也用于黏接汽车防风玻璃和建筑窗框玻璃。光学环氧胶黏剂光学胶用于黏接光学玻璃及单晶材料制件（如透镜），对接头除机械强度要求外，还要求无色透明，透光率达 90% 以上。

现有生产技术可以生产出杂质含量极少、纯净近乎透明的环氧树脂。可以依据环氧树脂的颜色测试方法——加德纳（Gardner）比色法或铂 - 钴比色法（即 Hazen 法）评价环氧树脂的透明度。加德纳比色法测得的颜色随色泽号增大颜色加深，纯水的色泽加氏法测量值为 1。铂 - 钴比色法也是随色泽值增大颜色加深，色号 1 ~ 30 为无色，30 ~ 60 为几乎无色。早在 20 世纪 80 年代，发达国家环氧树脂色泽已能稳定地控制在 Gardner 1 号以下，面市的产品指标均小于 1 号。进入 20 世纪 90 年代，国外环氧树脂色度已远小于 G1 号接近无色透明状态，在 Gardner 0.2 号以下。加式法测量值 ≤ 1 或铂 - 钴法测量值 ≤ 60 的环氧树脂视为无色透明的环氧树脂。

5.4.4　环氧树脂结构胶品种

1）低聚物增韧

增韧环氧树脂的低聚物主要是液体聚硫橡胶、液体丁腈橡胶、低分子聚酰胺、异氰酸酯预聚体等。其特点是本身柔性好、大多含有能与环氧树脂反应基团的低分子聚合物。固化后成为环氧固化物的柔性链段。主要用来配制室温或中温固化，具有中等强度和韧性，耐热性不很高的无溶剂环氧结构胶黏剂。

（1）聚硫橡胶增韧环氧结构胶黏剂

液体聚硫橡胶是一种平均相对分子质量较低的黏稠液体，包括 M=500 ~ 1000 低黏度的和 M=3000 ~ 4000 高黏度的两类。聚硫橡胶通过分子末端的硫醇基与环氧基反应，成为环氧固化物分子结构中的柔性链段，使胶黏剂有较高的剪切强度和剥离强度、耐化学介质和盐雾作用及耐湿热性。没有催化剂时，硫醇基与环氧基的反应速度极慢。有机胺如 DMP-30、二乙烯三胺、三乙烯四胺、六氢吡啶等对它有显著的催化作用，其中以 DMP-30 的效果最佳。随聚硫橡胶用量的增加，双酚 A 环氧树脂和 DMP-30 体系浇注料的伸长率和冲击韧性增加，而抗拉强度在聚硫橡胶用量为 30 ~ 50 份时出现极大值。胶接抗剪强度在 40 份附近出现极大值。使用温度不超过 80℃。若用芳香胺或双氰胺作固化剂，则使用温度可达 100 ~ 120℃。

（2）液体丁腈 - 环氧结构胶黏剂

增韧环氧胶黏剂用的液体丁腈橡胶是 M=3 000 ~ 10 000 的黏稠液体。有三类：液体丁腈 -40、端羧基丁腈（CTBN）和无规羧基丁腈。液体丁腈橡胶对环氧胶黏剂的增韧效果除了和液体丁腈的种类、分子量、氰基含量、羧基位置等因素有关外，还取决于共混体系的相容、反应、分相及分相粒子的大小和数量等因素。

液体丁腈 -40 分子中没有能与环氧基反应的活性官能团。固化过程中丁腈 -40 会与树脂分相、析出，形成分散相呈"海岛结构"。用芳香胺作固化剂时，丁腈 -40 大于20 份后胶接强度下降。丁腈 -40 的增韧效果相对较差，但耐大气老化和耐湿热性好，综合性能全面，可在 120℃以下使用。

（3）低分子聚酰胺 – 环氧结构胶黏剂

低分子聚酰胺大分子的碳链长，柔顺性好，既是环氧树脂的改性剂，又是环氧树脂的固化剂。其特点是能室温固化，综合性能好，成本低。缺点是耐老化和耐温性较差。

2）高聚物增韧

西北工业大学理学院应用化学系以高活性四官能度缩水甘油胺环氧树脂(JEh–012)、耐高温固化剂苯甲酮四酸二酐（BTDA）、顺丁烯二酸酐（MA）、促进剂 2– 乙基 –4– 甲级咪唑、填充剂为碳纤维等，制得了室温固化耐热 150℃的环氧树脂胶黏剂。具有良好的黏接性能，可用于耐热材料的结构黏接。由于室温固化时间很长，一般在实验条件下可将 60℃作为室温固化的温度。所研制的环氧胶黏剂，60℃/2 h 已基本固化完全。实验结果表明，当 n（环氧基团）：n（酸酐基团）=1：1、促进剂为 1%（占环氧树脂的质量分数）、碳纤维为填料时，环氧胶黏剂的性能最佳。实际测得的 45 号钢黏接拉伸剪切强度为 13.9 MPa（室温）；10.6 MPa（150℃）。而以 KH–550 偶联剂处理的石英粉为填料时，剪切强度为 10.1 MPa（室温）；8.4 MPa（150℃），若无填料的黏接剪切强度室温仅为 2.6 MPa；150℃时 0.47 MPa。

（1）环氧 – 丁腈结构胶黏剂

这是用高分子固体丁腈橡胶增韧的环氧结构胶黏剂。多采用氰基含量高的丁腈 –40。环氧 – 丁腈结构胶黏剂通常以胶液和胶膜两种形式供应。配胶液时选用分子量低的液体双酚 A 型环氧树脂，配制胶膜时选用分子量高的固体双酚 A 型环氧树脂，或与液体环氧树脂并用。使用温度 –55 ～ 80℃。引进多官能环氧树脂如酚醛环氧、氨基多官能环氧、TDE–85 等可提高耐高温性。固化剂多选用双氰胺或双氰胺 – 促进剂体系。也可以选用活性低的芳香族多胺以提高耐热性。胶黏剂中加入丁腈橡胶的硫化剂（如过氧化二异丙苯、硫磺等）、硫化促进剂（如 ZnO、MgO 等）及填料（如气相法 SiO 等）可以进一步提高增韧效果。用丁腈增韧的环氧胶黏剂其剪切、剥离和耐疲劳性能均有显著提高。耐湿热老化性稍差于酚醛 – 丁腈胶黏剂，但比环氧 – 聚酰胺胶黏剂好得多。此类国产胶黏剂有自力 –2 号、自力 –3 号、J–23、J–30 等。自力 –2 号胶的配方和性能如下。

固化条件：压力 0.3 MPa，170℃/2 h。性能：胶接铝合金件。

剪切疲劳性能（最大剪应力 18.6 MPa）≥ 107。蠕变变形量 14.7 MPa/200 h，0.058 mm；21.6 MPa/200 h，0.076 mm。

室温剪切强度（不锈钢 – 不锈钢）35.3 MPa；（钛合金 – 钛合金）35.3 MPa；（镁合金 – 镁合金）20.6 MPa（被黏材料坏）；（玻璃钢 – 玻璃钢）9.8 MPa（被黏材料坏）。

使用温度 –60 ～ 60℃。

（2）环氧 – 聚酰胺结构胶黏剂

高分子固体聚酰胺（聚酰胺）是一种韧性极好的高聚物。分子中有大量极性很大的酰氨基，能与环氧基发生化学反应，增加黏附力，提高增韧效果。由于极性大、熔点高，与环氧树脂相容性差，而且聚酰胺不溶于常用溶剂，不能配制胶液。

增韧环氧胶黏剂用的聚酰胺是经过改性的醇溶性聚酰胺，如羟甲基聚酰胺、聚酰胺 6/ 聚酰胺 66/ 聚酰胺 610 三元共聚物等共聚聚酰胺。此外，将结构不同的结晶聚酰胺混溶后，也可制得低熔点混溶物，如聚酰胺 610 与聚酰胺 11 混熔物的熔点为 162℃，聚酰胺 66 与聚酰胺 11 混熔物的熔点为 121℃。环氧 – 聚酰胺结构胶黏剂具有较高的剪切强度和剥离强度，以及良好的耐疲劳和耐冲击性能。其缺点是耐热性和耐水性差，特别是耐湿热老化性极差，限制了它的应用。提高环氧 – 聚酰胺胶黏剂的耐热性和耐湿热性是当前的研究课题之一，已取得了一定进展。国内环氧 – 聚酰胺结构胶黏剂的品种有420、SY–8、305 等。

（3）环氧 – 聚砜结构胶黏剂

环氧 – 丁腈胶和环氧 – 聚酰胺胶的使用温度都不高。前者如自力 –2 号胶的使用温度只有 –60 ～ 60℃，而后者如 402 胶也不过才 –60 ～ 120℃。要配制耐高温环氧结构胶黏剂必须处理好耐热性与韧性的关系。二者常常是互相矛盾的。采用耐热性高、韧性好的热塑性树脂来增韧环氧树脂，是妥善处理此矛盾的有效途径。已在胶黏剂中使用的有聚砜，正在研究的还有聚苯硫醚、聚醚酮、聚醚醚酮等。聚砜分子结构中的二苯砜基是高度共轭的芳环体系，它的化合键比非共轭键结构坚强有力，能吸收大量热能而不致引起主链和支链断裂，因而具有较高的热稳定性。共轭体系中的二苯砜基团处于空间的牢固位置，而硫原子又处在最高氧化状态，有很高的抗氧化能力。所以聚砜在高温下能保持相当好的刚度和强度，具有很高的耐热性和热氧稳定性。异丙基和醚键使分子链具有一定的柔性，使聚砜具有较大的韧性和易于熔融加工性能。聚砜的抗蠕性很好，其蠕变量是热塑性树脂中最小的品种之一。

环氧树脂与聚砜的混溶性较好，可在 300℃左右直接混炼，加入固化剂和其他助剂，冷却后压延成胶膜。也可用强极性溶剂如二甲基甲酰胺、二甲基乙酰胺、二甲基亚砜等溶解后和环氧树脂配成胶液。溶剂挥发后便可胶接。胶膜在 150℃以上有较好的流动性，因此固化压力不用太高。

5.5 环氧树脂胶黏剂的应用

在国民经济与科学技术飞速发展的今天，环氧树脂胶黏剂作为一种新型的化工材料，在各行业与领域中发挥着越来越大的作用（表 5–3）。此类胶黏剂用作各种材料的胶接，可以部分替代机械传统工艺的焊接、铆接、螺栓连接，而且由于此种材料的出现还开发出了一类新型的质地轻、性能优的材料，如环氧玻璃钢、环氧碳纤维增强复合材料、塑钢（玻璃）复合管材、环氧聚合物水泥等。环氧胶黏剂已渗透到了各个部门，如航空工业飞机的制造，汽车工业的装配，轻工机械的制造，电子工业的绝缘封装，建筑的加固维修、公路机场的修补等。环氧胶黏剂除了对聚烯烃等非极性塑料黏接性不好之外，对于各种金属材料如铝、钢、铁、铜，非金属材料如玻璃、木材、混凝土等，以及热固性塑料如酚醛、氨基、不饱和聚酯等都有优良的黏接性能。

表 5-3 环氧树脂胶黏剂的应用领域及主要用途

应用领域	被黏材料	主要特征	主要用途
土木建筑	混凝土，木材，金属，玻璃，热固性塑料	低黏度，能在潮湿面（或水中）固化，低温固化性	混凝土修补（新旧面的衔接），外墙裂缝修补，嵌板的黏接，下水道的连接，地板黏接，建筑结构加固
电子电器	金属，陶瓷，玻璃，FRP（纤维增强塑料）等热固性塑料	电绝缘，耐腐蚀，耐热冲击，耐热，低腐蚀	电子元件，集成电路，液晶屏，光盘，扬声器，磁头，铁芯，电池盒，抛物面天线，印制电路板
航天航空	金属、热固性塑料、FRP	耐热、耐冲击、耐腐蚀性、耐疲劳、耐辐射	同种金属、异种金属的黏接，蜂窝芯和金属的黏接，复合材料，配电盘的黏接
汽车机械	金属、热固性塑料、FRP	耐湿、防腐、油面黏接、耐磨、耐久性（疲劳特性）强	车身黏接、薄钢板补强、FRP 黏接、机械结构的修复、安装
体育用品	金属、木、玻璃、热固性塑料、FRP	耐久、耐冲击	滑雪板、高尔夫球杆、网球拍
其他	金属、玻璃、陶瓷	低毒性、不泛黄	文物修补、家庭用

环氧胶黏剂在航空、航天工业中主要用于制造蜂窝夹层结构、全胶接钣金结构、复合金属结构（如钢－铝、铝－镁、钢－青铜等）和金属－聚合物复合材料的复合结构，一般都为结构胶，这种结构胶已成为整个飞机设计的基础之一。如一架波音 747 客机需用胶膜 2500 m²，三叉戟飞机的胶接面积占全部连接面积的 67%，某型号超音速重型轰炸机胶接壁板达 380 m²，占全机总面积的 85%，其中蜂窝结构占 90%，用胶量超过 40 kg/ 架。

环氧胶黏剂在电器工业中的应用有电机槽楔钢棒间的绝缘固定，变压器中硅钢片之间的黏接，电子加速器的铁芯及长距离输送的三相电流的位相器的黏接等。在电子工业中颇具特色的应用有环氧导电胶和环氧导热胶。

第6章　丙烯酸酯胶黏剂

丙烯酸酯胶黏剂，是用聚丙烯酸酯为单组分或主要组分的胶黏剂。其广泛黏接材料如钢、铁、铝、钛、不锈钢、塑料、玻璃、陶瓷等，适用于汽车、摩托车、机电工程、化工管道、工艺品、家用电器制造、安装修复。

6.1　概　　述

6.1.1　简介

丙烯酸酯胶黏剂是指那些含有氢酯基的丙烯酸酯单体（如甲基丙烯酸乙酯、丙烯酸丁酯和丙烯酸 -2- 乙基己酯）为主体材料，并与不饱和烯烃类单体（如苯乙烯、丙烯腈或乙酸乙烯等）共聚而成，再加入适量助剂而制备成的黏附性物质。

6.1.2　主要品种与分类

丙烯酸酯胶黏剂主要可分作两大类：一类是热塑性聚丙烯酸酯或丙烯酸酯与其他单体的共聚物；另一类是反应性丙烯酸酯。前者大量应用于压敏型、热熔型和水乳型接触胶黏剂，可称为非反应性的胶黏剂；后者是包括各种丙烯酸酯单体或在分子末端具有丙烯酰基的低聚物为主要组分的胶黏剂，即瞬干胶、厌氧胶、光敏胶和丙烯酸酯结构胶。

（1）热固化型丙烯酸酯胶黏剂（又称反应型丙烯酸酯胶黏剂和改性丙烯酸酯胶黏剂）；

（2）厌氧胶黏剂；

（3）丙烯酸酯压敏胶黏剂；

（4）丙烯酸酯功能胶黏剂；

（5）丙烯酸酯乳液胶黏剂（又称丙烯酸酯水性胶黏剂）；

（6）丙烯酸酯光固化胶黏剂（又称丙烯酸酯紫外光固化胶黏剂）；

（7）α- 氰基丙烯酸酯胶黏剂（又称 CA 瞬间胶）。

6.2 特点与性能

6.2.1 特点

（1）通常是低黏度液体、使用方便；

（2）可以室温快速固化，固化时不需要压力；

（3）透明性好；

（4）耐介质、耐药品和耐大气老化性能优良；

（5）对多种材料有良好的黏接强度。

丙烯酸酯胶黏剂原材料来源广泛，制备工艺简单，具有干燥成型迅速，透明性好，对多种材料具有良好的黏结性能，且耐候性、耐水性、耐化学药品性亦佳。特别是对疏水表面材料也具有优良的黏结性，此橡胶类胶黏剂的耐大气老化性能更优良，使用方便，黏接接头耐久性良好。

6.2.2 性能

丙烯酸酯类聚合物的物理性质受 α- 位碳原子上的基团（氢或甲基）以及侧链酯基长度的影响。丙烯酸酯聚合物在 α- 位上是氢原子，而甲基丙烯酸酯的是甲基，后者受甲基的空间障碍，链旋转自由度减弱。因此，该聚合物的硬度、拉伸强度比相应的丙烯酸酯聚合物高，而伸长率则低。随着侧链酯基长度的增加，聚合物的拉伸强度降低，伸长率增高。

改变丙烯酸酯聚合物的单体以及聚合条件如催化剂用量、反应时间、反应温度和单体浓度等，可调节聚合物的分子量、极性、溶解性、玻璃化转变温度和其他物理性能。玻璃化转变温度是丙烯酸酯聚合物最重要的表征之一，它控制着胶黏剂的许多重要性能。这一转变是聚合物的嫡的特征（运动自由度）反映。在一定的温度区域内，聚合物分子得到足够的热能，从硬的玻璃状固体转变成橡胶态或液态。此时，分子链得到更大的运动自由度。丙烯酸酯系聚合物的玻璃化转变温度受酯基碳原子数和碳链结构的影响。其影响因素大致有以下几种。

（1）侧链的影响聚合物链之间隔得越开，链段的活动性越大。

（2）链的刚度，甲基丙烯酸酯比相应的丙烯酸酯在。一位碳原子上多了一个甲基，增加了分子链运动的空间障碍，提高了玻璃化转变温度。

（3）支化酯基烷基的支化使玻璃化转变温度升高，如含叔丁基酯的丙烯酸聚合物比含正丁基酯的高得多。

（4）共聚物可起内增塑作用。通过几种丙烯酸酯单体的共聚，可制得具有中间玻璃化转变温度的聚合物，其玻璃化转变温度可由各均聚物的计算出。

$$\frac{1}{T_g} \text{（共聚物）} = \frac{W_1}{T_{g1}} + \frac{W_2}{T_{g2}} + \frac{W_n}{T_{gn}}$$

式中：W 为均聚物的质量；T_g 为各自的玻璃化转变温度。

（5）交联交联化学键的形成，能阻碍键段运动，延迟橡胶态开始。

丙烯酸酯胶黏剂具有优异的光学性能，具有保色、耐光和耐候性，不易氧化，对紫外线的降解作用也不敏感，具有 α- 位甲基的聚甲基丙烯酸酯的抗氧化性更佳。

丙烯酸酯胶黏剂耐水、耐碱、耐油，为良好的耐油密封剂。分子中含有酯基，有时尚有羧基、羟基等官能团，具有很强的氢键结合性质，对较广范围的被黏体均有胶接性。

聚丙烯酸酯比相应的聚甲基丙烯酸酯软，富于延展性。丙烯酸正烷基酯聚合物系列中，随着烷基酯碳原子的增加，均聚物逐渐变软，发黏程度也变高。这种倾向到丙烯酸正辛酯时发生逆转。

丙烯酸酯胶黏剂可借助反应官能团的引入酰胺基、羧基，羟基或羟甲基、环氧基等与多甲氧基甲基三聚氰胺、有机羧酸和异氰酸酯等化合物反应交联，以改变其热塑性能，提高其耐热、耐溶剂性。也可通过自交联，碳－碳双键二次聚合或辐射固化等达到交联目的。总之，丙烯酸酯聚合物的交联技术仍在发展中，实现室温固化是发展方向之一。

综上所述，为制取性能优越或特定要求的丙烯酸酯胶黏剂，多采用丙烯酸酯共聚物。不仅是丙烯酸酯或甲基丙烯酸酯各单体间的共聚，还与乙酸乙烯、氯乙烯、苯乙烯等其他乙烯基类单体以及环氧、不饱和聚酯和聚氨酯等大分子共聚。赋予聚合物以硬度的单体有乙酸乙烯、苯乙烯、甲基丙烯酸甲酯和丙烯腈等；赋予聚合物以表面黏附力的有丙烯酸、甲基丙烯酸和聚氨酯等。

通过共聚，使聚合物的玻璃化转变温度得以调节，软、硬程度符合需要，胶膜性能如耐水、耐光和耐碱等得到改善，品种也层出不穷。

6.2.3　应用

丙烯酸酯胶黏剂可用于金属、塑料、橡胶、木材、纸张等材料的黏接，黏接性能优良。丙烯酸酯胶黏剂是使用量最大的胶种之一，在国民经济建设、国防建设和人们的日常生活中发挥了重大作用，已成为可信赖的胶种之一。

6.3　丙烯酸酯胶黏剂的制备

6.3.1　丙烯酸制备原料

（1）主要原料

丙烯酸生产的主要原料是丙烯和氧气。其中，氧气来源于空气，故没有什么特定的要求。丙烯作为主要有机原料，对其纯度方面要求也不是很严格。目前业内使用的丙烯纯度低的到 93% 左右，高的已达到 99% 以上。使用纯度过低的丙烯，其杂质含量不免增加，如果其中丙烷的含量较多，对于废气处理采取催化焚烧方式的装置来说，会出现一些困难。如果所含的硫、炔烃较多，则会加重催化剂床层的结炭现象或对催化剂造成损害。

（2）辅助原料

丙烯酸生产中使用的辅助原料主要是水、有机溶剂和作为阻聚剂使用的化学品。对这些原料，除在纯度上有所要求外，要特别注意限制有害杂质的含量。例如，容易引起物料聚合的像过氧化物、过硫化物、金属离子这类物质，容易导致设备腐蚀的氯离子等物质。

6.3.2 丙烯酸酯胶黏剂制法

丙烯酸酯胶黏剂可分为热塑性丙烯酸酯、第一代丙烯酸酯、第二代丙烯酸酯和第三代丙烯酸酯等类胶黏剂。有的研究者将氰基丙烯酸酯和丙烯酸双酯胶黏剂也归属此类，本书将分别介绍。

丙烯酸酯分子中含有高反应活性的乙烯基基团，它能在引发剂存在下加热发生聚合反应，形成聚丙烯酸酯。

合成胶黏剂用聚丙烯酸酯一般采用溶液聚合或乳液聚合。

当采用溶液聚合时，将单体或单体混合物溶解于对自由基无活性的溶剂（如乙酸乙酯或乙酸丁酯）中，添加可溶于溶剂中的有机过氧化物，加热到 75 ～ 80℃，保持 1 ～ 2 h，使之聚合。例如，500 份（质量）丙烯酸正丁酯于 500 份乙酸乙酯和 0.55 份过氧化苯甲酰中聚合。若需于常温下固化，则可将 500 份丙烯酸正丁酯于 500 份乙酸乙酯和 0.5 份氢过氧化枯烯中聚合，加入 0.1 份丁醛和苯胺的缩合物作固化助剂，可于 2 ～ 10 min 内固化。

引发剂偶氮化合物也可被采用。溶液聚合法适宜制备相对分子质量在 2000 ～ 50 000 的聚合物。

对丙烯酸酯聚合物而言，乳液聚合法更为重要。乳液聚合的基本组分是单体或混合单体、脱离子水、表面活性剂（乳化剂）和水溶引发剂等。有的靠具有表面活性的单体、引发剂的残余基团来发挥乳化剂作用。

在丙烯酸酯聚合中，阴离子和非离子型表面活性剂得到广泛应用。非离子型表面活性剂有聚氧乙烷烷基醚、聚氧乙烯烷基酚醚等。它们对电解质等的化学稳定性良好，但可使聚合速率减慢，乳化力弱，用量多，聚合中易生成凝块，乳液粒径粗。

阴离子型表面活性剂有烷基硫酸钠、烷基苯磺酸钠、二烷基 -2- 磺基琥珀酸钠、烷基烯丙基聚氧乙烯磷酸钠、聚氧乙烯烷基酚醚顺酐加成物钠盐等。用其生成的乳液粒度小，机械稳定性好，聚合时不易生成凝块；乳化效力强，用量少；但乳液的化学稳定性欠佳。因此，在多数丙烯酸酯乳液聚合中，将阴离子型表面活性剂和非离子型表面活性剂拼合使用。

表面活性剂按单体计算的常规用量为阴离子型 0.1% ～ 1.0%，非离子型 5% ～ 10%，混合型酌减。

在乳液聚合中最普遍使用的加热可产生自由基的水溶性引发剂有过硫酸钾、过硫酸铵和过氧化氢等，用量为单体的 0.1% ～ 3%。

在某些还原剂和少量多价金属盐存在下，可使引发剂的自由基生成得到催化加速。例如，由过硫酸钾、焦亚硫酸钠和硫酸亚铁可组成引发剂、还原剂和多价金属盐的引发体系，即氧化还原引发体系。以它作引发剂，聚合可在低温下快速进行，制得高分子量聚合物。

乳液聚合的最终产物系乳白至半透明的聚合物水分散液，其固体含量可达 60% 以上。一般乳液粒径为 0.1 ～ 1.0 μm。聚合物相对分子质量达 100 万～ 500 万，可保证聚合物胶膜强度。例如，将质量比为 87.0 ∶ 10.5 ∶ 2.5 的丙烯酸甲酯、甲基丙烯酸甲酯和甲基丙烯混合单体在单体与表面活性剂（70% 的聚氧乙烯壬基酚醚，40 mol 氧化乙烯）比为 100 ∶ 7.75，单体与引发剂过硫酸铵比为 100 ∶ 0.15 条件下进行乳液聚合。脱离子水总用量为单体的 1.23 倍。引发剂系氧化还原体系，其组成为过硫酸铵∶亚硫酸氢钠∶硫酸亚铁∶叔丁基过氧化氢 =27.1 ∶ 38.7 ∶ 0.3 ∶ 7.3。具体配方如表 6-1 所示。

表 6-1 引发剂配方表

名称	用量	名称	用量
丙烯酸甲酯	16 051	过硫酸铵	27.1
甲基丙烯酸甲酯	1932	过硫酸铵	38.7
甲基丙烯酸	454.5	硫酸亚铁	0.3
聚氧乙烯壬基酚醚	1428.5	叔丁基过氧化氢	7.3
脱离子水	1428.5		

乳化液的收率为 97%，固含量为 45.9%。

丙烯酸酯的聚合严重地受到氧的阻碍，因此，无论溶液聚合或乳液聚合，必须小心除氧。

6.4 常用丙烯酸酯胶黏剂

6.4.1 热固型丙烯酸酯胶黏剂

1）基本特点

热固化丙烯酸酯胶黏剂是橡胶增韧体系，在室温下快速固化，形成交联结构，适合于黏接金属、工程塑料以及其他基材（表 6-2）。在这方面，热固化丙烯酸酯胶黏剂和室温固化双组分环氧树脂胶黏剂及聚氨酯胶黏剂处于竞争地位。

然而，丙烯酸酯胶黏剂在某种程度上结合了各种性能优势。它们可以提供高剪切强度、剥离强度、抗化学品性能以及冲击强度。热固化丙烯酸酯胶黏剂可黏接的基材范围很广，所需做的表面处理工作少。

表 6-2 热固化丙烯酸酯胶黏剂

优点	缺点
快速、可控制固化	单体有气味且易燃
可应用于较恶劣黏接表面	胶层要求很薄
高剥离强度和耐冲击性能	受氧气抑制
具有较好的耐湿气和耐候性	在某些塑料基材上可能引起应力开裂
无需精密混合	对极性强酸性和强碱性溶液耐受性有限
对于包括塑料和许多化合物都具有较好的黏接强度	对于锌黏接表面可能需要底涂层
使用方法较多	可使用的上限温度有限

2）使用方法

（1）和普通的双组分胶黏剂的使用方法相同。使用时双组分通过手工或自动计量混合设备混合。混合比例一般从（1:1）～（20:1）。这些胶黏剂可以调整出不同的诱导时间，从几分钟到几小时不等。在诱导期内无成膜或固化发生。

（2）使用表面活化剂。胶黏剂的一个组分为配方中的基础聚合物（聚合物和增韧剂）和部分自由基反应物；另一个组分含有活化剂溶液。活化剂施于黏接基材的一面，溶剂挥发。活化剂最终可以形成无黏性的膜，或仍保持液体状态，这由所使用的活化剂的化学性质决定。在真正实施黏接之前，活化剂可以保存相当长的一段时间。基础组分施于黏接基材的另一面，然后将两者和在一起，开始发生聚合，形成黏接。

（3）组分 A 施于黏接基材的一侧，组分 B 施于黏接基材的另一侧，然后合拢，开始聚合，形成黏接。较薄的黏接区域有利于热固化丙烯酸胶黏剂的固化，尤其对于第二种和第三种黏接方法。0.25 mm 厚的黏接层可以获得优异的性能，0.25 mm 以上的黏接层厚度也能获得合理的黏接性能。

3）使用性能

反应型丙烯酸酯胶黏剂的一个杰出性能就是优异的黏接强度，包括拉伸 – 剪切强度（表 6-3）、剥离强度、冲击强度，同时可以黏接多种基材。在黏接塑料的时候，往往是黏接基材破坏发生在黏接失败之前。

表 6-3　黏接各种基材的剪切强度

基材	环氧树脂 /psi（a）	丙烯酸酯 /psi（s）	聚氨酯 /psi（a）
ABS	374	82	632
聚碳酸酯	287	1136	1054
聚丙烯	347	1260	960
玻璃钢	890	1714	356
Gelcoat	760	770	790
Xenoy	500	1200	1115

注：1psi=6894.76Pa。

4）催化体系

最常用的固化剂就是苯胺和正丁醛缩合的产物（表 6-4），如 Vanax808（R.T. Vanderbilt Chemical），可以喷涂 100% 的固体或涂布溶液作为底层。一旦使用，由于氧化作用，有效时间可持续 4～8 h，常常和 N，N′- 二甲基苯胺配合使用。为加速固化速度，常向固化剂中加入过渡金属有机盐类促进剂，如铜、钴等。

由于丙烯酸单体固有的不稳定性，销售时其中通常加入含有自由基官能团的稳定剂，来保证其具有合适的贮存期。但它们的浓度对于热固化丙烯酸胶黏剂体系而言还是不够的，尤其是那些含有过氧化物催化剂的体系。因此，需要额外加入自由基稳定剂，如对苯二酚、对苯醌等。通常需要在贮存期和固化速率上折中。然而，研究发现，2，6- 二叔丁基 -4- 甲基苯酚（BHT）可以延长体系的保存期，而不影响固化速率。

表 6-4　常用的引发剂与固化剂

引发剂	固化剂	特点
过氧化氢	苯胺 / 正丁醛缩合产物	用于最初的第二代丙烯酸胶黏剂
异丙苯过氧化氢	四甲基硫脲	
糖化铜	对甲苯硫酸	
过氧化苯甲酰	二茂铁	
芳香族过酸酯和过渡金属化合物溶液	胺 / 醛缩合产物	低气味配方
糖精	胺 / 醛缩合产物	可固化热熔配方

6.4.2　丙烯酸酯厌氧胶

1）基本特点

厌氧胶黏剂主要是按其用途分类的：螺纹锁固胶黏剂；圆柱形固持胶；平面密封胶；管螺纹密封胶；结构胶；真空浸渍胶等。其特点如表 6-5 所示。

表 6-5　丙烯酸酯厌氧胶的特点

优点	缺点
不含有机溶剂、气味小	工件的间隙、空气等因素对固化影响很大
单组分，使用方便	不适用于塑料基材等大部分非金属材料
试件外胶黏剂不固化而易于用溶剂清洗	包装、贮存要求比较高
室温固化快；固化后收缩小	

2）制造方法

（1）通用方法

厌氧胶胶液本身的制造比较简单，一般情况下就是将各组分按比例和顺序混合后，搅拌均匀即可。如果有固化促进剂时，尽量将它最后添加，或者将固化促进剂分装，在使用前混入厌氧胶液中，也可把速固化促进剂配制成表面处理剂使用。在厌氧胶的制造过程中，通用聚合性单体、有机过氧化物、有机胺类、稳定剂四大类都有商品出售，所以关键问题是制造特殊类型的聚合性单体及各种类型的促进剂。

（2）增稠

厌氧胶使用场合不同，对黏度的要求也不同。封固螺丝，堵塞细缝、砂眼，希望流动性好，用黏度低的厌氧胶；一般密封，用中黏度厌氧胶；法兰面箱体结合面密封，用糊状高黏度厌氧胶。当厌氧胶黏度低时可以设法增稠。增稠的方法主要采用加入可溶于胶液的高聚物，如一定分子量的聚酯、聚氯乙烯、聚甲基丙烯酸酯、苯乙烯 – 丙烯酸酯共聚物、丁腈橡胶、丙烯腈橡胶等。加入量根据所用聚合物的分子量和所需胶液黏度而定，一般为 1%～3%，加入聚合物除增稠外，还可调节强度。

（3）固态化

可以将胶液增稠到高黏度，涂到螺纹缝中，再喷涂一层氰基丙烯酸酯或放置在二氧化硫的气氛中使胶液表面自聚，形成一层膜将胶液包在螺纹槽中，空气能透过膜维持胶液稳定，形成预涂型的螺纹，使用时不必临时涂胶。

如果将具有一定熔点而不溶于胶液的有机物，如聚乙二醇、石蜡、硬脂酸等，机械分散到胶液中，可制成不同熔点的厌氧胶，利用它的低熔点性质，在高于熔点的温度下浸涂螺栓。室温下凝固在螺纹槽中，形成预涂型螺栓，使用时也不必涂胶。

如果加入较多（用胶量的 30%～40%）的可溶聚合物，再用低沸点溶剂适当冲稀，制成均匀稠液，涂在上蜡的平板上，溶剂挥发，留下薄膜或薄片具有厌氧性质，可作密封垫片或密封膜用。也有人用在浸渍了过氧化物引发剂的多孔性基材上涂厌氧胶的方法制造厌氧黏接片。

厌氧胶固态化目前最成功的例子是微胶囊化。它是将厌氧胶包在由它自聚成膜的小胶囊中，胶囊直径约 0.2 ～ 0.8 mm，胶含量约占总质量的 70% ～ 80%。空气透过囊壁维持胶液稳定，使用时由于黏接面间挤压囊壁破裂，胶液流出，在不接触空气时很快聚合固化。微胶囊的制备只要采用机械搅拌将厌氧胶分散到含有分散剂（聚乙烯醇或聚甲基丙烯酸钠）的水中成小液滴，使液滴外层聚合成膜而又马上终止。目前常用两种方法：一种是分散到二氧化硫或亚硫酸氢钠的水溶液中，2 min 后倾出过滤、洗涤、晾干即可；另一种是分散到三价铁水溶液中，加入抗坏血酸，搅拌 2.5 min 后，加入双氧水，倾出过滤、洗涤、晾干即成。此法中，当还原剂抗坏血酸加入时，三价铁马上被还原为二价铁，然后二价铁立即引发液滴外层聚合，2.5 min 成膜之后，加入双氧水，将二价铁氧化成三价铁，终止聚合。

3）主要应用领域

（1）电气、机械、汽车和飞机制造等工业中整机装配或零部件制造中螺丝防松、互相嵌接的轴的固定、螺纹管道接头和螺纹插塞的密封、发动机平面的密封、发动机等铸件针孔浸渗密封等。

（2）石油化工法兰的平面密封和管螺纹的密封。

（3）电子行业小型电子元件与印刷电路板的黏接（UV 固化厌氧胶）。

（4）电声机电扬声器、直流电机磁钢的结构黏接。

6.4.3　丙烯酸酯压敏胶黏剂

1）基本特点

压敏胶是指只需施以一定的压力就能湿润被黏表面并将被黏物黏牢，产生实用黏接强度的一类胶黏剂，它通常是被加工成胶黏带、标签或各种片状制品来应用。丙烯酸酯压敏胶黏剂（APSA）可分为溶剂型、乳液型和光固化型等品种。其特点如表 6-6 所示。

表 6-6　丙烯酸酯压敏胶黏剂的特点

优点	缺点
涂布适应性强，干燥速度快，对基材附着力强，流平性和透明性良好	溶剂型压敏胶黏剂对环境污染严重，应设法回收
溶剂型压敏胶黏剂耐水性好，特别是耐高温高湿，耐寒性等比较突出，且耐久性、耐弱酸弱碱性能亦佳	乳液型压敏胶耐水性差，耐湿性不好，涂布干燥速率慢，应加以改进
性能可调，可根据用户需要，适当调节配方，加以实现	
乳液型压敏胶黏剂固体含量高，而黏度偏低，且环保	

2）发展趋势

随着环保法规的日趋严格，用无溶剂的乳液、乳胶和热熔型压敏胶黏剂代替溶剂型压敏胶黏剂势在必行。但是乳液型压敏胶黏剂现有品种的耐水性、黏接性、耐热性、耐寒性等方面需要改进，重点是通过多元共聚、添加助剂、改进聚合技术等方法。

（1）共聚改性可将乙酸乙烯与丙烯酸酯、顺丁烯二酸二丁酯、烷基乙酸乙烯酯等共聚，不仅可以改进耐寒性，还可以提高耐水性和耐碱性。

（2）交联乙酸乙烯乳液与丙烯酸酯单体等交联，使耐热性、耐水性均有所提高。

（3）改进聚合技术采用阳离子或非离子乳化剂进行乳液聚合，不仅可以提高初始黏度，还可以增加内聚力。在丙烯酸乳液共聚时加入苯甲酸乙烯酯等，生成的乳液对非极性材料润滑性好，黏接力可提高 50% ～ 100%。

（4）加入添加剂，近年来人们开始研究增黏树脂的引入。Kim 和 Mizumachi 曾对溶剂型聚丙烯酸酯 / 增黏树脂体系各组分的相容性和压敏胶黏剂的剥离强度之间的关系进行了深入研究。胡树文等也研究了丙烯酸酯乳液和增黏树脂乳液共混体系的相容性、微相结构及其对乳液压敏胶黏剂的压敏黏合性能的影响，并对溶有增黏树脂的丙烯酸酯单体的乳液聚合及其乳液压敏胶的性能也进行了研究。另外，加入 0.1% ～ 0.5% 的反应性表面活性剂（优选阴离子乙烯基官能表面活性剂如乙烯基磺酸钠和苯乙烯磺酸钠）可增强内聚强度及有助于形成乳液压敏胶黏剂的单体的共聚反应。在丙烯酸酯乳液中加入碱金属铵离子的过硫酸盐，可提高耐热性。在乙酸乙烯 – 丙烯酸共聚乳液中加入金属盐也能使耐水性提高。

6.4.4　乳液型丙烯酸酯胶黏剂

1）基本特点

乳液型丙烯酸酯胶黏剂实质上为水性胶黏剂的一种，同时也包括有水溶性胶黏剂，其优点如下。

（1）以水为分散介质，不使用有机溶剂，无毒素，无污染，属环保产品；

（2）耐光性、耐候性好，不易氧化，对紫外光不敏感；

（3）黏接强度和剪切强度高；

（4）品种多样，用途广泛。

缺点是耐水性差，干燥时间长，容易发生霉变。

2）基本生产工艺

苯丙乳液是苯乙烯和丙烯酸系单体的共聚物乳液，为了提高其稳定性，赋予聚合物乳液增稠剂，通常加入适量的（甲基）丙烯酸或其他不饱和羧酸进行共聚。通过苯乙烯参与共聚，在共聚物中引入苯乙烯链段，可提高聚合物涂膜的耐水性、耐碱性、硬度、抗污性和抗粉化性，使其有着非常广泛的用途，而且成本要比纯丙乳液低。我国从 20世纪 70 年代起开始研制苯丙乳液体系，80 年代正式投入使用。随有核壳技术、互穿聚合物网络及无皂乳液聚合的研究进展，对苯丙乳液的研究取得了一系列成果。

6.4.5 紫外光固化丙烯酸酯胶黏剂

1）基本特点

丙烯酸酯光固化胶黏剂（UV 胶黏剂）实际上是第三代热固化丙烯酸酯胶黏剂。光固化体系经光辐照后，由液态转化成固态一般可分为 4 个阶段。

（1）光与光引发剂之间相互作用，它可能包括对光的吸收和 / 或光敏剂与光引发剂之间的相互作用；

（2）光引发剂分子化学重排，形成自由基（或阳离子）中间体；

（3）自由基（或阳离子）与低聚物和单体中的不饱和基团作用，引发链式聚合反应；

（4）聚合反应继续，液态组分转变为固态聚合物。

紫外光固化属于化学方法，与其他固化方法比较，UV 固化具有许多独特的优势，主要表现在以下 3 方面。

（1）速度快

液态的材料最快可在 0.05 ～ 0.1 s 的时间内固化，较之传统的热固化工艺大大提高了生产率，更满足大规模自动化生产的要求，其产品质量也较易得到保证。由于是低温固化，可避免高温对各种热敏基材（如塑料、纸张或其他电子产品等）可能造成的损伤，甚至在某些领域成为保证产品高质量的唯一选择。

（2）费用低

UV 固化仅需要用于激发光引发剂（或光敏剂）的辐射能（如中、高压骁灯的辐射），不像传统热固化需要加热基材、空间及热量，从而可节省大量的能源。同时，由于 UV 固化材料固含量高，材料实际消耗量也较少。

（3）污染少

传统的热固化工艺会向大气中排放大量有机溶剂 VOC（挥发性有机物），以涂料为例，全世界每年消耗涂料 2000 多万 t，其中有机溶剂约占 40%，即每年有大约 800 多万 t 溶剂进入大气，进入大气的有机物可以形成比二氧化碳更为严重的温室效应，而且在阳光照射下可形成氧化物和光化学烟雾。

UV 固化基本不使用有机浴剂，其稀释用的活性单体也参与固化反应，因此可减少因浴剂挥发所导致的环境污染以及可能发生的火灾或爆炸等事故。

因而，紫外光固化技术是一项节能和环保新技术，一般认为其科符合"3E 原则"。所谓 3E，即 energy，节省能源，在紫外固化中不必对基材进行加热，其能耗一般为热固化的 1/5；ecology，环境保护，紫外固化材料中溶剂较少，所用能源类型为光能电能，不燃油燃气，无温室气体产生，可被称为"绿色技术"；economy，效益经济，紫外固化装置紧凑，流水线生产，加工速度快，节约场地空间，劳动生产率高，而且紫外固化涂层薄，原材料消耗少。紫外固化技术由于具有上述优点，在生产应用中显示出强大的生命力，广泛应用于化工、机械、电子、轻工、通信等领域。

但是光固化树脂也有它自身缺陷，如对于非透光性材料就不能应用，对于异面光不能达到的地方也不能应用，残存的光敏剂或分解后的引发剂会对老化性能产生一些影响等。其特点如表 6-7 所示。

表 6-7　光固化树脂的特点

优点	缺点
单组分，使用方便	被黏基材必须有一个面是可透光的
固化速度快，生产效率高	需要对紫外线进行防护
强度高，透明度好	受到设备尺寸和被黏物形状的限制
无溶剂，低气味，环境友好	需要投入固化设备的费用

2）主要应用领域

（1）光电领域 LCD 制造业、照相机等光学产品制造业、光盘制造业（CD、VCD、DVD、DVD-R）。

（2）电子领域印刷电路板（PCB）黏贴表面元件、手表制造业、手机按键的装配。

（3）医疗领域皮下注射针头与注射器和静脉注射管的黏接，导尿管和医用过滤器的黏接。

（4）日用品领域玻璃家具的制造、玻璃工艺品的组装；玩具、珠宝装饰品的组装。

3）技术发展

（1）有机硅改性聚硅氧烷改性的 UV 胶引入了 Si—O 键，使耐热性、耐候性、黏附力都明显提高，具有更优异的耐黄变性能和耐磨性。在电性能、屏蔽效率和透明性等方面都有明显的提高。

（2）多重固化除了有 UV/ 加热、UV/ 厌氧、UV/ 加热 / 底涂等多重固化方式外，还有自由基聚合 / 阳离子聚合双重聚合机理的 UV 胶黏剂，使自由基聚合和阳离子聚合的优势互补。

（3）低辐射强度固化 UV 胶黏剂可以在更低的辐射强度下固化，这样可以减少辐射暴露和设备投入费用，节约能量。同时也有可见光固化的产品出现，避免了辐射影响，更利于环保、节能。

（4）快速深度固化已经开发出快速深度固化 UV 胶，15 s 固化深度可达 7 mm，克服了 UV 胶黏剂难以深度固化的不足，可以扩大 UV 胶在电子等领域中的灌封应用。

（5）闪光 UV 固化闪光 UV 固化胶黏剂具有很强的透射能力，固化时间很短，所以产生的热量很少，适用于透光性不好以及热敏感的材料。

（6）UV 诱导固化在黏接前进行 UV 辐射诱导，UV 胶不立即固化，有适当的操作时间，黏合后放置一定时间即可固化，或加热加速固化。这种类型的 UV 胶黏剂可用于完全不透明的材料黏接。

6.4.6　α- 氰基丙烯酸酯胶黏剂

1）基本特点

α- 氰基丙烯酸酯胶黏剂是一类具有特殊性能的丙烯酸酯，一般简称氰基丙烯酸酯。

分子结构中强吸电子的氰基和强吸电子的酯基同时位于双键的一侧，使双键的电子云强烈极化，该类物质在弱碱的作用下极易发生阴离子聚合。由其制备的胶黏剂固化速度快，可在数秒内固化，也称瞬干胶。

现有氰基丙烯酸酯胶黏剂多存在韧性差、耐热性差、耐水性差、贮存稳定性不够理想等缺点，耐冲击性和剥离强度还有待提高。

（1）交联共聚

多采用加入增塑剂和与橡胶共聚。例如，加入 1，1- 双取代丁二烯衍生物配制的胶黏剂，其抗冲击、耐剥离、耐水、耐热等性能均有所提高。

（2）用高级酯代替低级酯

目前有用丙烯酸丁酯代替丙烯酸甲酯和丙烯酸乙酯的趋势，虽然丁酯在黏接强度方面稍逊，但是刺激味、毒性小，白化现象也少。

2）合成原理

工业化合成路线以氰基丙烯酸乙酯合成为例简要论述，其他酯的合成方法类同。首先，氯代乙酸与氰化钠发生亲核取代反应，然后再与乙醇发生酯化反应，生成氰乙酸乙酯。

$$ClCH_2COOH + NaCN \longrightarrow CNCH_2COOH + NaCl$$

$$CNCH_2COOH + C_2H_5OH \longrightarrow CNCH_2COOC_2H_5 + H_2O$$

氰乙酸乙酯与甲醛缩合形成聚氰基丙烯酸酯预聚物，预聚物裂解再生成 α- 氰基丙烯酸酯。

预聚物的合成阶段是氰乙酸乙酯合成的关键阶段，许多学者对预聚物的合成进行了大量的研究。研究热点主要集中在提高预聚物的分子量，降低成本，提高收率和简化工艺方面。

3）新技术、新工艺的发展

（1）微胶囊技术

在胶液里加入过量的稳定剂，将促进剂包封在微胶囊中，配制成稳定的单组分胶液。使用时用辐射或加压使微胶囊破裂，促进剂进入胶液，与主体胶接触而迅速固化。但目前由于微胶囊壁膜的渗透性及内包装物对微胶囊壁膜的侵蚀等因素的影响，微胶囊技术往往受到一定的限制，尚未能普及。

（2）双液混喷新技术

其中一液是以丙烯酸乳液为基础的主剂；另一液是能使乳液产生凝聚的有机金属盐溶液，涂布时采用双头喷雾枪，两者分别由两个喷头喷出，在空中混合，涂布于被黏物表面上，从而很快凝聚产生初黏力，可以达到与溶剂型相似的效果。此法已用于汽车顶板、冰箱、冷库等隔热层的黏接。

（3）辐射能固化新工艺

从环保和节能的角度出发，光反应也正在被人们所注意。可以利用光促使单体发生聚合，或者是聚合物－胶黏剂发生部分交联或完全固化。光反应主要是采用紫外线和电子束。使用紫外光固化时，由于胶黏剂的表面被被黏物所覆盖，所以仅限于被黏物是玻璃、透明塑料膜等物质。电子束设备极为昂贵，故美国在光固化方面约 75% 是采用紫外线。此外，也有关于用 X 射线的报道。基于高速固化的优点，在连续黏接工程中，我国今后也将大力发展紫外线固化和电子束固化技术。

（4）包装新工艺

α- 氰基丙烯酸酯瞬干胶在美国市场上叫做超级笔胶。采用笔型塑料容器包装，每支 2 mL。这种包装在管口喷嘴处有一个不黏的小珠将喷嘴从内部顶住，起密封作用。使用时，将小珠对准被黏部位轻轻挤压，胶液即流出。该工艺解决了以前包装必须一次用完，否则受潮失效的弊端。

（5）计算机优选配方

随着计算机应用日益广泛，计算机辅助胶黏剂配方设计得到了迅速发展。计算机辅助配方设计必将推动胶黏剂配方设计工作的迅速发展和加速新品种的诞生。

6.4.7　双组分丙烯酸酯胶黏剂

1）基本特点

从（甲基）丙烯酸酯自由基聚合的机理可对应发现双组分室温快固丙烯酸酯胶黏剂的特征和优点，如下所述。

（1）采用氧化还原引发体系，聚合活化能低——室温下可快速固化，且配比不严格。

（2）单体组合的多样性，导致聚合物性能的多样性——可广泛地黏接各种材料。

（3）单体对油脂、水等的可溶性，对金属表面的高度浸润性——导致油面可黏接性。

（4）自由基接枝共聚和相分离技术——导致综合性能的提高，特别是耐冲击、耐剥离、耐老化性能有了一个飞跃的进步。

另外，双组分室温快固丙烯酸酯胶黏剂的使用方法较为简单，对于双组分室温快固丙烯酸酯胶黏剂来说，一般性的表面处理就可以达到较高的黏接强度，如黏接金属时，只要除去锈物、尘埃及大部分油污即可黏接，甚至还可以油面黏接。一般来说，丙烯酸酯双组分快固胶甲、乙两组分的配比要求并不严格，以双主剂型为例，一般要求以 1∶1（体积）为佳，但实际上配比可以在很广的范围内变化，而性能基本不变。

2）应用

双组分室温快固丙烯酸酯胶黏剂主要应用在以下几方面：小件物品的装配如扬声器、小型电机（钢 - 铁氧体、音圈等）、电子元件、塑料玩具、聚碳酸酯零件、酚醛铝零件、珠宝首饰、体育用品（高尔夫球棒、网球拍等、铭牌等的黏接装配）。

第7章 有机硅树脂胶黏剂

有机硅树脂胶黏剂，以有机硅树脂为主要成分的热固性胶黏剂。具有良好的剥离强度、柔韧性、耐水性和耐候性，胶接制品可工作于 -60 ～ 250℃的较大温度范围，可用于黏接金属、玻璃、橡胶、塑料、纸张等多种基材，但成本较高。主要有单组分室温固化型和双组分室温固化型两种。

7.1 概　　述

有机硅胶黏剂可分为以硅树脂为基料的胶黏剂和以硅橡胶为基料的胶黏剂两类。两者的化学结构有所区别：硅树脂是由硅氧键为主链的立体结构组成，在高温下可进一步缩合成为高度交联的硬而脆的树脂；而硅橡胶是一种线型的以硅氧键为主链的高分子量弹性体，相对分子质量从几万到几十万不等，它们必须在固化剂及催化剂的作用下才能缩合成为有若干交联点的弹在体。两者的交联密度不同，因此表现出来的物理性状与性能也是不同的。前者主要用于胶接金属和耐热非金属材料，所得胶接件可在 -60 ～ 250℃的温度范围内使用，后者主要用于胶接耐热橡胶、橡胶与金属以及其他非金属材料，一般可在 -60 ～ 200℃下使用。

7.1.1 分类

有机硅胶黏剂根据其不同用途可分为 3 类。

第一类是黏接金属和耐热的非金属材料的有机硅胶黏剂。这是一类含有填料和固化剂的热固性有机硅树脂溶液，黏接件可在 -60 ～ 1200℃温度范围内使用，并耐燃料油和油脂，具有良好的疲劳强度。在这类胶黏剂中，除了使用纯有机硅树脂外，还经常使用有机树脂（如环氧、聚酯、酚醛等）和橡胶（如丁腈橡胶）来改性，以获得更好的室温黏接强度。

第二类是用于黏接耐热橡胶或黏接像股勺金属的有机硅胶黏剂。这类胶黏剂通常是有机硅生胶的溶液，具有良好的柔韧性。

第三类是用于黏接绝热隔音材料与钢或钛合金的有机硅胶黏剂。这类胶黏剂能在常温常压下固化，固化后的黏接件可在 300 ～ 400℃下工作。

有机硅胶黏剂根据结构和组成又分为硅树脂型胶黏剂和由硅树脂与硅橡胶生胶相配合而成的有机硅压敏胶黏剂。

7.1.2　特点与性能

（1）耐温特性

一般的高分子材料大多是以碳，碳（C—C）键为主链结构的，如塑料、橡胶、化学纤维等，而有机硅产品是以硅—氧（Si—O）键为主链结构的，C—C 键的键能为 82.6 kcal/g 分子，Si—O 键的键能在有机硅中为 121 kcal/g 分子，所以有机硅产品的热稳定性高，高温下（或辐射照射）分子的化学键不断裂、不分解。有机硅不但可耐高温，而且也耐低温，可在一个很宽的温度范围内使用。无论是化学性能还是物理机械性能，随温度的变化都很小，这也与有机硅的分子是易挠曲的螺旋状结构有关。

（2）耐候性

有机硅产品的主链为—Si—（—，无双键存在，因此不易被紫外光和臭氧所分解。在有机硅产品中，Si—O 键的链长度大约为 C—C 键的链长度的一倍半。链长度较长使有机硅具有比其他高分子材料更好的热稳定性以及耐辐照和耐候能力。有机硅中自然环境下的使用寿命可达几十年。

（3）电气绝缘性能

有机硅产品都具有良好的电绝缘性能，其介电损耗、耐电压、耐电弧、耐电晕、体积电阻系数和表面电阻系数等均在绝缘材料中名列前茅，而且它们的电气性能受温度和频率的影响小。因此，它们是一种稳定的电绝缘材料，被广泛应用于电子、电气工业上。有机硅除了具有优良的耐热性外，还具有优异拒水性，这是电气设备在湿态条件下使用具有高可靠性的保障。

（4）生理惰性

聚硅氧烷类化合物是已知的最无活性的化合物中的一种。它们十分耐生物老化，与动物机体无排异反应，并具有较好的抗凝血性能。

（5）低表面张力和低表面能

有机硅的主链十分柔顺，这种优异的柔顺性起因于基本的几何分子构形。由于其分子间的作用力比碳氢化合物要弱得多，因此，比同分子量的碳氢化合物黏度低，表面张力弱，表面能小，成膜能力强。这种低表面张力和低表面能是它获得多方面应用的主要原因：疏水、消泡、泡沫稳定、防黏、润滑、上光等各项优异性能。

7.1.3　应用

由于有机硅具有上述这些优异的性能，因此它的应用范围非常广泛。它不仅作为航空、尖端技术、军事技术部门的特种材料使用，而且也用于国民经济各部门，其应用范围已扩大到建筑、电子电气、纺织、汽车、机械、皮革造纸、化工轻工、金属和油漆、医药医疗等。

硅油及其衍生物的主要应用为脱膜剂、减震油、介电油、液压油、热传递油、扩散泵油、消泡剂、润滑剂、疏水剂、油漆添加剂、抛光剂、化妆品和日常生活用品添加剂、表面活性剂、颗粒和纤维处理剂、硅脂、絮凝剂。

硅橡胶分为室温硫化硅橡胶和高温硫化硅橡胶。前者主要应用于密封剂、胶黏剂、保形涂料、垫片、泡沫橡胶、模压部件、封装材料、电气绝缘、玻璃装配、医疗植入物、外科手术辅助材料、制模材料；后者主要应用于管材和软管、带材、电线电缆绝缘材料、外科手术辅助材料、阻燃橡胶件、穿透密封材料、模压部件、压花轮筒、汽车点火电缆和火花塞罩、挤压部件、医疗植入物、层压制品、导电橡胶、纤维涂料、泡沫橡胶。

硅树脂的主要应用有清漆、绝缘漆、模塑化合物、保护涂料、封装材料、接合涂料、压敏胶、层压树脂、脱膜剂、胶黏剂、砖石防水剂。

硅烷偶联剂主要应用于油漆、塑料橡胶加工、胶黏剂。

有机硅不仅可以作为一种基础材料、结构材料在一些大工业中大量应用，而且可以作为补助剂或辅助材料与其他材料共用或改善其他材料的工艺性能。

7.2　有机硅单体与聚合物

有机硅不仅可以作为一种基础材料、结构材料在一些工业中大量应用，而且可以作为补助剂或辅助材料与其他材料共用或改善其他材料的工艺性能。

7.2.1　有机硅单体

制备硅油、硅橡胶、硅树脂以及硅烷偶联剂的原料是各种有机硅单体，由几种基本单体可生产出成千种有机硅产品。有机硅单体主要有甲基氯硅烷（简称甲基单体）、苯基氯硅烷（简称苯基单体）、甲基乙烯基氯硅烷、乙基三氯硅烷、丙基三氯硅烷、乙烯基三氯硅烷、3- 氯丙基三氯硅烷和氟硅单体等。其中，甲基氯硅烷最重要，其用量占整个单体总量的 90% 以上，其次是苯基氯硅烷。

任何高分子材料的发展关键在于单体技术的发展。有机硅工业的特点是集中的单体生产和分散的产品加工。因此，单体生产在有机硅工业中占重要的地位，单体的生产水平直接反映有机硅工业的发展水平。

7.2.2　有机硅聚合物

（1）聚有机硅氧烷。聚有机硅氧烷是最重要的有机硅聚合物，现在市售的有机硅产品大都属于此种形式。具有单元结构 R_2SiO 的链状聚有机硅氧烷，常被称为硅酮。

聚有机硅氧烷可大致分为长链结构和复杂交联结构两种。硅油和硅橡胶属于前者，有机硅漆属于后者。此外，聚有机硅氧烷也可以根据硅上面的有机基来分类，在多数情况下可分别称为甲基系聚有机硅氧烷（单元结构 Me_2SiO），苯基系聚有机硅氧烷（单元结构 Ph_2SiO，$PhSiO_{3/2}$）及含氢系聚有机硅氧烷（单元结构 $MeHSiO$）等。

（2）聚有机烷（芳）撑硅氧烷。在硅氧烷链段中含有苯（撑）基的聚合物，热稳定性比聚二甲基硅氧烷高 100℃ 以上，具有特别的意义。

（3）聚硅硫烷。

（4）聚硅氨烷。

（5）侧链基团中含硅的碳系聚合物。

（6）聚硅烷。有机硅聚合物和氟聚合物的特点是耐高低温、耐腐蚀，具有优良的电绝缘性，防水性好且耐辐照等，已在尖端科学技术、军事工业、机电、冶金、石油化工、建筑及医疗等方面获得较广的应用，成为不可缺少的一种新材料。

这两种聚合物的表面张力低，胶接能力很弱，通常是用作防黏剂即隔离材料如防黏纸等。难黏问题是学者们长期探索的课题，可喜的是近期已有很大进展，随着高新技术的需要，建筑上玻璃幕墙的大量使用，机电工业对电性能良好的要求，已有产品供应。例如，有机硅胶黏剂中硅酮胶简称硅胶，在国内有杭州之江有机硅公司，广州白云黏胶厂等生产。有机硅共聚胶黏剂在电子、电气等工业部门应用也已有产品。最近日本报道了双组分氟和硅聚合物制成的液体垫圈具有耐腐蚀、耐热等优良性能，已在使用中。含氟、硅胶黏剂将有广泛应用。

7.3　常用有机硅树脂胶黏剂

有机硅是有机硅聚合物和有机硅化合物的统称。有机硅聚合物的主链结构是硅 – 氧键，键能高，近似于半无机聚合物，因此具有较好的热稳定性和耐寒性，良好的耐老化性、耐水性、电绝缘性等。缺点是胶接强度低，耐酸、碱性差，价格比较高。其缺点限制了在胶黏剂中的应用，当前主要用作胶接密封剂。有机硅可用于胶接金属、硅橡胶、有机氟材料、玻璃、陶瓷等，适宜于热膨胀系数差别大的不同材料的胶接，已广泛应用于宇航、电气、电子、建筑和医疗等工业方面。

7.3.1　硅树脂胶黏剂

硅树脂的一个最突出的性能是具有优良的耐热性，可以长期用于 200℃高温和用于 250℃左右较短的时间，并且随着侧链中苯基含量的提高，其耐热性更为突出，因此常用作高温胶黏的主要成分。但是作为胶黏剂，由于聚硅氧烷分子的螺旋状结构抵消了 S—O 键的极性，又因侧基 R 对 Si—O 键的屏蔽作用使整个分子成为非极性，因此决定了硅树脂对金属、塑料、橡胶的黏接性较差。若要提高其黏接性可通过下列途径。

（1）将金属氧化物（如氧化钛、氧化锌等）、玻璃纤维等加入到硅树脂中；

（2）引入极性取代基，如—OH、—COOH、—CN、—NHCO、—Cl 等或用有机聚合物改性聚硅氧烷；

（3）将各种处理剂涂于被黏接物表面以增加其与聚硅氧烷的黏接力。

有机硅树脂的性质取决于有机基的种类和有机基对硅的比例。有机基为烷基时，以甲基的耐热性最大，随着碳原子的增加耐热性下降，苯基的耐热性更高，短时能耐 400 ～ 500℃，但低温时性脆。有机基（R）对硅原子（Si）的比例，以甲基类硅树脂为例，对树脂性质的关系为：当 R（CH$_3$ 时）/Si=1.0 ～ 1.3 时，制得的是硬而脆的树脂；1.3 ～ 1.6 时，在 150 ～ 250℃加热固化，生成柔韧性的树脂；>1.6 时，加热固化时间长，且有相当多的挥发物。通常采用 R/Si 值在 1.3 ～ 1.6 之间。为了制取耐温高的硅树脂胶黏剂，用引入苯基来提高，但这种胶黏剂需要较高的固化温度，胶接强度低，因此实用性较差。主要用作耐热优良的电绝缘漆和模塑料，耐热压敏胶的基料等。

硅树脂采用化学改性可保持耐热性，又可降低固化温度，其改性方法是用其他树脂如酚醛树脂、环氧树脂和聚酯树脂等进行共混或共缩聚。

（1）酚醛树脂改性硅树脂胶黏剂。用碱催化酚醛树脂同硅树脂共混后使用；用酸催化酚醛树脂需先同硅树脂缩聚后作为黏料，再配合增韧剂如丁腈橡胶或聚乙烯醇缩丁醛、固化剂、填料及溶剂等，配制成胶液。在 180℃固化 3 h 即可，强度相应可提高 5 MPa 左右。使用温度范围在 –60 ～ 350℃，这类胶黏剂如国产 J–08，J–09 等。

（2）环氧树脂改性硅树脂胶黏剂。双酚 A 环氧树脂和甲基苯基硅树脂以 1：9 的反应物为黏料，再配以固化剂癸二酸（或草酸）20% 组成胶液。固化温度为 200℃，2 h，如国产的 JG–1 胶。

（3）聚酯树脂改性硅树脂胶黏剂。利用聚酯中的羟基同硅树脂中的烷氧基进行酯交换反应，制得改性硅树脂作为黏料，再同固化剂正硅酸乙酯等配制成胶液。固化温度为 200℃，1 h，如国产 JG–2 胶。

7.3.2　硅橡胶胶黏剂

硅橡胶有较宽广的工作温度范围，在 –60 ～ 250℃内不失其弹性。在主链硅原子上引入苄基后，其脆化温度低至 –115℃，引入少量乙烯基的脆化温度为 –80 ～ –70℃，能在 –55 ～ –40℃下使用。耐候性突出，耐臭氧、氧和紫外线，在室外放置 5 年，性能无显著变化。国外有人估计在自然条件下，于室外可使用 100 ～ 150 年。其具有良好的疏水性，因而吸水性极微，可用于密封电器，在水中应用不受影响，并有耐辐照、耐燃烧和耐油等特性。

但其强度比天然和合成橡胶低，耐酸、碱性也差，可是作为胶接密封用，仍能显示出它的特性，在性能要求高的宇航飞行器和电器、建筑等工业部门已获得了广泛的应用。

（1）单组分室温硫化硅橡胶胶黏剂

单组分室温硫化硅橡胶胶黏剂由端羟基硅橡胶、硫化剂、补强填料、催化剂及其他添加剂组成。由制造厂在完全无水的条件下，将各组分料进行混匀并装入不透水的干燥管或筒中，封口密闭。保存期一般约 6 个月。使用时将胶料挤至缝隙中，接触空气中的水分，很快就凝固成弹性的硅橡胶。使用简便，对金属、玻璃、陶瓷、混凝土、硅橡胶等有良好的胶接密封性，是应用最广的产品。

单组分胶的硫化、交联是通过与空气中的水汽接触而固化，胶层表面形成胶膜后，水汽的渗入就不容易，故胶层的厚度不宜大于 1 cm。

表 7-1　单组分室温硫化硅橡胶密封剂配方

组分	乙酸型 / 份	酮肟型 / 份	组分	乙酸型 / 份	酮肟型 / 份
端羟基硅橡胶	100	100	甲基三（丙或丁酮肟基）硅烷		5 ～ 10
气相白炭黑	10 ～ 25	8-20	有机锡化合物	0.01 ～ 0.1	0.1 ～ 0.3
甲基三乙酰氧基硅烷	2.5 ～ 9		颜料	0 ～ 3	0 ～ 3

其特点是施工方便，硫化后胶料不收缩；胶层在 -60℃仍保持柔软，耐热，最高使用温度250℃，长期使用温度为150℃，有优良的耐候性、耐久性和电绝缘性，用作胶接、密封，如建筑工业中幕墙、门窗玻璃、预制件混凝土板的接缝嵌填和密封，脸盆、浴缸、马桶等边缘密封。

（2）双组分室温硫化硅橡胶胶黏剂

双组分胶黏剂也由硅橡胶、交联剂、催化剂和填料等组成，可分为缩合型和加成型两类。其主要取决于所用硅橡胶，采用端羟基硅橡胶，交联反应是缩合反应，故为缩合型；采用端乙烯基二甲基硅橡胶或含有甲基乙烯基的二甲基硅橡胶时进行的是加成反应，故为加成型。双组分胶料的配制有三种组合法，可自行调配：①甲组分含硅橡胶、填料和交联剂，乙组分为催化剂；②甲组分含硅橡胶和填料，乙组分为交联剂和催化剂；③甲组分为硅橡胶、填料和催化剂，乙组分为硅橡胶、填料和交联剂。使用时将甲、乙两组分按规定比例混合均匀后即行胶接和密封。

双组分的硫化、交联是由空气中水分和催化剂两者的作用而固化，缩合型主要取决于后者催化剂的品种和用量，用量多则硫化快，但配制后胶料的适用期缩短。加成型的硫化时间长短则取决于温度，温度高、硫化时间短。双组分胶硫化时与胶层厚度无关，单组分对厚度有限定。

双组分室温硫化硅橡胶胶黏剂的配方（质量份）：

甲组分，端羟基硅橡胶100，白炭黑20，氧化铁2，钛白粉4，二苯基硅二醇4。乙组分，正硅酸乙酯7，硼酸正丁酯3，钛酸正丁酯3，二丁基二月桂酸锡2。甲、乙组分的比例为9：1，胶液的适用期为40 min。

用法：先在被黏体上涂一薄层表面处理液，晾置2 h，涂胶，贴合。在室温下24 h基本硫化，3 ～ 7 d完全硫化。也可在室温硫化3 d后，再在80℃硫化4 ～ 5 h即成，硫化时间缩短。胶接性能硅橡胶与铝合金胶接件的拉伸强度1.6 ～ 2.1 MPa，剥离强度≥ 20 N/25 mm。使用温度范围为 -60 ～ 200℃。适用于硅橡胶与硅橡胶或金属材料的胶接。

加成型双组分室温硫化硅橡胶胶黏剂，以国产 GN-522 胶为例。

配方（质量比）：甲——端乙烯基聚二甲基硅氧烷同甲基乙烯基硅树脂（5：3）用氯铂酸络合物作催化剂的反应物100；乙——含氢硅油和接枝含氢硅油7.5。

胶液混合物的适用期，25℃下大于5 h。

用法：按比例混合均匀后真空下脱泡，间歇地抽气和放气几次，待用。将胶液均匀地涂于被黏体上，进行胶接。用于电子器件灌封时，在倒入胶液后，须进行真空脱泡。在室温下 24 h 基本固化，7 d 完全固化。

双组分室温硫化硅橡胶胶黏剂的特点是硫化时不放热、不收缩、不膨胀、无内应力。硫化时胶的表面和内部同时进行，可以深部硫化，这是和单组分胶比具有的最大特性。因而双组分胶的工艺虽麻烦，使用时需调配胶料，但其对深部硫化的胶接件仍有实用性，在市场上仍占有一席之地。室温硫化硅橡胶经硫化后显示优异的防黏性，涂层薄，价不贵，是一种良好的防黏剂，可用作胶黏带背面的防黏涂层，制作防黏纸用于双面压敏胶膜或胶黏带的隔离层，也可用来制作铸塑软模具，浇注塑料和低熔点合金。

7.3.3　有机硅压敏胶

压敏胶是一种在室温下具有黏性的胶黏剂，只要施加轻度指压，能与被黏体胶合，能多次反复揭贴，以有机硅为基料的称有机硅压敏胶。有机硅具有耐高低温、耐候性好、耐辐照，且有优良的电绝缘性和憎水性，但胶黏强度低。故有机硅在压敏胶黏制品中用作防黏剂（又称隔离剂），涂于纸、塑料薄膜或胶黏带的基材背面，制成防黏纸（膜），覆贴于压敏胶表面，使用时揭去防黏纸即可黏贴或使胶黏带易于解卷。1980 年左右，利用有机硅的特性，研制出有机硅压敏胶，1990 年以来已有商品供应，应用领域在不断扩大，用于宇航工业、电子工业及汽车工业作车体内饰和外饰，制作胶黏带和标签等用胶。

有机硅压敏胶黏剂由硅橡胶生胶与彼此不完全互溶的硅树脂，再加上硫化剂和其他添加剂相混合制成的。硅橡胶是有机硅压敏胶黏剂的基本组分，硅树脂作为增黏剂并起调节压敏胶黏剂的物理性质的作用。有机硅压敏胶黏剂的性能随两者的比例变化而改变，硅树脂含量高的压敏胶黏剂，在室温下是干涸的（没有黏性），使用时通过升温、加压即变黏，而硅生胶含量高的压敏胶黏剂，在室温下黏性特别好。

有机硅压敏胶一般由硅树脂和硅橡胶组成。硅橡胶是用端羟基硅橡胶，有的掺加少量甲基乙烯基硅橡胶。硅树脂用甲基硅树脂。硅橡胶与硅树脂的质量比为 1 :（1 ~ 1.5）、物质的量比约 1 :（100 ~ 1000）。其制法是硅树脂、硅橡胶和催化剂有机过氧化物（近年来采用氯铂酸）在 150 ~ 180℃反应制得压敏胶溶液，固含量用芳香族溶剂如甲苯等调节在 60% 的溶液即成。

有机硅压敏胶带的制备是将上述的硅橡胶、硅树脂和催化剂配成溶液，涂于玻璃布或塑料薄膜上，于 70 ~ 100℃先预干燥后，再在 150℃加热干燥 5 min，即可制成有机硅压敏胶黏带。此种胶黏带具有耐热和耐寒性，并有好的黏着力。在室温时剥离强度为 237 N/cm，-40℃和 +140℃时为室温强度的 2 倍，260℃时仍达 180 N/cm。其可用于电子、电气的包封和黏贴，医用药物缓释的压敏胶带（表 7-2）。

表 7-2　典型的苯基有机硅压敏胶黏剂的物理性质

黏度 /（mPa·s）	剥离强度 /（N/m）	搭接剪切强度（25℃）/kPa	黏性
75 000	490	592	高
15 000	872	684	高

有机硅压敏胶黏剂具有下列优点：化学惰性，对机体刺激性小；虽然黏接强度不高（室温剪切强度为 0.28 MPa，120℃老化 7 d 后的剪切强度为 0.27 MPa），但它具有耐溶剂、耐高低温、抗老化等优点，可在 -73 ～ 260℃温度范围内长期使用，不变脆不变干；它既能与高表面能的材料黏合，又可以黏接多种难黏的低表面能材料，如未经表面处理的聚乙烯、氟塑料和聚酰亚胺以及聚碳酸酯、聚丙烯等的黏接等；可以根据树脂 / 橡胶的比例不同，配制成从压敏胶黏剂到不剥落型的热道胶黏剂，以及无溶剂形式的密封胶等各种类型，应用十分广泛，根据硫化形式的不同可以有多种用途。

以有机硅压敏胶黏剂配以耐高温的胶黏带，大量用于耐高低温的绝缘包扎、遮盖、黏贴、防黏、高温密封等场合。例如聚四氟乙烯有机硅压敏胶带可用于聚四氟乙烯电容器芯组的包扎，经 4 年贮存以 200℃，240 h 例行试验，包扎不会松开，用于高速动平衡器具上的增重黏贴，经液氮温度（-192℃）时的高速运转后不脱落，在用于电子仪器仪表的绝缘中，特别适用于井下仪器的绝缘包扎，也可用于电视机的保险丝包扎；在镀铬式铬酸加热腐蚀除锈中，对不需要镀或不要腐蚀的地方可用该胶带黏贴遮盖；在使用脱胶剂时，对不需要脱胶的地方可用该胶带保护起来；在聚乙烯包装袋热合条上，贴上聚四氟乙烯玻璃布的有机硅压敏胶带，可以防止热熔的聚乙烯黏在热合条上而拉破口袋。涂有机硅压敏胶黏剂的聚酯薄膜（Myla）胶带具有耐高温、耐化学品性能，因而在印刷线路板镀敷操作中可用作遮盖膜，在此应用中涂有机硅的胶黏带封住直排的锡线，胶黏剂不会从边缘流出（表 7-3）。

表 7-3　几种有机硅压敏胶黏带的部分性能

胶黏带	基材	厚度 /mm	剥离强度 /（N/m）	介电强度 /（V/ 层）	耐热性能
美国 3M 公司 80 号胶带	聚四氟乙烯薄膜	0.088	327	9000	180℃长期 250℃数周
3M 公司 64 号胶带	聚四氟乙烯玻璃布	0.150	492	4500	250℃数周
3M 公司 90 号胶带	聚酰亚胺薄膜	0.070	273	7000	250℃数周
晨光化工研究院 F-4G 胶带	聚四氟乙烯薄膜	0.09	147 ～ 245	75 000	200℃ 1000 h

7.3.4 有机氟胶黏剂

氟塑料具有卓越的性能，如优异的耐腐蚀性，低摩擦性，耐高低温，不沾污性及电性能，已广泛应用于科技新领域中，但氟塑料的低表面张力在胶接上带来一定的困难。

早期氟塑料的胶接是采用萘–钠络合物处理，使氟塑料表面产生置换反应，然后用环氧胶黏剂等胶接。但塑料表面易沾污成深色。后采用四氟乙烯与六氟丙烯共聚，虽在高温300～400℃下加压熔融胶接，但工艺要求高，最近已可采用有机硅树脂和橡胶共聚，对胶接有很大发展。

最新日本开发出双组分含氟系液体垫圈，主要由硅醇与有机氟聚合物共聚制成，以1∶1配合，混合后1 h凝胶，6 h呈橡胶态，12 h具实用化，硬度达39，伸长率为97%，拉伸强度1.03 MPa，剪切强度（铁–铁）0.54 MPa，具有耐热，耐溶剂性能，正在实用化。

有机氟聚合物胶黏剂具有耐热性好、耐氧化性和耐化学性突出等特点。有机氟聚合物表面自由能低，并具有耐水性、耐油性和耐沾污性，使其具有特殊的应用。

硅烷偶联剂是能同时与极性物质和非极性物质产生一定结合力的化合物，其特点是分子中同时具有极性和非极性部分，可用通式表示为$Y(CH_2)_nSiX_3$，其中Y表示烷基、苯基以及乙烯基、环氧基、氨基、疏基等有机官能团，常与胶黏剂基体树脂中的有机官能团发生化学结合，X表示甲氧基、乙氧基等，这些基团易水解成硅醇而与无机物质（玻璃、硅石、金属、黏土等）表面的氧化物或羟基反应，生成稳定的硅氧键。因此，通过使用硅烷偶联剂，可在无机物质和有机物质的界面之间架起"分子桥"，把两种性质完全不同的材料连接在一起，这样就有效地改善了界面层的胶接强度。

在胶黏剂中加入硅烷偶联剂不仅能提高黏合强度，而且还能改善胶黏剂的耐久性和耐湿热老化性能。例如，聚氨基甲酸酯虽然对许多材料具有较高的黏合力，但其耐久性不太理想，在加入硅烷偶联剂后其耐久性可得到显著改善。陈瑞珠等在研究钛合金黏接件的湿热耐久性问题时，通过在所用环氧胶黏剂中加入硅烷偶联剂，使得胶接件在经过湿热老化后的剪切强度保留率由80%左右提高到97%左右。硅烷偶联剂甚至可以直接用作胶黏剂，用于硅橡胶、氟橡胶、丁腈橡胶等与金属的黏接，如胶黏剂CK–1和Chemlock607（美国）即是硅烷类。

为改善有机胶黏剂的某些性能（如耐热性、自熄性、尺寸稳定性等），或是为降低有机胶黏剂的成本，经常要在胶黏剂中加入一些无机填料。如果预先用硅烷偶联剂对填料进行处理，则因为填料表面的极性基团与硅烷偶联剂发生了反应，从而大大减少了填料与树脂的结构化作用，不仅使填料对胶黏剂基体树脂的相容性和分散性大大提高，而且显著降低了体系的黏度，因而可增大填料用量。然而并不是对所有的填料采用偶联剂处理都有效，填料种类不同，效果上也有差别，有些甚至毫无效果。对于硅石、玻璃、铝粉之类表面带有大量羟基的填料，效果最好，而对于碳酸钙、石墨、硼等表面不带羟基的填料，则毫无效果。

第8章 聚氨酯胶黏剂

8.1 概　　述

聚氨酯胶黏剂具有优异的性能，且应用领域广泛。它分为多异氰酸酯和聚氨酯两大类。

聚氨基甲酸酯是指分子主链上含有许多重复的氨基甲酸酯（—OOC—NH—）基团的聚合物的总称，简称聚氨酯。以聚氨酯为主体的胶黏剂称作聚氨酯胶黏剂，简称PU胶，俗名"乌利当"。

由于结构中含有极性基团—NCO，提高了对各种材料的黏接性，并具有很高的反应性，能常温固化，胶膜坚韧，耐冲击，挠曲性好，剥离强度高；具有良好的耐低温、耐油和耐磨性等，但耐热性较差。它广泛应用于黏接金属、木材、塑料、皮革、陶瓷、玻璃等，还可用作各类涂料如织物涂料、防水涂料等。

聚氨酯与被黏接材料之间产生的氢键作用会使高分子内聚力增加，从而使黏接更加牢固。此外，聚氨酯胶黏剂还具有韧性可调节、黏接工艺简便、极佳的耐低温性能以及优良的稳定性等特性，近年来，在国内外成为发展最快的胶黏剂。聚氨酯胶黏剂发展的突出特点是适应环保、工业卫生、资源等政策法规的要求，进行了产业结构的调整，努力降低有机溶剂型产品的比重。

聚氨酯胶黏剂问世于20世纪40年代，50年代DuPont公司就合成了聚氨酯乳液，但因产品性能差，应用面窄，造价高等缺点，发展缓慢。至1975年，开发出了自乳化型的水性聚氨酯，因性能大大改善而发展迅速。80年代，美国、德国、日本等国家已开始实际运用水性聚氨酯产品。一些公司已有多种牌号的水性聚氨酯胶黏剂产品供应。表8-1为国外水性聚氨酯产品。

根据Zeneca Resins估计，欧洲市场每年需要聚氨酯6000多t，汽车工业是最大的市场。德国是聚氨酯分散体的最大消费者，预计在未来，它将保持以8%～10%的增长率快速增长。这不但是环境保护的需要，聚氨酯分散体本身性能与传统溶剂型体系的性能相当也是一个主要原因。我国的聚氨酯工业起步较晚，20世纪50年代开始研究，60年代有少量生产，到了80年代则蓬勃发展，多年来的研究开发工作积累为发展水乳性聚氨酯胶黏剂打下了良好的基础。最典型的是沈阳市皮革研究所于1976年研制的PU一型乳液皮革涂饰剂。该涂饰剂由聚己内酸酯与甲苯二异氰酸酯反应得到端—NCO基预聚体，再引入亲水性的物质酒石酸，然后用三乙胺中和，再分散于水中制得。90年代初对 APU 的应用产品研究更加活跃，使得 PU 乳液产品在综合性能上得以进一步改善，其应用领域也逐步拓宽。例如，化工部海洋涂料研究所研制的环氧改性聚氨酯乳液配以固化剂，可作胶黏剂用；天津纺织工学院用自行合成的水性聚氨酯乳液与丙烯酸酯防水涂层胶黏剂进行共混，提高了该胶黏剂的性能；大连油漆厂将制得的聚氨酯乳液胶黏剂用于复合层压板制造、木质装饰膜的复合，克服了脲醛树脂的毒性和环境污染以及聚乙酸乙烯酯耐水解、耐热性的不足。

表 8-1 国外部分水性聚氨酯胶黏剂产品

厂家	牌号	用途
Bayer A.G	Impranil DLN DI.S	织物软性胶黏剂
Bayer A.G	Baydur	PUF/ 金属陶瓷黏接
Bayer A.G	Boydorn Vorgrad	PVC 胶黏剂
日本光洋公司	KR 系列	木材、纸、织物等黏接
大日本油墨化工株工会社	Hydran HW 系列	PVC、帆布等黏接
西班牙 Morguinsa 公司	Qurlastic 144 系列	汽车业、制鞋业、家具业
美国 Wyandottc	X-1034，E-207A	胶黏剂
Wilm ington Chem Corp	Helastic W C9976998	层压胶黏剂、玻璃塑料溶胶
Ruco Polymer Corp	Rvcothoe Latck 152	各种基材的黏合

由于汽车工业的发展要求汽车构件轻量化，因此大量采用塑料零部件，特别是高强度的 ERP（玻璃纤维增加塑料）和 SMC（片状模塑材料），而塑料零部件需用聚氨酯结构胶和密封胶进行黏接装配。

在建筑行业中，由于聚氨酯密封胶对各种建筑材料都具有良好的黏接性，且价格比有机硅与聚硫密封胶便宜，因此从 20 世纪 90 年代开始，聚氨酯密封胶超过有机硅与聚硫密封胶而占据主导地位。为了适应自动化装配线的要求，胶黏剂的固化速率必须大幅度提高。通过近年来的努力，开发了一些新的胶种，如快速反应型聚氨酯胶、辐射或紫外固化胶及反应热熔胶等，可使聚氨酯胶黏剂的固化速度成倍加快；同时，还注重施胶工艺和工具方面的开发。

多异氰酸酯胶黏剂是由多异氰酸酯单体或其低分子衍生物组成的胶黏剂，是聚氨酯胶黏剂中的早期产品，属于反应型胶黏剂。其黏接强度高，适用于金属与橡胶、纤维等的黏接。但由于含有较多的游离异氰酸根基团，对潮气敏感，有毒性且通常含有机溶剂，因此较少以单体形式单独使用，而是将它混入橡胶类胶黏剂或用作交联剂。其主要品种有三异氰酸酯胶黏剂、四异氰酸酯胶黏剂、多异氰酸酯胶黏剂、三羟甲基丙烷 -TDI 加成物等。其工艺比较成熟，我国与先进国家的差距较小。

2009 年聚氨酯树脂市场情况较 2008 年有所好转，但下游实际需求仍然陷入低迷，树脂行业的发展能否在国内经济大环境回暖的情况下迎来机遇，有待观察。

但就目前的市场情况进行相关分析，则具有现实意义，在温州举办的 2009 国际聚氨酯峰会首届树脂论坛会议上，普华咨询机构的相关分析师就这一领域进行了深刻分析，并与与会者进行了深入探讨。

据介绍，从浆料、鞋底原液企业方面的了解，经济危机的风波已经严重波及这些企业的发展，他们表示，面临严峻的出口形势、部分原料价格的高位，企业正在承担着"微利经营"的重负，客观形势使他们迫切需要专业的行业发展指导和意见，而此次会议的召开将为这些企业提出建设性的建议。

市场人士表示，目前，国内无论是浆料、鞋底原液还是氨纶、TPU 等，都处于中低端水平，根据未来行业发展的趋势来看，国内企业应趁此经济低迷期，加强技术升级和研发，促进产业转型的进程。

近年来我国聚氨酯胶黏剂保持着较高的增长速度，技术研究开发也取得了很大的进展，但产业化速度太慢，已商品化的产品也由于规模小、设备工艺落后等原因，在竞争中处于不利的地位。针对以上情况，国内企业与研究单位应加大投入，重点发展与聚氨酯胶黏剂配套的原料助剂，尽快实现原料、助剂的国产化，降低成本。同时还要加快设备、施工机具及包装容器的技术改造。另外，还必须加大对适应环保、资源等政策法规要求的水性胶、热熔胶、无溶剂胶的研究开发力度。

8.2　聚氨酯胶黏剂的结构与性能

8.2.1　嵌段共聚物

双组分聚氨酯胶黏剂的主剂通常是含有羟基的聚氨酯多元醇，固化剂往往是多元醇和异氰酸酯的加成物。使用时，两组分按比例混合后，主剂的—OH 与固化剂的—NCO 基进一步氨酯化反应。

因为固化剂一般是三元加成物，这种扩链反应生成网状高分子结构，形成牢固的黏结层，质化反应产生软段和硬段相间的嵌段共聚物。

8.2.2　软段和硬段

软段是指线型聚酯、聚醚等。一般来说，聚酯型比聚醚型具有更高的强度和硬度，这是因为酯基的极性大，内聚能比醚基（—C—O—C—）高好几倍，所以机械强度高。醚基较易旋转，分子柔顺性较好，有优越的低温柔软性，同时醚基的耐水性也比酯基好。

硬段主要指氨酯键，由—NCO 基和—OH 基反应而生成。不同的多异氰酸酯对性能有不同的影响，具有对称结构的异氰酸酯能使分子结构规整，促进结晶，能使胶黏剂具有较高的机械强度。

芳香族异氰酸酯比脂肪族内聚力大，也给胶黏剂提供机械强度方面的贡献。

8.2.3　嵌段共聚物结构变化和性能

软、硬链段相间的分子结构，可示意如下：

—软段—硬段—软段—硬段—软段—

通过调节软、硬段的品种、比例、主链结构的支化程度等都可以对胶的性能产生影响。

当胶黏剂分子量一定时，软段分子量大了，就意味着硬段的嵌入量少，这会使强度下降。但如果软段是聚酯，分子量越高结晶性也越高，又能使机械强度提高。如果软段是聚醚，则情况就不同了，因为聚醚的分子量越大，规整性就越差。

由于链段结构不同，其分子的规整也不同。分子的规整性越好则其结晶性越强，而结晶性对大分子内聚能影响很大，结晶性越大，黏合层的黏接力则越大，所以要想取得高的黏合强度就要选择高结晶性的分子结构。影响结晶性的因素很多，如侧基越小，软段分子量越大，结晶性越高，可以提高胶黏剂的初黏力和最终剥离力。大的侧基会影响结晶性，却可以保护酯键，提高抗热氧化、耐水解性能，所以结晶度的选择要适度。

8.2.4　主剂分子量对性能的影响

双组分聚氨酯胶黏剂的主剂也是软、硬段相间的嵌段共聚物，固化反应不过是进一步的扩链。

但固化（熟化）之前主剂的分子量将决定复合工艺的适性。分子量小的胶黏剂，涂布性能好，流平性好，但初黏强度低；反之，分子量大初黏性好，但流平性差。胶黏剂助剂的分子量还会影响固化后最终达到的性能指标，所以要找到一个平衡点，既要考虑加工过程，又要顾及最终效果，适当的分子量是主剂设计的关键。

8.3　聚氨酯胶黏剂组成

聚氨酯由多异氰酸酯与多元醇反应生成。后者常为聚酯或聚醚树脂。反应式如下：

$$nOCN-R-NCO+nHO-R'-OH \rightarrow \left[\begin{matrix} \underset{2}{H} & H & & H & O \\ C-N-R-N-C-O-R'-O \end{matrix}\right]_n$$

聚氨酯胶黏剂主要由异氰酸酯、多元醇、含羟基的聚醚、聚酯和环氧树脂、填料、催化剂和溶剂组成。

8.3.1　聚氨酯特性

纵观整个聚氨酯化学，可以说几乎都和异氰酸酯的反应活性有着密切的关系。多异氰酸酯系聚氨酯的关键原料，其极高的反应性，特别是对亲核反应物的反应性主要是由含有氮、碳及氧的积累双键区中碳原子的正电特性所决定的。—NCO 基团中的电子密度及电荷分布可如图 8-1 所示。

$$R\ddot{:}\ddot{N}\ddot{:}\ddot{:}C\ddot{:}\ddot{:}\ddot{O} \longleftrightarrow R\ddot{:}\ddot{N}\ddot{:}\ddot{:}\overset{\oplus}{C}\ddot{:}\ddot{:}\overset{\ominus}{\ddot{O}} \longleftrightarrow \overset{\ominus}{R\ddot{:}\ddot{N}}\ddot{:}\ddot{:}\overset{\oplus}{C}\ddot{:}\ddot{:}\ddot{O} \longleftrightarrow \overset{\ominus}{R\ddot{:}\ddot{N}}\ddot{:}\ddot{:}\overset{\oplus}{C}\ddot{:}\ddot{:}\ddot{O}$$

图 8-1　—NCO 基团中的电子密度及电荷分布

由异氰酸酯基团的共振结构看出，碳原子上的正电荷明显，且其取代基对它的反应性有显著影响。若 R 为芳基，负电荷就由氮吸引到芳核上，使碳原子上的正电荷增加。这就是芳香族异氰酸酯的反应性显著高于脂肪族的原因。苯核上取代基对异氰酸酯基正电特性的影响是人所共知的，在对位或邻位上的吸电子取代基可增加异氰酸酯基的反应性，而给电子取代基则降低其反应性。

异氰酸酯最重要的反应是与含活泼氢的化合物起加成反应。

了解了异氰酸酯基的反应性后，不难理解聚氨酯胶黏剂的特性。

聚氨酯胶黏剂具有许多优良的物理、化学性能，概括起来有以下几点。

1）胶接性能优良

由于聚氨酯分子结构中含有氨基甲酸酯基、脲基、酯基和醚基等极性基团，使其分子间通过氢键产生强内聚力。

分子结构中又含有异氰酸酯基等高极性、高活性基团，可与含有活泼氢的化合物反应，或与极性基团间形成氢键和范德华力等次价键，故对多种材料具有优良的胶接性能。

例如天然物质木材、纤维、纸和皮革等，合成材料如塑料、纤维和橡胶等分子结构中均含有活泼氢，聚氨酯胶黏剂可与它们进行化学胶接。

金属表面很容易吸附一薄层水分，它可与异氰酸酯基团反应生成脲键。后者与金属氧化物通过氢键整合成酰脲 – 金属氧化物络合物。

若聚氨酯分子中无游离异氰酸酯基团，则吸附水与氨基甲酸酯基或脲基间产生氢键。

表面无极性基团、结晶性高的聚乙烯、聚丙烯等聚烯烃材料可通过电晕放电等处理，使表面氧化或离子化，改善其极性，提高聚氨酯胶黏剂对它们的胶接性。

经红外吸收光谱、电子显微镜等检验分析证明，经电晕放电处理后，聚乙烯分子中产生羰基，聚丙烯分子中产生羰基和羧酸。它们均是高极性基团。聚氨酯胶黏剂很容易胶接自身含有极性基团的聚酰胺、聚酯等。为了稳定胶接性，也广为使用电晕放电技术。上述机理足以说明聚氨酯胶黏剂胶接对象的广泛性。

2）高弹性

聚氨酯分子链的柔韧性赋予该胶黏剂高度的弹性和柔软性，使其固化物耐振动、耐冲击、耐疲劳，剥离强度较高。特别适用于要求柔软性的薄膜类的胶接和复合。

3）耐低温性

聚氨酯胶黏剂的一突出优点是具有卓越的耐低温和耐超低温性能，可在 –196℃（液氮温度）甚至 –253℃（液氢温度）下使用。

4）耐磨性

聚氨酯胶黏剂的耐磨性为其他柔性胶黏剂所不及，它是氯丁橡胶的8倍，是聚氯乙烯的7倍。

5）多功能性

聚氨酯分子可视作由异氰酸酯与扩链剂等形成的硬段结构以及聚醚、聚酯等软段结构相嵌段的共聚物。改变软、硬段比例和结构可大幅度调整胶黏剂的物化性能和胶接工艺。随聚氨酯基料和固化剂品种、配比不同，胶黏剂性能更是千变万化，其胶接层从柔性至刚性可任意调节，以满足不同胶接材料、不同应用领域的胶接要求。

6）胶接工艺简便

聚氨酯胶黏剂可加热固化，也能室温固化，使用工艺简便，操作性能良好。聚氨酯胶黏剂的其他性能如耐水、耐油、耐溶剂、耐氧化及耐臭氧等性能也均良好。其主要缺点是耐温性能较差，一般长期使用温度不超过120℃，室温剪切强度较低，耐蠕变性差。近年，经环氧树脂、有机硅、丙烯酸酯或醇酸树脂等改性的聚氨酯，兼有原树脂的特性，使聚氨酯的性能进一步完美。

（1）异氰酸酯主要品种有甲苯二异氰酸酯（TDI）、二苯基甲烷二异氰酸酯（MDI）、多亚甲基多苯基多异氰酸酯（PAPI）、1, 6-六亚甲基二异氰酸酯（HDI）、苯二甲基二异氰酸酯（XDI）等。它主要作黏料使用，可直接作为胶黏剂，也可加入其他组分使用。

（2）多元醇含羟基的组分与异氰酸酯反应可生成聚氨酯。常用聚酯树脂（如307聚酯、309聚酯、311聚酯等）和聚醚树脂（如N-204、N-210N-215N-220N-235聚醚等）。

（3）填料为了降低成本和减小胶黏剂固化时的收缩率，适当加入填料是有利的。填料表面一般都吸附着一定量的水分，它容易与异氰酸酯基反应生成聚脲，并产生二氧化碳，贮存时会凝胶化。因此，聚氨酯胶黏剂中的填料，应预先高温去除水分，或用偶联剂进行处理。

有的填料，如氧化锌、槽法炭黑等还能与异氰酸酯反应，选用时应注意。适合于聚氨酯胶黏剂的填料有滑石粉、陶土、重晶石粉、云母粉、碳酸钙、氧化钙、石棉粉、硅藻土、二氧化钛、铝粉、铁粉、铁黑、铁黄、三氧化二铬、刚玉粉和金刚砂粉等。

（4）催化剂为了控制聚氨酯胶黏剂的反应速度，或使反应沿预期向进行，在制备预聚体胶黏剂或在胶黏剂固化时都可加入各种催化剂。

聚氨酯胶黏剂常用的催化剂有叔胺（如三乙烯四胺、甲基二乙醇胺、三乙醇胺等）、有机金属化合物（如辛酸铅、环烷酸铅、环烷酸钴、环烷酸锌等）、有机磷（如三丁基磷、三乙基磷等）、酸、碱和微量水溶性金属盐（如冰乙酸、氢氧化钠和酚钠等）。

（5）溶剂聚氨酯胶黏剂溶剂的选择除了溶解能力、挥发速度等外，还应考虑溶剂的含水量及保证溶剂不与—NCO基团反应，否则胶黏剂在贮存时会产生凝胶。一般纯度在99.5%以上的乙酸乙酯、乙酸丁酯、环己酮、氯苯、二氯乙烷等可以单独或混合作为聚氨酯胶黏剂的溶剂。另外，溶剂的极性也必须考虑。在异氰酸酯与羟基反应时，极性大的溶剂使反应变慢。

8.3.2　聚氨酯胶黏剂的固化

通常通过主剂（多为含羟基一元化合物）与固化剂（多为含异氰酸酯基的三元化合物）反应交联成网状达到固化的目的。一般情况下应使固化剂适当过量，物质的量比约为主剂的 1.5 倍左右。

固化剂适当过量的目的，充分交联利于胶的耐热耐介质性，提高固化温度，抵消水分的影响。但是固化剂过量也不能过度，否则会造成胶膜柔软度下降，胶黏剂强度降低（尤其是对非极性膜材），热封处的胶接层已被破坏。若固化剂不足，会造成较量不足，内聚强度低，受热时黏接力急剧降低易产生褶皱或脱层。

1）湿度（水分）、温度等对固化的影响

（1）水分对固化的影响

①对湿固化聚氨酯胶黏剂，在使用时必须保持足够的绝对湿度，才能使胶黏剂获得足够的水分，保证固化的完全。

②对双组分聚氨酯胶黏剂，过多的水分会消耗过多的固化剂（固化剂是异氰酸酯基团的），使配比失衡，影响固化效果，进而影响胶层的耐高温性和耐介质性。

（2）乙醇对固化的影响

溶剂中乙醇含量较低时消耗少量固化剂，降低了交联密度（增加了游离的支链），影响耐热耐介质性。含量较高时会大量消耗固化剂，造成固化不完全。因此在工作中要选择水分、乙醇含量低的溶剂，并防止贮运和使用中的二次污染。

（3）温度对固化的影响

聚氨酯胶黏剂可以在室温条件下固化，但固化所需时间较长，为缩短固化时间可提高温度（也可以通过加入催化剂来实现）。提高温度还有利于初期胶黏剂的软化。增强被黏物表面的湿润，可增加分子间的接触点。但温度过高固化过快，应力不易释放掉，易造成后期黏接强度衰减。

2）生产过程中影响胶黏剂性能的要素

除了使用过程中相关的影响因素之外，在胶黏剂生产过程中，多种因素会造成胶黏剂的性能不同，需要特别注意。

（1）原料不同，产品的性能不同；原料相同，配比、工艺操作条件不同，产品性能也有差异。

（2）复合用胶多为聚酯型或聚酯聚醚混合型，为便于调整控制胶黏剂的品质，主要生产厂家均自己合成聚酯。采用不同厂家的原料最终得到的产品的性能也不同。

因此，不同厂家即使同一牌号的产品也会有性能差异，通常应选用质量稳定的厂家的产品。

8.4 常用聚氨酯胶黏剂品种

8.4.1 多异氰酸酯胶黏剂

多异氰酸酯胶黏剂是由异氰酸酯单体直接制成的。因其分子体积小，极易渗透进入多孔性材料，异氰酸酯基团又易与被黏体表面的吸附水或含水氧化物等反应，也能在碱性材料如玻璃等表面自聚，或与聚酰胺表面的酰胺基团形成共价键等，使胶接界面产生化学键，而形成胶接力。

常用作该类胶黏剂的多异氰酸酯有三苯基甲烷三异氰酸酯、多苯基多次甲基多异氢酸酯。甲苯二异氰酸酯和二苯基甲烷二异氰酸酯等。

多异氰酸酯胶黏剂主要用于橡胶与金属的胶接，使用时常配成一定浓度的氯化苯或二氯乙烷溶液。

以二苯基甲烷二异氰酸酯 50 份和邻二氯苯 50 份配制的 MDI-50 胶接金属与橡胶能耐热、耐疲劳、耐冲击、耐油、耐溶剂。使用时，先将金属表面喷砂处理使之粗糙。再用溶剂清洗、干燥后，薄薄涂覆一层 MDI-50。干燥后，贴上刚压延出的新鲜橡胶片，加压，在热气流下使之固化。湿度是影响胶接强度的重要因素。

因多异氰酸酯的毒性较大，柔韧性差，现较少以单体形式单独使用，它们或与橡胶类胶黏剂如氯丁橡胶胶黏剂等、聚酯或聚醚多元醇、聚丙烯酸酯、环氧树脂或聚酰胺树脂等配合使用；或混入聚乙烯醇乳液，制成乙烯基聚氨酯使用；也可以其本身、加成物或低聚物形式，作聚氨酯胶黏剂的交联剂。

甲苯二异氰酸酯和二苯甲烷二异氰酸酯单体不宜直接作交联剂，作交联剂的异氰酸酯必须满足下列要求：①符合工业卫生要求；②具有两个以上的官能度；③黏度低，便于混合；④与胶黏剂的另一组分能快速反应，形成交联的分子网络，从而生成具有较高内聚强度和较好耐热性的胶层；⑤与同组分胶黏剂的其他成分相容；⑥特殊用途要求的浅色和不变色；⑦具有足够长的贮存期。

典型配方剖析见表 8-2。

表 8-2 聚氨酯胶黏剂典型配方

配方组成（质量份）		各组分作用分析
N-210	100	羟基组分，与异氰酸酯反应生成聚氨酯；异氰酸酯组分，黏料催化剂，加速固化反应填料，降低成本和固化收缩率溶剂，降低胶液黏度和成本
2，4-TDI	30	
3，3'-二氯-4，4'-二氨基二二苯甲烷	16	
碳酸钙	14	
乙酸乙酯	20	

不同种类聚氨酯胶黏剂配方如下。

（1）多异氰酸酯单组分胶黏剂。主要有甲苯二异氰酸酯、六亚甲基二异氰酸酯和常用的三苯基甲烷三异氰酸酯，使用时通常配成浓度为 20% 的二氯乙烷溶液。

（2）预聚体类聚氨酯胶黏剂。单组分型系由异氰酸酯和两端含羟基的聚酯或聚醚以物质的量比 2∶1 反应，得到端—NCO 基的弹性体胶黏剂，在常温下，遇到空气中的潮气即固化。当加入氯化铵、尿素或 N- 甲基吗啉等催化剂可加速固化。

双组分型系由聚酯树脂和聚酯改性二异氰酸酯组合而成。

（3）端封型聚氨酯胶黏剂。端封型聚氨酯系将端异氰酸酯基用苯酚或其他的羟基（如醇类、β 二酮类）反应生成具有氨酯结构的生成物，暂时封闭活泼的异氰酸基，在水中稳定，可解决在贮存时因吸收空气中的水分而凝胶的缺点。这样，可将它配制成水溶液或乳液胶黏剂。

8.4.2　氨基甲酸酯预聚物

氨基甲酸酯预聚物系多异氰酸酯和多羟基化合物的部分反应生成物——端异氰酸酯基氨基甲酸酯预聚物，亦即反应过程中 NCO/OH 值为 1。

异氰酸酯分子具有高度的不饱和性和双键的积累性，非常活泼，能进行一系列化学反应。最值得研究人员重视且感兴趣的是它与活泼氢化合物的反应。活泼氢原子是一化合物中反应活性大到足以被碱金属取代或被 Zerewitinoff 试剂、甲基碘化镁取代的氢原子。这些官能团有—OH、—SH（巯基）、—NH—（亚胺基）、—NHNHR（取代氨基）、—NHCOO—NHCONH—（脲基）、—COOH、—CONH$_2$（酰胺基）、—CONHR（取代酰胺基）、CSNH$_2$（硫代酰胺）、—SO$_2$OH（磺酸基）等。其中最主要的反应如下。

（1）异氰酸酯与含羟基化合物的反应

含羟基化合物有聚醚和聚酯多元醇、环氧树脂、蓖麻油等。在没有催化剂存在下，所列反应可从室温至较高温度范围内进行，生成聚氨基甲酸酯。这种反应对聚氨酯胶黏剂的合成来说，是极为重要的。端异氰酸酯氨基甲酸酯预聚物与多元醇并用，组成双组分胶黏剂。

（2）异氰酸酯与含氨基化合物反应

即使无催化剂存在下，该反应也能进行，生成脲。所以胺类化合物诸如 MOCA 常作为端异氰酸酯基氨基甲酸酯预聚物的扩链剂和固化剂。端异氰酸酯预聚物与胺固化剂并用，也组成双组分胶黏剂。

（3）异氰酸酯与水反应

该反应先生成胺，且放出二氧化碳；生成的胺进一步与异氰酸酯反应生成脲。后者分子中仍然含有活泼氢，能以一定速度与异氰酸酯继续反应生成带支链的缩脲。

单组分湿固化型聚氨酯胶黏剂就是利用这一原理，通过空气中的潮气将高聚物胶层交联固化。

但在合成异氰酸酯预聚体时，为了防止上述反应的发生，反应体系中应尽量避免水分的干扰，以免影响胶黏剂的质量。湿固化型胶黏剂因有二氧化碳的释放，胶层有气孔，导致缺陷，故常将二氧化碳吸收剂或吸附剂掺入胶黏剂中。文献推荐炭黑、PVC 糊树脂等作气体吸附剂，氧化钙。氢氧化钙等作化学吸收剂。要求它们不仅不应含有水分，且对颗粒要求微细。如要求氧化钙以 50 ～ 500 μm 的微粉分散体为宜。

（4）异氰酸酯与有机羧酸反应

异氰酸酯与有机羧酸或末端为羧基的聚酯等化合物反应，在生成酰胺的同时放出二氧化碳，在聚氨酯胶黏剂的施工应用中，应尽量避免该反应的发生，否则放出二氧化碳气体，使胶层产生气泡，造成薄弱环节。因此，聚酯多元醇合成过程中的残剩有机羧酸即酸值，一定要控制到最低限度（<1.0 mg KOH/g，最好为 <0.5 mg KOH/g）。有机羧酸的存在还对聚酯多元醇与异氰酸酯的反应不利，且亦影响聚酯型聚氨酯胶黏剂的水解稳定性。

（5）异氰酸酯自聚反应

除上述这些含活泼氢的化合物能与异氰酸酯反外，异氰酸酯本身还能自聚。芳香族的二异氰酸酯的二聚反应是可逆的。如 4，4′- 二苯甲烷二异氰酸酯在室温或较高温度下，就能产生二聚反应，但在高温下很快就能解聚。

脂肪族和芳香族的异氰酸酯在光、强热及多种物质（如强碱，尤其是碱金属乙酸盐或甲酸盐）的催化作用下，能形成稳定的三聚体。尽管三聚反应在聚氨酯化学中占有重要地位，尽管含有三聚体结构的聚氨酯胶黏剂的耐热性可得到改善，但在预聚物合成中切忌二聚体或三聚体反应的发生，多异氰酸酯原料中也不希望带有二聚体或三聚体。

这是因为它们的活性基团有所丧失，原料间的实际配比已有很大变化，难以配制成预先设计的预聚物。

氨基甲酸酯预聚物或单独使用组成一重要用途的湿固化胶黏剂，或加入多元醇或多元胺交联剂，制得双组分反应型胶黏剂，提高了胶接强度。

湿固化聚氨酯胶黏剂和密封剂为单组分，借空气中或被黏体上的湿气反应而固化，使用简便。常以聚醚多元醇与甲苯二异氰酸酯或二苯甲烷二异氰酸酯反应而成，是木材、建筑土木及结构用的良好胶黏剂，又常用作密封剂，在汽车、建筑及机械等行业中已发挥重要作用。

8.4.3　双组分聚氨酯胶黏剂

这是聚氨酯胶黏剂中最重要的一类，用途广、用量大。

为降低溶剂型聚氨酯胶的销售量，欧洲近年来提出"绿色"溶剂的概念，即使用那些毒性不大，或可以生物分解，因而已从毒性释放性物质（TRI）和有机挥发物（VOC）名单中去除的溶剂，如丙酮、双戊烯、乳酸乙酯、乙醇等。如美国 Morton 公司开发的以聚醚多元醇为基础的 HAS 系列胶黏剂即为以乙醇为主溶剂的混合溶剂型（"绿色"溶剂）胶黏剂。利用溶液法制备聚氨酯胶黏剂的工艺技术近年来仍在不断改进，如先加少量溶剂，在接近本体状态下反应，随着反应混合物黏度的增加分批补加溶剂；加新型催化剂、反应中止剂和贮存稳定剂，对溶剂的水分和其他有害杂质进行脱除处理等，不仅能大大缩短反应时间，还可制得黏度稳定性和贮存移分性都非常优良的产品。溶剂型聚氨酯胶黏剂可用于食品包装、鞋底黏接、纸塑复合、土木建筑及超低温条件下应用等。

双组分无溶剂聚氨酯胶黏剂一般为低分子量的多元醇和多异氰酸酯，或端—NCO 预聚物和名元醇或多元胺。在国外 20 世纪 70 年代初就已用于汽车的发动机置、后货箱盖等的黏接，近年来特别用于汽车 ERP 部件和金属的黏接，如 SMC 车身板、顶盖、行李箱盖、挡泥板、测护条、挡风玻璃、缓冲器等的黏接，以及船舶、容器、工业器材、体育服务器等 ERP 材料的黏接；与环氧胶黏剂相比，具有柔韧性、可吸收应力、对多种基材黏接性好等优点。近年来已出现多种商品牌号，如美国 PierceSterens 公司的 HybondI9625 系列单组分湿固化胶，可用于复合板、天花板、地板等的黏接；美国 ConproTec 公司的 Utalane5774A/B，可用于修补飞机舱板的裂缝。

无溶剂反应性聚氨酯胶黏剂是提高固化速度以及初黏性，做到不用底涂剂，防止气泡的产生（特别对湿固化型）。近年来研究开发出一种聚氨酯、丙烯酸酯接枝或共混并与聚苯乙烯形成互穿网络的改性聚氨酯结构胶。此胶黏剂主链为聚氨酯，有很好的柔韧性，又结合了丙烯酸酯耐候性和苯乙烯的韧性和热固性等性能。其固化物耐热、耐水，特别适用于船舶结构的黏接。另外，双组分无溶剂聚氨酯胶黏剂在干法复合薄膜制造上的应用 1974 年起始于德国，日本于 1977 年引进该技术，到 1997 年已建成 60 多条生产线，在欧美用这种胶黏剂制备的干法复合薄膜目前已达 50% 以上。用于复合薄膜制造的聚氨酯胶黏剂技术上目前已发展到第三代。第一代为单组分聚醚或聚酯型端 NCO 预聚体型，其缺点是黏度变化快、固化速度慢、易产生二氧化碳气泡；第二代为端羟基聚氨酯预聚体的双组分型，其黏度较低，缺点是初黏强度低且涂布装置要求精密的自动供胶计量混合系统，对 EVA、NY、铝箔等黏接性能不佳；而第三代为在第二代基础上改进的双组分体系，不但初黏性能好，而且耐高温蒸煮，也可适用于铝箔等的黏接。

该胶黏剂主要有以下几类：端异氰酸酯基聚氨酯预聚体、热塑性聚氨酯、丙烯酸酯－聚氨酯和封闭型聚氨酯等。其中，湿固化型为主流，反应热熔型和光、射线固化型正处于实用化阶段，发展很快。端异氰酸酯基聚氨酯预聚体可与潮气反应而交联固化，因此也称湿固化聚氨酯胶黏剂。湿固化型聚氨酯胶黏剂是木材、土木建筑及结构用的良好的胶黏剂，也常用作密封剂，在汽车、建筑及机械行业中已发挥重要作用。1993 年，美国共有近 300 家公司生产该类密封剂，已占据了建筑用密封剂的主导地位。聚氨酯密封剂在建筑业中主要用混凝土制板幕墙、钢筋混凝土和石板、薄板、玻璃纤维钢筋混凝土等施工缝的密封，使用寿命可达 15 ～ 20 年。山东化工厂 1994 年从欧洲司进密封胶关键生产设备和工艺配方，其中 AM 系列为单组分湿固化型聚氨酯密封胶。另外，湿固化聚氨酯密封剂还是安装汽车挡风玻璃最好的黏接密封材料。预计全世界单组分湿固化聚氨酯胶黏剂的用量将以每年 15% 的速度递增。

（1）热塑性聚氨酯又称异氰酸酯改性聚氨酯，是一种具有端羟基的线型氨基甲酸酯聚合物，主要包括以下 3 种类型。溶剂型胶黏剂可用作鞋用胶黏剂，适用于要求胶层柔软、初黏强度高的场合。水基型聚氨酯胶黏剂具有无毒、不燃，使用安全等突出优点，适用于易被有机溶剂侵蚀的材料。此外，其黏度不随聚合物分子质量的变化而变化，可使聚合物高分子化，以提高其内聚强度；固含量相同时，其黏度比溶剂型低，可制得高固含量的产品，主要用作木材胶黏剂和织物处理剂。反应性热熔型含有可反应活性基团，兼具反应型和热熔型胶黏剂的性能，以湿固化型为主，目前已在建材、家具、电气、书籍装订、汽车等领域获得了应用。

热塑性聚氨酯弹性体包括许多微区结构聚合物，如聚氨酯、SBS、SIS 等。SBS 是苯乙烯 – 丁烯 – 苯乙烯嵌段，SIS 是苯乙烯 – 异戊二烯 – 苯乙烯嵌段，这类嵌段共聚体是热塑性的，当冷却时又恢复两相形态和弹性，特别适用于热熔压敏胶黏剂。

做热熔胶时常加入艺油降低黏度，加入两种增黏剂，一种与二烯或脂肪嵌段相混溶，而另一种增黏剂溶混并增强聚苯乙烯嵌段，这种增黏剂包括 α– 甲基苯乙烯聚合物和氧茚树脂。一般还添加少量抗氧剂。

（2）封闭型聚氨酯胶黏剂是指用某些化合物如苯酚、亚硫酸氢钠等将端异氰酸酯基团暂时保护起来，防止水或其他活性物与其作用。使用时可在一定温度下解离封闭剂，释放出活性异氰酸酯基团，发挥固有功能。研制此类胶黏剂的目的是为了配制水乳液刑胶黏剂或延长胶黏剂的使用和贮存时间。目前市售产品有 DuPOnt 公司生产的 HyleneMP、Ashland 公司生产的氨基酰亚胺等。在黏接轮胎帘子布、工业织物、金属线和玻璃的过程中，封闭型聚氨酯胶黏剂可起到重要的作用。

8.4.4　水性聚氨酯胶黏剂

水性聚氨酯胶黏剂是指聚氨酯溶于水或分散于水中而形成的胶黏剂，在实际应用中水性聚氨酯以聚氨酯乳液或分散液居多，水溶液型较少。

欧洲最早研究开发聚氨酯水分散液体系，20 世纪 70 年代后形成了几种较为成熟的制备方法，如丙酮法、预聚体分散法、熔融分散法、酮亚胺酮连氮法等。产品类型主要有自乳化型和强制乳化型两类。

近年来针对水性聚氨酯胶黏剂干燥速度慢、对非极性基材润湿性差、初黏性低以及耐水性不好等问题进行了大量研究并取得了较大进展。研究结果表明：如固含量提高到50% 以上，在 40 ~ 60℃的干燥温度下其干燥速度与普通溶剂型聚氨酯胶黏剂相似。与其他乳液（如 EVA、丙烯酸酯乳液等）共混，形成互穿网络或接枝结构，既可提高初黏性和黏接性能，又可降低成本。采用交联法可提高耐水、耐热性能。如德国 BASF 公司阴离子聚醚型水性聚氨酯复合薄膜胶黏剂，性能已达到双组分溶剂型聚氨酯胶黏剂的水平。

我国聚氨酯胶黏剂的技术发展动态：首先，引进胶种的国产化。其主要品种有快速固化的汽车挡风玻璃用单组分湿固化聚氨酯胶黏剂，低模量高弹性单组分聚氨酯建筑密封胶，食品工业用低黏度、高强度、耐高温双组分聚氨酯覆膜胶，贮存稳定的水性聚氨酯乳液胶黏剂，快速固化反应性聚氨酯热熔胶等。其次，是对现有品种的质量改进。

1）水性聚氨酯胶黏剂的性能特点

与溶剂型聚氨酯胶黏剂相比，水性聚氨酯胶黏剂除了上述的无溶剂臭味、无污染等优点外，还具有下述特点。

（1）大多数水性聚氨酯胶黏剂中不含—NCO 基团，因而主要是靠分子内极性基团产生内聚力和黏附力进行固化。而溶剂型或无溶剂单组分及双组分聚氨酯胶黏剂可充分利用—NCO 的反应，在黏接固化过程中增强黏接性能。水性聚氨酯中含有羧基、羟基等基团，适宜条件下可参与反应，使胶黏剂产生交联。

（2）除了外加的高分子增稠剂外，影响水性聚氨酯黏度的重要因素还有离子电荷、核壳结构乳液粒径等。聚合物分子上的离子及反离子（指溶液中的与聚氨酯主链、侧链中所含的离子基团极性相反的自由离子）越多，黏度越大；而固体含量（浓度）、聚氨酯树脂的分子量、交联剂等因素对水性聚氨酯黏度的影响并不明显，这有利于聚氨酯的高分子量化，以提高胶黏剂的内聚强度。与之相比，溶剂型聚氨酯胶黏剂的黏度的主要影响因素有聚氨酯的分子量、支化度、胶的浓度等。相同的固体含量下，水性胶黏剂的黏度较溶剂型胶黏剂小。

（3）黏度是胶黏剂使用性能的一个重要参数。水性聚氨酯的黏度一般通过水溶性增稠剂及水来调整。而溶剂型胶黏剂可通过提高固含量、聚氨酯的分子量或选择适宜溶剂来调整。

（4）由于水的挥发性比有机溶剂差，故水性聚氨酯胶黏剂干燥较慢，并且由于水的表面张力大，对表面疏水性的基材的润湿能力差。若当大部分水分还未从黏接层、涂层挥发到空气中，或者被多孔性基材吸收就突然加热干燥，则不易得到连续性的胶层。由于大多数水性聚氨酯胶是由含亲水性的聚氨酯为主要固体成分，且有时还含水溶性高分子增稠剂，胶膜干燥后若不形成一定程度的交联，则耐水性不佳。

（5）水性聚氨酯胶黏剂可与多种水性树脂混合，以改进性能或降低成本。此时，应注意离子型水性胶的离子性质和酸碱性，否则可能引起凝聚。因受到聚合物间的相容性或在某些溶剂中的溶解性的影响，溶剂型聚氨酯胶黏剂只能与为数有限的其他树脂胶黏剂共混。

（6）水性聚氨酯胶黏剂气味小，操作方便，残胶易清理，而溶剂型聚氨酯胶黏剂使用中有时还需耗用大量溶剂，清理也不及水性胶方便。

以水为主要介质的水性聚氨酯（主要是乳液）胶黏剂和溶剂型聚氨酯胶黏剂相比（表8-3）具有一些特别的性质，这里总结了它们的主要性能特点。

表8-3　乳液型和溶剂型聚氨酯胶黏剂的性能比较

性能名称	乳液型	溶剂型
外观	半透明 - 乳白色分散液	均匀透明液体
固含量	20%～60%（与 M 无关）	20%～60%（与 M 无关）
溶剂类型	水（有时含少量溶剂）	有机溶剂
黏度	低，与分子量无关，可增稠	分子量高则黏度大，还与溶剂、浓度有关
黏流特性	非牛顿型（一般有触变性）	牛顿型

性能名称	乳液型	溶剂型
润湿性能	表面张力较高，对低能表面润湿不良，可加流平剂改变	视溶剂种类对低能表面润湿
干燥性	慢（水的蒸发能高）	良好
成膜性	须在 0 ℃以上，依赖于温度和湿度	快，对温度依赖性小
共混性	相同离子性质的不同聚合物的可混合	与聚合物和溶剂体系有关
膜性能	混合	良好
机械性能	差 – 良	良好
耐水性	良好	良好
耐溶剂性	稍差 – 良好（加交联剂增强）	单组分差、双组分良好
耐热性	热塑性的稍差，交联剂的良好	

（1）粒径及其对性能的影响

介质水中聚氨酯微粒的粒径与水性聚氨酯的外观之间有密切的联系，粒径越小，乳液外观越透明。当粒径在 0.001 μm 以下时，水性聚氨酯是浅黄色透明的水溶液；当粒径在 0.1 μm 以下时，呈带蓝光的半透明，白色乳液；当聚氨酯微粒平均粒径大于 0.1 μm 时，水性聚氨酯是白色乳液。不同的乳液，微粒的粒径大小有一定范围。粒径的大小与树脂的配方、分子量大小及其亲水成分的含量有关。乳化时，相同的剪切作用力作用，树脂的亲水性成分越多，则乳液的粒径越细，甚至完全溶于水，形成胶体溶液。粒径还与剪切力有关，搅拌越激烈，即把聚氨酯（预聚体）或其溶液"剁碎"使之分散于水中的剪切力越大，则乳液的颗粒越细，乳液的各项性能越好。

聚氨酯乳液的微粒粒径大小对乳液的稳定性、成膜性、对基材的湿润性能、膜性能及黏接强度等性能有较大的影响。

该系列乳液制法为由聚氧化丙烯二醇和 TDI 制得相同 NCO 含量的预聚体，加多亚乙基多胺溶液反应，生成聚氨酯 – 脲 – 多胺溶液，再与丁二酸反应，所得聚氨酯在含氨水的水中乳化，除去溶剂，即得乳液。通过调整氨水的用量或微调多元胺 / 丁二酸的用量，制成不同粒径的乳液。并涂于聚酯薄膜上（干胶厚度 50 μm），干燥，制成压敏胶带。

（2）乳液稳定性影响

乳液贮存稳定性的有两个主要因素：聚氨酯微粒的粒径及聚氨酯的水解性。

若要了解粒径的影响，可通过离心加速沉降试验模拟贮存稳定性。通常在离心机中以 3000 r/min 转速离心沉降 15 min 后，若无沉淀，可以认为有 6 个月的贮存稳定期。

若聚氨酯耐水性差，则会在贮存过程缓慢降解，产生羧基，降低 pH，使乳液凝聚。可通过加热加速试验模拟长期耐水解性能。

冷冻稳定性也是实际应用中考虑的一个因素。在贮存过程应防止冻结和长期高温。酸性物质及多价金属离子会使阴离子型聚氨酯乳液产生凝聚；阳离子型应防止碱影响其稳定性。

（3）改进措施

近年来，对水性聚氨酯胶黏剂干燥速度慢、初黏性低、对非极性基材湿润性差、耐水性不佳、耐热性不高等问题进行大量的研究，提出了一些改进措施。

①调整结构。在保证乳液稳定性的前提下，亲水基团的含量尽可能低，可提高胶膜的耐水性。

②改进工艺。采用工艺性能优良的乳化设备。进行热处理可提高胶膜的强度和耐水性。对于交联型水性聚氨酯，加热能形成交联结构，使耐水、耐热性能提高。对于热塑性水性聚氨酯。受热会使三乙醇胺、氨、乙酸等盐试剂从胶膜中脱出，增加疏水性。另外，也会产生一定程度的交联和支化。

③交联改性。交联是提高水性聚氨酯性能的有效方法，可提高胶膜的耐水性、耐热性和黏接强度。交联分为内交联和外交联。所谓内交联就是在合成时使水性聚氨酯含有反应性的官能团，经热处理后便能形成交联。如采用部分三官能团的多元醇或异氰酸酯、引入氨基或环氧基团、封闭型异氰酸酯乳液、多官能团交联剂等都可制得内交联水性聚氨酯。内交联方法的缺点是预聚体黏度很大，难以乳化。同时聚氨酯微粒间聚集性差，成膜性能不好。

外交联法即是在使用前添加交联剂，在成膜过程或成膜之后，加热产生化学反应，形成交联的胶膜。与内交联相比，所得乳液性能好，其缺点是为双组分体系，没有单组分型方便。在工业上大都对羧酸型阴离子乳液进行交联，外交联法又分为高温交联法和室温交联法。用甲醛、三聚氰胺甲醛树脂、环氧化合物交联剂，一般在 $120 \sim 1\,800\,℃$ 下进行交联反应，以氯丙啶、碳化亚胺、多异氰酸酯、金属盐类化合物为交联剂，在室温条件下进行交联，但因交联反应迅速进行，短时间内易产生凝胶，一般是在使用聚氨酯乳液时加入交联剂。

④复合改性。为了改善水性聚氨酯的某些性能，可与其他水性树脂如环氧树脂乳液、丙烯酸酯乳液、VAE 乳液、氯丁胶乳、天然胶乳、聚乙酸乙烯乳液、脲醛树脂等共混，制成新的水性胶黏剂，其性能有所提高。将水性聚氨酸与环氧树脂乳液共混，提高黏合性、耐水性和耐溶剂性等。

聚氨酯和丙烯酸酯共聚复合乳液（PUA）具有优异的性能，对金属黏接性良好，耐溶剂性提高。共聚复合的工艺首先是合成以丙烯酸羟乙（或丙）酯为端基的聚氨酯预聚物，乳化分散后再与丙烯酸单体进行乳液共聚，即得 PUA 复合乳液。

2）北京化工大学以已二酸 1，4- 丁二醇酯、甲基 -2，4- 一异氰酸酯、丙烯酸丁酯为主要原料，选甲基丙烯酸羟乙酯为封端剂，用二羟甲基丙烯做亲水扩链剂，三乙胺为中和剂，在偶氮二异丁腈引发下进行凝聚反应，制得低污染、环保型水性聚氨酯 - 丙烯酸酯核 - 壳结构乳液胶黏剂。其属自交联型复合乳液，贮存稳定性良好，且耐水性优异，黏接力好。该乳液平均粒径为 100 nm，综合质量佳。

无 "三苯" 水性胶黏剂虽然采用了低毒化配方，大大降低了其对人体和环境的危害，但其中的大量有机溶剂依然会因含有挥发性物质而造成伤害。因此研发不含有机溶剂，且可与溶剂型胶黏剂性能相媲美的彻底环保型鞋用胶黏剂就成为制鞋工业能否持续发展的重要标志。热熔型胶黏剂和水基型胶黏剂正是其代表。

水性聚氨酯胶黏剂具有柔韧性好，气味小，操作方便，残胶易清理，黏接强度好等特点，具有很好的发展前途。水性聚氨酯的研究始于 20 世纪 50 年代，但当时未受到应有的重视。到了 60～70 年代，水性聚氨酯迅速发展，1967 年其产品首次出现于美国市场，1972 年已能大批量生产。70～80 年代，美、德、日等国的水性聚氨酯产品已从试制阶段发展为实际生产和应用。目前我国水性类胶黏剂仍以聚丙烯酸酯类乳液、聚乙酸乙烯类乳液、水性三醛树脂等为主。

水性聚氨酯胶黏剂依其外观和粒径，可分为 3 类：外观透明的聚氨酯水溶液、半透明的聚氨酯分散液和聚氨酯乳液。但习惯上后两类又统称为聚氨酯乳液或聚氨酯分散液，在应用中也是以这两者居多。

水性聚氨酯胶黏剂黏接性能好，胶膜物性可调节范围大，可用于多种基材的黏接。大多数水性聚氨酯胶黏剂中不含—NCO 基团，因而主要是靠分子内极性基团产生内聚力和黏附力进行固化。此外，其中含有的羧基、羟基等基团，在特定条件下也可参与固化反应，使大分子交联。由于该胶黏剂有较多的极性基团，如氨酯键、脲键、离子键等，因此对许多合成材料特别是极性材料、多孔性材料均有良好的黏接性，表明水性聚氨酯胶黏剂主要是通过胶层与被黏物之间的物理作用力而获得优良的黏接效果。

与溶剂型聚氨酯胶黏剂相比，水性聚氨酯胶黏剂的溶剂挥发较慢，需较长的干燥时间和较高的温度，并且水的表面张力较大，与疏水性基材的润湿能力差，在大部分水分还未挥发或被多孔性基材吸收时就突然加热干燥，不易得到连续均匀的胶层而影响黏接效果。再则由于大多数水性聚氨酯胶由含亲水性的聚氨酯为主要固体成分，甚至还含有水溶性高分子增稠剂，所以胶膜干燥后若不形成一定程度的交联，则耐水性不佳。但若通过对原料、配方以及制备和黏接工艺的选择，如利用水性表面处理剂对疏水性鞋材进行处理，使其具有一定的极性和亲水性，便能使胶液很好地浸润，形成连续的胶膜；配合适当的干燥固化技术，便能得到理想的黏接强度，获得与溶剂型聚氨酯胶黏剂同样优良的效果。

8.5　异氰酸酯改性聚氨酯

异氰酸酯改性聚氨酯系由二异氰酸酯与聚酯或聚醚二醇反应而成，它是一种在端基具有羟基的线型氨基甲酸酯聚合物，也可称为热塑性聚氨酯。

该类胶黏剂本身已是聚氨酯，借其固有的黏附特性和强度可单独作热塑性树脂胶黏剂使用，即使是非结晶性树脂也行。也可通过分子两端羟基的化学反应固化成热固性树脂胶黏剂使用。前者的胶层柔软、易变曲和耐冲击，一般均有良好的初期黏附力；但胶黏强度相对较低，耐热性较差，耐溶剂性也欠佳，在常温下往往有蠕变倾向。后者改善了上述缺点，但柔软性、弯曲性和耐冲击性受到一定影响，它属双组分胶黏剂，使用前就地按比例配制。两者多以溶剂型涂覆使用。

多种多元醇可用于制备热塑性聚氨酯树脂，其中尤为重要的属聚酯型多元醇。酯基的高极性赋予胶黏剂对多种材料（尤其对塑料）的胶接性，加之聚酯段的结晶性以及酯基和氨基甲酸酯基团的分子间氢键的形成均可提高被黏物的胶接强度。相对分子质量为 500 ～ 3000 的聚己二酸亚烷基二醇酯常用作该类胶黏剂的原料。羟基含量为（3.3+0.2）% 的聚酯多元醇，更引人注目，因其对含增塑剂的聚氯乙烯的胶接力很高。提高聚氨酯的玻璃化转变温度可改善胶黏剂的耐热性和对金属的胶接性。但其黏度高，对被黏物的润湿性差，可采用具有侧链的聚酯二元醇或具侧链的低分子量二元醇扩链剂改善之；耐水解性差，也可采用具有侧链的二元醇或延长酯基的次甲基基团或导入持有芳香环的二元酸如苯二甲酸酯等改善。最有效的方法之一是加入碳化二亚胺，如 Bayer 公司的 Stabaxol1 特别是 StabaxolP。另外，酸值高的聚酯二醇也容易促进聚氨酯的加水分解，必要时可添加钛白或碳化二亚胺作酸捕捉剂。一般地，各键加水分解的容易程度按以下排列：

酯键 > 脲基甲酸酯 > 氨基甲酸酯 > 缩二脲 > 脲。

为防止因微生物作用而降解，常向聚酯型聚氨酯中加入 8- 羟基喹啉铜盐或 N-（硫代三氯甲基）邻苯二甲酰亚胺。

Inganox1010 和 TinuvinP 是聚氨酯有效的抗氧剂和紫外线吸收剂。端羟基聚氨酯由二异氰酸酯与聚酯二醇加成聚合而成，其反应时，后者稍稍过量一些。这样，可使分子量控制在 10 万以上，同时具有满意的溶解度。

二异氰酸酯一般采用适合的甲苯二异氰酸酯或二苯基甲烷二异氰酸酯。

聚己内酯多元醇色浅，结构均匀，分子量分布狭窄等特性赋予胶黏剂更优越的性能。将其和甲苯二异氰酸酯或二苯田烷二异氰酸酯制得的聚氨酯预聚体 用 14- 丁二醇扩链而成的热塑性弹性体，配制成胶黏剂或密封剂，其耐水解、耐磨、耐撕裂、冷流动及低温柔软性方面均很突出，在需要高度耐磨的道路接缝的密封上应用有其特殊的优越性。同时它又具有良好的耐油、耐化学介质、耐氧化及耐微生物分解等性能， 作为下水道密封剂有其独特效能。己内酯聚氨酯热塑性弹性体的高极性，使之具有优良的胶接性能，耐久性也颇佳。只是单体制备工艺复杂，来源不如聚醚、聚酯多元醇那么方便，故尚不能普遍推广。美国 UCC 公司在 20 世纪 70 年代就开发了该类聚氨酯。

与聚酯多元醇相比，聚醚多元醇具有黏度低、价格低廉、易得等特点，由其制成的热塑性弹性体胶黏剂可为无溶剂或低溶剂型的，减少环境污染。脂肪醇尤其是蓖麻油也可用干制备反应性胶黏剂。它与多异氰酸酯的反应速度很慢，可制得在无催化剂存在下反应性低的胶黏剂。由于蓖麻油呈有长脂肪酸分子链，交联后的胶层柔韧性好，且有较好的水解稳定性，不足之处是不饱和键的特性导致该类胶黏剂对氧化敏感。蓖麻油价廉，又是中国的特产，资源丰富，可充分利用。

下面简述几种异氰酸酯改性聚氨酯。

8.5.1　双组分聚氨酯胶黏剂

通用溶剂型聚氨酯胶黏剂、通用溶剂型聚氨酯胶黏剂属双组分聚氨酯胶黏剂。其主组分由端羟基聚氨酯组成，固化剂组分由多异氰酸酯或其加成物组成。多为聚酯型的，二元羧酸为己二酸、苯二甲酸等，二元醇为乙二醇、丙二醇、一缩乙二醇、丁二醇和蓖麻油等。固化剂常用 TMP–TDI 或甘油 –TDI。

上海新光化工厂生产的铁锚 101 胶系聚己二酸乙二醇酯型聚氨酯胶黏剂，双组分，室温活化。胶膜强韧、耐冲击、耐振动，有优异的耐油和耐低温性能，长期使用温度为 –70 ～ +80℃，并能耐水、油、稀酸等介质。

胶接纸张、皮革、木材等，甲：乙为 100 :（10 ～ 15）；胶接金属材料，甲：乙为 100 :（20 ～ 50）；一般胶接，甲：乙为 100 :（15 ～ 30）。

其主要用于绝缘材料涂层、复合，包装材料复合以及软性和多孔材料、深冷保温材料等胶接。目前生产厂家有 20 多家，是中国聚氨酯胶黏剂中生产规模最大的一类品种。

其他如长城 404 胶是由蓖麻油等 /TMP–TDI 等组成的双组分聚氨酯胶黏剂，使用时甲：乙为 100 :（100 ～ 200）。长城 405 胶是由聚酯型端羟基聚氨酯 / 甘油 –TDI 组成的双组分胶黏剂，使用时甲：乙为 100 :（50 ～ 100），用于汽车纸质滤清器等。

8.5.2 无溶剂复合膜聚氨酯胶黏剂

无溶剂聚氨酯胶黏剂应用于复合膜是在 1974 年，始于德国，日本从 1977 年引进这项技术，到 1997 年已有 60 多条生产线。在欧美已经有一半的复合膜产品用无溶剂型聚氨酯胶黏剂制备。

无溶剂聚氨酯胶黏剂目前已发展到第三代。第一代是聚醚或聚酯型端异氰酸酯基预聚体，其缺点是黏度变化快、固化速度慢、易产生二氧化碳气泡；第二代为端羟基型预聚体和端异氰酸酯基预聚体的双组分型涂布装置，具有精密的自动供胶计量混合系统，但对 EVA 铝箔等材料的黏结性不佳；第三代是在第二代基础上改进的双组分体系，可以耐高温蒸煮，也可用于铝箔等的黏结。

由于无溶剂聚氨酯胶黏剂不含溶剂，所以具有节省溶剂和环保等特点。随着国家对环保要求的提高，对溶剂的排放量逐渐限制，无溶剂聚氨酯胶黏剂的应用会得到迅速的发展。

无溶剂聚氨酯胶黏剂的使用也存在一些问题。

（1）由于国内无法生产精密的自动供胶计量混合系统，要从国外进口价格昂贵的设备。

（2）无溶剂复合机机速很高（一般在 200 m/min 以上）对复合技术的要求很高。

（3）最主要的是，现在无溶剂聚氨酯胶黏剂价格昂贵，大多需要进口，国内只有少数几家公司的产品可以满足要求，所以无溶剂聚氨酯胶黏剂在国内的大范围使用还有很长的路要走。

聚氨酯胶黏剂的品种还有很多随着配方及原料的改变，能够在多个领域发挥作用。胶黏剂的发展方向也是从普通型到专用型再到兼容型（通用型）发展转变的，从而发挥出胶黏剂的最优性能。改革开放 20 多年来，聚氨酯胶黏剂工业取得了突飞猛进的发展，特别是加入世界贸易组织以后，众多国外厂家的产品大量涌入我国市场，与国内产品的价格越来越接近，这无疑给国内生产厂家带来巨大的压力。因此如何加快技术进步，抓住机遇迎接挑战，适时发展就成为我们必须面对的问题，我们应该发挥自身优势，在学习的基础上寻求突破使自己的产品能够达到甚至超过国外产品振兴民族工业。

8.5.3　复合薄膜用胶黏剂

复合薄膜用胶黏剂用于食品、药品、化妆品及饮料等的包装，它不仅携带方便，且能保持产品的原有特性，人们称之为软包装。

单层塑料薄膜往往不能同时满足对包装材料的机械性能、保护性能（如耐热、隔气、隔湿、耐油、耐水、遮光等）、工艺性能（热封、成型等）和商品性能（如可印刷性、透明性等）的要求。现在广泛采用三层复合结构的蒸煮袋型复合塑料薄膜作食品包装袋。外层用聚酯、聚酰胺、OPP 等塑料膜，提供耐热和印刷装饰性；中间层用铝箔，提供优良的隔气、隔湿和遮光；内层为 CPP、PE，提供热封性。

现用干式食品包装复合薄膜用胶黏剂是 1958 年欧美发展起来的。当时，Bayer 公司开发了有机溶剂型 Desmodur 多异氰酸酯和 Desmocoll 多元醇。干式复合工艺是将胶黏剂涂布于薄膜基材上，将溶剂挥发后再与其他薄膜基材复合。通常用双组分溶剂型聚氨酯胶黏剂，使用时配制稀释成 20% ～ 35%。

美国环境保护局规定，每 3.785 L 树脂在涂布作业中不得散发 1.32 L 挥发性有机溶剂。若以密度 1 g/mL 计算，固含量必须在 68% 以上，才能符合上述要求。美国已成功地研制出 68% 固含量的一液型聚氨酯胶黏剂。聚氨酯的相对分子质量为 2000 ～ 4000。为保证食品贮运安全卫生，胶黏剂中的游离异氰酸酯含量必须低于 0.5%，且其卫生标准务必遵循美国 FDA 规定。

复合薄膜用聚氨酯胶黏剂的主剂主要有三类：聚醚型聚氨酯、聚酯型聚氨酯和聚酯。它们均为多元醇。

固化剂多用多异氰酸酯，常用 TMP-TDI 加成物。主剂与固化剂比，即 NCO/OH 为 1 ～ 10。复合薄膜用胶黏剂按用途分，大致如下。

（1）一般用。不进行杀菌的方便食品、水果等，干燥品的软包装，常用芳香族多异氰酸酯作固化剂。

（2）蒸煮用。经 80 ～ 100℃煮沸杀菌的食品软包装，常用芳香族多异氰酸酯作固化剂。

（3）透明蒸煮用，经 100 ～ 130℃高温蒸煮杀菌的食品软包装，常用脂肪族多异氰酸酯作固化剂。

（4）铝箔蒸煮用。经 100 ～ 135℃高温蒸煮杀菌的食品软包装，可在常温下流通。常用脂肪族多异氰酸酯作固化剂。

（5）工业用。用于非食品包装如电器、电子器材和建材等包装。要求耐热、耐药品和耐加水分解。

近年来，包装形式向软包装转移，酒类、饮料和食用油等也日益采用纸内衬铝箔形式包装，因此胶黏剂更需要耐醇、耐香料和耐酸、碱性。

聚氨酯还能用在聚乙烯的挤出层压。这时，它以 5% ～ 15% 的溶液作 AC 剂用，可使聚乙烯与赛璐酚、铝箔、聚丙烯、聚酯或聚酰胺等薄膜层压。

为制得耐高温聚氨酯胶黏剂供 120℃ 以上蒸煮袋复合用，可向聚氨酯分子结构中引入含有芳香环的一元羧酸酯或环氧基团等。如由二元羧酸与二元醇缩合生成的聚酯二元醇，经甲苯二异氰酸酯改性后，再由环氧树脂改性生成含羟基的环氧聚氨酯改性聚合物。其固化剂多用三羟甲基丙烷改性的甲苯二异氰酸酯。

8.5.4　鞋用聚氨酯胶黏剂

市场上出售的鞋用聚氨酯胶黏剂，大部分存在泛黄问题，污染鞋面，影响美观。对于旅游鞋、运动鞋这类白色或浅色鞋种来说，问题更显突出。为改善鞋制品的外观质量，保证穿着过程中不泛黄，应使用耐黄变、非污染型的聚氨酯胶黏剂。

鞋靴在制造过程中有数个部位需用胶黏剂胶接，在此仅讲述关键部位鞋帮和鞋底的成型胶接。

制鞋用胶黏剂的性能要求因鞋材、鞋型和胶接工艺不同而异，但从整体而言，鞋用胶黏剂应具备下列性能。

（1）对异种材质、不同结晶性材质具有足够的胶接强度，尤其是剥离强度要高（大于或等于 54 N/cm）。

（2）胶接初黏性高，帮、底施胶后在，0.3 ～ 0.4 MPa 压力下压合 10 ～ 20 s 后不脱开、不反弹，适应制鞋生产线要求。

（3）施胶工艺简便，养生时间短，易于操作，使用期可调，适应制鞋生产线需要。

（4）具有适度的耐寒（-20 ℃）、耐热性（60 ℃）、足够的耐弯曲性、耐水性、耐有机物、抗细菌侵袭和胶接耐水性。

（5）耐泛黄是近年鞋材渐渐走向浅色、美观化提出的要求。

目前一般采用氯丁橡胶系胶黏剂作为制鞋胶黏剂，它具有许多优点（见氯丁橡胶胶黏剂）但不适用于增塑的聚氯乙烯以及充油量大的丁苯橡胶、含油或润滑脂量高的皮革、橡胶等的胶接。因在制鞋加热、活化过程中，材料中的增塑剂或油脂会富集到材料表面，浸透氯丁橡胶胶屏，使之软化而影响胶的初黏力。室温下的成鞋也因上述迁移现象缓慢发生而开胶。此外，氯丁橡胶系胶黏剂也不适用于聚氨酯等材料的胶接。

软质和改性聚氯乙烯是近年化学鞋的主要材料之一，聚氨酯胶黏剂具备胶接该类材料的功能。它不仅具有氯丁橡胶胶黏剂那样的广泛适用性以及优良的弹性、柔软性和耐屈挠性能，且具有比后者更优良的耐水、耐油脂、耐增塑剂和耐热性能。此外，它尚能胶接一般胶黏剂难以胜任的制鞋材料，例如耐磨性卓越的微孔聚氨酯弹性体、泡沫材料、聚氨酯贴膜二层革和合成革，耐油及抗汽油性优良的氰基橡胶，热塑性弹性体如 ABS、SBR、SBS、SIS 等。这些材料已广泛作为鞋底材料应用于制鞋业，配以可塑性高的聚氯乙烯或透气性好的聚氨酯鞋面材料，组成美观、轻质而舒适的鞋靴。为了保证质量，国外鞋用胶已面临着由氯丁橡胶胶黏剂向聚氨酯胶黏剂转化的趋势。欧美各国基本上已采用聚氨酯胶黏剂，日本、原苏联等国在相当程度上仍用改性氯丁橡胶胶黏剂。

鞋用聚氨酯胶黏剂几乎均属溶剂型的，分单组分和双组分两种。其基料均为热塑性聚氨酯弹性体如 BFGoodrich 化学公司的 Estane5711、5712、5713 为高结晶性聚氨酯树脂，可溶于通用浴剂，具有高强度和高韧性等特点，对多种被黏物具有很好的润湿性和高初黏性。

它们分别大约在 51.7℃、60℃、71.1℃相应地由结晶态转变为非晶态，随后变软成橡胶态。非晶态聚合物相应在 1/4 h、2 h 和 24 h 内重新结晶，转变成无黏性高强度、易伸长、硬而有韧性的胶层。

它们的拉伸强度分别为 525 kN/m、876 kN/m、1716 kN/m，最大伸长率分别为790%，790%、730%。Estane5712 的甲乙酮溶液胶黏剂胶接聚氯乙烯鞋底和鞋帮的剥高强度为 178 N/2.5cm。

Bayer 公司的 Desmocoll176、400 和 420 基本上是线型聚酯型热塑性聚氨酯弹性体。以浅棕色小块，表面洒上滑石粉的形式出售，密度为 1.20 ～ 123 g/cm³。一般采用单组分溶剂型，即将其溶解于通用溶剂中后使用。在胶接高强度基材时或需耐溶剂和较耐热时，与适量的多异氰酸酯混用。

耐泛黄鞋用聚氨酯胶黏剂制备：

异氰酸酯原料的选择聚氨酯制品的变黄与其分子结构中大 π 键共轭体系的存在有关，大 π 键结构越多，则颜色越深。通常，聚氨酯是以芳香族异氰酸酯如二苯基甲烷 -4，4'- 二异氰酸酯（MDI）、甲苯二异氰酸酯（TDI）为原料。这类聚氨酯分子结构中苯环邻近存在氟原子，在紫外光促进下会生成醌式结构而变色。脂肪族或脂环族二异氰酸酯的主链为饱和结构，不含双键，难以形成大 π 键结构。据文献报道，耐变黄鞋用聚氨酯胶黏剂主要用己二异氰酸酯和异佛尔酮二异氰酸酯制备，当然固化剂要采用 JQ-4 或 DesmodurRF。

（1）制备方法

据厦门大学化学系严勇军等的研究报道，在装有温度计和搅拌器的反应釜中，投入预先脱水的聚己二酸 -1，4- 丁二醇，加热升温至 110℃，待聚酯熔融后，加入适量二月桂酸二丁基锡和 1，4- 丁二醇。开动搅拌器，使反应物混合均匀。然后在搅拌下一次加入所需要的己二异氰酸酯。迅速激烈搅拌数分钟，此时反应物黏度迅速增大，温度上升。当反应物料的黏度和温度不再上升时，停止搅拌出料，以丁酮为溶剂调节固含量为20%。

该胶黏剂的外观为五色透明液体，黏度（25℃）150 ～ 300 mPa·s。黏接件经室温浸泡 10 天，耐水性测试结果与处理前一样，均为材料破坏。其耐热性能优良，40℃时剥离强度与室温无异，均为材料破坏；60℃剥离强度明显下降，胶液中加入 5% 的固化剂，60℃测试结果也为材料破坏。其耐变黄性，胶液和干胶于自然光下经 18 个月耐晒试验不变黄，胶液贮存 18 个月，胶接性能不变，稳定性好。

该胶各种被黏材料的剥离强度：PVC-PVC 392 kN/m，PVC-PU408 kN/m，PVC-牛皮革 4.0 kN/m，PU-PU7.92 kN/m，PU- 牛皮革 6.48 kN/m，牛皮 - 牛皮 5.75 kN/m。

聚己二酸 -1，4- 丁二醇 -1，6- 己二醇（1，4- 丁二醇与 1，6- 己二醇的物质的量比为 1：3，相对分子质量 5000、酸值 11 mgKOH/g）于真空下 100℃脱水 1 h 取 1 mol

以上聚酯多元醇，6-己二醇和 0.4 mol 2，2-双 [4-（2-羟乙氧基）苯基丙烷（扩链剂）、1.79 mol 己二异氰酸酯（R 值 0.995），将以上物料搅拌混合均匀，加热至 120℃，反应 2 min 后升温至 140℃，立即倒入聚四氟乙烯制的器皿中，于 110℃熟化 15 h，制得聚氨酯弹性体，用丁酮配制成 20% 固含量的聚氨酯胶黏剂。

将以上聚氨酯胶黏剂涂布于处理过的软质 PVC 膜（4 mm）和丁腈橡胶板（4 mm）上，贴合 10 min 测其初黏剥离强度为 2.7 kN/m。

（2）鞋用聚氨酯胶黏剂的改性

①共混改性。以电子显微镜观察聚氨酯-聚丙烯酸酯的互穿网络体系，表明无任何相分离的迹象，这是用聚丙烯酸酯类对聚氨酯材料改性的理论基础。将 0.1%～20% 的聚甲基丙烯酸甲酯与聚氨酯胶黏剂在混合溶剂中混溶，混合溶剂由甲苯、丙酮、丁酮和乙酸乙酯组成，提高了聚氨酯胶黏剂的拉伸强度和初黏性。

以 21.0 份聚己二酸-1，4-丁二醇（羟值 41 mg KOH/g，酸值 0.3 mg KOH/g）与 39.69 份 MDI 的配比投料，反应后制得预聚体。取 83.2 份预聚体与 2.19 份 1，4-丁二醇、8.32 份的端羟基 1，4-丁二醇-甲基丙烯酸甲酯反应产物（反应物投料物质的量比为 1∶20）进行反应，将生成的聚氨酯弹性体溶于丁酮，可制得对热塑性橡胶黏接性能特别优秀的聚氨酯胶黏剂。

聚己二酸-1，6-己二醇制得的聚氨酯加入叔丁基苯酚-甲醛树脂，添加量为 10%，制成高初黏性的聚氨酯胶黏剂。

以线型羟基聚氨酯 12 份、丙酮 65 份、石脑油 12 份、乙酸乙烯-氯乙烯共聚物 1 份、己二酸 0.1 份、氯化橡胶 0.9 份组成主剂，固化剂采用三苯基甲烷三异氰酸酯，制得的聚氨酯胶黏剂具有很高的初黏性。

在聚氨酯胶黏剂中添加 0.01 份结晶的成核剂，如 1～5 μm 的金红石型二氧化钛。因在胶中获得大的粒状结构而使胶黏剂的初黏强度和热稳定性能得到改进（提高 20%～40%）。在聚氨酯胶液中添加 1% 的三氯化铁能提高黏合强度和耐热性能。

②添加增黏剂改性。聚氨酯胶黏剂可通过各种增黏树脂进行改性。黎明化工研究院做了大量研究工作，该院将 372 塑料、E-42（634）环氧树脂、6 号橡胶、SBS 等作增黏树脂，分别加入聚氨酯中观察其胶接初黏性。增黏树脂对聚氨酯胶黏剂黏接初黏性和最终黏合强度的影响如下。

聚氨酯胶黏剂制备其初黏性首先取决于聚氨酯分子中聚酯链段结晶性的影响，而线型己二酸聚酯的结晶速度取决于所组成的二醇化学结构。其中，1 mol 聚己二酸-1，6-己二醇（相对分子质量 2250，酸值 0.8 mgKOH/g）、0.4 mol 16-己二醇、1.39 molMDI（R 值 0.993）制得的聚氨酯胶黏剂，用于黏接 PVC-PVC 革时，贴合时间 1 min，其初黏剥离强度达 2.3 kN/m。1 mol 聚己二酸-1，6-己二醇（相对分子质量 4000，酸值 0.9 mg KOH/g）0.995mol MDI（R 值 0.995）制得的聚氨酯胶黏剂，用于黏接 PVC-PVC 革时，贴合时间低于 1min，其初黏剥离强度即达 2.5 kN/m。

固化剂的品种对聚氨酯胶黏剂的初黏性有影响，采用 TDI 三聚体 [外观为浅色透明液体。固含量（50+2）%，黏度 100～200 mPas] 作固化剂，其胶黏剂具有突出的初黏强度。

（3）鞋用聚氨酯胶黏剂初黏性

胶黏剂的初黏性涉及当前制鞋新工艺能否适应科学发展、社会需要的关键之一。其首先受聚氨酯分子中聚酯链段结晶性的影响。线型己二酸聚酯的结晶速度取决于所构成的二醇的化学结构，其顺序为乙二醇 <1，4- 丁二醇 <1，6- 己二醇。所以常用己二酸 -1，4- 丁二醇、1，6- 己二醇或其混合酯作聚酯原料。

该结晶速度还受聚氨酯分子量的影响。一般线型或大部分呈线型的羟基聚氨酯的相对分子质量要在 5 万～ 10 万才能作单组分溶剂型胶黏剂的基料。其品质由所使用的基本原料纯度和合成工艺所决定。

初黏性在很大程度上取决于胶膜内聚强度在初期的增加速度，所以固化剂种类和添加量的合理选择，在一定程度上也能调整胶黏剂的初黏性。常用 1Q-1 或 PAPI 作鞋用胶黏剂的固化剂但胶层颜色偏深；浅色鞋采用 7900 或 DesmodurRFE 固化剂。

根据制鞋生产线具体工艺条件，选择适宜的混合溶剂如酮、乙酸乙酯和甲苯等，也能改进初黏性。溶剂气化、挥发速度太快，胶层易产生气泡，太慢则固化慢。

其他如添加能形成晶核的添加剂或活性化合物等也能强化初黏性。

结晶性仅对胶接初期胶膜的内聚强度起重要作用，为提高最终强度除提高线型聚氨酯分子量外，适度控制聚氨酯分子中的硬、软段比例，使氨酯键与其本身和其他键产生氢键，提高内聚力。此外，由于鞋用材料日趋多样化、复杂化，单纯的橡胶系胶黏剂已难以完全满足使用要求，需辅之以表面处理。表面处理的目的是提高被黏表面的清洁度，增加被黏表面的粗糙度，表面化学处理使被黏面结构改变。

热塑性橡胶如 SBS、SBR 和顺丁橡胶等因色浅、耐磨、耐挠屈、耐滑、耐寒及富有弹性、加工性能优越等特点，是目前胶鞋制造业的较理想鞋用材料；但其黏合性差，给冷黏工艺带来困难。若在敷胶之前用卤化剂预处理，使它们分子中的聚丁二烯双键与卤化剂起加成反应，使材料表面层的形态和结构发生变化，同时增加极性，改善胶黏剂与材料界面的润湿性，从而形成牢固的化学键。常用的卤化剂是三氯异氰脲酸（TCCA）。使用时先将 TCCA 配成 1%～ 3% 的乙酸乙酯溶液。SBS 等鞋底经处理后，胶接效果良好。用 TC-CA 处理后以聚氨酯胶黏剂胶接的效果见表 8-4。卤化处理的效果和可靠性受到国内外制鞋业的公认，但毕竟需增多一道工序，制鞋流程变得麻烦，加之卤化液释放出的氯污染环境，损害操作人员健康。因此，国内外科研工作者致力于研制直接胶接热塑性弹性体鞋底的胶黏剂。

表 8-4　TC-CA 处理后的胶接效果

胶接材料	28℃强度 /（N/25 mm）	40℃强度 /（N/25 mm）
SBS/ 牛皮	186	139
SBS/ 猪皮	157	117

其他鞋用系列表面处理剂如 PVC 注塑鞋和人造革、橡胶、EVA、聚酰胺等表面处理剂也先后问世。

南京橡胶厂研究所采用羟值为 35 ～ 110 的聚酯二醇与二异氰酸酯在催化体系下进行连续加聚扩链反应，制得固体热塑性聚氨酯胶粒。所用设备是国产 LSF–56 和 LSF–68 型双螺杆反应挤出机。反应时 NCO/OH 为 0.98 ～ 1.05，温度为 150 ～ 210℃，时间为几分钟，生产能力为 60 kg/h 该固体产品的软化点为 158 ～ 160℃，20% 溶液的黏度为 5.9 ～ 6.2 Pa·s，胶接 PU 革、PU 浇注片材的强度（单组分，无固化剂）为 5 ～ 10 kN/m。聚氨酯胶黏剂的耐低温性卓越，又是滑冰鞋、滑雪靴的优良胶黏剂。

8.5.5　磁带用胶黏剂

磁带大体上由磁粉、胶黏剂和薄膜带基组成。将磁粉分散于胶黏剂溶液中组成磁性涂料后，再涂布于带基上。在磁性涂料中除磁粉、胶黏剂和溶剂外，尚有抗磨剂、润滑剂、防静电制、增塑剂和固化剂等。每 100 质量份磁粉，通常用 20 ～ 30 份胶黏剂。它必须与涂料中的其他组分相容，且具有高分散性和耐久性。就刚性和分散性而言，选硝化纤维素和氯乙烯树脂作胶黏剂主剂为好，而赋予强韧、柔软、耐磨特性的聚氨酯只能作辅助性胶黏剂。然而，随着各种高分散性聚氨酯的成功开发，加之最近磁带要求向高密度化、高耐久性方向发展，磁卡又获得广泛应用，聚氨酯正在逐步变为主胶黏剂使用。不言而喻，其用量正在增加。1988 年世界磁记录介质胶黏剂用量中，热塑性聚氨酯为 8832 t，多异氰酸酯为 3080 t，乙烯基树脂为 8202 t，聚氨酯用量已超过乙烯基树脂。

从对磁粉和聚酯薄膜的胶接性、与氯乙烯树脂或硝化纤维素的相容性以及内聚力出发，通常选用聚酯型聚氨酯，尤其是己二酸 –1, 4– 丁二醇系聚酯聚氨酯；但其耐水解性不够理想，故需选用氨基甲酸酯键即硬段多的、内聚力高的聚酯型聚氨酯或掺有聚碳酸酯二醇制得的聚氨酯。

用高分散性聚氨酯制得的磁带无须研磨即能达到高光洁度、优良平滑性，且大幅度提高音频和视频的信噪比。主要途径是向聚氨酯主链引入各种亲水基团如—SONa 或—COOH，或降低聚氨酯分子量，提高磁粉尤其是微粒磁粉的填充量，或引入支链二元醇，降低聚氨酯胶黏剂黏度。从聚氨酯分子结构看，分散性和耐久性往往是一对矛盾，需综合考虑。

固化剂常用 TDI 和 TMP 的加成物。它与主剂分子中的活泼氢反应的同时，也与磁粉表面的吸附水反应。

迟延胶黏剂在室温下没有黏性，加热时可处于胶黏状态。因为这种胶黏剂中含有某些低分子的微小晶体，叫做固体增塑剂，在室温下，这种固体增塑剂溶解度很小，故增塑作用不显著，此时胶黏剂强度很高。加热时，固体增塑剂溶解，能充分发挥其增塑作用，胶黏剂软化变黏，易于施工。当将其突然降到室温时，这种胶黏剂并不马上变硬，因为在过冷条件下增塑剂结晶需要一定时间，即经过一定时间以后才能达到最大黏度及最大强度，故这种胶黏剂叫做迟延胶黏剂。迟延胶黏剂的另一个优点，应用时不需加脱膜剂，不会发生黏连。常用于标签、磁带、商标等制品的生产中。

中国已建成以涂磁机为主体的生产线 60 多条，生产能力以涂磁机总能力计约为 1100 亿 m（以标宽 6.3 mm 计）。实际配套生产总能力约为 600 亿 m。20 世纪 70 年代以来，河南省科学院化学所、大连合成纤维研究所、航空航天部第 42 研究所等，先后研制成功不同牌号的磁带用溶剂型聚氨酯胶黏剂，基本上均属己二酸丁二醇聚酯型。黎明化工研究院在有关磁带厂、研究所的协助下，研究成功了以本体聚合法合成磁带用固体聚氨酯胶黏剂的新工艺。所制胶黏剂经涂磁生产线试用表明，可用于"D"型"A"级录音带、"AD"型音乐级录音带、HG 级录像带、软磁盘及高速复录带等生产。该胶黏剂的特性是产品系固体，贮存稳定性良好，便于运输处理，配成溶液后的黏度低，对磁粉的分散性好，胶膜强度高，弹性好，具有足够的耐磨性，制得的磁带光洁度高，电磁性能优良。

该院研制的含有磺酸基团的高分散性（HSPU）聚氨酯胶黏剂经中国乐凯胶片公司乐凯磁带厂进行较全面的应用实验表明，该胶黏剂溶解性优良，与其他磁带用胶黏剂混溶性良好。经配方调试，该胶黏剂作为主胶黏剂（用量占全部胶黏剂的 50% 以上），用于 HG 级录像带涂带试验，其分散性可满足不使用分散剂的磁浆体系的使用要求。磁浆经砂磨分散机研磨分散后，涂覆所制磁带，未压光涂层光泽度可达 110% 的较高水平。

8.5.6　印刷油器用胶黏剂

聚氨酯印刷油墨胶黏剂多用于塑料薄膜作被印刷体的特殊照相凹版油墨中，特别是用于复合包装用照相凹版油墨中，与氯化聚丙烯匹敌。油墨由颜料、树脂、溶剂和添加剂组成，颜料与树脂用量之比随色度而异，通常为 1：1 ~ 3：1。所用聚氨酯组成与干法复合用胶黏剂类似，从颜料种类和被印刷体的胶接性考虑，选用适当的多元醇。因以食品包装用为主，必须重视食品卫生。与其他印刷用油墨相比，照相凹版油墨使用更多的易挥发性溶剂，使之干燥迅速，残留溶剂量较少（仅 1.1 mg/m²）；但溶剂挥发过快，易出现次品。因甲苯毒性大，被印刷体（尤其是聚丙烯薄膜）的吸附残留量又高，应禁止使用。

为保持油墨鲜艳，胶黏剂必须耐光，一般采用不泛黄且毒性低的 IPDI 作异氰酸酯，扩链剂用物性和溶解性优良的 IPDA。

8.6　聚氨酯胶黏剂新用途

鉴于上述特性，聚氨酯胶黏剂不仅可胶接多孔性材料如塑料、橡胶、陶瓷、木材、织物、云母、纸张、皮革等，且可胶接表面光滑的材料如钢、铝、不锈钢、金属箔、玻璃等，同时还可使两者互黏。换言之，它既可胶接非极性材料，也可胶接极性材料。如可用它进行橡胶和轮胎帘布间或橡胶和金属间的胶接。因此，聚氨酯胶黏剂被广泛应用于软包装材料的复合，织物的层压，复合材料、静电植绒和无纺布的制造，橡胶制品和多孔材料的胶接等。由于它具有高弹性，能有效地用于振动吸收和金属层制品等场合。其卓越的耐低温性能，为宇航业解决了低温密封难题。聚氨酯胶黏剂对各类制鞋材料如聚氨酯泡沫塑料、耐磨性聚氨酯弹性体、丁腈橡胶、SBS 橡胶、含有大量增塑剂的聚氯乙烯以及人造革等均有良好的胶接性，已在新型制鞋工业中，获得成功的应用。水性聚氨酯胶黏剂的问世，是木材加工业的福音。另外，利用固化时的发泡和溶胀，聚氨酯可用作密封剂来填补缝隙，在地下工程、房屋建筑等方面被大量采用。利用它的耐磨性，又可用于塑料地板的胶接和运动场、飞机场跑道的处理和修补。目前认为聚氨酯胶黏剂是汽车工业中胶接复合材料、塑料、橡胶、玻璃和涂饰金属的优良结构胶黏剂。此外，在铸造、低温工程、电子、电器和磁记录材料等部门，也已普遍应用。近年，聚氨酯胶黏剂的各种用途还在不断扩展。

第9章　不饱和聚酯胶黏剂

不饱和聚酯树脂系指采用不饱和二元酸与二元醇缩聚而成的产物，是线型结构的聚酯。由于分子结构中含有碳碳双键，所以称为不饱和聚酯树脂。即分子结构中含有—CH—CH—不饱和基，它在引发剂作用下，可与各种烯类单体共聚，得到体型结构的热固性树脂。

不饱和聚酯胶黏剂黏度低，可常温固化，使用方便，耐酸、耐碱性较好，价格低廉。缺点是收缩性大，有脆性，可以通过加玻璃布或加入填料及热塑性高分子来增韧。

此胶主要用作制造玻璃钢，也可用于黏接玻璃钢、金属、混凝土和陶瓷等。

9.1　概　　述

不饱和聚酯胶黏剂是由于在基料聚酯主链上存在不饱和键而得名。不饱和聚酯早在20世纪30年代就已被合成出。1937年，C.Ellis发现，向不饱和聚酯中加入乙烯基单体，在适当条件下可很快固化成不溶、不熔物。这一重要发现使不饱和聚酯于1941年获得工业应用。第二次世界大战时期，由于不饱和聚酯玻璃纤维增强塑料质轻、强韧，在军事上很快获得大量应用，如小型舰艇、飞机零部件和面罩等。接着，在工业上也获得大规模应用。目前，被誉为玻璃钢的制品中，大约一半以上是用不饱和聚酯制作的。

9.1.1　不饱和聚酯胶黏剂组成

（1）不饱和聚酯，主剂，常用的牌号有307聚酯、309聚酯、311聚酯等。

（2）引发剂（即固化剂），常用的有过氧化苯甲酰、过氧化甲乙酮、过氧化环己酮等有机过氧化物，它们在受热或其他活性剂作用下，能分解而生成自由基，促使树脂交联固化。

（3）促进剂，为加速过氧化物在常温下的分解，一般要加入具有还原性的促进剂。不同的引发剂使用不同的促进剂。常用的促进剂有三类：金属皂类、胺类化合物和硫醇类。最常用的是环烷酸钴，对过氧化甲乙酮、过氧化丁酮、过氧化环己酮有良好促进作用。N，N′–二甲基苯胺是过氧化苯甲酰的良好促进剂。

（4）饱和二元酸，为改善不饱和聚酯树脂的性能（降低体积收缩率，提高黏接强度等），常加入饱和二元酸如己二酸、癸二酸，可以避免因交联太多使产物变硬变脆。

（5）填料，为降低胶层收缩率和成本，可加入适量的无机填料、热塑性高分子（表9–1）。

表 9-1　不饱和聚酯胶黏剂典型配方分析

配方组成（质量份）		各组分作用分析	配方组成（质量份）		各组分作用分析
309 聚酯	100	主剂，黏料	过氧化环己酮（2）环烷酸钴（1）		引发剂，使黏料交联固化促进剂，加速固化反应
乙酸乙烯酯	100	主剂，黏料			
307 聚酯	20	主剂，黏料			
丙烯酸	12	增加极性，调整固化速度			

固化条件：室温 32 h 或 60℃ 3 h

9.2　不饱和聚酯胶黏剂制法

不饱和聚酯树脂系由饱和二元酸和不饱和二元酸的混合酸与二元醇在200℃左右反应 6～30 h，直到酸值为 40 mg KOH/g 以下为止。将其溶解于不饱和单体如苯乙烯中，即成相对分子质量较低的浅色低黏度液体。反应在氮流下进行。

9.2.1　主要原料

（1）二元醇

乙二醇是结构最简单的二元醇，由于其结构上的对称性，使生成的不饱和聚酯树脂具有明显的结晶性，这便限制了它同苯乙烯的相容性，因此一般不单独使用，而同其他二元醇结合起来使用。如将 60% 的乙二醇和 40% 的丙二醇混合使用，可提高不饱和聚酯树脂与苯乙烯的相容性。

（2）不饱和二元酸

不饱和聚酯树脂中的双键，一般由不饱和二元酸原料提供。为改进树脂的反应性和固化物性能，一般把不饱和二元酸和饱和二元酸混合使用。

常用的不饱和二元酸有顺丁烯二酸酐和顺丁烯二酸。由于酸酐熔点较低，且反应时可少缩合出一分子水，故用得更多。应用最广的饱和二元酸为邻苯三甲酸酐。

（3）交联剂

混溶的乙烯类单体是不饱和聚酯树脂的交联剂，如苯乙烯、乙烯基甲苯、丙烯酸及其甲酯、甲基丙烯酸及其甲酯等。苯乙烯是最常用的交联剂。

苯乙烯与不饱和聚酯的共聚性好，固化速率快，与不饱和聚酯混溶后的黏度较小，便于施工，固化后的共聚物有良好的机械性能。

（4）促进剂

一般的过氧化物分解的活化能较高，固化较困难，需要加入促进剂构成氧化-还原体系，降低分解活化能，使不饱和聚酯树脂胶黏剂可以在室温下固化。

促进剂有三种类型：有机金属化合物、叔胺和硫醇类化合物。常用的促进剂是有机金属化合物环烷酸钴和萘酸钴。有机金属化合物的促进剂还可以通过第二种促进剂强化，例如 N，N′-二甲基苯胺与环烷酸钴配合，能够在室温快速引发固化。

（5）填料

不饱和聚酯树脂胶黏剂固化时体积收缩很大，约为 10%～15%，比环氧树脂高 1～4 倍，产生很大的内应力，使胶接强度降低，也容易开裂；加入一些热塑性高分子化合物和无机填料，可以降低收缩率，提高胶接强度。

常用的高分子化合物有聚乙烯醇缩醛、聚乙酸乙烯酯等，在固化过程中由于溶度参数的改变可以抵消一部分体积收缩；加入适当的无机填料如玻璃粉、氧化铝、轻质碳酸钙等可以降低收缩率，提高胶接强度。

9.2.2　制作方法

常用的饱和二元酸有己二酸、苯二甲酸酐、内次甲基四氢苯二甲酸酐等。不饱和二元酸有顺丁烯二酸酐、反丁烯二酸酐及其酸等。

常用的二元醇有乙二醇、丙二醇、多缩乙二醇和双酚丙烷等。在酯化反应时，往往醇量略过，故制得的聚酯分子两端主要是羟基。

采用不同的混合酸和混合醇，可制得性能各异的多种分子结构的不饱和树脂，其用途也不一。为防止树脂在贮存过程中发生聚合，可向生成物中加入阻聚剂，如对苯二酚、叔丁基邻苯二酚等。

不饱和树脂需用过氧化物引发剂引发，产生自由基，进行固化，故不饱和树脂属热固性胶黏剂。常用的过氧化物引发剂列于表 9-2。低温固化时，需配合金属皂、胺类化合物或硫醇类促进剂。常用的是环烷酸钴，皂类促进剂尚可与叔胺等并用，构成室温快速固化引发体系，如环烷酸钴与 N，N′-二甲基苯胺配合。

引发剂和促进剂均事先配成溶液后加入体系。常用苯乙烯或磷酸三甲酚酯等作溶剂。固化不饱和聚酯的同时，苯乙烯单体也起反应。事实上，苯乙烯也起到交联剂的作用。

表 9-2　常用过氧化物引发剂

使用温度	过氧化物
低温（20～60℃）	叔丁基过氧化氢、过氧化丁酮、异丙苯过氧化氢、过氧化苯甲酰、过氧化 2，4-二氯苯甲酰、过氧化环己酮
中温（60～120℃）	过氧化苯甲酰、过氧化丁酮、过氧化萘甲酰，过氧化庚酮
高温（120～150℃）	过氧化叔丁基，过苯甲酸叔丁酯

9.2.3 不饱和聚酯树脂的固化

具有黏性的可流动性的不饱和聚酯树脂，在引发剂的作用下发生自由基共聚反应，而生成性能稳定的体型结构的过程称为不饱和聚酯树脂的固化。

其反应机理同自由基共聚反应的机理基本相同，所不同的是它具有多个双键的聚酯大分子（即具有多个官能团）和交联剂苯乙烯的双键之间发生的共聚（表9-3）。

表9-3 引发剂类型

引发剂名称	固化温度范围/℃	引发剂名称	固化温度范围/℃
过氧化丁酮	低温 （20～60）	过氧化二异丙苯	中温 （60～120）
异丙苯过氧化氢		过氧化丁酮	
叔丁基过氧化氢		过氧化苯甲酸 叔丁基	高温 （120～150）
过氧化苯甲酰		二叔丁基 过氧化物	

9.3 不饱和聚酯胶黏剂性能

不饱和聚酯胶黏剂具有黏度低、对被黏体润湿速度快，胶接各种金属和非金属的胶接能力优良，且胶层透明等优点。其缺点是胶层性脆、固化时体积收缩率很高（10%～15%），胶接接头应力很大。为降低固化过程中的体积收缩率，可加入适量的无机填料、玻璃布或热塑性聚合物如聚醋酸乙烯、聚乙烯醇缩醛等。

不饱和聚酯胶黏剂能在室温固化，使用方便，固化物能耐酸、碱，是制作玻璃钢的主要胶黏剂。

不饱和聚酯树脂胶黏剂具有黏度小、常温固化、使用方便、耐酸、耐碱性好，具有一定强度、价格低廉等优点；缺点是收缩性大、有脆性等。其可通过加入填料、热塑性高分子来增韧。不饱和聚酯树脂胶黏剂除用于制造玻璃钢外，还用于家具涂料及人造板表面装饰等。

9.4 不饱和聚酯胶黏剂新用途

根据不饱和聚酯胶黏剂的性能、特征，可将其用于胶接硬质塑料、增强塑料、金属、玻璃、水泥、石材等。今择其主要用途简述于下。

（1）用作锚固剂

随着能源、交通工业的发展，隧道和地下工程项目越来越多，其开挖技术也不断进展。20 世纪 60 年代后期，逐步形成了完善的新奥地利隧道施工法，即锚喷支护法。就是将在新开挖围岩上安装锚杆和喷射混凝土两个工序结合起来。这样，对加快施工进度、保证作业安全、提高工程质量等均有显著效果。这一技术在 70 年代以后获得迅速推广，现各国已普遍采用。

在这一施工过程中，安装锚杆时，需要使用一种特殊胶黏剂，将金属锚杆同打好孔洞的岩石胶接在一起，这类胶黏剂被称为锚固剂。在质量要求高的工程中，必须使用树脂型锚固剂。目前，主要使用不饱和聚酯胶黏剂。在某些国家也使用环氧树脂或聚氨酯胶黏剂。

锚固剂的包装形式有两种：①药卷式包装。将乙组分封装于玻璃管或塑料袋中，一起包装于不透气的塑料薄膜中。塑料薄膜可由聚酰胺或醋酸纤维素等制成，将其与药品一起钻入岩石孔洞中，在洞中将塑料膜和玻璃管钻碎，同时甲、乙组分得到充分混合，很快衷锚杆固定于孔洞。此法使用方便，贮存稳定。②灌注式。将锚固剂两组分分别包装，使用前在施工现场混合均匀后，灌注洞中，将锚杆与孔洞内壁岩石面胶接在一起。

树脂锚固剂尚可用于固定设备地脚螺栓、天花板吊装螺栓等。

（2）用于制造增强塑料

增强塑料系由合成树脂胶黏剂加入纤维材料经成型加工而制得的一种复合材料。常用的合成树脂胶黏剂有不饱和聚酯树脂、环氧树脂或酚醛树脂等胶黏剂，以不饱和聚酯胶黏剂用得最多。

常用的纤维材料有玻璃纤维、碳纤维、纤维状金属晶须等。以玻璃纤维最广泛应用。

由于纤维的增强作用使增强塑料具有密度小、耐腐蚀性高、比强度优良等优点。其强度比铁、铝等金属材料还高，故有玻璃钢之称。

增强塑料制品的胶合分两种。一为层压板制作时的胶合以及层压固化时相邻的增强塑料相互胶合，称为一次胶合。在已经固化的增强塑料层压板上进行新的层压时被称为二次胶合。二次胶合应在增强塑料本身尚未完全固化之前胶合，效果为好。在室温，24～48 h 内均可进行。胶接时，被胶接表面必经净化。胶黏剂层稍厚为好，且中间衬上增强用的网格布或衬垫。增强塑料的一系列优点吸引着汽车、船舶、车辆、建筑和宇航业等广泛应用，如制造雷达罩、救生艇、交通艇、汽车构件和外壳、化工防腐管道和容器、运输包装箱、浴缸、活动房屋以及波形瓦板等。

大约 80% 以上的不饱和聚酯是用以生产增强塑料制品。

（3）用作光学胶黏剂

用含有苯乙烯或甲基丙烯酸酯单体或基团、在引发剂存在下进行室温固化的不饱和聚酯胶黏剂的胶层颜色浅，折射率为 1.513～1.533，透光率 ≥ 92%、胶接强度为 11.8～14.7 MPa，收缩率为 3%～5%，可用作光学胶黏剂。它在 –60～70℃ 下经六次循环不脱胶，可代替耐热性和耐寒性欠佳的加拿大树胶。例如，电视机显像的防爆措施之一——玻璃复合法，就是将一块玻璃板用不饱和聚酯胶贴在显像管表面。

由于环氧树脂胶黏剂的性能更优于不饱和聚酯胶黏剂，故有逐渐替代的趋势。

（4）用于配制不饱和聚酯腻子

以往汽车、船舶等外壳受撞伤或在制造过程中遇裂痕或不平整时，常用油灰腻子填补、修整后上漆。因油灰腻子黏附性差、干后变硬等原因，易脱落，影响外观。

以丙烯酸酯、乙酸乙烯或聚乙烯醇缩醛等柔性聚合物改性或与相应单体共聚的不饱和聚酯树脂，刚中有柔。尤其制成的不饱和聚酯腻子为双组分胶，可室温固化，具有快干、易刮涂、易打磨、附着力强和施工方便等优点，适用于汽车、船舶、机床、仪器仪表和家具等表面的填补与修整。因性能优良、修整后的表面平滑、光亮、易上漆、外表美观，又使用方便，被誉称为原子灰。

第10章 酚醛树脂胶黏剂

酚醛树脂系由酚类和醛类缩聚而成。一般以酚醛树脂为基料的胶黏剂，被称为酚醛树脂胶黏剂。

10.1 概　　述

酚醛树脂胶黏剂系一类热固性树脂胶黏剂。其分子中的反应性基团与加入的固化剂反应，使液态料进一步聚合、交联成体型网状结构，形成不溶、不熔的固态胶层，达到胶接目的。热固性树脂胶黏剂可室温固化，也可加热固化。它们的主要品种有酚醛、脲醛、三聚氰胺、环氧、聚氨酯、不饱和聚酯和杂环聚合物树脂等。该胶黏剂有良好的耐热、耐介质等性能，但固化后胶层性脆，需要加温加压固化，常用其他高分子化合物来改善性能，方可扩大应用。未改性的酚醛树脂胶黏剂主要用于黏接木材、泡沫塑料和其他多孔性材料，也可用以制造胶合板。这类胶黏剂的特点是具有较高的胶接强度，大部分可作结构胶使用，耐热、耐老化、耐化学介质等。缺点是抗冲击强度、剥离强度和胶接初始强度低，同时必须配有固化剂，组成双组分胶黏剂。主要用于金属和非金属的结构部件的胶接，是目前产量最大、应用面最广的一类合成胶黏剂。

10.2 酚 醛 树 脂

一般酚醛树脂分可熔酚醛树脂和线型酚醛树脂两大类。作为结构胶，前者更重要。

10.2.1 可熔性酚醛树脂

当甲醛与苯酚反应时其摩尔比大于1，生成可熔性酚醛树脂，其酚核上含有反应性的羟甲基（或烷基化羟甲基）。反应在碱性介质中进行，活性基团处在苯酚的邻位和对位。

当1mol 苯酚和1mol 甲醛在碱催化剂存在下反应时，生成下列初期生成物：

初期生成物被加热后，进行缩合，增长分子量。例如，当 2 个分子缩合时，分子间生成亚甲基醚或亚甲基。

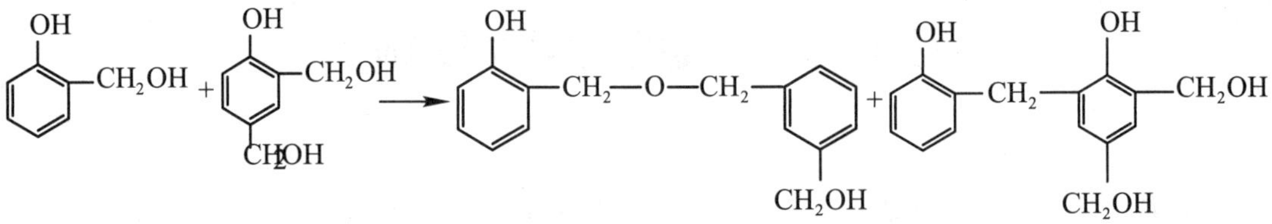

借助不同的加热量，生成不同结构、性质各异的树脂。它们是：

①低黏度水溶性树脂；

②高黏度几乎水不溶树脂；

③可粉碎的固体（交链密度高的缩合物）。

然而，②类树脂可脱水后形成溶剂可溶树脂，因此，时间、温度、pH 和甲醛苯酚物质的量比等反应条件的控制相当重要。

常用的碱性催化剂有氢氧化钠、氢氧化钾等碱金属氢氧化物，氢氧化钡、氢氧化钙、氢氧化锌等碱土金属氢氧化物，也可用氨水或有机碱。反应常在 60 ℃以上进行。

用碱性催化剂制得的可熔酚醛树脂，勿需加任何物质，仅加热，即可固化，且此反应不可逆，故它是阶段热固树脂。就是说苯酚与甲醛在碱催化剂存在下的初期生成物能与水混溶或能溶于热水、溶剂中，人们称之为 A 阶酚醛树脂，可与改性剂等配制成酚醛树脂胶黏剂。

当 A 阶酚醛树脂继续进行缩合反应，分子缸不断增大，且发生了轻度交联，在溶剂中的溶解度减少，稍有凝胶化，其形态类似橡胶，此为 B 阶酚醛树脂。

最后，随着分子链间交联程度的增加，树脂固化成不溶不熔物，且难以加工，此时称之为 C 阶酚醛树脂。制备酚醛树脂胶黏剂时常用此类树脂，也是酚醛树脂生产量中最大的一类。

高邻位可熔酚醛树脂在胶黏剂和模压用树脂中占有重要地位，它是用甲苯或二甲苯形成共沸溶剂通过蒸馏连续除水得到的。

一般含羟甲基苯酚的低聚物，常配成固含量 50% ~ 60% 的乙醇溶液供使用。固化有加热固化和酸固化两种方法。加热固化型，是将胶液涂于被黏材料，待溶剂挥发后黏合，在 130 ~ 150 ℃下加热固化 0.5 ~ 1 h 即成，用于金属砂布等黏接。酸固化型，是在胶液 100 份中加入对甲苯磺酸（或石油磺酸、苯磺酰氯）5 ~ 10 份，混合均匀后，室温可固化，用于木材的黏接。

10.2.2 线型酚醛树脂

当甲醛与苯酚反应，其物质的量比小于 1，且在酸性介质中进行时，生成线型酚醛树脂。美文名"novolak"，是 Baekeland 公司在 1909 年命名的一个早期商标牌号。这种紫虫胶代用品通称为"novolac"。该树脂分子中仅含亚甲基，端基是苯酚。为使树脂固化，需向体系中加入反应性组分，如可熔性酚醛树脂、氨基苯酚或更常用的六亚甲基四胺。此时，它们与树脂中酚环上的活性点反应，使其固化。

因需加入另一组分后才固化，将线型酚醛树脂称为两阶段树脂，比一阶段的可熔酚醛树脂稳定，系一无定形热塑性塑料。

常用催化剂是盐酸或硫酸等无机酸，草酸或苯磺酸等有机酸。反应生成物是单甲氧基苯酚，它即刻与另一个苯酚分子反应，形成二羟基二苯甲烷。

反应在 pH 极低（0.5 ~ 1.3）的条件下进行。较为实用的是在线型酚醛树脂中含有过剩的 A 阶酚醛树脂，当加入六亚甲基四胺时在无水场合下进行反应固化。

一般六亚甲基四胺的添加量为 6% ~ 15%，10% 更宜。线型酚醛树脂的相对分子质量为 500 ~ 9000。

若用某些金属盐如锌、镁、铝等作催化剂，使甲醛与苯酚（物质的量比小于 0.9）在 pH 为 4 ~ 7 的弱酸下进行反应（最终的后反应温度为 150 ~ 169℃），可得到重要的高邻位线型酚醛树脂。之所以有此结果，是由于在邻羟甲基苯酚的邻位上金属离子的配位反应。

高邻位线型酚醛树脂具有独特的性能，如在固化时可快速反应。

除甲苯酚外，尚可采用甲酚、对壬基酚、对苯基酚、对叔丁基酚、对戊基酚、对辛基酚或腰果酚等作酚类原料。

综上所述，改变原料酚、酚/醛物质的量比、催化剂、反应条件和加料顺序等，可制备出满足各方面要求的品种繁多的酚醛树脂。当其复配后，性能的可调节性将更五花八门。

一般线型酚醛树脂是苯酚与甲醛以物质的量比 1：（0.6～1）在酸性催化剂存在下缩聚而成的。黏接时加入约10%六亚甲基四胺，在160℃固化交联成不溶不熔的胶层。用于木材层压材料、制动闸瓦、砂轮、灯泡灯头、硬质纤维板及周体电阻等黏接，还可用作丁腈橡胶的交联剂。

两类树脂的主要区别见表10-1。

表 10-1　两类树脂的区别

性能	线型酚醛树脂	可熔性酚醛树脂	性能	线型酚醛树脂	可熔性酚醛树脂
酚／醛物质的量比	＞1	＜1	端基	苯酚	羟甲基
pH	酸性	碱性	链结构	线型	分支
加成反应	慢	快	相对分子质量	200～800	200～3 000
缩合反应	快	慢	分子量分布	较窄	较宽
反应速度	二级反应	二级反应			

10.2.3　酚醛树脂分散体

从环境保护观点以及提供高分子量酚醛树脂出发，开发了酚醛树脂分散体。首先，在碱性条件、90～105℃下，使苯酚与甲醛缩合到分子量接近混浊点。其次，在中性介质、80～90℃、保护胶体存在下，将水在酚醛中的分散体转化为粉降在水中的分散体。此时，树脂分子量继续增长到所期终点。使用保护胶体的目的是控制树脂粒度及其分布。它们是蛋白质化合物、脂肪酸酰胺、聚乙烯醇、纤维素衍生物和天然树胶等。

10.3　酚醛树脂胶黏剂

酚醛树脂胶黏剂原料易得，成本低廉，是应用最广的一类胶黏剂。未改性的酚醛树脂胶黏剂多用 A 阶酚醛树脂为原料。室温下能固化的树脂一般由苯酚和甲醛反应制得，添加酸能使其固化成坚固的、胶接强度高的胶层。常用的酸性催化剂有石油硝酸、对甲苯碳酰氯、氯苯磺酸、磷酸的乙醇溶液或盐酸的乙醇溶液等。

胶黏剂用树脂可加工成块状、粉末、薄片状或溶剂型等。

10.3.1 未改性酚醛树脂胶黏剂

未改性酚醛树脂胶黏剂品种很多，现在国内通用的有三类，见表 10-2。该类胶黏剂的耐热、耐蠕变、耐水，耐药品和耐溶剂性能优良，抗张和剪切强度也高，但剥离和冲击、弯曲性差，性脆，不宜作结构胶使用。

表 10-2　几种胶黏剂常用的酚醛树脂

牌号	2122	2124	2127
类型	水溶性	醇溶性	酚醛树脂
制取 A 阶酚醛时催化剂		氢氧化钠	氢氧化钠
游离酚%	2.5	5	21
溶剂		丙酮	丙酮或乙醇
固体含量/%	45	50	
黏度（涂料 -4）/ s	70 ～ 120	30 ～ 35	120 ～ 250
固化用催化剂		磺酸等	磺酸等
固化温度		室温或 60℃	室温或 60℃
特点、用途	热压固化胶接层压板、高度耐水	常温固化浸渍制品	常温固化胶接木材、硬泡沫塑料

例如，将 2127 酚醛树脂 100 份（质量）与丙酮附或乙醇 10 份相混，用磺酸作催化剂，在室温下先晾置 5 ～ 15 min，贴合，0.2 ～ 0.4 MPa 下固化 6 ～ 16 h 或 60 ℃固化 1 h。胶接柞木的剪切强度为 12.8 MPa。

酚醛胶黏剂抗水、抗菌性优良，也能耐酸、耐流油，主要用于飞机和建筑业。醇溶性酚醛树脂胶黏剂的游离酚含量较前者低，青性较小，胶接性能与之相当。此类胶黏剂均以强酸物质作固化催化剂，易使被黏木材的纤维素水解，降低胶接强度。胶层较脆，不抗震。

10.3.2 改性酚醛树脂胶黏剂

酚醛 - 丁腈橡胶胶黏剂将酚醛以丁腈橡胶改性，可以制得兼具二者优点的胶黏剂，具有韧性好、耐温高、黏接强度高、耐气候、耐水、耐溶剂等化学介质，广泛用于各种金属、陶瓷、玻璃、塑料和纤维等黏接。典型配方剖析如表 10-3 所示。

表 10-3　酚醛－丁腈橡胶胶黏剂典型配方

配方组成	质量/份	各组分作用分析
丁腈橡胶	100	丁腈橡胶组分，韧性好
酚醛树脂	150	酚醛树脂组分，耐高温
氯化亚锡	0.7	催化剂，加速固化反应，降低固化温度
没食子酸丙酯	2	防老剂，阻止胶黏剂高温使用热氧老化
乙酸乙酯	500	溶剂，溶解树脂，降低黏度
石棉粉	50	填料，降低膨胀系数，提高耐热性

　　酚醛－聚乙烯醇缩座（简称缩醛）胶黏剂，综合性能好，主要用作金属结构胶，航空工业应用较多。

　　酚醛－缩醛－胶黏剂的耐热性较差，不能用于 200℃以上的工作环境。在这类胶黏剂中加入适量的有机硅单体或聚有机硅氧烷，可以提高耐热性。酚醛－缩醛有机硅胶黏剂可在（60～200℃）下长期工作，短期工作温度可达 300℃。典型配方剖析如表 10-4 所示。

表 10-4　酚醛－缩醛有机硅胶黏剂典型配方分析

配方组成	质量/份	各组分作用分析
酚醛树脂	100	酚醛树脂组分
聚乙烯醇缩丁醛	15	缩醛组分
聚有机硅氧烷	20	有机硅组分，耐温性好
防老剂 4010	3	防老剂，防止高温
没食子酸丙酯	3	防老剂，防止高温使用时热氧老化
六亚甲基四胺	5	促进剂，加速固化速度
苯和乙醇	适量	溶剂，溶解树酯

　　酚醛－有机硅胶黏剂在酚醛树脂中加大适量无机有机聚合物能进一步提高酚醛胶黏剂的耐热性。例如，以聚硼有机硅氧烷改性酚醛树脂，并添加一些配合剂，使用温度可达 500℃。典型配方剖析如表 10-5 所示。

表 10-5 酚醛－有机硅胶黏剂典型配方分析

配方组成	质量/份	各组分作用分析
聚硼有机硅氧烷	1	含 Si—O 键，提高耐温性
酚醛树脂	3	酚醛树脂组分
酸洗石棉	1	填料，提高耐热化性与韧性
氧化锌	0.3	硫化剂，促使橡胶硫化
丁腈橡胶 -40	0.45	增韧剂，提高胶层韧性
丁酮	适量	溶剂，溶解树脂，降低黏度
固化条件		200℃，3 h

酚醛－氯丁胶黏剂，初黏力高，成膜性好，且胶膜柔性好，缺点是耐温不高，使用温度不超过 90℃。酚醛－氯丁胶的主要组分为酚醛树脂、氯丁混炼胶、溶剂等。其中，氯丁混炼胶主要由氯丁橡胶、氧化镁、氧化锌、对叔丁酚甲醛树脂组成。

酚醛－聚酰胺胶黏剂，聚酰胺有较高的韧性和机械强度，耐热性也较好，但不溶于普通溶剂（如乙醇）。若以一定量的甲醛，在一定温度下处理一定时间，可获得羟甲基聚酰胺这种聚酰胺溶解性能好，黏附性高，与酚醛树脂—CH_2OH 基团反应固化获得良好黏接强度。

10.3.3 DPF 水溶性酚醛树脂胶黏剂

DPF 水溶性酚醛树脂胶是新一代低毒（低游离酚，低游离醛）、中温快速固化酚醛树脂胶，适用于制造室外用耐水性人造板。

主要理化指标如下：色泽红棕色；pH11 ～ 12；固体含量（41±1）%（可根据需要调整提高）；黏度（B4 杯）胶合板 80 ～ 100 s（30℃）、纤维板 120 ～ 140 s（30℃）、刨花板 50 ～ 60 s（30℃）；溴化物含量 10% ～ 11%；含碱量 6% 左右；游离酚含量 <0.1%（约在 0.06%）；游离醛含量 <0.1%；聚合时间 64 s。

DPF 水溶性酚醛树脂胶是苯酚与甲醛物质的量比在 1 :（2.1 ～ 2.3），游离酚含量降至 0.1% 以下。中温固化的酚醛树脂，用该树脂压制 3 mm 胶合板，热压温度 117 ～ 125℃，热压时间 3 min，即达到 GB/T 9846.1 ～ 9846.8—2004 标准。若用于刨花板，其物理力学性能达到原西德 DIN 68763V100 耐水刨花板标准，尤其老化性能优越为其特点。制得的板材经美国西海岸胶黏剂协会制定的 WCAMA6 个循环的加速老化试验，（MOR）保留率在 58% ～ 65%。其抗老化性能属于上乘。

目前国内生产的酚醛树脂虽然能满足工业生产要求，但其游离酚含量高达 0.5% 以上，当制胶和调胶废水排放到江河、湖泊时，严重污染环境。其相对分子质量偏低，在

500 ～ 4000 之间，制版时易发生透胶，热压温度也偏高，在 135 ～ 160℃之间，热压时间长，致使板材压缩率大而影响出材率。

随着我国人造板生产产量的持续增加、质量的提高，需要开发高性能板材，扩大人造板的应用范围。酚醛树脂胶黏剂属一类防水结构胶黏剂，特别适合于集装箱底板、高档建筑模板、竹材人造板的制造。DFP 是低游离酚、低游离甲醛、低碱含量、中温快速固化的环保结构胶种，该技术在保证环保性能的同时，有利于提高木材利用率和生产效率。

第 11 章　脲醛树脂胶黏剂

脲醛树脂胶黏剂，别名脲醛树脂、脲醛树脂胶。

11.1　概　述

脲醛树脂胶黏剂是尿素与甲醛在催化剂（碱性催化剂或酸性催化剂）作用下，缩聚成初期脲醛树脂，然后在固化剂或助剂作用下，形成不熔、不溶的末期树脂胶黏剂。

目前，由于脲醛树脂胶黏剂制造简单、使用方便、成本低廉、性能良好，已成为我国人造板生产的主要胶种，占人造板用胶量 90% 以上。

11.2　脲醛树脂胶黏剂

脲醛树脂是由尿素、三聚氰胺等氨基化合物与甲醇反应所生成树脂的总称。它们的消耗量在胶黏剂中占相当大的比例，广泛用于木材、装饰板、织物及纸张等的黏接。

脲醛树脂胶黏剂是由尿素与甲醛以物质的量比 1 ∶（1.75 ~ 2）、在碱性催化剂（氨类）存在下，经加热反应生成的黏稠树脂。黏接时还需添加酸性固化剂，常用的是强酸的铵盐（如氯化铵），其用量为树脂重量的 1% ~ 5%（通常配成浓度 10% ~ 20% 的水溶液使用）。这种胶黏剂无色，耐光性好，用于黏接竹木和制造胶合板、碎木板等。缺点是耐水性差，性脆，通常添加三聚氰胺或酚醛树脂以改善其耐水性。加入淀粉、聚醋酸乙烯乳液、聚乙烯醇等作增黏剂，以提高初黏力。

11.2.1　脲醛树脂胶黏剂制法

脲醛树脂由脲和甲醛反应制得。在酸性介质中，尽管生成物系不溶性，但为无定形线型聚合物，得到的是次甲基脲醛树脂。由于它不溶于溶剂中，在工业上无甚使用价值。

$$O{=}C\diagup_{NH_2}^{NH_2} + HCHO \longrightarrow NH_3 {\rightarrow}(CO{-}NH{-}CH_2{-}NH{-}CO{-}NH{-}CH_2{-}NH{-}CO){\rightarrow}_n NH_2$$

在碱性催化剂存在下，可制取水溶性羟甲基脲混合物：

$$O=C\begin{array}{c}NH_2\\NH_2\end{array}+HCHO\longrightarrow O=C\begin{array}{c}NH_2\\NHCH_2OH\end{array}\quad\text{羟甲基脲}$$

$$\searrow O=C\begin{array}{c}NHCH_2OH\\NHCH_2OH\end{array}\quad N,N'-\text{二羟甲基脲}$$

该混合物在酸性催化剂作用下，常温或加热固化。此时，羟甲基之间或与另一氨基上的氢反应，在链内或链间形成部分醚键或次甲基键，同时释放出水或甲醛，最后生成大分子网状结构。

$$-CH_2OH+-CH_3OH\longrightarrow-CH_2OCH_2-+H_2O\longrightarrow-CH_2-+HCHO$$

$$-CH_2OH+-NH_2\longrightarrow-CH_2-NH-+H_2O$$

$$-CH_2OH+RNH\longrightarrow-CH_2-\underset{\underset{}{|}}{\overset{\overset{R}{|}}{N}}-+H_2O$$

在酸性介质中的第一个反应是树脂的制备过程，其与脲和甲醛的物质的量比、反应介质 pH、反应温度、反应时间、原料的加入方式和溶液浓度有关。工艺条件不同，产品性能各异。

在酸性介质中的第一个反应是树脂应用过程，其与原料品种及其物质的量比、反应介质 pH、反应温度、压力和时间等因素有关。

在制备过程中，为了调整介质的 pH，经常使用六亚甲基四胺、乙酸钠、磷酸盐等作缓冲剂。六亚甲基四胺本身呈碱性，又能在加热下参加反应，故在生产过程中逐渐消失，使介质转化成酸性。因其在反应中起调节 pH 作用，常用它作催化剂。

市售的脲醛树脂均为水溶液或粉束。前者是在生产末期经真空脱水制成，其固含量为 55%～70%。后者是将液状树脂经喷雾干燥制得，具有使用简单、运输方便、储存期长等优点，但价格较液状树脂高。也有将水溶液经薄膜蒸发制得贮存稳定的固含量高的液状树脂。

脲醛树脂作为胶黏剂应用，通常配入固化剂、缓冲剂、游离醛捕捉剂以及填料等。固化剂可用酸如草酸、苯磺酸、磷酸等，更常用的是强酸的铵盐如氯化铵等。氯化铵与树脂混合后，能与游离甲醛或固化过程中释放出的甲醛反应生成酸，温度的升高加速反应的进行。

$$4NH_4Cl + 6HCHO \Longleftrightarrow 4HCl + (CH_2)_6N_4 + 6H_2O$$

为避免酸的释放量过大，常用复合固化剂如氯化铵 – 六亚甲基四胺或氯化铵或氯化铵 – 氨水，以调节胶液的pH，一般控制在 4 ~ 5 之间。氯化铵用量为树脂量的0.1% ~ 2%。

游离醛捕捉剂常用硫酸铵、脲或蛋白质等。

为防止脲醛树脂固化时收缩发生内应力，常于配方中加有填料如果壳粉（如胡桃壳粉、椰子壳粉等）、树皮粉（如落叶松树皮粉等）、木粉（如木材砂磨下的木粉、α – 纤维索粉等），面粉、淀粉、高粱粉等淀粉质填料，血粉和豆粉等蛋白质填料。填料尚可提高胶液的周含量及黏度，增加初黏性；节约胶液消耗量，降低成本；避免胶液大量渗入木材孔隙而引起胶合缺陷；填补胶黏剂结构空隙，并提高胶接强度的耐久性等。填料的用量为 5% ~ 30%。

11.2.2　脲醛树脂胶黏剂性能

脲醛树脂胶黏剂的性能如下。

（1）生产简便、使用方便，成本较其他合成树脂胶黏剂为低。

（2）室温或100℃以上加热下均可迅速固化，缩短木制件的生产周期。

（3）树脂胶黏剂周化后为无色胶层，不污染制品。该优点为动、植物胶黏剂和酚醛树脂所不及。

（4）添加淀粉、乙酸乙烯酯乳液等增黏剂后，初黏力高。

（5）胶接强度、耐水、耐热和耐微生物侵蚀能力比动，植物胶黏剂高；但与酚醛树脂等合成树脂胶黏剂比，耐水、耐热和耐老化性能差。

其缺点如下：

（1）固化收缩率高。制品易发生仇裂、翘曲。

（2）胶黏剂和胶层中呈有甲醛刺激味系最令人不满意的大缺点。

糖浆状或乳状黏稠液态树脂胶黏剂的贮存不稳定，一般为 2 ~ 6 个月。若不严格控制生产工艺，则贮存期将大为缩短，粉未树脂胶黏剂可贮存1 ~ 2 年。

11.2.3　脲醛树脂胶黏剂的改性

（1）甲醛的来源及危害

脲醛树脂胶接制品在制造和使用过程中释放甲醛的主要原因有：①尿素与甲醛的加

成缩合反应是可逆的，根据可逆反应的平衡原理，虽然可以通过改变反应条件来提高甲醛转化率，但总有一部分甲醛因不能完全反应而残留在树脂中；②在尿素与甲醛合成脲醛树脂时，有可能形成了醚键、半缩醛等不稳定基团，它们在人造板热压或使用过程中分解释放出甲醛；③在树脂固化过程中，羟甲基活性基团之间易形成不稳定的醚键，在人造板使用过程中易分解释放出甲醛；④人造板及其制品在使用过程中由于水分和光的作用使树脂老化，不断分解产生甲醛。

在脲醛树脂胶黏剂及人造板生产与使用过程中释放出来的甲醛，严重危害着人们的身体健康。甲醛是蛋白质凝固剂，具有较高毒性，对人体健康的影响主要表现在嗅觉异常、刺激、过敏、肺功能异常、肝功能异常和免疫功能异常等方面。长期接触低剂量甲醛可引起慢性呼吸道疾病、鼻咽癌结肠癌、脑瘤、细胞核的基因突变、DNA 单链内交联和 DNA 与蛋白质交联及抑制 DNA 损伤的修复；引起新生儿染色体异常、白血病，引起青少年记忆力和智力下降。因此，甲醛污染已经成为严重的社会问题。我国颁布了部分室内污染物控制指标，居室中甲醛的最高允许浓度为 0.08 mg/m³。因此，在保证产品综合性能及低成本的前提下，生产和使用低游离甲醛含量脲醛树脂胶黏剂以及低甲醛释放量的人造板及其制品势在必行。

前已提及，脲醛树脂胶黏剂的最大缺点是呈有刺激性的甲醛臭味以及耐水性，尤其是耐沸水性差。多年来，针对这两大问题开展了无数科学研究，收到可喜的效果。

（2）针对甲醛释放问题的研究

甲醛是一种有毒气体，在脲醛树脂生产和制品制造过程中及制品应用过程中会不断释放出甲醛，它污染环境，对人体眼、鼻、喉等器官均有刺激作用，有时常出现过敏性反应。鉴于此，许多国家均采用了约束性标准，对用于住宅建筑的刨花板可能释放的甲醛量作了限制。按刨花板的用途对甲醛允许释放量分为三级：E_1 级 <10 mg/100 g 板，10 mg/100 g<E_2 级 <30 mg/100 g，30 mg/100 g<E_3 级 <60 mg/100 g。国际上规定，建筑工业使用的刨花板必须符合 E_1 级要求。胶合板和中密度纤维板的甲醛释放量也有类似规定。

降低甲醛释放量必须从降低胶液中游离甲醛含量和改善树脂微观结构等方面着手。改进脲醛树脂的合成工艺、降低物质的量比、加入改性剂及游离甲醛捕捉剂等是常用的方法。

①降低甲醛与尿素的物质的量比。

为了降低游离甲醛含量和人造板甲醛释放量，目前使用得最多的方法是降低树脂合成过程中甲醛与尿素的物质的量比。随着物质的量比的降低，脲醛树脂中亚甲基醚（—NHCH₂—O—CH₂NH—）的量降低，亚甲基（—NHCH₂NH—）的量则会增加。这样可有效降低人造板的中醛释放量。研究表明，降低人造板甲醛释放量的关键是降低胶中游离甲醛含量，而物质的量比是影响脲醛树脂中甲醛含量的最重要因素。

根据脲醛树脂胶黏剂的反应机理，固化后要形成网状交联结构，甲醛的物质的量应该大于尿素。因此，一味降低甲醛与尿素的物质的量比，会导致脲醛树脂交联度下降，初黏性降低，固化时间延长，耐水性、耐候性、耐老化性能都有所下降，且贮存期缩短，人造板的力学性能变差，难以满足使用要求。有研究认为，物质的量比为 1.3∶1 时可兼顾产品甲醛释放量与胶接强度。但事实上，物质的量比为 1.3 ∶ 1 的脲醛树脂胶黏剂制造的人造板甚至不能达到国家 E_2 级标准的要求。而根据现在的研究与实践来看，通过改进合成工艺以及添加合适的改性剂，物质的量比很低的改性脲醛树脂人造板的性能仍然能够满足国家标准。Pizza 认为，物质的量比降至 1.05 ∶ 1 时，由于树脂中游离尿素含量过高，人造板的物理力学性能急剧下降，耐老化、耐水性能均有降低。当物质的量比降低到 1 ∶ 1 时，刨花板甲醛释放量可达到 E_1 级标准要求，但它的胶接强度必须通过加入适当的交联剂、三聚氰胺或三聚氰胺 – 甲醛树脂来保证。现在已有资料表明，在胶黏剂制备过程中通过加入三聚氰胺（甲醛投料量的 49% ～ 8%）等改性剂，物质的量比即使小于 0.98，也可得到能满足 E_1 级纤维板使用的脲醛树脂胶黏剂。

②改进合成工艺。

研究与实践表明，在脲醛树脂物质的量比不变的前提下，尿素分多次投料对降低游离甲醛含量有利。尿素与甲醛反应的第 1 阶段是加成反应，甲醛物质的量较高，有利于二羟甲基脲的生成，对胶接强度及胶黏剂的稳定性起重要作用。第 2 批尿素的加入可以促使反应向有利于树脂形成的方向进行。最后一批尿素的加入有利于捕捉树脂中未反应的甲醛。张长武等探讨了分次加尿素对脲醛树脂分子量分布及胶接性能的影响，认为分次加入尿素，不仅可起到降低游离甲醛含量的作用，还起到调节分子量的作用。第 2 批尿素对胶中大分子可起到降解重排的作用，因而减少了醚键的含量，使胶接人造板的甲醛释放量降低。另有研究表明，尿素分批加入比一次性加入其树脂的常温胶接强度可提高 14% ～ 28%，温水浸泡胶接强度提高 55% ～ 83%。同时，树脂的贮存期与适用期延长，水溶性及固化速度提高。当然，尿素加料次数太多不利于实际生产，一般不超过 4 次。律微波等通过添加改性剂、分 4 次加入尿素，制备出物质的量比为 1.2 ∶ 1、游离甲醛质量分数低于 0.1% 的脲醛树脂胶黏剂，胶接人造板产品能够达到国家 E_1 级标准。

张振峰等通过研究合成脲醛树脂的反应机理，设计出了"2 次加甲醛，2 次加尿素"的合成方法，所制得的脲醛树脂的游离甲醛质量分数为 0.10%，胶接人造板产品能够达到国家 E_1 级标准。王新波等采用甲醛与尿素物质的量比 1.2 ∶ 1，2 次加甲醛、3 次加尿素，并添加合适的改性剂的方法，制得一种低毒耐水脲醛树脂胶黏剂，其游离甲醛质量分数 ≤ 0.10%，刨花板甲醛释放量接近 E_1 水平。还讨论了 pH、物质的量比、反应温度与时间对胶黏剂性能的影响，确定了改性剂的适宜添加量。适当降低缩聚反应的 pH，有利于羟甲基异化为阳离子亚甲基，从而加快缩聚反应的速度，减少体系的羟甲基含量，降低游离甲醛含量。王金银等根据尿素与甲醛加成缩合反应机理，利用强酸催化工艺合成了低游离甲醛含量脲醛树脂胶黏剂，并对 pH、尿素的加料次数及反应温度对游离甲醛含量的影响进行了探讨。李彦涛等在中强酸性（pH=3.5）条件下，研究了 pH 对胶黏剂和胶合板性能的影响，结果发现胶合板的甲醛释放量随着 pH 降低而明显减少。

③添加甲醛捕捉剂或其他助剂。

能够用作甲醛捕捉剂的物质有：a. 多孔性无机填料，活性白土、硅土、瓷土、膨润土等；b. 强氧化性物质，过氧化氢、过硫酸盐等；c. 氨或含氨基类物质、硫化物、聚乙烯醇、酰胺类物质；d. 单宁、淀粉、酪素或其他天然物质。脲醛树脂中加入第 3 组分和甲醛捕捉剂，可以提高胶接强度和降低游离甲醛含量，加入酚类物质作为捕捉剂也可降低游离甲醛含量，但会影响胶液的稳定性，且颜色较深。古绪鹏在尿素与甲醛加成聚合反应中，分2次加入复合添加剂，明显降低了游离甲醛含量，提高了脲醛树脂的稳定性。

通过添加各种助剂也能起到较好的作用，如某些淀粉类、纤维类（树皮粉、木粉等）、蛋白质等。在脲醛树脂胶黏剂使用时加入小麦粉作为填料可提高树脂的初黏性，增加预压性，既能降低成本又能降低甲醛释放量。在胶液中加入聚乙酸乙烯酯乳液等助剂能够改善胶黏剂的性能，得到低毒、耐水、强度显著提高的脲醛树脂胶黏剂。以 H_2O_2 为氧化剂制作氧化淀粉，加入到脲醛树脂胶黏剂中，也可以降低游离甲醛含量。

④解决游离甲醛问题的新方法。

朱丽滨等应用胶体理论，在树脂合成过程中期加入改性剂，改性剂添加量为 3%，合成了游离甲醛质量分数小于 0.1% 的脲醛树脂。傅深渊等在合成过程中采用气膜法（即加入起泡剂鼓泡）、进行气液传质交换的方法，合成的树脂游离甲醛可以降到 0.05% 以下，胶合板胶接强度达 0.7 MPa 以上，其制品甲醛释放量都在 1.5 mg/L 以下，符合 E 标准。红外光谱检测进一步证实，此法可有效提高脲醛树脂、尿素中—NH_2 的加成反应率以及树脂固化的交联度，降低游离甲醛含量与制品的甲醛释放量。

（3）针对其他理化性能的改性方法与研究现状

除了甲醛释放的问题外，脲醛树脂胶黏剂在应用过程中，还存在耐水性差、低物质的量比脲醛树脂胶接性能差等问题。为了克服这些缺点，一般从以下两个方面进行改进：在树脂合成过程中通过共缩聚，从分子内部改进其结构；在树脂中加入各种改性剂，使树脂的某些性能得以改善。

①耐水性能的改进

脲醛树脂胶黏剂的耐水性，特别是耐沸水性比三聚氰胺甲醛树脂和酚醛树脂胶黏剂差，用脲醛树脂胶黏剂制得的人造板或其他胶接制品仅限于室内使用。提高脲醛树脂胶黏剂的耐水性能，可以在树脂缩聚过程中加入适当的苯酚、聚乙烯醇或三聚氰胺使之共缩聚，产生耐水性的共缩聚体；或将制得的脲醛树脂与酚醛树脂或聚氰胺树脂共混；也可在调胶时加入三聚氰胺粉末或其他化合物；利用反应能力极强的异氰酸树脂对脲醛树脂进行改性，能够有效提高其耐水与耐老化性能；在脲醛树脂中添加少量的环氧树脂，会使其耐水性和胶接性得到明显提高；利用各种胶乳如丁苯胶乳、羧基丁苯胶乳、聚丙烯酸酯乳胶、氯丁胶乳等对脲醛树脂进行改性，改性后树脂的耐水、耐沸水及耐久性全面提高；添加无机填料白云石、矿渣棉或无机盐如硫酸铝、磷酸铝和溴化钠等也可改进耐水性能。另有一项研究表明，脲醛树脂的合成中加入能与尿素反应且胶接性能好的疏水性树脂及能与甲醛反应的化学物，可合成耐水性好、游离甲醛含量低的脲醛树脂胶黏剂。

为提高该胶黏剂的耐水性，常将脲与三聚氰胺、酚醛或间苯二酚的混合物与甲醛缩合制得二元或三元树脂胶黏剂。表 11-1 列出脲醛树脂胶黏剂与脲 – 三聚氰胺 – 甲醛树脂胶黏剂用于胶合板时的性能差别，尤其在耐水性方面，后者有显著提高。

表 11-1　胶合板用脲醛树脂胶黏剂

		未浓缩型胶黏剂		浓缩型胶黏剂	脲 – 三聚氰胺 – 甲醛胶黏剂
固含量 /%		46 ～ 50		65 ～ 70	50 ～ 55
黏度		50 ～ 200		1000 ～ 2000	100 ～ 500
配方 / 份	胶黏剂 小麦粉 水 氧化钙	150 25 40 1	100 100 300 2	100 20 40 1	100 20 10 1
适用		Ⅰ 类胶合板	Ⅱ 类胶合板	Ⅲ 类胶合板	Ⅰ ～ Ⅲ 类胶合板
胶接强度（常态）/MPa		5.1	4.0	4.9	5.4
胶结强度（水浸 48 h 后）/MPa		3.4	1.5	3.4	4.2

通过脲、酚醛和三聚氰胺与甲醛的反应，可制得无甲醛臭味、耐水性、耐久性和耐燃性优良的胶合板用三元树脂胶黏剂。

邓洁帆认为严格控制生产工艺，分批以不同比例投入脲和甲醛原料进行缩合，也能制得耐水性脲醛树脂胶黏剂。

与酚醛树脂、三聚氰胺或聚醋酸乙烯酯乳液等合成树脂胶黏剂混合，也可提高脲醛树脂胶黏剂的耐水性。例如，以 15% ～ 20% 的聚乙酸乙烯酯乳液与脲醛树脂混合制得的胶黏剂，在水中的溶解度仅为 1% ～ 2%，而单独脲醛树脂胶黏剂的溶解度为 0.9%，同时胶接强度可提高 1.2 ～ 1.4 倍。

一般来说，合成时苯酚用量为脲质量的 20%，聚氰胺为 20% ～ 50%。非但提高耐水、耐热性，也可改善机械强度以及耐久胶接性。改性胶黏剂可用于制作船用胶合板。

②胶接性能的改进

可从催化剂的选用着手改善脲醛树脂的胶接性能。王洪军等用不同酸、碱催化剂，按相同工艺合成树脂，然后测定树脂各项技术性能和胶合板的胶接强度。结果表明，用六亚甲基四胺与氢氧化钠作碱性催化剂，用草酸或甲酸作催化剂，可使反应平稳进行，有利于改善树脂的胶接性能。从改性剂的选用着手，也可改善脲醛树脂的胶接性能。采用特制的羟基丙烯酸酯树脂乳液及端异氰酸酯基水性聚氨酯树脂作为改性剂，既可以降低游离甲醛含量，又能明显提高胶接强度及耐水性。其中，聚氨酯树脂对脲醛树脂胶接强度的改进最为明显。高羟基含量的丙烯酸酯树脂比低羟基含量的改性效果好。加入适量的聚乙烯醇、苯胺作为改性剂，改性后的脲醛树脂游离甲醛含量下降，剪切强度和耐水性明显提高。

用富含木素的造纸废液改性脲醛树脂，当木素质量分数为 10% ～ 20% 时，制得的树脂具有较高的干、湿强度，特别是湿态胶接强度更具优势。加入氧化淀粉作改性剂制备的改性脲醛树脂胶接强度、耐水性、耐老化性均有明显提高。

③改善韧性

脲醛树脂性脆，固化时收缩率大，易使胶合板龟裂、翘曲、开胶，缩短其使用寿命。加入聚乙烯醇、聚乙酸乙烯酯乳液等可增加其韧性。例如，加入1%～5%聚乙烯醇或15%～20%聚乙酸乙烯酯均有显著效果。用糠醇改性的脲醛树脂胶黏剂的抗裂纹性能优异，但价格较高，主要用于装饰层压制品。填料如豆粉、木粉等的加入也能改善其收缩率。有些树脂或填料的加入尚可起增黏作用，提高胶黏剂的初黏力。经增韧的胶黏剂，除用于木材胶接外，尚可用于橡胶、塑料或陶瓷的胶接。有的甚至可用作嵌缝胶。

④改善综合性能方面的研究

郭嘉等探讨了低游离甲醛含量脲醛树脂的合成新工艺，综合研究了物质的量比、反应温度、pH以及加料的顺序对脲醛树脂胶黏剂性能的影响，并以三聚氰胺为改性剂，提高了胶黏剂的耐水性，同时降低了产品中游离甲醛的含量。薛东通过降低物质的量比、分3次加入尿素和简化生产工艺，降低了脲醛树脂中游离甲醛含量，提高了其各项性能指标，并采用聚乙烯醇和三聚氰胺作为改性剂，明显提高了胶液的耐水性和初黏性。

柳一鸣研究了物质的量比、反应温度、pH、聚乙烯醇和三聚氰胺添加量对脲醛树脂性能的影响。结果表明，当物质的量比为1.5，反应温度为80℃，体系pH为5.0，聚乙烯醇和三聚氰胺添加量分别为甲醛溶液与尿素总质量的1%和5%的时，合成的脲醛树脂胶黏剂游离甲醛质量分数可低至0.063%，且剪切强度高耐沸水性好，贮存稳定性好，达到了HBC 18—2003国家环境标志产品技术要求。

今后，脲醛树脂的发展方向仍然是开发和推广游离甲醛含量低、胶接制品甲醛释放量低的产品，提高其耐水性和耐老化性。随着各种新方法、新思路、新技术的提出及应用，脲醛树脂胶黏剂存在的各种问题将会逐步得到解决。

11.3　三聚氰胺树脂胶黏剂

将三聚氰胺和甲醛以1∶3的物质的量比，在中性或弱碱性条件下，于80℃反应生成均匀的无色透明黏稠液体。同脲醛树脂相似，黏接时需加入固化剂氯化铵。由于室温固化极慢，一般需采取加温加压固化。该胶黏剂的耐水性、耐热性及耐老化性均比脲醛树脂胶黏剂优良，黏接力高；但价格较贵，可在合成中加入尿素进行共缩聚。该胶黏剂主要用于制造装饰板、层压板，特别是耐水胶合板以及木质家具等。

11.3.1　三聚氰胺树脂胶黏剂制法

该胶黏剂以三聚氰胺甲醛树脂为基料。它与脲醛树脂胶黏剂一样，也属氨基树脂胶黏剂类，但产量远不如脲醛树脂胶黏剂。

三聚氰胺分子中具有 3 个氨基，因此比脲的反应性高，能与 6 个甲醛分子反应。但是，实用性的三聚氰胺甲醛树脂由 1 mol 三聚氰胶与 3 mol 甲醛反应制得。

将 35% 甲醛溶液 3 mol 加入 1 mol 三聚氰胺中，在中性或弱碱性中加热到 80℃ 进行反应。约进行 30 min 后，呈现均一无色透明溶液。若继续反应，反应物黏度将会上升，最终生成凝胶物。

一般地，反应至此即加入碱，使介质 pH 升高到 10 而告终止。反应历程如下：

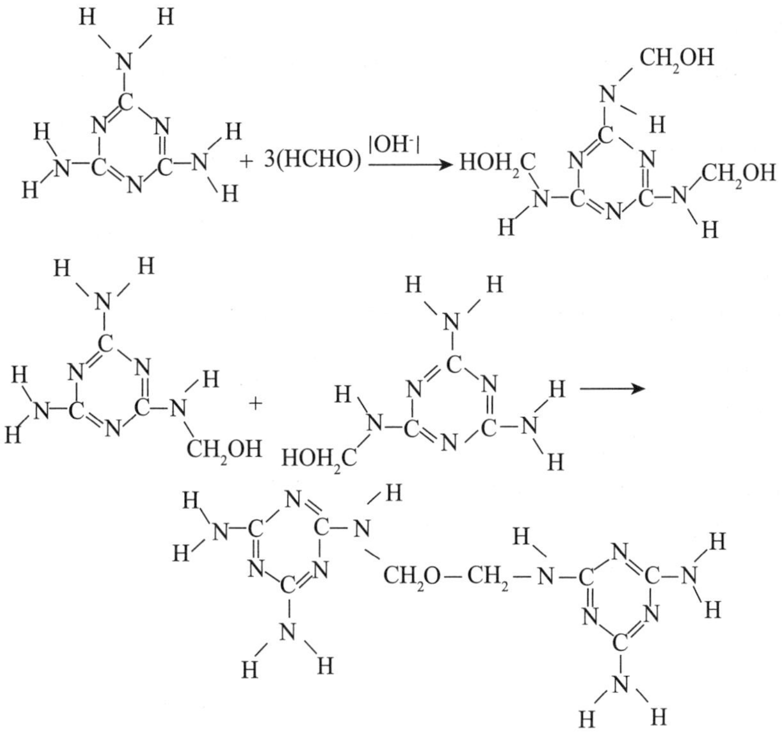

用于胶黏剂的三聚氰胺羟甲基化合物主要是三羟甲基化合物。与脲醛树脂相似，配以固化剂、填料等制成胶黏剂，固化剂可用强酸的铵盐如氯化铵等。由于室温固化速度甚慢，常需加热，若热风温度高到 100 ~ 140℃，则勿需用固化剂。此时，施压 1 MPa 多，时间为 57 min。固化反应示意式：

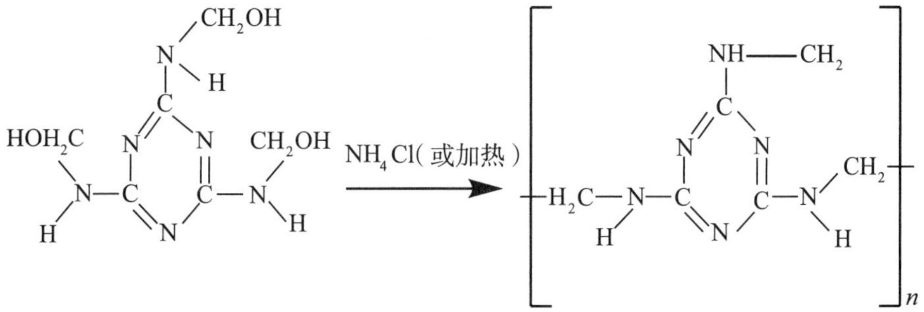

为使真空脱水后的三聚氰胺甲醛水浴液（一般为 70% ～ 75%）贮存稳定，常向水溶液中加入醇如甲醇等，使未反应的羟甲基基团与之进行醚化反应。同时，也可使树脂具有醇溶性或油溶性，扩大其应用范围。有时也加入硼砂（0.1%），并将最后溶液的pH 调节至中性。像脲醛树脂一样，向溶液中加入淀粉等作为增稠剂。

11.3.2 三聚氰胺甲醛树脂胶黏剂性能

三聚氰胺甲醛树脂胶黏剂有以下几个特征。

（1）三聚氰胺甲醛树脂胶黏剂固化后胶层五色、透明、高有光泽、硬度高、耐磨性优良。

（2）固化后呈不溶解的交联状态。分子中的对称嗪环赋予胶黏剂优良的耐热性、耐化学药品性和阻燃性。

（3）耐水性，尤其是耐沸水性，耐候性均比脲醛树脂胶黏剂优越，因其固化物不像脲醛树脂那样容易水解。

（4）抗霉菌力强，光学性能、耐污染性和着色性优良。

（5）电绝缘性能出色，能用于电子元件的胶接。

（6）不会发生裂缝。

其缺点是成本高，固化温度高，性脆，需增塑柔韧改性。

与脲醛树脂胶黏剂相比，三聚氰胺甲醛树脂胶黏剂的性能优越得多，但因价高，常与脲醛树脂、酚醛树脂混用或采用共缩聚树脂。

第12章　天然胶黏剂

12.1　概　　述

胶黏剂是以能起黏接作用的原料为主体，辅以溶剂、增塑剂、增黏剂、交联剂、固化剂、渗透剂、填料等，通过物理、化学或者两者相结合使用的方法而配制成的成分较复杂的能在两物体的界面相黏接的混合体系，原料来自于天然物质制成的胶黏剂称为天然胶黏剂。天然胶黏剂按天然物质的来源可分为植物胶黏剂、动物胶黏剂和矿物胶黏剂。植物胶黏剂包括树胶类（如桃胶、阿拉伯胶）、树脂类（如松香树脂、达玛树脂等）、天然橡胶类、淀粉类、糊精类、黄原胶、纤维素类、大豆蛋白类、单宁类、木素类及其他碳水化合物制成的胶黏剂。动物胶黏剂包括甲壳素、明胶（包括皮胶、骨胶、鱼明胶等）、酪蛋白胶、血胶、虫胶（紫胶）、仿生胶等制成的胶黏剂，矿物胶黏剂包括硅酸盐、磷酸盐等制成的胶黏剂。天然胶黏剂按其化学结构可分为葡萄糖衍生物、氨基酸衍生物和其他天然树脂等。

天然胶黏剂的特点如下：

（1）原料易得，可以直接取自于大自然，例如淀粉来自于小麦、玉米、魔芋等植物，单宁来自于植物干、皮、根、叶和果实，明胶取自于动物的皮、骨、腱等；

（2）价格低廉；

（3）生产工艺简单，有时只需要加热就可以使用；

（4）使用方便；

（5）大多为低毒或无毒，对人或牲畜无毒害作用；

（6）能够降解，不产生公害。

由于上述特点，天然胶黏剂在金属、皮革、木材、纸张、布匹、胶合板等方面的材料黏接上有着极其重要的使用价值。

天然胶黏剂使用的历史十分悠久，我国是胶黏剂应用文明古国。早在5000多年前我们祖先即开始使用黏土、淀粉及松香等天然胶。秦朝已开始采用糯米和石灰砂浆修建举世闻名的万里长城。明朝宋应星著的《天工开物》书中说古代我国人民用淀粉上浆纺纱织布，上浆的目的是使浆料附着在纤维上赋予织物硬挺、平滑、厚实的手感，并且容易织造。用鱼胶等动物胶制造弓箭，关于动物胶的起源，已很难查明确切年代。有人认为，自人类掌握烹饪技术之后，便从冷却的鱼、肉残汤中发现了动物胶，进而又发现了动物胶的黏性，于是便开始制作和利用动物胶。以此推论，动物胶用作胶黏剂的历史是极为悠久的。我国是四大文明古国之一，成书于西周初期的《诗经》中出现了动物胶。据考证，"胶"字的出现，在我国已有 3000 年左右，那么动物胶的历史就至少有 3000 余年。此外，还有许多古典名著中有关动物胶的记载。例如，《左传》之"尔雅、释诂"中将《胶》释为"固"。《史记》之"廉颇蔺相如列传"中有"王以名使括，若胶往而鼓瑟耳"一语。汉代的《盐铁论》之"胶车"中写道："大夫曰，塔，胶车修，逢雨，请与诸生解。"《帝王世纪》之"胶船"中记载："周昭王南征济于汉，汉江人恶之，以胶船进王，王御船至中流，胶液船解，王及祭公惧没于水中。"现在，动物胶作为胶黏剂，它对金属、皮革、木材、纸张、布匹等都有很强的黏接力，可用于胶合板、木材、木器家具、体育用品及乐器等木工黏接；制造胶黏带，密封纸箱、纸盒，黏合金刚砂用以制造砂轮、砂布；雨衣的防雨浆及丝绸、草织品的上光；用于制造铜版纸、蜡光纸、印刷辊、书籍装订等。

植物胶黏剂的使用也十分广泛。天然橡胶是植物胶黏剂的一种。远在哥伦布发现美洲以前，中美洲和南美洲的人们就开始了利用天然橡胶制雨斗篷、胶鞋、瓶子和其他用品。1892 年英国取得用天然橡胶的苯溶液制造雨衣的专利权并设厂生产雨衣。随后，天然橡胶用来制造胶管、人造革、轮胎等方面。由于天然橡胶有很好的黏接性能和内聚性能，也广泛用来制备胶黏剂，如医用的压敏胶带、塑料胶黏带、瓷砖胶黏剂、簇绒地毯胶黏剂、汽车顶篷用天然橡胶胶黏剂、鞋用天然橡胶胶黏剂等。

在胶合板的制造方面离不开植物胶黏剂。起初采用的胶合物质是动物蛋白质或淀粉糊，但这两种物质的致命缺点就是耐水性能差，为了寻找耐水性好的物质，到了 19 世纪初期才开始对酪蛋白及血液蛋白的研究，到 1917 年就产生了酪蛋白专利。1928 年由于植物蛋白胶的资源丰富和价格便宜，所以，植物蛋白质在胶黏剂的制备方面得到了广泛应用。到了 1930 年又产生了脲醛树脂，1939 年出现了乙酸乙烯树脂，1941 年出现了三聚氰胺树脂以及近来出现的间苯二酚树脂、聚酯树脂、环氧树脂和合成橡胶等胶黏剂，由于合成高分子化学工业的飞跃发展，胶黏剂也慢慢从天然型大幅度地向合成型方面转移。当今最迅速、最广泛采用的合成树脂是脲醛树脂、酚醛树脂。这两种胶黏剂在人造板生产的总成本中占有相当大的比重，特别是在发展中国家，由于石油产品价格较高，胶黏剂占成本的比重更大。例如，欧洲人造板中的胶黏剂成本占 18%，智利却占到了40%。近年来，世界各国对这两种胶黏剂的产品中游离甲醛的长期散发性的问题越来越关注。释放的甲醛不但污染环境，而且危害人们身体健康。人们对脲醛树脂所制板材的甲醛释放机理及其毒性进行了一系列研究，并找到了降低板材制品中甲醛释放量的有效方法，其中最经济的方法就是降低脲醛树脂中的甲醛 / 尿素物质的量比。在一些国家，刨花板用脲醛树脂的甲醛 / 尿素物质的量比已经从过去的 184 : 1 降到目前的 1.05 : 1。所制刨花板甲醛释放量从大于 150 mg/100 g 降到小于 10 mg/100 g。但是，低物质的量比的脲醛树脂与高摩尔比的脲醛树脂相比，其水溶性、初黏性、贮存稳定性和固化性能都较差，制成板材的耐久性和黏接强度也有所下降，而且在刨花板生产过程中工艺条件苛刻，以致使用的生产厂家不多。人们通过完善合成工艺和补加少量改性剂，如用乙醇进行羟甲基醚化的方法来封闭端基以提高树脂稳定性，采用柠檬酸作固化剂提高固化性能等改善低物质的量比脲醛树脂的综合性能。

随着对脲醛树脂研究的深入进展，人们比较清楚地了解了反应条件与产物结构的关系，新一代的低醛树脂正在不断地涌现出来。例如采用低温、低 pH 合成脲醛树脂，反应过程明显缩短，树脂具有化学改进的骨架结构，固化后耐水性更稳定，释放甲醛量明显减少。最近的研究提出了一种脲醛树脂胶黏剂的设计原则：

（1）脲醛树脂最终物质的量比应取（1.40 ~ 1.20）∶1，这样可以使制成的板材具有足够的黏接强度；

（2）为了使人造板甲醛释放量达 10 mg/100 g 以下，树脂中的游离尿素应在 10% 以下；

（3）在脲醛树脂的分子中引入 10% 左右的尿素的环状衍生物，如三嗪环等，提高脲醛树脂的耐水性和水溶性。

此外，用亚硫酸制浆废液（SSL）或木素磺酸铵（NH-SSL）代替部分脲醛树脂或酚醛树脂，可以显著降低甲醛释放量。虽然采取了各种方法降低人造板中甲醛的释放量，但是，并没有从根本上解决问题。现在世界上很多国家限制脲醛、酚醛树脂的使用。在此情况下，人们对天然胶黏剂的应用又产生浓厚的兴趣。广泛开展天然胶黏剂的改性研究，克服天然胶黏剂的不足，提高使用价值，又成为胶黏剂研究领域的新的热点，这也是客观世界发展的必然规律。

目前，可用作板材胶黏剂而又有价值的再生资源主要有含酚的原料，如木素、单宁以及碳水化合物等。木素是与纤维素及半纤维素在一起形成植物骨架的主要成分，是化学制浆需要除去的和造纸工业废液中的主要成分。造纸制浆的工艺主要有硫酸盐法和亚硫酸盐法，由其产生的工业木素分别为硫酸盐木素和木素磺酸盐，前者多在厂内进行回收，但大量小厂由于无回收设备而未能加以利用。木素磺酸盐除少量被利用外，其余均流入江河，造成严重污染。因此，增加工业木素利用是多年来各国关注的问题。发展木素利用，不但变废为宝，更是根本解决造纸业对环境污染的可行办法。在诸多木素利用项目中，木材胶黏剂的利用潜力最大。综观国内外利用木素制备木材胶黏剂的研究工作，大致可以归纳为以下几种途径。

（1）直接利用亚硫酸盐制浆液（SSL）或木素磺酸盐制胶。

这方面具有代表性的工艺是 Podersen 等提出的。该工艺将 SSL 的 pH 用柠檬酸调节到 3，然后与刨花混合，并在 185℃条件下热压 30 min，使木素交联，所得的刨花板各种性能均好。这种工艺虽然没有实际应用的意义，但它说明了直接利用 SSL 作为刨花板胶黏剂的可能性。

（2）用超滤法等非化学方法处理以分出分子量最适合于作胶黏剂的部分加以利用。超滤法被认为是控制木素性能均一化的有效方法。例如，NH-SSL 经过超滤法后利用其相对分子质量小于 1000 的部分（其中含有约 50% 的还原糖），糖类物质在高温下也能起到黏合作用，并可缩短热压时间，所制华夫板性能优良。超滤后，黏度也大大下降，因而可以提高液状胶的固含量。另外，当 SSL 或碱木素和酚醛树脂混合使用时，应用超滤法分出高分子量（相对分子质量大于 5000）的木素作胶黏剂，结果反而较佳。可见，木素利用的条件变化颇多，如何有效控制变化的因素颇为重要。

（3）使用时加入交联剂或过氧化物以促进木素胶的交联固化。鉴于木素交联缩合反应的活性较低，不少人研究使用各种交联剂来促进木素胶黏剂的交联固化，如环氧化合物、异氰酸酯、多元醇、聚丙烯酰胺、醛类、聚氨酯、胺类、蛋白质、三聚氰酰胺、联氨、氧化偶合、酶等。尤其是氧化偶合法，因属于游离基再结合，活化能很低，需要加酸或高温才能固化。该反应一旦引发即强烈放热，压制刨花板时，不加外热即可使整个板迅速均匀达到较高温度，从而可在与脲醛树脂相似的较低温度、较短热压时间下压制刨花板。

（4）对木素进行化学改性以提高反应活性。常用的改性方法利用木素的羟甲基反应活性，如木素的去甲基化反应和木素－苯酚缩合反应。此外还有木素的羧甲基化反应、氧化反应、硝化反应等。采用溶剂分解木素、蒸汽爆破木素也可制得性能优良的胶黏剂。在木素磺酸盐中，铵离子活性最大，钙离子最低，而且将铵离子木素与脲醛树脂混合使用，能降低人造板的甲醛释放量。加入多价金属盐，如硫酸铝、三氯化铝等可以提高耐水性能。

（5）木素与苯酚甲醛共缩聚或与酚醛树脂混合制胶黏剂。酚醛树脂是制造室外级人造板最理想的胶黏剂。在木素胶黏剂达到全部取代酚醛树脂的功能前，采用二者共聚或混合制胶可以降低酚醛胶的成本、甲醛的释放量，并使木素胶黏剂较好地交联固化是顺理成章的事。近年来，这方面的研究遍及各种木素和多种酚醛树脂。因此木素基酚醛树脂制胶工艺是利用木素制胶黏剂的方法中最引人注目的。通常，在一定条件下木素既可以先与苯酚缩合成苯酚木素，再与甲醛缩合成木素－苯酚－甲醛树脂；也可先与甲醛反应使木素羟甲基化，然后与酚醛共聚成羟甲基化木素苯酚醛共聚树脂。基于混合原理，应选择性能最合适的酚醛树脂与木素匹配。在众多酚醛树脂中，酸催化的线性酚醛树脂合成容易，与钠基 SSL 混合可以明显缩短木素胶的固化时间。但是，与木素混合制胶，仍以采用碱催化的甲阶酚醛树脂为多。因为在结构上，后者与木素的化学亲和性能较佳，尤其是反应初期的甲阶酚醛树脂，含有大量的羟甲基，与木素交联共聚反应活性更佳。从木素与酚醛树脂共聚交联反应特性来看，分子量较大的木素分子交联程度较高，只需加入较少的酚醛树脂就可以生成不溶的共聚物。近年来，改性后的木素，如羟甲基化的硫酸盐木素与酚醛树脂缩聚或混合使用的方法应用较广。这种方法所制得的胶可以采用酚醛树脂制板的同样条件，用胶方式可以是经喷雾干燥的粉状胶，也可用多种 pH 和不同黏度的液状胶。

（6）木素与尿素甲醛共缩聚或与脲醛树脂混合制胶黏剂。由于脲醛树脂与木素化学结构差异较大，这方面的研究不如木素基酚醛胶。通常可以采用木素先与甲醛缩合，然后再与尿素反应的工艺来制备木素基脲醛胶，但更多的是采用混合工艺。一般来说，SSL 可以代替 10%～30% 的脲醛胶，少量 SSL 可以改进脲醛刨花板的冷黏性，这已在欧洲一些刨花板厂得到实际应用。多种不同的 SSL，如铵离子、钙离子、镁离子 SSL 均可代替部分脲醛树脂，板的强度与纯脲醛板相似，但甲醛释放量大大下降。这里同样存在脲醛树脂与 SSL 相容性的问题。当采用高羟甲基含量的脲醛树脂和含有一定量铵离子的 SSL 相混配时，二者的混溶性提高，能取代 33% 脲醛树脂，压制刨花板的性能基本达到脲醛胶的指标，且耐水性有所加强。

此外，还可采用氢化裂解的方法，使木素转变成单核酚，作为合成树脂的初始原料加以利用。迄今为止，尽管利用工业木素作木材胶黏剂的研究工作做了不少，但由于木素自身的缺点（成分复杂多变、固化较慢等），应用习惯及生产成本等原因，尚未进入实际生产使用阶段。随着对木素性质研究的深入和利用技术的改进，以及石油和天然气资源日渐短缺而价格上涨，利用工业木素作木材胶黏剂会越来越引起人们的瞩目。

单宁基胶黏剂原料只能用凝缩类单宁。凝缩类的栲胶约占栲胶总产量的 90%，主要为黑荆树皮、坚木、云杉及落叶松树皮抽提物，主要成分由黄烷醇单元及其缩合物组成。不同原料、不同的抽提工艺所得抽提物的成分是不同的，对甲醛的反应活性也有所不同，其中，以黑荆树栲胶为最好，单宁含量在 16% ～ 80%，其余为糖类及树胶。南非黑荆树资源丰富，20 世纪 70 年代 Saayman 研究成功黑荆树单宁胶用于胶合板及层积木等的胶黏剂，并开始工业化生产，出口国外。Pizzi 等研制成刨花板、胶合板用的黑荆树单宁胶、脲醛树脂增强的单宁胶以及木材黏接用"蜜月"快速固化胶。室外级刨花板是黑荆树单宁胶黏剂最早的应用领域，南非的全部室外级刨花板都用黑荆树单宁胶生产。但由于脲醛胶的价格较低，故至今还不大用黑荆树单宁胶制造室内级刨花板。二价金属离子对黑荆树单宁与甲醛的反应有促进作用，可以使刨花板在较短时间内固化完全并提高强度。另外，在黑荆树单宁胶黏剂中使用像乙酸锌这样的金属离子催化剂可以在较低热压温度下不延长热压时间而得到高质量的刨花板，并可能降低树脂固体含量。此外，加入适量的 MDI，可以与黑荆树单宁中存在的聚黄烷、糖类和树胶的酚羟基、醇羟基交联，并提高单宁与甲醛的交联程度，从而制得高质量的室外级刨花板。在制造室外级胶合板用单宁胶黏剂时，胶黏剂过早凝胶并随即失去流动性是 pH 高于 6 时黑荆树单宁胶遇到的最大难题。而用 pH=4.5 ～ 52 的脲醛树脂作增强剂可以大大克服这些困难，加入少量丙烯酸乳液，可以不改变黏度而改善单宁胶的流动性和涂布性能。利用氧化偶合反应，可以改进单宁基胶黏剂的耐水性能和固化性能。在其他树种方面，以美国南方松树皮抽提物与间苯二酚或苯酚间苯二酚甲醛树脂混合，可取代 60% 的苯酚 – 间苯二酚 – 甲醛树脂用于冷固性木工胶。新西兰每年处理 4 万～ 6 万 t 辐射松树皮抽提物用作胶合板及刨花板胶黏剂，日本则致力于利用落叶松树皮抽提物与甲醛反应作为木材胶黏剂。

利用再生资源可获得的碳水化合物制备天然碳水化合物胶黏剂有树胶、多糖、低聚糖和单糖。其中，由木质的植物可得到纤维素和半纤维素，由各种植物和微生物可得到淀粉和树胶，由动物资源可得到甲壳素，由碳水化合物选择性降解可得到低聚糖和单糖（包括戊糖和己糖）。上述各种物质可以通过化学或生物学的方法转化成各种化学中间体（衍生物或降解产物）而用作胶黏剂的原料。

碳水化合物用作木材胶黏剂的主要途径是对合成树脂的改性以代替部分合成树脂，降低成本。目前研究较多的是用碳水化合物改性酚醛树基胶黏剂体系，其典型的工艺为两步反应：①在酸性条件下，碳水化合物（通常是淀粉或葡萄糖）与苯酚、尿素在 130 ～ 150℃ 下反应；②将第一步反应混合物中和至碱性，加入甲醛和苯酚进一步反应制得改性酚醛树脂。用蔗糖（非还原糖）可以取代 50% 的苯酚制备改性酚醛树脂，所压制的胶合板的干、湿强度均比未改性酚醛树脂的要高。这可能是蔗糖含有羟甲基，与酚醛树脂的中间体羟甲基酚具有相似的结构，从而可以使反应进入酚醛树脂网络的缘故。研究表明，采用还原糖（如葡萄糖和木糖，在 C 上均含有一个醛基）改性碱催化的酚醛树脂，所压制的胶合板具有一定的干强度而无湿强度。这是由于合成改性树脂时，体系的 pH 从 11 降到 3，而还原糖在碱性条件下会迅速降解成糖酸，但蔗糖则不会；可以通过将还原糖转化成糖苷(如将木糖转化成甲基木糖苷),或将还原糖转化成相应的糖醇(如将木糖转化成木醇)的方法来克服上述缺点。于是,还原糖衍生物的羟基可以与酚醛树脂中的羟甲基通过醚链联结,从而使之混入酚醛树脂中。这种在中性条件下合成与固化的改性树脂,颜色非常浅,可取代 30% ~ 50% 的纯酚醛树脂,用于胶合板和刨花板而得到较满意的干、湿强度和木破率。将间苯二酚接枝到葡萄糖上改性酚醛树脂,制成一种快固的碳水化合物苯酚基胶黏剂,适用于高含水率单板的黏接和用作冷压板的胶黏剂。利用碳水化合物取代部分苯酚也可制备改性酚醛树脂。同时,也可以直接将碳水化合物转化成木材胶黏剂,如将淀粉或己糖在酸催化作用下与木材中的木素反应,并在黏接界面进行自聚形成黏接。另一种简单的方法是用甲基葡萄糖苷作为酚醛树脂的改性剂、直接与树脂混合,可取代 15% 以上的酚醛树脂用作胶合板胶黏剂。

此外,甲壳质与二硫化碳得到一种黏稠褐色液体,可用作胶合板胶黏剂,利用乳化剂可制得一种新型的水溶性、贮存稳定、无甲醛的热固性木材胶黏剂;利用半纤维含量较高的玉米壳粉,可制得胶合板用耐水胶黏剂。

纤维素的研究对胶黏剂的发展起到了重要的作用。羧甲基纤维素(CMC)是纤维素醚的一种,分子式为 $C_8H_{16}O_8$,由纤维素在氢氧化钠溶液中与氯乙酸作用,羟基取代氯甲基上的氯所得的产物,为白色粉末,具有很强的吸湿性,能溶于水而生成黏稠状液体,对热和光十分稳定。

羧甲基纤维素胶俗称化学浆糊,由羧甲基纤维素与适量的水调制而成。其透明度好,固化迅速,有良好的高低温性能,可直接加热,趁热黏接,也可室温黏接。羧甲基纤维素胶主要用作药片粉料、纸张、织物经纱的上浆,陶瓷制品的原料粉料、建筑材料、黏贴标签等的胶接。

淀粉胶以淀粉为基体。淀粉的主要来源为植物的块根和种子,其分子式为 $(C_6H_{10}O_5)_n$,为白色、无嗅、无味的粉状或粒状固体。

淀粉本身不溶于水,当淀粉悬浮于水中,随着加热温度的升高而膨胀,然后即破裂而糊化。含有淀粉的水溶液,在加热初期仅产生浑浊,只有达到糊化温度,才会变成黏稠的半透明液体的淀粉糊。淀粉糊的黏度随温度升高而变小,在冷却情况下硬度和凝胶强度随之增大。另外,淀粉糊的黏度还受到浓度的影响,随浓度的增大也相应增加。

淀粉胶的制法有加热法、碱熟法、淀粉酶法和冷制法等多种,其中以加热法和碱熟法为主。加热法是将淀粉加入水中后,搅拌均匀,然后边加热边搅拌至 90℃ 左右,再保持 10 ~ 15 min 即可,淀粉与水的比例通常在 (10 ~ 15):(85 ~ 90)。碱熟法是将 10% 强度的 15% 的淀粉水混合物,在搅拌下逐渐加入 5 ~ 10 份 10% 的氢氧化钠溶液,在室温下即可糊化制得淀粉胶。

为改善淀粉胶的性能,在实际制备时,可按不同要求,加入各种不同的添加剂,加硼砂作交联剂使用,提高黏接强度和耐水性;热熔表面活性剂脂肪酸钠盐能提高浸润性;邻苯二甲酸二丁酯等作增塑剂,提高膜的韧性;尿素作稀释剂降低黏度;乙醇、乙醚、有机硅作消泡剂使用,消除泡沫;苯酚、硼酸作防腐剂使用,提高抗霉性。

为了进一步提高淀粉胶的性能,可利用淀粉分子中 2、3、6 位上的三个羟基具有较大化学反应活性的特点,用不同的化学基团进行取代,只要淀粉分子中有低程度的取代,淀粉胶的性能就能有较大的提高。不仅使淀粉胶能保持原有的黏接强度，而且能增加胶液的稳定性，提高使用价值。主要的改性淀粉胶有以下几种。

①氧化淀粉胶又称氯化淀粉胶，是由淀粉用次氯酸盐处理生成淀粉衍生物，再将其作为基体制得的淀粉胶。按处理方法的不同可得到不同的衍生物。

②将淀粉与乙酸在酸性介质中加热反应，得到淀粉乙酸酯，再将其作为基体制得淀粉乙酸酯胶，其具有快速固化及单组分的特点。

③将淀粉在碱性介质中用环氧氯丙烷作交联剂制得的接枝聚合物，又称羧基淀粉，再将其作为基体制得的淀粉胶，其具有较高的黏接强度。

④将淀粉分子中的亲水性基团与 N- 羟甲基丙烯酰胺或聚乙烯亚胺反应，生成部分交联结构而制得的具有较好耐水性的淀粉胶。另外，如与丙烯酸化合物进行接枝反应，还能提高胶液的稳定性。

糊精是淀粉的不完全水解物，分子式为 $C_{18}H_{32}O_{16}$，是黄色或白色无定形粉末，能溶解于冷水而形成黏稠的具有较高黏接强度的液体。糊精可由淀粉经酸或加热高温处理制得，也可经淀粉酶的作用生成不完全水解产物。目前主要采用直接煅烧法和加酸煅烧法。

（1）直接煅烧法

这是一种先将淀粉进行干燥，然后在 190 ～ 230℃的温度下加热煅烧而得的方法。制得的糊精稍带褐色。

（2）加酸煅烧法

这是一种用酸促进淀粉分解的方法。先将淀粉进行干燥，然后加入硝酸和硫酸（100 kg 淀粉加入 200 mL 浓硝酸和 300 mL 浓硫酸，预先用 100 L 水稀释浓酸），混合均匀后在 110 ～ 140℃加热煅烧而得。

糊精胶在制备时，通常要加入一些添加剂以改善性能。例如，加入碱性无机盐（如硼砂等）提高初始黏接强度，加入酸性盐（如亚硫酸钠等）去除臭味，加入有机酸盐（如酒石酸钠及酪酸钠等）增加韧性，加入有机酸（如酒石酸、草酸、酪酸等）提高黏接强度。

将糊精作为基体制成的糊精胶，比淀粉胶具有更高的黏接强度、更好的耐水性及更简便的操作工艺，通常用于室温快速黏接。

糊精胶主要用于木材、纸张、皮革、织物等材料的黏接，也可用作织物及纸张的上浆剂、药物的成型以及用于油墨的配制等。

豆胶是以大豆为原料制得的属植物性的蛋白胶。将大豆粉以溶剂萃取，脱去油脂，以碱液溶解得到粗蛋白，再精制成蛋白。将精制蛋白与水调制配成一定浓度的胶液即为豆胶。

目前，用于提取大豆蛋白的原料多为粉丝、豆腐等豆制品的下脚料，由于这些下脚料都含有较多的水分，易被霉菌腐蚀，因此可采取直接将下脚料干燥，或在提取出大豆蛋白后干燥的方法。在大豆蛋白的制备中，碱溶解氢氧化钙的用量对胶液性能有明显影响。用量过少或过多都不能得到良好的黏接效果。

在一般情况下，将大豆蛋白与水一起配制成胶液后即可使用，但为了调节黏度及延长胶液的使用时间，可加入适量的氯化钠、海藻酸钠、硅酸钠、果胶及其他添加剂。固化后的胶层不能受潮或浸水。为提高耐水性，可在胶液中通过加入少量（通常为 3% 左右）

的十二烷基苯醚磺酸钠。另外，也可用加入硫脲、磺酸钾、铜盐、低分子环氧树脂、二羟甲基脲、六次甲基四胺等，均能取得较好的效果。

豆胶主要用作生产胶合板和刨花板的胶黏剂，但耐水性较差，因此使用中受到一定的限制，近年来已较少单独使用，而主要作为脲醛树脂胶及酚醛树脂的添加剂。

阿拉伯树胶系由阿拉伯、非洲及澳大利亚等地生长的胶树所得树胶的总称，呈白色至深红色的硬脆固体，密度 $1.3 \sim 1.4 \ g/cm^3$，溶解于甘油及水，不溶于有机溶剂。

阿拉伯树胶的水溶液干燥后能形成坚固的薄膜，但脆性较大。为了改善脆性，提高韧性，可加入适量的乙二醇、丙三醇、聚乙二醇等作为增塑剂，但会影响胶液的干燥速度。

阿拉伯树胶作为胶黏剂，可单独与水配制，也可加入增塑剂、淀粉、黄蓍树胶、百里酚等一起配制。配制时一般无需加热，只要在室温下搅拌至均匀透明即可。

阿拉伯树胶主要用于光学镜片、食品包装等的黏接，可用作邮票、商标标贴的上胶材料，潜性固化胶黏剂微胶囊的外膜材料，也可用作药物的赋形剂等。

松香胶是以松香为基体制成的胶黏剂。松香由松树分泌的松香树脂（又称生松香或松脂）经蒸馏去除松节油后而得，为透明的、浅黄色至深棕色的玻璃状脆性物质，有特殊气味；不溶于水，能溶于乙醇、乙醚、丙酮、苯、二硫化碳、松节油、油类和碱溶液；主明要成分为松香酸和松脂酸酐等不饱和化合物，通常含松香酸 $80\% \sim 90\%$，具有较大的活性。其性状根据色泽、酸度、软化点、透明度而异。通常情况下，色泽越浅，性能越好，松香酸含量越大，酸度越大，软化点越高。松香胶可直接用有机溶剂溶解松香而得，也可通过碱化后制成水溶性胶。

（1）溶剂型松香胶

它由松香与溶剂直接配制而成，能够溶解松香的溶剂均可使用，并可根据溶剂的品种和固含量适当进行调节。例如，用作黏接金属箔包装纸的松香剂，可采用低沸点的溶剂（如乙醚、丙酮、苯等）；用作制备黏蝇纸等的松香胶，可采用高沸点的溶剂（如蓖麻油等）。配制时，一般在加热下搅拌均匀即可。

（2）水溶性松香胶

它由碱液将松香碱化后制得。碱化的方法，有在碱液中直接加入松香，在熔融的松香中加入碱液，以及在碱过量的情况下加入乳化剂等多种。水溶性松香胶具有更高的黏接强度，而且成本低廉。

酪蛋白是由牛奶沉淀而得的脱脂乳蛋白质。干酪蛋白胶用前只需与水简单混合，酪蛋白胶在室温下使用，通过渗入木质被黏物的水分散失，以及蛋白质与可溶性钙盐发生某些化学变化而使胶硬化。其用途是用作包装玻璃瓶与纸标签黏贴的胶黏剂。在木器加工中，用于室内大型木结构件的层压，也用作一般的室内木器加工，包括家具。虽然酪蛋白胶比水基型的胶黏剂耐温度和湿气变化，但也不能在户外使用。酪蛋白胶耐干热可达 70℃，但在潮湿条件下黏接强度降低，并易于发生生物破坏，加入氯代苯酚可减小破坏趋势。酪蛋白胶常与胶乳和二醛淀粉等配合，以改善其耐久性，酪蛋白胶一般耐有机溶剂性能良好。

骨胶和皮胶通常指从哺乳动物骨胶原（皮、骨、腱的基本成分）制得的胶，又称明胶。骨胶是用动物的骨熬制的，皮胶是以制革废物熬制的。明胶具有许多优良的物理、化学性质，在许多学科如生物学、光学、医药学和工业技术领域如感光材料、食品工业、医药工业、印刷和胶黏剂工业等方面有着广泛的用途。食品工业中可用来制软糖和食品添加剂，作冰激凌的稳定剂，火腿、香肠的胶黏剂，是一种难得的食品原料，且用量很大。明胶具有极佳的黏合性能，一直在家具行业、皮革制品、胶纸带、纸盒、砂布、石纸、火柴等行业中传统地使用着。近来研究发现，通过改性可以使明胶胶黏剂获得许多特殊性能，如明胶和间苯二酚、甲醛进行反应，可以制作成一种良好的外科手术胶黏剂，明胶与乙烯基吡咯烷酮反应，也可以制成一种医用的固体胶黏剂。明胶与甲基纤维素、聚乙烯醇、石英作用可以生产出黏合房屋建筑材料的胶黏剂。明胶与酚醛树脂可以制成黏合玻璃纤维品的胶黏剂，这种胶黏剂能大大地改善玻璃纤维品的挠曲性能及延展性能。明胶环氧树脂改性可以提高抗水性及黏度，是层压板的理想的胶黏剂用胶。用三氯乙酸钠或钾处理可以制出中性、稳定的胶黏剂。明胶在智能胶黏剂的配制方面也有很大作用，含有极性链段和非极性链段的微相分离的高分子材料的界面具有刺激响应性，当其和非极性基材相接触时，分子链中的非极性链段便会产生刺激响应而起黏合作用，当其接触极性基材时，则极性链段便会产生刺激响应而起黏合作用，智能胶黏剂就是利用这一原理而制成的，这种胶黏剂可用于非极性材料的黏合，也可用于极性材料的黏合，还可以同时用于黏合极性和非极性材料，这种胶黏剂的开发成功将对未来的方方面面产生重大的影响。

　　鱼胶是脱盐鱼皮（常为鳕鱼）的副产物，具有动物皮胶和腱胶的类似性质，在木器加工中取代了大部分的动物胶。鱼胶是最早的家用胶。由于鱼胶是液体，比需要加热锅的动物胶有其优点，因此，最初有很多工业用途。鱼胶已用了很多年，即使如今有了很多合成胶黏剂，仍还有需要鱼胶特殊性能的用处。

　　鱼胶宜以室温不凝胶的冷固液体形式使用，为使鱼胶易于渗入、可涂布或罩光被黏物（例如纸、皮革和织物），可加入像乙醇、丙酮、二甲基甲酰胺溶剂。鱼胶可反复暴露于冷冻和低温环境而无有害影响。鱼胶的干膜可用冷水溶解，其胶液的初黏性能很好。干胶膜暴露于甲醛气体中，使鱼胶凝胶成分不溶解，从而可改善耐水性。鱼胶适宜于黏接玻璃、陶瓷、金属、木材、软木、纸张和皮革。鱼胶的主要用途是以鱼胶/明胶制备胶带，用于黏贴文具用品。胶乳、糊精和聚乙酸乙烯有时可用鱼胶来改善湿黏性。高纯鱼胶是重要的光亮剂，使用温度范围 $-1 \sim 26℃$。

　　虫胶（又称紫胶）是由昆虫而得的热塑性树脂，配成乙醇溶液或热塑性腻子使用，具有良好的电绝缘性，但有脆性（除非与其他材料合用）。虫胶耐水、耐油，黏接强度中等，用于黏接多孔材料、金属、陶瓷、软木和云母。虫胶也用作金属与云母黏接的底胶、绝缘密封蜡，以及热熔胶的组分。虫胶是 Khorinsky 胶泥的基本成分。由于虫胶价格高，应用逐渐减少。

　　虫胶可用作黏接云母片生产云母板的醇酸树脂的代用品，压制成用于电动机、发动机和变压器绝缘的模制塑胶件。用作电动机绝缘子和发动机线圈槽的云母带，就是以虫胶或硅橡胶黏接云母片与玻璃布和薄纸制造的。

　　贻贝的足丝能牢固地黏接在任何物体的表面，高速海流的冲击、潮汐、表面干湿交替及高盐度、温度的波动都对贻贝的黏接没有影响，是目前发现的所有胶黏剂中黏接强度最大的天然胶黏剂。贻贝的足丝也是蛋白质组成的，为什么具有如此强的黏接强度？人们对海洋生物胶黏剂组成、结构、黏附机理和其化学本质知之甚少。如果将这些问题搞清楚了，一方面可以解决海洋水下设施的防污以及防污表面不再依赖毒素释放的问题，另一方面也可以实行人工合成的方法制备胶黏剂——仿生胶黏剂，解决很多难黏材料的黏接。还可用于人造纤维透水气膜、骨头修复、神经和血管以及人造皮肤等医学领域。基于许多海洋生物体能产生胶黏剂且在水下黏附、黏附能力很强的特点，引起了防污损生物工作者和从事胶黏剂研究的科技人员极大的注意和巨大的兴趣，掀起了对海洋生物胶黏剂的组成、结构、黏附机理的探索和研制仿生胶黏剂的高潮，也成为海洋国家中必不可少的研究课题。

矿物胶黏剂具有不燃烧、耐高温、耐久性好，且原料资源丰富、经济，不污染环境，制造及施工方便等优点，广泛应用于玻璃、陶瓷、纸制品、包装材料、建筑材料、金属、非金属等多种材质的黏接上，可用于黏接刀具、量具、仪器仪表、精密工具、夹具及管路、元件密封和补漏等，而且它们黏接的许多优异性能是有机胶黏剂所无法实现的。因此，矿物胶黏剂的发展正日益受到人们的重视。

天然胶黏剂的黏接理论与其他胶黏剂一样，也是一个复杂的物理、化学的黏接过程，黏接力的产生不仅取决于胶黏剂原料的本身，而且与被黏物表面的结构、状态和黏接的工艺条件有着密切的关系。一般认为黏接力的产生有以下几方面原因。

（1）机械作用力

机械理论认为，机械作用力使胶黏剂渗入被黏物表面的空隙内，并排除其界面上吸附的空气，固化后在界面区产生黏接作用。例如，在黏接多孔的泡沫塑料时，机械作用力是重要因素。胶黏剂黏接表面打磨了的致密材料的效果比黏接表面光滑的致密材料的效果好，这是因为：①机械镶嵌，类似钉子与木材的接合或树根植入泥土的作用，胶黏剂向两被黏物渗透，固化后通过自身的强度将被黏物结合在一起；②形成清洁表面，有利于胶黏剂向被黏物表面渗入；③生成反应性表面；④表面积增加，由于打磨使表面变得比较粗糙，可以认为表面层物理和化学性质发生了改变，从而提高了黏接强度。

（2）化学键力

任何两种被黏物质的分子或原子相互接触时，由于化学键力的作用使两分子产生吸附作用，通过吸附作用使被黏的两种物质结合在一起。化学键包括离子键、共价键、金属键三种不同形式。离子键力是带正、负电荷的离子相互之间的接触产生的作用力；共价键力是由成键的原子之间共享电子对的结果；金属键是金属离子之间由于电子的自由运动而产生的作用力。在某些情况下，带有化学活性基团的胶黏剂分子与带有活性基团的被黏物的分子之间也能出现价键的结合。当然，胶黏剂与被黏物接触时，首先在被黏物表面润湿，要使胶黏剂润湿固体表面，胶黏剂的表面张力应小于固体的临界表面张力，胶黏剂浸入固体表面的凹陷与空隙就形成良好润湿。如果胶黏剂在表面的凹处被架空，便减少了胶黏剂与被黏物的实际接触面积，被黏物间的化学键力不能产生，从而降低了被黏物间的黏接强度。

（3）分子间的作用力

分子间的作用力包括范德华力和氢键力，范德华力又包括诱导力、色散力。诱导力是指非极性的分子在极性分子或外界电场的影响下产生的偶极之间的作用力，诱导力与极性分子偶极矩的平方成正比，与两分子间的距离的六次方成反比。两被黏物分子间的距离越近，这种作用力就越大。色散力是分子内电子对原子核的瞬间不对称状态产生的作用力。因为电子不断运动，正负电荷中心的瞬间不对称的运动状态总是存在，所以色散力也总是存在。色散力与分子间距离的六次方成反比。低分子物质的色散力较弱，但是色散作用具有加和性，所以高分子物质的色散力很大。据研究，非极性高分子物质中的色散力占全部分子作用力的 80% ～ 100%。范德华力的特点是随着分子间距离的增加而急剧下降，在天然胶黏剂的应用过程中，使用机械加压，就有缩小被黏物间距离的作用。

氢键力的产生是氢原子与电负性大的原子作用的结果。氢键力的大小与原子的电负性的大小有关，电负性越大，氢键力也越大；也与原子的半径有关，原子的半径越小，邻近氢原子的概率越多，形成氢键的概率越大，氢键力也就越大。只要被黏物间、胶黏剂与被黏物间有能形成氢键的原子存在，则都有可能形成氢键力。

（4）静电作用力

当金属与非金属材料密切相黏时，金属失去电子，非金属得到电子，所以电子从金属表面向非金属方向移动，使界面两侧产生接触电势，并形成双电层，产生静电引力。当胶黏剂从被黏物上剥离时有明显的电荷存在，就是对该理论的有力证实。

以上四种作用力构成了胶黏剂与被黏物间的黏接强度。在天然胶黏剂的配方设计中要充分考虑这些力的形成来选择适宜的原料组成。当然，影响胶黏剂黏接强度的因素还有：①胶黏剂本身的流动性的问题，胶黏剂易流动增加了分子接触的机会，有利于提高分子间的作用力；②胶黏剂与被黏物之间形成湿润状态，是胶黏剂具有良好黏接性能的先决条件；③增加被黏物表面的粗糙程度，提高机械作用力；④在黏接界面区中，尽量避免胶黏剂本身体积收缩对黏接力产生的破坏。

天然胶黏剂自身也有一些不足，其主要缺点是黏接强度不够理想，且大都不耐水，部分品种不耐霉菌腐蚀。近年来人们正致力于研究对天然胶黏剂进行化学改性，以进一步提高性能。随着国民经济的持续、稳定增长，我国对天然胶黏剂的需求逐年增长。天然胶黏剂是木材、造纸、纺织、印染、医药、建筑、皮革、冶金、包装等必需的原材料。特别是建筑行业的兴旺发达，各种板材的大量应用，促进了天然胶黏剂的发展。在强调绿色环保的今天，天然胶黏剂能降解、原料能再生的优势是合成胶黏剂无法比拟和替代的。绿色环保将是胶黏剂产品的发展方向，今后会有更多优质、无毒、低耗、节能的环保型天然胶黏剂的产品，满足市场需要。

12.2 天然橡胶胶黏剂

12.2.1 概述

天然橡胶远在哥伦布发现美洲（1492 年）以前，中美洲和南美洲的当地居民即已开始利用它了。最早到美洲的欧洲探险家，看到当地居民用实心胶球玩投石环的游戏，也有用胶制成的鞋子、瓶子和其他用品。他们发现这些胶球和胶鞋等是从某些树木的树皮割取得的胶乳经干燥处理而制成的。这些树在墨西哥和中美洲称为"ulli"或"ule"，在南美洲称为"hhévé"或"Cau-uchu"，意思是"流泪的树"。它们的学名为巴西橡胶树。天然橡胶树属多年生热带植物，大约有 10 来种产胶树。胶树适合于年均气温在 26 ～ 32℃之间，年均降雨量 2000 mm 以上的高温多雨的热带地区栽培。

西班牙人曾试用过从巴西橡胶树割出来的胶乳制防雨斗篷，但是橡胶一经日晒就变软和发黏。他们未进行深入研究，仅仅搜集一些当地的橡胶制品带回欧洲作为纪念品。因此，他们虽然最早接触橡胶，却未能认识到橡胶的真正价值。直到 1736 年，法国科学院派往南美洲测定子午线的 CH.Condamine，从秘鲁运回几卷橡胶，并报道了有关橡胶树的产地、采集胶乳的方法和橡胶在当地利用情况的传闻资料。1747 年法国工程师 C.F.Fresneau 在圭亚那的森林中发现了几种橡胶树并致信给 C.H.Condamine，信中除了详述有关橡胶树的情况外，并指出橡胶的可能用途。这封信于 1751 年在法国科学院宣读，使欧洲人开始认识天然橡胶，并进一步研究它的利用价值。

1791 年英国的 S.Peal 取得了用松节油的橡胶溶液制造防水材料的专利权。6 年后 H. Johnson 取得用等量的松节油和酒精制造橡胶防雨布的专利权。1823 年英国的 CMacintosh 取得用橡胶的苯溶液制造雨衣的专利权，并设厂生产雨衣。在这时期中还有许多人研究橡胶的用途，如制造胶管、人造革和胶鞋等。但是这些产品凡遇到气温高和经太阳曝晒后就变软和发黏，在气温低时就变硬和脆裂，制品不能经久耐用。因此它长期未被推广应用，当时全世界每年的耗胶量最多为 300 t。美国人固特异（C.Goodyear）于 1839 年发现了橡胶硫化，从而使橡胶可以不但不易变软和发黏，而且仍然保持良好的弹性。1888 年英国人邓录普（J.B.Dunlop）发明充气轮胎，进一步增加了橡胶的消耗量。随着汽车和飞机的出现，轮胎、电力、通讯等工业的发展，给天然橡胶资源的开发开拓了广阔市场，也使橡胶应用获得充分发展和拓宽，形成了今天关系到国计民生的重要战略物资。从此，天然橡胶真正被确定具有特殊的使用价值，成为一种极其重要的工业原料。到 1890 年仅英、美两国的年总耗胶量就达到 28 528 t。第二次世界大战后，世界天然橡胶一直保持较好的发展势头。20 世纪 80 年代以前平均年增长 4%，20 世纪 80 年代以来仍保持 3.3% 的年平均增长率。

由于天然橡胶的用途日益扩大，用量剧增，英国人 J.Collins 在 1860 年就认为，应该把美洲野生橡胶引种到东南亚，发展栽培橡胶业。1876 年，英国人 H.Wickham 成功地将巴西橡胶树在远东落户。巴西橡胶树具有胶乳产量高、橡胶品质好、经济寿命长的特点，加上栽培容易，因此在大量科学家的辛勤劳动下，巴西橡胶树从野生的状态到成功地大面积种植仅用了约 100 年时间。引种成功后栽培橡胶业发展非常迅速，其产量已占世界天然橡胶总产量的 99% 以上。全世界有 40 多个国家和地区种植橡胶树，栽培面积达 946.8 万 hm²，其中东南亚和南亚占 92%，非洲占 6%，中、南美洲占 2%。到 1992 年止，植胶面积最大的国家是印度尼西亚，达 315.53 万 hm²；其次是泰国，面积为 184.4 万 hm²；马来西亚则由第二位退居第三，为 183.67 万 hm²；我国第四，1995 年统计为 59.19 万 hm²；印度为第五。1996 年全球天然橡胶的产量为 628 万 t，其中东南亚、南亚占 94%，非洲占 4.8%，中、南美洲占 1.2%。以国家来说，泰国、印度尼西亚、马来西亚、印度和我国，分别依次为第一至第五产胶大国，其中前三国的产量占世界总产量的 70% 以上。世界天然橡胶主要生产国情况如下。

泰国胶园的树龄结构比较合理。树龄在 15 年以下的胶园占 54% 以上，还未达到产胶高峰期，显然泰国产胶量还会增加，2000 年产胶量达 190 万 t 左右，但随后将转入逐年下降。

马来西亚在 1993 年大胶园产量达到顶峰。后由于国家农业政策的导向，胶农转向发展其他木本作物（油棕、可可），加上 1 号烟片胶为主的产品结构受到国际市场的冲击，生产趋于下降态势。小胶园产量增长较快，目前已占产量的 50% 左右。随着胶价的上涨，这一比例可提高到 85%。由于胶树正常淘汰和老龄化，小胶园产量从 1990 年的 90 万 t 降到 2000 年的 79 万 t；大胶园产量从 1990 年的 38 万 t 降到 2000 年的 24 万 t。

尽管印尼有些大胶园正改种油棕，但其大胶园产量预计今后仍会增长，到 2000 年其大胶园的产量将达到 41 万 t，随后可能会下降。该国小胶园分为受援小胶园和非受援小胶园，前者是指接受国家技术和资金援助的小胶园，后者是未接受援助的小胶园，受援小胶园的单产可达 1000 kg/hm²，而其他小胶园产量仅为 400 kg/hm² 左右。受援小胶园的面积计划从 29 万 hm² 扩大到 2000 年的 69.7 万 hm²。届时每年可增产橡胶 42 万 t。而非受援小胶园仍将维持目前 80 万 t 左右的水平。印尼植胶面积最大，其发展潜力也大。

印度目前的形势非常有利于扩大橡胶的生产。前些年，印度国内橡胶价高于国际市场价，导致许多农民纷纷种植橡胶，使胶树树龄结构趋于幼龄化，有利于今后橡胶产量的增加。植树面积从目前的 47.5 万 hm² 扩大到 2000 年的 62 万 hm²。1994 年产胶量为 485 万 t，2000 年产胶量达到 66 万 t，预测到 2010 年将达到 88 万 t。即使如此，产量仍无法满足其国内需求。为争取实现天然橡胶自给，印度正采取扩大种植面积、加强抚育管理等有力措施，生产增长的势头方兴未艾。

从总体上看，东南亚天然橡胶今后仍将在世界上占据绝对优势，1994 年其产量为 434.9 万 t，占世界总产量的 77%。2000 年产量为 462.7 万 t，占世界总产量的 70.76%。

橡胶属于大宗商品，是重要的工业原料，广泛应用于制造汽车工业用配件（轮胎及橡胶制品）、胶带（传动带、输送带、密封制品）、医疗用品（手套、输血管等）、日用品（胶鞋、雨衣、暖水袋等）和工业仪器用橡胶制品等。在国防（飞机、坦克等）和尖端科技领域（宇宙飞船、人造卫星、航天飞机等）也需用大量的橡胶零部件，因此它又是一种重要的战略物资。天然橡胶的消费量从 1946 年的 59 万 t 增至 1996 年的 593.4 万 t，50 年中增长 10 倍。合成橡胶也大致一样，增长 89 倍。用于制造各种车辆、飞机、宇宙飞船、拖拉机及大炮等的轮胎制品占天然橡胶总消费量的 70%，制造工程部件的占 13%，乳胶制品占 9%，胶鞋等 5%，胶黏剂 1%，其他 2%。近年来，由于橡胶使用寿命长和吸震性好，为了保护大型建筑物和原子能设施不受震动和地震灾害，在建筑物下面铺放很多橡胶以防震。

随着工业和科学技术的发展，对橡胶的需求量不断提高，导致了天然橡胶的大发展。但是，天然橡胶由于受性能和地理环境等条件的限制，满足不了逐渐增长的要求，因此引起了欧洲众多化学家的兴趣。随着 19 世纪有机合成化学的发展，人们纷纷开展了对天然橡胶合成研究的工作。1830 年左右，最早确认天然橡胶系异戊二烯的聚合物，1879 年首先在实验室第一次将异戊二烯变成了具有橡胶弹性的物质，被定名为"合成橡胶"。它为橡胶扩大使用开辟了新的领域。天然橡胶与合成橡胶竞争激烈，合成橡胶生产成本较高及对环境有污染，石油资源的逐渐减少，以及合成橡胶在替代天然橡胶方面的技术限制，都遏制着合成橡胶对天然橡胶的冲击。况且天然橡胶具有很强的弹性、良好的绝缘性、坚韧的耐磨性、隔水隔气的气密性和耐曲折的性能，使许多行业无法用合成橡胶取代。特别是在轮胎制造业上，由于天然橡胶在潮湿路面上的抗滑溜性、高温条件下的耐磨性和坑洼路面上的抗裂性优于通用合成橡胶，故天然橡胶仍然是制造飞机、载重汽车及越野汽车轮胎的最好原料，尤以载重量大、性能要求严格的，如波音 747 大型客机等的轮胎，必须全部用天然橡胶制成。由于它的不可替代性和可再生性（它是橡胶树生产的，是可再生资源），随着世界经济的发展，科学的日新月异，天然橡胶的用途越来越广，需要量会越来越大。1989 年以前的近 20 年，天然橡胶在世界橡胶总消费量中的比例低于 1/3 且这个比率多年来一直未发生变化。但 1990 年后，天然橡胶的消费量持续增长，到 1995 年接近 40%。据《1996 年世界新橡胶消费预测》报道，合成橡胶需求量以年率 15% 的速度增长，而天然橡胶的需求量则以年率 21% 的速度增长，消费量逐年增加，近年来连续出现供不应求的局面。

我国引种橡胶树已近一个世纪，且在近半个世纪作为一项产业迅速发展，并为我国的经济和国防建设等作出了重大的贡献。我国在 1904 年开始引种巴西橡胶树。由马来西亚华侨何麟书与其他归国华侨和地方豪绅集资 5000 银元建立琼安公司，在海南岛乐安县（今琼海市）合口湾试种。1915 年，琼安公司橡胶园第一次开割采胶。至 1933 年，海南岛天然橡胶种植面积达 1 万余亩，栽培胶树 15 万株，一年可采胶汁 13 万磅（1 磅 = 0.45 kg），成为初具规模的橡胶种植基地，为海南省成为我国最大的天然橡胶生产基地打下良好的基础。建国后我国橡胶种植业得到了极大发展。1984 年植胶面积达 49.4 万 hm²，居世界第四位，年产干胶 18.9 万 t，居世界第五位，单产达到国际水平。在近几年，由于我国天然橡胶生产大量采用先进生产技术，生产水平得以大幅度提高。

12.2.2　天然橡胶性能、分类与化学改性

（1）天然橡胶的性能

巴西橡胶树的根、茎、叶、花、果以及种子等器官中均有乳管分布。当根和茎的皮层被刺伤或割破，叶片和花枝被割断时，胶乳即从伤口流出。乳管分布在橡胶各种器官中的数量差异很大，在树干的皮层中最多。一般是在树干的树皮上割胶，既方便割胶工人操作，又可获得最多的胶乳；割胶的时间选择在早上日出前后。橡胶树苗木在定植 5 ～ 8 年后，在离地高为 50 cm 处的树干，其围径到达 50 cm 时，这些胶树就可以开始割胶。目前多采用半树周（半螺旋线）隔日割一次的割胶制度。我国垦区每年每株胶树割胶 100 ～ 130 次，少数地区可达 140 次。东南亚地区气温高，胶树越冬时间较短，每年每株胶树割胶 150 ～ 160 次。天然橡胶在植物体内合成的过程，过去虽然进行了许多测定和试验，但只有在最近 20 多年中通过采用液体培养、组织培养、示踪原子以及其他先

进的实验和测试手段，研究青胶蒲公英、银胶菊和巴西橡胶的生物合成试验才有所进展，阐明了橡胶生物合成的机理，在实验室内用生物合成的方法已经制出极小量的橡胶。

天然橡胶的生物合成是一个十分复杂而有序的过程，包括 3 个连续的步骤：①起始阶段，需要一分子烯丙基焦磷酸；②延伸阶段，橡胶转移酶催化异戊烯基焦磷酸 –1，4- 聚合掺入到橡胶链上；③终止阶段，多聚物从合成复合体上解离下来。橡胶转移酶活性的发挥除了异戊烯基焦磷酸及烯丙基焦磷酸底物外，还需要二价金属阳离子。橡胶分子是产胶植物体内类异戊二烯物质代谢的终产物之一。目前已鉴定出 29 000 余种异戊二烯类物质，有些是植物发育所必需的，如赤霉素、脱落酸等；有些是植物与环境相互作用产生的，如花类植保素；还有些在植物中的生理功能尚不清楚。最近发现，橡胶在胶乳中有清除羟基自由基的作用，可能在植物发育过程中具有一定的生物学功能。因此，植物体内类异戊二烯物质的代谢受到人们的关注。现已明确这一途径以甲羟戊酸（MVA）途径生成的异戊烯基焦磷酸（IPP）为前体，生成含 2 ～ 4 个异戊烯单位的各种烯丙基焦磷酸中间产物，再经各类萜类环化酶或橡胶转移酶的作用，生成各种类型的萜类或橡胶等类异戊二烯化合物。概要地说，糖是形成橡胶的原料，糖的代谢物乙酸、乙醛、己酮酸在酶的参与作用下生成甲羟戊酸的中间产物，进一步反应生成活性异戊二烯焦磷酸酯，即异戊烯焦磷酸酯。

异戊烯焦磷酸酯是许多天然产物的共同母体。虽然是同一母体，但在生物合成过程中由于不同的酶参与作用，可生成单萜烯性多萜烯、胆固醇、胆汁酸、类胡萝卜素、普醌和生物细胞的主要成分——维生素 A、维生素 E 和维生素 K 等。1969 年，F.Lynen 明确地论述了天然橡胶生物合成的全部历程。

天然橡胶是一种以异戊二烯为主要成分的天然高分子化合物其分子式是（CH），n 值约为 10 000 左右。天然橡胶存在着构型不同的同分异构体，即顺式聚异戊二烯和反式聚异戊二烯。在顺式聚异戊二烯链中，每个链单元的两个次甲基—CH_2—在双键键轴方向的同侧，聚集成次级结构时，形成无定形胶团，是柔性弹性体；而反式聚异戊二烯每个链单元上的两个次甲基在双键键轴方向的异侧长链分子是有序结构，折叠集集时易结晶为硬质塑料。Tangpakdee 等用凝胶渗透色谱法测定巴西橡胶树橡胶的分子量，发现其分子量分布为双峰分布，所有样品的相对分子质量都为 1.2×10^5 和 2.0×10^6，说明有一个特定的机制控制低分子量和高分子量的橡胶合成。他们认为，橡胶分子量的双峰分布起因归于分支结构的形成，这暗示低分子量部分是组成生物大分子的单位，然后连接而形成具有分支的高分子量部分。以甲氧基钠处理的脱蛋白橡胶由于转酯作用其分支点被降解，但仍保持着分子量的双峰分布，只是高分子量部分峰显著降低。低分子量部分则没有改变，这说明橡胶的一部分高分子量成分是由分支分子组成，转酯后的分子量有所降低。因此分子量分布范围是很宽的，国外文献报道的相对分子质量绝大多数是在 3×10^4 ～ 1×10^7 之间。分子量分布指数（M_w / M）在 2.8 ～ 10 之间。天然橡胶的分子量分布一般认为具有双峰分布规律，在低相对分子质量区域 2×10^5 ～ 1×10^6 之间出现一个峰或"肩"，在高分子量区域 1×10^6 ～ 2.5×10^6 之间出现一个峰。所有无性系橡胶树的橡胶，其分子量分布都可以用三种曲线类型来分类，如图 12-1 所示。

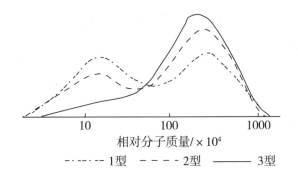

相对分子质量/×10⁴

┄┄┄1型　━━━2型　———3型

图 12-1　天然橡胶相对分子质量分布曲线类型

图 12-1 中 1 型曲线是清晰的双峰分布，两峰高度几乎相等；2 型曲线也是清晰的双峰分布，但其低分子量区域内的峰较低；3 型曲线是一个斜的单峰分布，在低分子量区域中形成一个"肩"或"小山丘"。从分子量分布曲线的类型可以直接判断这种橡胶的操作特性和应用性能。因为低分子量的橡胶具有良好的操作特性，高分子量的橡胶具有较好的物理机械性能。所以双峰分布，两峰高度几乎相等的橡胶，低分子量与高分子量的橡胶几乎相等，都兼有良好的操作特性和应用性能。不同品系的无性胶树所产的橡胶，其平均分子量较高的属于 3 型曲线单峰分布；其平均分子量较低的属于 1 型曲线双峰分布。无性胶树所产的橡胶，其分子量分布曲线呈双峰分布，不能忽视的是橡胶树体内有两种酶系统参与天然橡胶的生物合成，各自担负一个范围内分子量的橡胶合成任务。

天然橡胶是在橡胶树体内生物合成的聚异戊二烯。它在常温下为无定形的高弹态物质，但在较低的温度下或应变条件下可以产生结晶。天然橡胶的结晶为单斜晶系，晶胞尺寸为 a=1.246 nm，b=0.889 nm，c=0.810 nm，晶胞中有 4 条分子链，共有 8 个异戊二烯单元。其中，每条分子链中的碳原子基本上呈平面锯齿状。但是，单体异戊二烯分子之间的排列是有不同方式的，天然橡胶的聚合基本上是一个异戊二烯的 1 位碳原子与另一个异戊二烯的 4 位碳原子连接起来的线状聚合物，所以称为 1，4- 加成结构。然而在一个接一个的排列上有同方向的连接和反方向的连接两种方式，即顺式 -1，4- 加成结构和反式 -1，4- 加成结构，而反式加成结构又分 α 型和 β 型两种。

巴西橡胶树体内合成的橡胶，至少有 97% 以上是顺式 -1，4- 加成结构，没有 1，2- 加成结构，但在红外光谱 866 cm- 波段出现有弱吸收带，可以认为可能存在 3，4- 加成结构。聚异戊二烯顺式 -1，4- 加成结构的结晶熔融温度为 28℃，所以巴西橡胶在室温下具有弹性和柔软性，是名副其实的弹性橡胶。而反式 -1，4- 加成结构的 α、β 型，其结晶熔融温度分别为 56℃ 和 65℃，所以古塔波橡胶在室温下呈硬固体状态，实际上是具有塑料性质的橡胶。

现代橡胶工业使用的天然橡胶几乎全部是从巴西橡胶树采集的，仅有极少量从银胶菊抽提出的顺式 -1，4- 加成结构的银菊胶而古塔波橡胶、巴拉塔橡胶和杜仲橡胶都是反式 -1，4- 加成结构，产量极少。

天然橡胶是由胶乳制造的，天然鲜胶乳中除了绝大部分是水和橡胶之外，还有许多有机物和无机物，其中最多的是蛋白质、类脂物和无机盐类等。胶乳中所含的非橡胶成分有一部分已留在固体的天然橡胶中。一般天然橡胶中橡胶烃占 92% ~ 95%，非橡胶烃占 5% ~ 8%。非橡胶烃成分及其含量如表 12-1 所示。

表 12-1　非橡胶烃成分及其含量

成分名称	含量 / %	成分名称	含量 / %
蛋白质	2.0 ~ 4.0	水分	0.3 ~ 1.0
丙酮抽出物	1.5 ~ 4.5	水溶物	0.1 ~ 1.0
灰分	0.2 ~ 0.5		

由于制法、产地乃至产胶季节的不同，这些成分的比例可能有差异，但基本上都在上述范围内。

新鲜胶乳中含有两种蛋白质：一种是 α 球蛋白，它由 17 种氨基酸组成，不溶于水，含硫和磷极低；另一种是橡胶蛋白，由 14 种氨基酸组成，溶于水，含硫量较高。这些蛋白质的一部分会留在固体生胶中，一方面它们的分解产物可促进橡胶硫化，延缓老化，粒状蛋白质还能起增强作用；但另一方面蛋白质有较强的吸水性，可引起橡胶吸潮发霉，导致绝缘性下降。此外，蛋白质还有增高生热性的缺点。

丙酮抽出物是指橡胶中能溶于丙酮的物质。这类物质主要由胶乳中留下的类脂物及其分解物构成。新鲜胶乳中的类脂物主要由脂肪、蜡类、甾醇、甾醇脂和磷脂组成，这类物质均不溶于水，除磷脂之外均溶于丙酮。甾醇是一类以环戊氢化菲为碳架的化合物，通常在第 10、13 和 17 位置上有取代基，在橡胶中有防老化作用。

胶乳加氨后类脂物分解会产生硬脂酸、油酸、亚油酸、花生酸的混合物，故丙酮抽出物除上述甾醇、甾醇脂等之外尚含有这些脂肪酸。脂肪酸、蜡在混炼时起分散剂的作用，脂肪酸在硫化时起活性剂作用。胶乳中所含磷脂主要是卵磷脂。它的一种分解产物是能促进硫化、防止老化的胆碱。磷脂分解越少的胶乳所制得的橡胶硫化速度越快。

灰分中有磷酸镁、磷酸钙等盐类，有很少量的铜、锰、铁等金属化合物，由于这些变价金属离子能促进橡胶老化，因此它们的含量应控制。

典型鲜胶乳的一般组分含量，分列为橡胶相、Frey-Wyssling 粒子（这种粒子是由 Frey-Wyssling 于 1929 年发现并命名，简称为 FW 粒子）、乳清和底层部分，四个大组分内所包含的小组分有些会在两个组分中同时存在。系胶乳用氨保存后其化学组分发生了相当的变化，有些组分消失或增加，与鲜胶乳相比有很大的差异。

天然胶乳的物理性质和胶体化学结构非常复杂，而且很不稳定，所以变异性很大。胶乳从胶树排出后，其成分、性质和结构都迅速地发生变化。

①颜色从胶树排出的胶乳，一般呈白色，但也有呈灰、紫、黄色的，甚至呈红色的。

②胶乳的相对密度取决于橡胶含量的多少，由于纯橡胶的相对密度为 0.91，当胶乳中橡胶含量超高时，则其相对密度就越小。一般胶乳的相对密度范围在 0.92 ~ 0.98 之间。

③鲜胶乳呈酸性，pH 变化不大，一般在 6.1 ～ 6.3 之间。如果酸度超过这个范围，则主要是掺杂了从胶树筛管中流出的物质所致。

④黏度胶乳的黏度随橡胶含量的增加而增大，当橡胶含量较低时对黏度的影响不太显著。橡胶含量为 35% 时，黏度为 4 ～ 15 mPa·s，当含量升至 60% 时，黏度升高至 30 ～ 120 mPa·s。

鲜胶乳是一种胶体水分散体系，水和水溶性物质构成胶乳的连续相；非水溶性的各种粒子构成胶乳的分散相。

（1）连续相

胶乳的连续相中，除了水之外，还包括各种水溶性物质，如蛋白质、糖、有酸、脂肪酸和无机盐类等。

（2）分散相

胶乳的分散相包括有几种特殊的粒子。当胶乳在 59 000 g（重力加速度）的高速离心 1 h 后，能分开为 4 个区带。最上层是橡胶粒子；其次是 FW 粒子；然后是清澈的乳清；最下面的是底层部分，主要是黄色体，也可能发现有些 FW 粒子正好在底层的上面或夹在底层之中。当胶乳在 5℃以下收集与离心时，还可能清晰地看到 11 个区带。

在鲜胶乳中橡胶粒子约占胶乳体积的 20% ～ 50%，粒子被一层由蛋白质和类脂物所组成的薄膜保护；粒子中的橡胶是非水溶性的，而且是分子的集合体，例如一个直径为 0.1 μm 的橡胶粒子中含有橡胶粒子 483 个，其相对分子质量为 6×10^5。橡胶粒子一般是 0.02 ～ 3 μm 的球形粒子，但在一些无性系的成龄胶树所产的胶乳中，较大的粒子可能呈梨形。但直径大于 0.4 μm 的粒子不到 4%，但却占胶乳中橡胶质量的 85% 左右。离心浓缩分出的胶清中，橡胶粒子的直径没有超过 0.45 μm 的。1 g 含橡胶 40% 的鲜胶乳，其中的橡胶粒子数约为 4.7×10^{13} 个。

橡胶粒子外面吸附层由蛋白质和脂肪酸皂构成，并带负电荷，在胶乳中呈布朗运动。将胶乳置于电场中，粒子向阳极移动而沉积在阳极上。在胶乳中加入带正电荷的氢离子（如酸类）或金属离子（如盐类）时，就会引起胶乳凝固。如加入带负电荷的氢氧离子时，可使胶乳稳定，起抗凝固作用。

非橡胶粒子中最多的是黄色体。它是由薄膜包裹而成的球体，粒子直径为 2 ～ 5 pm，比橡胶粒子重，底层部分主要由黄色体组成。黄色体内部是一种水溶液，含有酸、无机盐、蛋白质、糖类和多酚氧化酶等。用淀粉凝胶电泳法测定，证明有 8 种蛋白质，在幼龄胶树的胶乳中，有些蛋白质是定向的原纤维。胶乳凝块暴露在空气或氧气中，颜色变深发暗。这是由于存在多酚氧化酶所引起的。鲜胶乳中黄色体的数量对胶乳的黏度和胶体性质产生显著的影响。

FW 粒子是一种亮黄色并有很高的折射率的球形粒子，含有相当数量的类胡萝卜素。胶乳的颜色不仅取决于 FW 粒子的多少，还取决于着色程度。用氨保存的浓缩胶乳没有 FW 粒子，显然是在离心浓缩时被分离出去或在胶乳加氨时溶解于乳清中。

天然橡胶中有 10% ～ 70% 的凝胶不能被溶剂溶解。凝胶是由交联引起的，凝胶中含有松散凝胶及紧密凝胶。橡胶溶解达到平衡的时间大约需半个月。凝胶中含氮比较多，例如某生胶含氮量为 0.41%，其中可溶部分的含氮量为 0.05%，而不可溶凝胶部分的含氮量为 0.36%。塑炼后松散凝胶被破坏，变成可以溶解的，但仍有部分粒径为 120 nm 的紧密凝胶粒子不能溶解，但它们能分散在可溶性橡胶中。天然橡胶的高生胶强度可能与这种凝胶有关。

天然橡胶无一定熔点，加热后慢慢软化，到 130～140℃时则完全软化以至呈熔融状态，到 200℃左右开始分解，到 270℃时则急剧分解。在常温下稍带塑性，温度降低则逐渐变硬，0℃时弹性大幅度下降，冷到 –70℃时则变成脆性物质。受冷冻的生胶加热到常温，可恢复原状。天然橡胶的部分物理常数如下：密度 0.913 g/cm³；折射率（20℃）1591；内聚能密度 266.2 J/m³；燃烧热 44.8 kJ/m³；热导率 0.134W/（m·K）；介电常数 2.37；体积电阻率 10^{15}～10^{17} Ω·cm；介电强度 20～40MV/m；比热容 1.88～2.09 kJ/（kg·K）。

天然橡胶具有很好的弹性，弹性模量为 2～4 MPa，约为钢铁的 1/30 000，而伸长率为钢铁的 300 倍，塑料的伸长率虽然和天然橡胶接近，但弹性模量大 30 倍。天然橡胶的回弹率在 0～100℃范围内可达 50%～85% 以上，升温至 130℃时，仍能保持正常的使用性能，当低于 –70℃时，才丧失弹性而成为脆性物质；弹性伸长率最大可达1000%。天然橡胶具有高弹性原因主要有三个方面：①天然橡胶分子本身有较高的柔性，其主链是不饱和的，双键本身不能旋转，但与它相邻的 σ 键内旋转较容易；②天然橡胶分子链上的侧甲基体积不大，而且每 4 个主链碳原子上才有一个，不密集，因此它对主链碳–碳键旋转没有大的影响；③天然橡胶为非极性物质，大分子间相互作用力较小，内聚能密度仅为 266.2 J/m³，分子间作用力对大分子链内旋转约束与阻碍不大，因此天然橡胶的弹性较大。

天然橡胶是一种结晶性橡胶，具有非常好的机械强度。纯胶硫化后的拉伸强度为17～25 MPa，炭黑补强的硫化胶可以提高到 25～35 MPa，在高温（93℃）下的强度损失为 35% 左右。纯胶硫化后的 500% 定伸应力为 2～4 MPa，700% 定伸应力为 7～10 MPa；炭黑配合的硫化胶的 300% 定伸应力为 6～10 MPa，500% 定伸应力为12 MPa 以上。纯胶硫化胶耐屈挠性较好，屈挠 20 万次以上才出现裂口。这是由于天然橡胶的滞后损失小，在多次变形时生热低的结果。强度高的原因在于它是一种自补强橡胶，当拉伸时会使大分子链沿应力方向取向形成结晶，晶粒分散在无定形大分子中起到补强作用。其生胶强度高的原因除上述主要因素外，天然橡胶中微小粒子的紧密凝胶也可能有一定作用。

天然橡胶具有较好的气密性与耐碱性能，但不耐强酸。天然橡胶为非极性橡胶，按溶解度参数相近则相溶的原则，可溶于非极性溶剂和非极性油中。因此，只能耐一些极性溶剂，而在非极性溶剂中则膨胀，故其耐油和非极性溶剂性很差。同时它是一种较好的绝缘材料，但经过硫化后，其绝缘性能下降。

天然橡胶为二烯类橡胶，是不饱和碳链聚合物，它具有与低分子烯烃相类似的化学活性。链烯烃的化学活性源于双键，尽管在离开双键的地方仍有链烷烃的特点。双键中有一个 σ 键，一个 π 键，双键可看成是电子源，是路易斯碱。链烯烃可与缺电子物质（路易斯酸）产生离子型亲电子加成反应。链烯烃与氧和过氧化物等反应就是自由基反应的标志。链烯烃的反应活性点除双键外，还有双键的 α 碳上的氢，即 α 氢，它易于发生取代反应。因此天然橡胶是一种化学反应较强的物质。它的每一个双键形成一个活化点，分布在整个橡胶分子的长链中，支配着橡胶的化学变化，其反应分为加成、取代、环化和裂解，由此可变成硫化胶及其他多种改性橡胶或橡胶衍生物。

（1）硫化

天然橡胶与硫化体系均匀地混合，在一定温度和压力下反应一定时间，就由线型结构的生胶变成网状结构的硫化胶。

（2）老化

天然橡胶在空气中容易与氧进行自动催化氧化的连锁反应，分子链断裂或过度交联，橡胶发生黏化和龟裂，使物理机械性能下降，这就是老化。光、热、屈挠变形和铜、锰、铁等金属都能促进橡胶老化，未加防老剂的橡胶在强烈阳光下曝晒 4 ～ 7 d 后即出现龟裂现象；与一定浓度的臭氧接触，甚至在几秒钟内即发生裂口。不耐老化是天然橡胶的致命弱点。然而通过添加防老剂，可改善其老化性能。使其在阳光下曝晒两个月，看不出有多大的变化，在仓库内贮存 3 年仍可照常使用。

橡胶在高温下老化速率加快，一般是按温度每增加 10℃，则时间缩短至原来的 1/2 的规律发展。如超过 130℃，使用寿命大大缩短。在低温下长期贮存时，则橡胶容易发生结晶，使橡胶变硬；在 0℃左右，硫化胶结晶达到 50% 时需 37.5 天，而生胶仅需 6 天。但是，这种结晶是可逆的，一经升温又会恢复原来的弹性状态。

（3）天然橡胶的分类

胶乳的物理性质、化学组成和胶态化学结构常因胶树的品系、树龄、割胶部位、物候期、土壤和环境的不同而有不同程度的变异。幼树或老树的幼嫩枝条部分所产的胶乳，干胶含量比较低，乳黄比较多，橡胶粒子比较小，树脂和蛋白质含量比较高，无机物质也比较多。茎皮内层新生乳管的胶乳、发新芽和长新叶时期胶树产的胶乳、停割后再开割时期的胶乳、种在贫瘠土壤的胶树产的胶乳、高强度割胶以及在干旱时期胶树产的胶乳，都会出现一些与幼龄胶树产的胶乳特性相同的情况。从胶园收集的胶乳或自然凝固的杂胶，制胶厂通过加工凝固、洗涤、压片、压炼、造粒和干燥，制成各种片状或颗粒状的固体天然橡胶。通用天然橡胶的制胶方法，主要分为胶乳保存、清除杂质、混合或掺和、凝固、凝块脱水或压片、造粒、干燥、检验和包装等工序。但因收集的原料不同，制胶工艺和设备各有差异。不同种类产品加工工艺也不同。天然橡胶可分为固体天然橡胶及胶乳两部分。

通用天然橡胶有两种分级方法：一种是按外观质量分级，主要品种有烟片、绉片、风干胶片，统称为传统橡胶；另一种是按理化指标分级，这种方法比较科学，一般颗粒胶是按这种方法分级的。后一种从 1965 年马来西亚开始执行标准马来西亚橡胶计划，制订标准马来西亚橡胶规格后开始生产标准胶。目前标准胶产量已占生胶总产量 40% 以上。

烟片是天然橡胶中最具代表性的品种。它共分为 6 级，即特级、一级、二级、三级、四级、五级，不合规格的统称为等外胶。等级之间的差别全凭人的主观感觉来决定。它是一种通用橡胶，可用来生产各种橡胶制品，特别是轮胎，但制造淡色制品效果不好。由于制造时使用的原料不同，绉胶片分为胶乳绉片和杂胶绉片。在市场上出售的绉片按白绉片、褐绉片和鞋底绉片分为三种类型。白绉片只限于用来制备淡色橡胶制品，因此产销量很小，目前以斯里兰卡的白绉片最有名。褐绉片主要分三类：胶园褐绉片、再炼褐绉片、树皮绉片。胶园褐绉片及再炼褐绉片主要用来制造胎面和胎体的外层，同相应的烟片比较，制备绉片过程中经过洗涤，除去了一部分蛋白质，故生热性能较好，但也洗去了胶中的天然防老剂，所以老化性能不如烟片好。树皮绉片则只能用来制造普通鞋底和橡胶地板之类的产品。鞋底用绉片分鞋底绉片、鞋底褐绉片、粗粒鞋底绉片三种。鞋底绉片虽然只是用来制造鞋底，但要求极严，是一种最高级的绉片，成品的颜色必须极淡而均匀，厚度也必须符合用户的要求，一般为 1/8 in、5/22 in、3/16 in、1/4 in（1 in=0.0254 m）。褐鞋底绉片是由薄褐绉片经过仔细挑选，除去所有的污物、树皮以及变色和氧化的橡胶后，层压成厚 1/28 in 而制得。粗粒鞋底绉片是用制鞋底绉片时剪切下来的碎胶压炼成粗粒绉片，把三四层白绉片叠在一起，上面再加上一层粗粒绉片，通过层压机压成厚度为 3/16 in 的胶片而成。还有一种烟毡绉片是由烟片或从烟片剪下的碎胶制成。风干胶片与烟片这两种产品的生产工艺和设备除在熏烟和热空气干燥不同外，其他完全相同。风干胶片中需加杀菌剂以防胶片长霉，最常用的是对硝基苯酚。由于风干胶片颜色浅，可作白绉片的代用品，制造半透明的浅色制品。但制造颜色极浅或必须不含对硝基苯酚的制品时，白绉片仍是最优良的原料。风干胶片以颜色论价。典型的制品有半透明制品、浅色玩具、白胎侧、切割法胶丝等。

1965 年，马来西亚根据生产者和用户的意见把颗粒胶按理化性能进行分类，之后这一分类方法被扩展到传统橡胶，并定名为标准马来西亚橡胶（SMR）。这种按天然生胶理化性能分类的方案试行以后，受到用户和生产者的欢迎，其他各产胶国随之仿效，生产各自的标准胶。开始时这些标准胶的分级规格不相同，后来渐趋统一。1979 年马来西亚执行的标准中分为胶乳级、胶片级、掺和级和杂胶级四类。胶乳级包括恒黏胶（SMRCV）、低黏胶（SMRLV）、浅色胶（SMRL）和全乳胶（SMRWF）。以上四种胶只准用鲜胶乳作原料，均属优质标准胶。恒黏胶和低黏胶广泛地用作优质工程制品。制品厂使用这种橡胶作原料，可以不用或减少塑炼操作，降低生产成本。浅色胶是标准胶中唯一具有颜色规格的品种，要求具有天然的淡琥珀色，不得深于风干胶片。浅色胶的典型用途为热水袋、浴帽、运动鞋、自行车内胎、防毒面具、医疗制品、橡皮带、切割法胶丝和胶黏剂等。全乳胶的典型用途为发动机机座管道密封环、工业用辊筒和桥梁支座等高级天然橡胶制品。胶片级标准胶是以未烟熟胶片作原料，也是优良的标准胶。此外，烟片、风干胶片和白绉片若愿意使用理化性能分级时，也可直接压成块状胶包作为 5 号标准胶出售，但必须注明相应的符号。掺和级的通用胶 SMROP 是由胶乳、未烟熟胶片和杯凝胶混合制成，杯凝胶占 40%，胶乳和未烟熟胶片各占 30%，制胶过程中也加有黏度稳定剂，是一种黏度固定的橡胶规定门尼黏度为 58～72。采用通用胶作原料的优点：价格比恒黏胶便宜，相当于三级烟片的价格；加工耗能低，炼胶能耗可比加工 20 号标准胶和三级烟片减少 30%～40%；密炼加工时，排胶温度低，胶料加工稳定性好。它适用于各种制品。杂胶级是用胶园的胶团、胶线、低级烟片、未烟熟胶片以及碎胶为原料，属于低级的标准胶，主要根据其机械杂质含量不同分 SMR10、SMR20、SMR50

三个牌号。10号胶和20号胶广泛用于一般橡胶制品，包括轮胎、输送带、汽车用模制品和海绵制品，50号胶只适于制造廉价制品。

对于标准胶我国有自己的国家标准，见表12-2。

表 12-2　GB／T 8081—1999《天然生胶标准橡胶规格》的技术要求

性能	各级橡胶的极限值						检验方法
	恒黏胶	浅色胶	5号胶	10号胶	20号胶	50号胶	
	颜色标志						
	绿	绿	绿	褐	红	黄	
留在 45 μm 筛上的杂质含量（质量分数最大值）／%	0.05	0.05	0.05	0.10	0.20	0.50	GB/T 8086
塑性初值（最小值）／%	—	30	30	30	30	30	GB/T 3510
塑性保持率（最小值）／%	60	60	60	50	40	30	GB/T 3517
氮含量（质量分数最大值）／%	0.6	0.6	0.6	0.6	0.6	0.6	GB/T 8088
挥发物含量（质量分数最大值）／%	0.8	0.8	0.8	0.8	0.8	0.8	GB/T 6737
灰分含量（质量分数最大值）／%	0.6	0.6	0.6	0.75	1.0	1.5	GB/T 4498
颜色指数（最大值）	—	6	—	—	—	—	GB/T 14796
门尼黏度 ML100C	65 + 5	—	—	—	—	—	GB/T 1232

可按用户要求生产其他黏度级别的恒黏胶。

为了得到某些特殊操作性能或理化性能的生胶，采用某种特殊的加工方法加工普通的天然橡胶。这样得到的橡胶称为特制固体天然橡胶。这一类包括黏度固定橡胶、易操作橡胶、纯化天然橡胶、散粒天然橡胶、轮胎橡胶、充油天然橡胶、炭黑共沉胶、黏土共沉胶、胶清橡胶等。

①黏度固定橡胶。黏度固定橡胶是在橡胶中加入羟胺类化学药剂，使之与橡胶链上的醛基作用，使醛基钝化而抑制生胶贮存硬化，保持生胶的黏度在一个稳定的范围，分为恒黏、低黏和固定黏度三种橡胶。它的主要特点是制品厂加工时不必塑炼就可以直接加入配合剂进行混炼，不但可以减少炼胶过程中橡胶分子链的断裂，而且缩短炼胶时间，可节省炼胶的能量 35% 左右，但其硫化速率稍慢。黏度固定橡胶的价格要比普通同级别的橡胶高 2% ~ 3%。

②易操作橡胶。易操作橡胶简称为 SP 橡胶，就是在制胶时将一部分硫化胶乳与鲜胶乳混合，经凝固、压片或造粒、干燥而制成生胶。当这种橡胶在炼胶时，部分分子间交联链被剪切断裂而生成短支链，因而使混炼胶具有优良的压出或压延性能。这种橡胶最显著的特点是胶料的压出、压延膨胀和收缩性小。压出的制品表面光滑，压出速度快，特别适合于形状复杂和尺寸要求精确的压出制品，可应用于胶管、冰箱等的垫圈及压出海绵、外科医疗用品、压延胶片、模塑制品等。

③纯化天然橡胶。纯化天然橡胶也称脱蛋白生胶或耐电生胶，是在制胶过程中尽量除去橡胶中的蛋白质和其他的非橡胶组分，得到较高纯度的橡胶。纯化天然橡胶含蛋白质和水溶物质比较少，其制品无论在大气中或在水中吸收水分都很少，具有比普通天然橡胶更好的耐电性能，适用于制造电工用的耐电手套和胶靴、地下或海底电缆等制品，也适用于制造高级医疗制品。

④散粒天然橡胶。散粒天然橡胶也称自由流动天然橡胶，有两种产品：一种是粉末橡胶，粒子直径在 0.5 ~ 2 mm 范围；另一种是细粒橡胶，粒子直径在 1 ~ 10 mm 范围。使用散粒橡胶，可以取消切包工序，由于是散粒，混炼时可以自动进料，混炼周期可以缩短一半时间，节省能量达 35% ~ 50%。同时由于与配合剂混合特别均匀，可以获得较好的成品性能。这种橡胶多用于制造黏合用的胶浆，其工艺简单，黏着性能良好。但是，其制胶过程比普通橡胶复杂，成本较高，而且体积密度小，包装运输费用成倍增加，这是散粒橡胶存在的缺点。

⑤轮胎橡胶。轮胎橡胶是马来西亚橡胶研究院研制的产品，使用三种橡胶原料，即胶乳、未熏烟胶片和胶园杂胶各占 30%，加入 10%（质量）芳烃油或环烷油作为增塑剂，共同掺混而成的生胶。轮胎橡胶是用高、中和低级橡胶原料的掺和体，再加上增塑剂，系专供轮胎工业使用的价格便宜的一种原料，但由于轮胎工厂的条件要求不同，所取得的经济效益有很大差异。因此，这种橡胶从 1970 年问世以来，在生产上未见有多大发展。

⑥充油天然橡胶。充油天然橡胶（OENR），由于充油削弱了橡胶分子链间的作用力，增加了分子的热运动和分子间的相对移动性，使橡胶的硬度降低，柔软性提高，对各种配合剂有较好的浸润能力，容易使混炼的质量均匀。充油天然橡胶的特点是操作性能好，在应用时具有良好的抗滑性能，制成的轮胎可在冰雪路面行驶不需要加防滑钉或戴上防滑链，耐磨性能也好，减少了胎面花纹崩裂的情况。

⑦炭黑共沉胶。炭黑共沉胶于 20 世纪 20 年代开始使用分散剂分散炭黑加入胶乳中而制成。但直到 20 世纪 50 年代使用高速搅拌法代替分散剂分散炭黑，此种胶才有了新的进展。用高速搅拌分散法制造的炭黑共沉胶，与干混法的炭黑硫化胶比较，除定伸应力稍低之外，其他各主要项目都显得比较优越。应用炭黑共沉胶时，由于炭黑在橡胶中

已经分散均匀，所以在混炼时可节省一半时间，可以提高炼胶设备的利用率，节省劳动力。同时，在混炼时没有炭黑飞扬，改善了混炼车间的工作条件和环境卫生。但是炭黑共沉胶的表观密度小，包装体积相对增大而增加了运输费用。

⑧黏土共沉胶。黏土共沉胶主要是考虑到炭黑的来源和价格问题，希望使用来源充足、价格比较便宜、有一定补强作用的材料代替炭黑，法国橡胶研究所研制用红黏土与天然胶乳共沉而制成。品种有橡胶100份和红黏土100份、165份的黏土共沉胶，前者的商品名为100TL，后者称为165TL。据称红黏土具有特别的补强能力。红黏土共沉胶经配方和检验硫化胶的特性，发现红黏土除有补强的作用外，其硫化胶在拉伸强度、撕裂强度和耐磨性能与炭黑硫化胶大体相同，但是滞后现象和压缩升热性能都要比炭黑硫化胶低得多，这是红黏土共沉胶最大的特点。红黏土共沉胶只有用湿法将红黏土悬浮液加入胶乳中获得这种优点。红黏土共沉胶在炼胶时，可以缩短混炼时间和节约动力，在轮胎翻新和车胎丁业方面占有相当重要的地位。

⑨胶清橡胶。胶清橡胶是用制造离心法浓缩胶乳时分离出的胶清，经凝固、压片或造粒和干燥而制成的。胶清含橡胶约为3%～7%，其中以细小的橡胶粒子为主；非橡胶物质含量很高，其中许多是蛋白质，铜和锰的含量也很多。直接用胶清凝固制成的胶清橡胶，仅含80%的橡胶烃，而普通胶乳制成的橡胶含94%的橡胶烃，因此胶清橡胶的硫化速率快，易焦烧，抗老化性能差。这种橡胶的制造方法有胰蛋白酶处理法和费尔斯通处理法两种。普通的胶清橡胶硫化速率快，性能变异性大，耐老化性能差，通常与其他天然橡胶或合成橡胶并用。

（4）天然橡胶的化学改性和衍生物

由于天然橡胶具有很好的黏接性和内聚性，因此一直是胶黏剂和密封胶制造的主要原料。目前，用于胶黏剂的天然橡胶约占全世界天然橡胶销售量的25%～3%。20世纪70年代后严格的环境保护要求和石油危机的冲击，使从天然橡胶胶乳出发制胶黏剂受到更加广泛的重视，用天然橡胶胶乳制成的胶黏剂，具有黏度小、橡胶含量高、便于涂覆、不必使用有机溶剂等优点，有利于降低成本。但也有如下缺陷：橡胶分子量过大，欠缺韧性官能团，因此此种黏接剂初黏性低，可黏接材料范围小。对天然橡胶进行化学改性是扩大其应用范围的有效方法。因此，为了进一步提高天然橡胶的操作性能和用途，将天然橡胶经过化学处理改变其原有的化学结构和物理状态，或与其他高聚物接枝、掺和。这样生产出一系列具有不同特性和用途的改性天然橡胶及其衍生物。天然橡胶的改性是扩大其使用范围的强有力的措施，长期以来一直是天然橡胶研究的重点方向。目前的重点主要集中在环氧胶、液体胶和热塑胶，这三种改性橡胶早几年在市场上已有一定的销售量，但仍需不断完善。

①难结晶天然橡胶

橡胶分子链顺序排列，形成三维空间有规排列称为结晶态。天然橡胶构型单一而规整，具有结晶性。橡胶结晶对硫化胶的性能有相当大的影响。结晶时分子链高度定向排列而成分子链束，产生自然补强作用，增加韧性和抗破裂能力。但是由于结晶而使橡胶变硬，弹性下降，相对密度增大。使用难结晶天然橡胶可使天然橡胶在这方面的性能得到改善。制造方法可采用橡胶异构法或使用增塑剂法。橡胶异构法是在胶乳中加入硫代苯甲酸与橡胶反应，使橡胶产生异构化，部分生成反式 –1，4 结构，只要生成 6% 的反式 –1，4-结构，就使结晶速率减慢至原来的 1/500 以下。也可以在生胶中加入丁二烯砜和氰氯化环己基偶氮，在 170℃下用压出机或密炼机，以降低天然橡胶结晶的性能。使用增塑剂法是在橡胶中加入长链的脂肪酸酯类的增塑剂，如癸二酸二异辛酯（DOS），使橡胶分子链之间距离增大，降低分子链之间的相互作用力，有利于链段和整个分子链的运动，降低玻璃化转变温度。难结晶天然橡胶专门用于制造低温条件下使用的橡胶制品，如门窗密封条、坦克车轮的履带和防震垫以及在南北极地区或高空飞行的飞机使用的橡胶器材等。

②环化天然橡胶

环化天然橡胶又称热异橡胶，是将天然橡胶的线型分子变为环状结构，环化剂硫酸或甲苯磺酸的氢离子首先打开橡胶中的双键，与原双键一端的碳原子结合，使双键一端碳原子变成带正电荷的碳离子而使分子进行环化，然后氢离子脱出来，又继续进行环化。

鲜胶乳用稳定剂处理后，加入浓度在 70% 以上的硫酸，在 100℃下作用 2 h，即可使胶环化。此环化作用反应剧烈，放热量大，必须注意冷却，否则，橡胶有炭化的危险。在环化完全后，如采用非离子稳定剂者，可使胶乳倾注入沸水中使之凝固；采用阳离子稳定剂者，则用酒精凝固。凝块用氢氧化钠液洗涤，再用清水冲洗，经压绉和干燥处理而得成品。使用阳离子稳定剂时，当胶乳开始酸化时，必须小心操作，在剧烈搅拌下迅速加入足够的酸量，使胶乳的 pH 突然超过凝固的 pH 范围，避免胶乳发生凝固。用胶乳进行环化制造环化橡胶，比以前用干胶首先制成溶液再进行环化。无论在质量或经济效益上都有明显的好处。

环化天然橡胶呈环状结构，因而不饱和度降低，密度增大，软化点提高，折射率增大。环化天然橡胶一般用来制造鞋底和坚硬的模制品或机械的衬里。将环化天然橡胶加入涂料中可增加涂料的酸、碱性和抗湿性能，对金属、木材、聚乙烯、聚丙烯和混凝土具有良好的黏着力。与普通生胶并用，可增加硫化胶的硬度、定伸应力和耐磨性能。

③接枝天然橡胶

接枝天然橡胶是天然橡胶与烯烃类单体聚合接枝的产物。但是，目前唯一的商品是天然橡胶与甲基丙烯酸甲酯接枝共聚物，简称天然橡胶。

接枝天然橡胶具有很高的定伸应力和拉伸强度。此外，其硬度较大，抗冲击性强，耐曲挠龟裂、动态疲劳和黏着性能好，主要用途是用来制造要求具有良好冲击性能和坚硬的制品，无内胎轮胎中不透气的内贴层，合成纤维与橡胶黏合的强力胶黏剂等。

④氢氯化橡胶

氢氯化橡胶是用天然橡胶与氯化氢作用，进行加成反应得到饱和的化合物。当含氯量达到 33.3% 时，性质变脆，不能应用，因此工业生产必须控制含氯量在 29% ～ 30.5% 的范围，以保证制品具有良好的屈挠性。氢氯化橡胶是白色粉末，相对密度约为 1.16，常温下呈结晶状态，在 80 ～ 110℃时具有可塑性，110℃以上为无定形，130℃时明显软化，180 ～ 185℃时便完全分解。这种橡胶有耐燃性能，对许多化学物质比较稳定。氢氯化橡胶可溶于三氯甲烷、二氯乙烷、三氯乙烷和热的芳香族化合物溶液中，但不溶于水、酒精、乙醚和丙酮，能与氯化橡胶和树脂混合，但不能与天然橡胶混合。用氢氯化橡配制的胶黏剂没有热塑性，可用来使橡胶与钢、紫铜、黄铜、铝以及其他材料黏合，并具有较大的附着力。

⑤热塑性天然橡胶。

热塑性天然橡胶（TPNR），是以各种配比的聚烯烃（特别是聚丙烯）在天然橡胶中的共混体。改变共混比能得到性能广泛的两种类型的共混体，即含橡胶多的软质TPNR与橡胶增韧聚丙烯的硬质TPNR。在天然橡胶长分子链中，以有规律间隔地接上大小受到控制的刚性高聚物或结晶高聚物的支链，使橡胶在加工过程中受热时具有热塑性塑料的特性，但在常温时，则具有正常硫化胶的物理性能。目前制备热塑性天然橡胶主要是将天然橡胶和聚丙烯用 BR 型班伯里密炼机或压出机，于聚丙烯的熔点以上（170～200℃）加入氧化锌和抗氧剂进行混炼，之后经切片，制成热塑性天然橡胶。过程中会引起聚合物主链的切断与再结合，因而生成嵌段及接枝共聚物。

排出的胶料趁热用冷开炼机压成 4～6 mm 厚度的胶片，然后切成粒状或条状，送入注射机筒中进行挤压注模。注射机最大注射量为 60 mL 注射压力为 10～12 MPa。机筒温度：进料段 170～190℃；中段 180～200℃；前段 190～220℃。注射嘴温度为190～220℃模温为 30～60℃。

马来西亚橡胶生产者科学研究协会研制了热塑性天然橡胶 TPNR，并于 1988 年 12月委托给英国的 VITACOMLTD（商品名：Vitacom）和美国的 TECKNOR APEXCO（商品名：Telcar DVNR）两家公司制造。与以聚烯烃为主的热塑性弹性体比较 DVNR 的抗永久变形和低温性能较佳，抗热氧老化和耐臭氧老化性高，成本低。这使 DVNR 在热塑性弹性体市场上赢得牢固的地位。热塑性天然橡胶具有高刚性和高冲击强度以及低密度的特点。随聚丙烯配比量增加而硬度相应提高。掺入少量导电炉黑目的在于使热塑性天然橡胶具有导电性能，当用静电喷漆时能吸住涂料而着色，获得作为零配件所要求的各种彩色。软质 TPNR 代替过去的热塑性橡胶或硫化橡胶用以制造橡胶制品，例如运动用品、绝缘密封用品、软管、酸类、窗框等模压制品。硬质 TPNR 可用于汽车配件等产品，如轿车的保险杠、阻流板、车体防护条等，具有超过其他材料的优点。

⑥液体天然橡胶。

液体天然橡胶（LNR），亦称解聚橡胶，是天然橡胶的改型产物，将天然橡胶的相对分子质量降解至 1×10^4～2×10^4 范围，成一种稠厚而有流动性的液体。它可通过切断天然聚合物分子链的办法来制备。这一点能够经单独或联合使用机械能、化学药品、加热或高能辐射等方法得以实现。解聚可在胶乳阶段进行，也可在干胶时进行。在美国，已经通过解聚固体天然橡胶实现了 LNR 的工业化生产（Hardman 和 Lang，1950）。而用苯肼/空气氧化还原体系在胶乳阶段生产 LNR 的试验工厂据说已在象牙海岸建立起来（Allet-Don 和 Lemoine，1986）。利用机械能和热能并辅以塑解剂对解聚天然橡胶进行了尝试。将天然橡胶放在实验室用两辊开炼机上塑炼。通过选择相同的辊距和时间，使所有试样达到均匀的塑炼程度。为了选择最佳塑解剂用量，在塑炼时应加入适当的塑解剂量。最后，胶片在 3 mm 的辊距下塑炼出片，接着切成条块，放入解聚设备中并加热到要求的温度。搅拌在软化后开始，在预定时间内不断地加热和搅拌，LNR 从罐中流出。

液体天然橡胶呈褐色蜂蜜状，分子量分布（M_w / M）约在 1.7～2.8 之间。液体天然橡胶是最近发展阶段的新品种。在胶乳降低分子量的加工过程中，由于低价格、高清洁化工的发展要求，使得 LNR 材料得以发展。虽然在原则上 LNR 分子量的降低可达到任意水平，但在实际研究中发现，有两种分子量是特别有用的，相对分子质量为 3×10^4 左右的 LNR 可作为在常规硫化过程中橡胶完全硫化的加工助剂，提高胶料的硬度和弹性，相对分子质量为 1×10^4 左右的 LNR 与芳烃油相比，是更有效的加工助剂。LNR 链大量地单点与网络连接，但是它不能完全进入橡胶的交联网络中，并悬挂在网络上，这些悬挂的链对滞后性和缓冲性的提高有一定用。目前 LNR 在马来西亚橡胶研究院正处于中试阶段。它具有自由流动的性质，使制品厂的生产设备和操作大为简化，可浇注成型，现场硫化，已广泛用于火箭固体燃料、航空器的密封、建筑物的黏结、防护涂层，还逐步发展其他橡胶制品，包括试制汽车轮胎。用于电工元件埋封材料甚为广泛。当硫黄的加入量在 30% 以上时，可制成硬质橡胶。

⑦氯化橡胶。

氯化天然橡胶（CNR）由天然橡胶经氯化改性而制得，是第一种工业化应用的天然橡胶衍生物，也是工业上最重要的橡胶衍生物之一。国外氯化橡胶工业化生产方法主要有乳液法和溶液法，以溶液法生产为主。我国现有氯化橡胶生产均采用溶液法氯化橡胶，是将塑炼过的天然橡胶溶于与氯气不起反应的溶剂中（如四氯化碳或二氯乙烷），加热至溶剂沸点的温度下，通入氯气进行氯化，制得乳化液，然后用水加热脱去溶剂而得到半成品，经洗涤、干燥即得成品。近年来，氯化天然橡胶的研究又出现了一个新的热潮，出现了以日本厂家为代表的水相氯化技术和德国 Bayer 公司的溶剂交换技术为主的生产方法。用天然胶乳直接氯化制备氯化天然橡胶的技术也取得了较大进展。

氯化橡胶是白色或黄白色粉末，无臭、无味、无毒、不燃烧，相对密度 1.68，软化点 65～75℃，超过 130℃ 则炭化分解。含氯量为 64%～88%，含氯量越高，其稳定性能越好，溶于大部分有机溶剂，但不溶于脂肪烃、乙醇和水。影响氯化橡胶性能的主要因素是它的分子量或表征分子量大小的黏度，其主要用途是依照分子量大小或黏度高低划分不同品种型号而用于不同领域。氯化橡胶耐各种试剂性能比较好。

氯化天然橡胶是一种重要的成膜材料，具有优异的成膜性、黏附性、耐候性、耐磨性、防透水性、抗腐蚀性、阻燃性和绝缘性等，使之占有独特的应用领域，广泛应用于制造船舶漆、集装箱漆、化工防腐漆、防火漆等，同时也可作为胶黏剂的原料，是很有发展前途的氯系精细化工产品。氯化橡胶可与大量的增塑剂和树脂并用。氯化天然橡胶依分子量大小或黏度高低划分为不同型号，主要用于油墨、涂料和胶黏剂等。从国内外氯化天然橡胶应用领域实际情况来看，氯化天然橡胶主要是用于涂料的中黏度产品。我国氯化天然橡胶主要用作船舶漆、路标漆、集装箱漆、户外罐体涂料、建筑涂料等，在油墨添加剂和胶黏剂的领域也有应用。用氯化橡胶制成的胶黏剂，可用作橡胶与铸铁、钢、铝合金、镁、锌以及其他金属黏合，可与皮革服装、织物、木材、各种塑性物质、硬纸板以及其他物质黏合，可用于制作耐老化、酸、碱和海水等制品。

⑧环氧化天然橡胶。

环氧化天然橡胶（ENR），环氧化天然橡胶是 20 世纪 80 年代初国际上新开发的以天然橡胶为基础的改性新品种。过去制造环氧化天然橡胶只限于用过氧化有机酸或过氧化氢处理橡胶溶液的方法，而近来发展到直接利用天然胶乳，加入过甲酸或过乙酸进行过氧化而获得环氧化天然橡胶。这种方法比较简单，效果也十分满意。环氧化作用可以控制在任何所要求的级别。根据环氧化程度的不同，环氧化天然橡胶可以区分为不同的牌号。

目前主要采用在酸性条件下用过氧乙酸或过氧甲酸对天然橡胶进行环氧化制备ENR。将鲜胶乳稀释至17%～25%（干胶含量），加入硬脂酰胺和工氧乙烷组成的非离子表面活性剂（商品名 Ethonmeen18/16），国量为每100份橡胶用3份，然后按胶乳的0.004～0.006 mol/mL用量加入过甲酸，在50～60℃下反应24 h，环氧化程度可达到90%，根据性能的要求，一般达到50%即可。也可以使用过乙酸。但价格较高，而且容易生成具有羟基结构的物质，而降低环氧化的程度。环氧化后的胶乳，加热至80～90℃使其凝固，凝块用绉片机压炼，充分浸洗以清除游离酸，在50～60℃干燥而制成环氧化天然橡胶。

由天然胶乳与过氧乙酸反应制得的环氧化天然橡胶，一方面由于环氧反应是立体有向反应，使天然橡胶中的顺式结构被保留下来，从而保持了天然橡胶的优良的弹性；另一方面，环氧化的结果，增加了天然橡胶的极性，加大了分子间的作用力，使它具有某些合成橡胶的优良特性。天然橡胶环氧化后，使某些性能如耐油、耐透气性、抗湿滑性等性能获得极大的改善。其玻璃化转变温度由 –70℃提高到 –20℃。这种橡胶的特点是抓着力强，特别是在混凝土路面上的防滑性能好，可作为胎面胶使用，以增加在高速公路上的防滑性能；气密性能好，当环氧化程度达到75%时，气密性能与丁基橡胶相同，可用于内胎或无内胎轮胎；耐油性能好，在非极性溶剂中的膨润性显著降低，可用于耐油橡胶制品。与纤维的黏接性获得改善，对于一般物理机械性能，则有些性能获得改进，而某些性能有所降低。它所具有的各种不同的特性则由环氧作用的程度所决定。环氧化橡胶可使用普通配方，在150℃硫化，其硫化胶保持天然橡胶的弹性，定伸应力和拉伸强度都有显著增加，但压缩变形则随环氧化程度增加而升高。

另外，随着核磁共振技术在确定共混胶中每种聚合物交联键的分布的应用，改变了以往无法使大多数品种的共混胶进行硫化的局面，可使产品质量达到技术人员和用户所希望的最佳性能。天然橡胶与其他弹性体制成的共混胶被认为是提高橡胶制品的质量、改善加工工艺和降低生产成本的一种途径。目前，正在研究和开发的共混胶有下列几种：天然胶与丁腈胶共混、天然胶与三元乙丙胶共混、天然胶与乙丙胶共混、天然胶与环氧化天然胶共混、环氧化天然胶与丁腈胶共混等。

12.2.3　天然橡胶胶黏剂的制备及应用

天然橡胶胶黏剂早在合成聚合物出现之前就已广泛使用，而且至今仍然保持着重要地位。合成橡胶的综合物理机械性能比天然橡胶差，一般是某些单项指标有时能超过天然橡胶。例如，耐油的合成橡胶的出现，弥补了天然橡胶不耐油的缺点，为橡胶扩大使用开辟了新的领域。但是无论是在质量上或是性能上，合成橡胶要完全取代天然橡胶是不可能的。近来在环境保护意识加强和石油危机的冲击下绿色化学渗透入各门学科。天然橡胶具有可重复利用性和再生性，十分符合持续发展的道路。因此，众多科学研究及开发工作都围绕着如何充分利用天然橡胶的问题。目前天然橡胶通过化学改性及与其他材料共混极大地扩大了其应用范围。由于天然橡胶具有很好的黏接性和内聚性，因此一直是胶黏剂和密封胶制造的主要原料。

（1）原料

天然橡胶胶黏剂的主体材料除了上述所提及的固体橡胶外，还可使用天然胶乳。天然胶乳从三叶巴西橡胶树流出来，含有大约 35% 的固含量。它应立即充氨以防止细菌的侵蚀和凝结。每棵橡胶树流出的胶乳收至收集罐，而后根据它的用途确定胶乳如何处理。若作胶乳销售，应进行浓缩。若作干橡胶则需进行凝固、压片或碎裂、干燥和打包。天然胶乳按浓缩方法和所用防腐剂类型分等级。常用的浓缩方法有三种：蒸发、离心分离和膏化。一些特殊等级的胶乳可用配合使用的浓缩方法获得。

蒸发胶乳是通过在减压下用蒸发法将鲜胶乳的一部分水除去，而保留了鲜胶乳中全部固体，商品名为 Revertrex。通常用氢氧化钾代替氨作保存剂，有钾高蒸浓胶乳和钾低蒸浓胶乳两类，同时加入少量的皂类以提高胶乳的稳定性。前者的总固形物含量高达 73%，商品名为标准蒸浓胶乳，装桶运输；后者的总固形物含量为 68%，商品名为低浓度标准蒸浓胶乳，采用整批运输。蒸浓胶乳的干燥周期快，固形物含量高，可节约运费；原胶乳中所含的大、中、小全部橡胶粒子留存下来，所以橡胶的表面积大为增加，胶膜的强力、抗撕力和屈挠性都较高，渗透性好；机械稳定性和化学稳定性高，能贮存在很热和很冷的地方；不含氨，没有臭气，加氧化锌时不会产生锌氨络合物的去稳定作用；保留了天然防老剂，所以老化性能要好得多。蒸浓胶乳的主要用途为生产再生革、橡胶马路、地毯背衬胶黏剂和橡胶水泥。

离心法胶乳是用离心机除去鲜胶乳中一部分水和相当数量的非胶组分，使干胶含量达 60%。离心时也除去了较小的橡胶粒子。离心胶乳是生产最多的一种浓缩胶乳，占浓缩胶乳总产量的 90% 左右。离心胶乳按保存剂用量的不同，分成 HA、XA 和 LA 三类。HA 为高氨胶乳，是指胶乳只用氨保存，氨含量按水相计为 1.6%；XA 为中氨胶乳，是指胶乳用氨与其他保存剂保存，氨含量按水相计超过 0.8%；LA 为低氨胶乳，同样用氨和其他保存剂保存，氨含量在 0.8% 以下。低氨胶乳又因第二保存剂可进行细分。离心法胶乳最重要，约占胶乳产品的 95%。除非另有规定，一般天然橡胶胶乳配方以离心法胶乳为主。二次离心法胶乳是通过膏化到约 50% 固含量，然后离心分离制得。这种作法可保证达到较高的固含量（67%）。

膏化胶乳是在鲜胶乳中加膏化剂后让其自然分离成较轻的浓缩胶乳层和较重的膏清层，排放掉膏清即得膏化法浓缩胶乳。膏化法胶乳的制备过程是加入脂肪酸皂和膏化剂（如藻酸盐），然后将胶乳贮于大罐内，直至膏化层从乳清中完全分离出来，总固含量为 66% ~ 69%。加入氨可以防腐，添加量一般为 0.70% ~ 0.76%（质量），氨作防腐剂。这种胶乳的性质和用途同离心胶乳类似，只是黏度较高，特别适用于刮胶操作。膏化胶乳根据保存剂的用量也分为高氨（HA-Cr）和低氨（LA-Cr）两类，前者的氨含量为按水相计在 1.6% 以上，后者则在 1% 以下。膏化胶乳对胶黏剂制造商没有特别有吸引力的性能，从而一般也不被使用。

CV（恒黏度）胶乳在早期阶段用 0.15% 的羟胺盐处理，以防止贮存时硬化。因此它是一种黏度稳定级的橡胶。

各类天然橡胶体系有不同的防腐体系。如蒸发法胶乳可用氨或氢氧化钾防腐。离心法胶乳总是用氨防腐，或是只有氨，如高氨（HA）胶乳，或是和一种辅助防腐剂结合使用，如低氨（LA）级胶乳。LA 级胶乳是根据辅助防腐剂的类型进行分类的。

（2）胶乳胶黏剂配方

天然胶乳是多分散性的，也即单个粒径变化相当大（0.01 ～ 5 μm）。粒径绝大部分小于 0.5 μm。由于天然胶乳粒径分布宽，在橡胶含量和黏度之间有一个很好的关系。也是由于这个原因，对于给定橡胶含量的天然橡胶胶乳的黏度比合成胶乳低。与其他高聚物一样，天然橡胶的分子量分布是不均匀的。因此，任何样品都有分子量分布范围，平均相对分子质量范围：$M \sim 1 \times 10^6$。凝胶的存在使部分橡胶不溶于良溶剂。

在新鲜无氨胶乳中，凝胶含量通常很低，从橡树流出后 14 天大约为 2%，到 2 个月时也许上升到大约 30%，而 4 个月时可达 40% ～ 50%。市售胶乳在送到大多数国家的客户手中时，后一数字是有实际意义的。在 CV 胶乳中，凝胶的形成受到很大抑制，从而导致较低的凝胶含量（5% ～ 10%）和平均相对分子质量（$M \sim 6 \times 10^5$）。

普通天然胶乳的主要特性如下：高凝胶含量，高分子量，高内聚强度，低固有黏性，高自黏性，皂含量和其他非橡胶物质含量低，高橡胶含量。

这些因素的相对重要性随用途而变。在某些情况下，某一两种特性对应用起决定性的影响。胶乳胶黏剂可以容易地分为两类：湿黏合型和干黏合型。湿黏合型胶黏剂在流动状态时涂于表面，干燥后形成黏合。这种胶黏剂的一个重要特征是机械因素在黏合过程中起重要作用。因此，整体性能如模量是很重要的。通常加入填料来提高胶黏剂的硬度和降低成本。为了形成黏合，有必要除去胶黏剂的水分，因此，湿黏合型胶黏剂仅适用于至少有一黏接面是吸水的场合，如纸、皮革、混凝土和织物等。其典型例子是簇绒地毯的中介涂层、瓷砖胶黏剂和随后介绍的快黏胶。

干黏合型胶黏剂是在水分蒸发后再进行黏合的。为使两个黏接面接触，需要加压，因此，这种胶黏剂可归于压敏胶类。最简单的例子是干的天然胶乳薄膜。它只能与自身相黏，且要求两个表面都涂胶。另一极端是所谓的压敏胶，可黏各种表面。后一种情况目前研究较多，在随后的部分进行详述。在一些情况下，黏合是在胶黏剂部分干燥的条件下进行的。因为在这种状态下天然胶乳薄膜很容易结合。如果加入少量增黏树脂，在成膜阶段可允许水含量进一步减少。

在许多情况下，要求加入增稠剂来提高胶黏剂的黏度。如有厚填料或缝隙填补胶，或多孔基材用胶黏剂。有时使用天然材料，如刺梧桐树胶，酪素也有增加黏度并起稳定剂的作用。但是，现在更为普遍使用的增稠剂是合成聚合物如甲基纤维素和类似的衍生物以及聚丙烯酸酯。

（1）快黏胶黏剂

这些胶黏剂在制鞋工业中的应用是将鞋垫和标签黏到鞋内。胶黏剂在湿态时使用，必须允许适当的定位时间，因此应该指压数秒。对多孔性基材，使用高橡胶含量（65%）的天然胶乳可具有适当的性能。基材吸入水分降低胶体的稳定性，以至于对手指的摩擦作用变得敏感。可通过加入少量增稠剂或水来调整水相的黏度以控制所要求的指压时间。尽管胶膜仍处于湿的状态，但是凝胶已具有足够的强度使鞋内底保持于适当的位置，直到胶膜全干达到最大强度。皂的加入即使很少量，也会使胶乳变得太稳定，以致破坏快黏作用。这种用途的最佳材料是高含量的离心法胶乳，尽管膏化法胶乳具有高固含量，但是仍不具备快黏功能，这可能由于残存的膏化剂。普通浓缩胶乳加入 3 ～ 5 份（质量）的溶胀溶剂如甲苯，可以起到类似的作用，有效地增加非水体积分数，可类似高固含量胶乳。另一种方法，是用解肽酶处理可降低胶乳的稳定性，而发现稳定性太低时可加入很少量的皂来调整。

（2）自黏信封

当天然胶乳干燥时，一些溶解的非橡胶组分随着水分的迁移而被带到表面，完全干燥时即形成一层薄膜。这将会减少橡胶的表面黏性，以致生胶乳胶膜与其他表面压合时一般都不黏。可当胶膜与相似的表面压合时，非橡胶膜被转移，两个天然胶表面相接触面形成黏合，这是来自于天然胶乳膜良好自黏性的缘故。这一特性已导致自黏信封的发展。天然胶的高内聚强度提供了已封口信封的安全性，可确保不严重损坏该信封封口的情况下被打开。下面为一种自黏信封的基本配方。

配方（质量份）：

60% 天然胶乳 167；

10% 氢氧化钾溶液 0.2；

50% 二乙基二硫代氨基甲酸锌水分散液 0.5。

干燥胶膜置露于空气中，必须加入防腐剂（也用作杀菌剂），以防止细菌的侵蚀。二乙基二硫代氨基甲酸锌可发挥这两方面的作用。有时会偶然发现一批胶乳没有足够的自黏强度，这时可加入少量的高分子量增塑剂予以克服，如加入 10 份 50% 的液体聚丁烯乳液。有时有必要改善对纸张的黏合，以使信封撕破时才能打开信封，可加入 10 份聚乙酸乙烯乳液达到此目的而又不明显失去自黏性。

（3）胶乳压敏胶

压敏胶黏制品自 1946 年问世以来，特别是近几十年来发展速度极快，仅 1967—1972 年间，全世界压敏胶黏带的产量就增加了 16 倍。我国在 20 世纪 80 年代初开始大批量生产压敏胶黏制品。适用于压敏的胶黏剂是在干燥条件下能显示很强的黏性，而且柔软得足以能在低压下变形，以便取得良好的表面接触，但又要求它具有足够的黏接强度，以便承受负荷。随着压敏胶黏制品的发展，人们开始注意到天然橡胶具有独特的性能，其中最重要的是干黏性；同时，由于天然橡胶具有较高的分子量，橡胶分子间内聚强度较高。这些特性使天然橡胶成为生产压敏胶黏制品的主要胶料。虽然天然橡胶有良好的自黏性，但是对于胶黏剂来说，它的固有黏性是低的。众所周知，压敏胶要求有自好的黏着性，这可通过配入增黏树脂来得到。以固体橡胶为基料的溶液胶黏剂，其制备工艺已很好地确立。为了利于溶解等，通常要求除去凝胶和降低分子量。通过塑炼即可达到这种目的，但是胶乳是不可能用塑炼来达到目的的。从配方的观点看，将其他组分以分散体形式加入，不塑炼也是可以的，但是不塑炼对成品胶黏剂有某些影响。

一般来说，对于给定的组分，胶乳胶黏剂将会具有较高的内聚强度，也具有较低的黏性。为了达到相同的黏接强度，就要求较高的接触压力或较长的接触时间。这是由于高分子量和凝胶相赋予胶黏剂较高模量和高回弹性，以至胶黏剂缺乏柔顺性并更难达到与黏接面的良好接触。因此，和固体橡胶制备的溶液胶黏剂相比较，胶乳胶黏剂要求使用较软的增黏树脂，而且树脂的用量也较大。C 胶乳较低的凝胶含量分子量反映出在低接触压力下所测黏性逐渐增加。这种倾向通过化学改性可进一步提高。某些具有不同分子量分布的胶料会出现特别令人感兴趣的现象。它们本身具有的黏性，使其无需加入增黏树脂即可具有压敏胶黏剂的性能。这些胶料可与普通胶乳共混以改进内聚强度，与树脂共混以改善黏性或剥离强度。如有必要，可与普通胶乳和树脂共混。

增黏树脂必须以水分散体的形式加入胶乳中。虽然目前对树脂分散体的选择不如固体树脂那么广泛，但市场仍有供货。树脂胶液小粒径是重要的，最好是小于 1 μm。因此，配制树脂分散体要求相当好的专业技能。大粒径分散体可导致黏性降低和延缓胶黏膜中橡胶和树脂之间的平衡。用于天然胶的最常用树脂是以松香酯为基料的。根据胶黏剂性能的要求，可掺入便宜的合成烃类树脂。通常必须加入表面活性剂以保持胶体的稳定性。选择表面活性剂要仔细考虑，因为它们会迁移到表面而影响黏性。表 12-3 配方主要用于塑料胶黏带（质量份）。

表 12-3　塑料胶黏带配方

成分	质量 / 份	成分	质量 / 份
天然橡胶	60 ~ 70	丁苯橡胶	40 ~ 30
萜烯树脂	80 ~ 100	防老剂	0.5
溶剂汽油	700 ~ 1000	苯或甲苯	0 ~ 300

压敏胶黏剂历来以有机溶剂型聚合物溶液为主要材料，天然橡胶就是一种主要胶料。溶剂型天然橡胶基压敏胶的主要优点是黏接强度高、抗蠕变性强和防老化性较好。国内常见该类胶黏剂为 JY-7、KR 压敏胶，YH-710 等。从 20 世纪 80 年代以来严格的环境保护要求和石油危机的冲击，使西方发达国家开始致力于胶乳型压敏胶的开发研制。胶乳型压敏胶黏剂与溶剂型化较，具有如下优点：①减轻污染和毒性的危害；②减少工厂火灾的危险；③在涂布的黏度范围内，有较高的固体含量，而且流动性、润湿性良好。溶剂型压敏胶在我国虽仍居统治地位，但随着人们环境意识的进一步加强，水基乳液型应用市场将会越来越广泛。天然胶乳具有黏接适应面广，胶层弹性良好，黏接强度高，原料来源方便、无毒、安全及无污染等一系列优点，使其在压敏胶黏制品方面得到广泛应用。美国等许多国家都有多种配方的天然胶乳压敏胶黏剂出售。天然胶乳压敏胶的一般组成见表 12-4，表 12-5。

表 12-4　天然胶乳压敏胶的成分

成分	质量/份	成分	质量/份
天然胶乳	100	防老剂及其他	1 ~ 10
增黏树脂乳液	40 ~ 120		

表 12-5　外科用胶黏带胶黏剂配方

成分	质量/份	成分	质量/份
天然胶乳	100	羊毛脂	20
松香脂和松香甘	100	氧化锌	50

增黏树脂主要用于提高胶料对被黏物及胶黏带基材的黏附力。常用的增黏树脂包括天然树脂，如松香及其衍生物、萜烯树脂、烯树脂、古马隆树脂等；合成树脂，如酚醛树脂、醇酸树脂等。黏树脂乳液的制备和使用是非常关键的，必须考虑的因素包括换黏树脂的种类、分子量和极性、乳化方法，所得乳液的粒度、粒径大小、均一性、稳定性。据报道，常用于溶剂型橡胶压敏胶的增黏树脂如松香及改性松香酯、萜烯树脂等皆可进行乳化后用于胶乳系统。成熟的乳化方法包括反转乳化法、高压乳化法、自乳化法和聚合同时乳化等。

当然，天然胶乳用于压敏胶时，也存在某些不足，如胶乳干燥后胶层过于柔软，黏接强度受到较大影响；由于天然胶乳分子量过大而导致初黏性（触变性）较差，耐水、耐潮等性能欠佳；橡胶分子欠缺极性官能团，对强极性基材，如木材、玻璃等黏接性能不太理想。

针对上述不足，可用不同的方法进行改性，如下。

解聚部分解聚了的天然橡胶胶乳与未解聚的胶乳配合使用，调节初黏力、剥离力和持黏力之间的相互平衡。解聚的方法较多，有使用羟胺的，有用过氧化物的，也有用空气中的氧气进行解聚的。

天然胶乳可与其他单体或活性高分子接枝共聚。比较成熟的方法是与甲基丙烯酸甲酯（MMA）的接枝共聚，国外已有商品出售，如 heveaplus MG。据报道，MMA-NR 较天然胶乳性能改善明显。

与其他树脂胶乳混用，如与丁苯（SBR）胶乳的混用等。研究表明，只要合成胶乳的稳定体系能与天然胶乳互混，改性便能顺利进行。

另外，应该引起注意的是胶乳系统本身所具有的缺陷，如易凝胶、干燥速率较低、亲水性基材有被溶胀的趋向等。但随着天然胶乳胶黏剂改性的进一步深入，上述不足必将得到弥补，胶黏剂性能将更加完善，其应用范围也将进一步拓宽。

李晋使用过氧化物使天然胶乳降解，然后加入增黏树脂乳液及其他助剂制成压敏胶，用于保护性牛皮纸胶带的生产，效果良好（表 12-6 ~ 表 12-10）。

表 12-6　增黏树脂乳液的配方（质量/份）

成分	质量/份	成分	质量/份
氢化松香甘油酯	100	甲苯	20 ~ 30
乳化剂1	4 ~ 8	水	120 ~ 140

表 12-7　软化剂乳液的配方（质量/份）

成分	质量/份	成分	质量/份
羊毛脂	20 ~ 30	乳化剂2	1 ~ 2
乳化剂1	1 ~ 2	水	50 ~ 80

表 12-8　防老化剂分散体的配方（质量/份）

成分	质量/份	成分	质量/份
防老剂	10 ~ 20	氢氧化钾	0.1 ~ 0.4
酪	1 ~ 3	软水	15 ~ 20

表 12-9　天然胶乳的降解配方（质量/份）

成分	质量/份	成分	质量/份
天然胶乳（60%）	100	防老剂分散体	2 ~ 4
过氧化氢	1 ~ 3	酪素	0.5 ~ 1.5

表 12-10　压敏胶的制备配方（质量/份）

成分	质量/份	成分	质量/份
降解天然橡胶胶乳	100	软化剂乳液	5 ~ 20
增黏树脂乳液	50 ~ 12	水	适量

搅拌下将增黏树脂乳液和软化剂乳液慢慢加到降解天然橡胶胶乳中，加完后加适量水调至适于涂布的稠度。该压敏胶用牛皮纸保护膜效果良好，但同时也显示该压敏胶的黏力还不足用于OPP胶带，只能限于纸制品胶带，性能还有待于提高。

压敏胶黏制品，如压敏胶带、压敏标签、压敏片材等，早已发展成为胶黏剂中的一个独立分支。我国压敏胶黏剂制品起步晚，与发达国家之间差距大，为了尽快赶上世界先进水平，加强压敏胶黏剂的研究与开发是非常必要的。

（4）瓷砖胶黏剂

瓷砖胶黏剂的大部分市场为以聚乙酸乙烯乳液为基料所配制的胶黏剂所占领，但是仍有以天然胶乳作为基料的，特别是在潮湿条件下使用的胶黏剂。

瓷砖胶黏剂比大多数其他用途的胶黏剂要求硬些，这一效果可通过加入陶土填料而得到。陶土还可降低胶料成本及赋予沟缝填补性能。虽然通过陶土含量增加至 250 份可进一步降低成本，但是胶黏剂的性能将降低。树脂可起到改善黏接强度和耐水性的作用。

由于高填料含量，故加入适当的胶乳稳定剂是必不可少的。纤维素增稠剂能阻止水进入混凝土或其他微孔材料，有助于涂布。乙基二硫代氨基甲酸锌可起到抗氧化和杀真菌的双重作用，但是在不利的条件下建议加一些其他的生物杀虫剂。

各组分应按所列的顺序混合。将树脂和油酸溶于溶剂中并令其冷却，然后加入碱和酪素溶液，接着加入陶土浆、胶乳和其他组分。最初陶土浆形成的是油包水分散液，在加入陶土浆或胶乳的后阶段转变为水包油分散液，加入增稠剂达到所要求的黏度。应该注意的是，按传统工艺把树脂和填料加入到稳定的胶乳中，得到较低的黏接强度，涂布性能也较差。本配方在瓷砖和混凝土之间以 50 mm × 50 mm 搭接黏合，浸水 7 d 后的湿试验剪切力为 440 N。用市售 PVA 基胶黏剂作类似的试验，瓷砖浸水后慢慢脱开。配方 2 是比较便宜、无溶剂的混合物。配方中使用液体古马隆，在搅拌下直接分散到陶土浆中。

这种情况下，要求较软的胶黏剂以及较大的抗剥离力。为此，应减少填料用量而增加树脂用量（树脂也改善黏性）。加入油类可增加柔性。要保留一些填料以获得填缝性能，因为基材会有些不平。制备方法与配方 1 极为相似。树脂、油和油酸在加热下溶于溶剂，然后冷却。在搅拌下将碱及一半酪素加入溶液，随后加水。将剩下的酪素加到胶乳中，而后再加入混合物中。陶土可以干状直接加入或用一些水先浆化再加入。聚氯乙烯片之间以 75 mm × 35 mm 的搭接黏合。黏合老化 7 d 后的剪切力为 300 N，剥离力为 19 N。

（5）可复封胶黏剂

这是一种信封胶黏剂，具有能够使信封数次封上和打开的特点。其主要要求是能够对纸或其他材质有良好的黏接力和良好的内聚强度以使胶黏剂在信封打开时不被损坏。由于胶黏剂涂于每个黏接面，有较低的黏性就足够了。

建议使用高度芳香结构的树脂，它们能促进对难黏材料的黏合而不赋予太高的黏性。陶土和预硫化胶乳可改善内聚强度并控制表面黏性。

快黏性和内聚强度的平衡可通过改变未硫化胶乳和预硫化胶乳的比例来改变。预硫化胶乳在预硫化后应澄清。例如通过离心除去过硫化组分。这样可防止胶黏剂发生后硫化，避免黏性降低太多。

（6）簇绒地毯中介涂层

簇绒地毯是用环状纱线制造，使绒线穿过织物形成绒面。涂布层所谓中介涂层或初层背衬胶黏剂将绒线完位到地毯背衬。在带有第二层背衬的地毯中，通常也用这种胶黏剂黏合一层，如打包麻布的织物层，以改善地毯的结构稳定性。

低氨胶乳（LA-TZ）有较高的固有机械稳定性，这是比较好的胶乳。较好的表面活性剂是具有聚醚（8 ～ 10 醚单元）的烷基苯基聚醚硫酸盐。它们可抵抗填料中可能存在的多价阴离子。硫脲和普通的防老剂配合使用可获得良好的耐老化作用。对于要求做

100℃以上老化试验,所使用的普通防老剂应是对苯二胺类。焦磷酸钠有助于填料的分散,对机械稳定性也有有利的作用。

混合物组分应该按给定的顺序加入,边搅拌边加入填料以避免胶乳局部脱水导致形成凝固胶乳,根据要求加入增稠剂调节黏度,并且避免因混入空气而发生的不均一性,因此最好是在空气排完后再进行此步骤。

(7)其他非硫化胶乳胶黏剂

胶乳胶黏剂广泛用于制鞋工业,例如快黏胶黏剂已经介绍过。

配方(质量/份):

60% 天然胶乳(LA-TZ 型) 167 份;

50% 二氧化钛分散液 10 ~ 20 份。

此配方应用于帆布制鞋业。将帆布鞋帮浸入天然胶乳槽中,浸入深度大约为 2 cm,然后干燥。形成的胶膜渗入帆布中,产生机械黏接力并且提供对胶底具有良好搬运强度的表面,在随后的硫化中黏接在一起。由于鞋底混合物中的硫化剂可扩散到黏接面,因而胶黏剂配方中无需加入硫化剂。

胶乳在制鞋生产的另一用途是皮革的黏合。在鞋帮进行绷楦时通常需要临时支撑定位,要求胶黏剂具有良好的自黏性。由于一些皮革含有重金属,尤其是铬,因此需要防护措施防止其促进氧化降解,否则可能引起橡胶过分软化,并且通过渗透导致皮革毁坏。对于未硫化橡胶胶黏剂最好的防护体系是以金属络合剂例如 EDTA 和二乙基二硫化氨基甲酸锌为基料。对于涉及较大面积的更敏感的应用,如时髦女靴,预硫化胶乳是较理想的。

汽车内部装饰用浅色或不沾染的抗老剂的胶乳是方便可靠的。该装饰物多数是纤维,从而渗透会产生严重的缺陷,因此要求加入一些增稠剂和增黏剂。

胶乳混合物用作各种金属容器的密封剂,包括普通的金属锦手容器、圆桶和加压的气溶胶罐。胶乳可用于端板的湿涂层,然后干燥和交联。当端板盖到罐体上时,该胶乳涂布层起密封的作用。用于食品包装时,应仔细选择配方,并应选择以 HA 胶乳为基料的配方。在食品包装应用中应保证胶乳混合物符合当地的法规。

这些原则也用于瓶盖软木胶黏剂。这些胶黏剂用于瓶盖软木的封闭以确保软木表层上的薄胶层与液体表面相接触的上蜡纸或与金属盖有严密的封闭。它不含填料,但含有防腐剂,主要由于它不与生物活性的液体直接接触,但可能会生霉。

(8)硫化胶乳胶黏剂

硫化胶乳胶黏剂主要用于织物、小地毯以及类似的产品,例如鲁鬃海绵的生产中。类似的许多其他胶乳的应用,可用超促进剂进行硫化。这些材料在碱性分散体中应是稳定的,虽然它们不一定被碱所活化。因为如果所用的碱性物质是氨水,通常在干燥或硫化的初期就挥发掉。硫化剂,如硫磺、氧化锌以及不溶性促进剂必须制成水分散体,使用阴离子表面活性剂容易得到 50% 固含量的分散体。此类分散体可用球磨机制备,也很容易从专门供应商买到预先制好的分散体。可溶性促进剂可以溶液形式直接加到稳定的胶乳中,但是这种溶液比制成分散体具有更短的使用期。

为了在室温下进行硫化,通常要配合使用促进剂,而且通常使用几种促进剂并用。促进剂有下列几种。

①巯基苯并噻唑锌盐（ZMBT）和二乙基二硫代氨基甲酸二乙胺（DDCN）。前者用量约 1.0 份，配成稳定的分散液，而后者用量约为 0.5 份，配成水溶液形式，还需加入约 1.5 份的硫磺。在此配方中不宜使用固碱，仅氨稳定的胶乳是合适的。

②巯基苯并噻唑二硫代物（MBTS）和二乙基二硫代氨基甲酸锌（ZDC）。这两种材料均以 10 份的分散液加入，硫的用量约 1.5 份。

③二乙基二硫代氨基甲酸二乙胺（DDCN）和异丙基黄原酸钠（SPX）。以溶液的形式加入，如配方中有固碱存在则不可能使用。

④二甲基二硫代氨基甲酸钠，以 10% 的溶液使用。

⑤乙基苯基二硫代氨基甲酸锌。

⑥丁基黄原锌，这种物质按 10 份与二苯基胍或者其他胍类或脒类促进剂也按 10 份一起使用。

⑦双五亚甲基秋兰姆四硫化物是特别推荐用于胶乳化合物的秋兰姆，用量为 1.5 ～ 3.0 份。

通常最有效的促进剂有二丁氨荒酸锌（ZBUD）和噻唑类如巯基苯并噻唑锌（ZMBT）。同时这些促进剂大多数也是杀菌剂，因此不需要在硫化胶黏剂中另加特殊的试剂。其典型用量为 1 ～ 1.5 质量份硫，使用二硫代氨甲酸钠会稍微增加活性。由于干燥烘箱的温度与普通硫化体系相适应，在多数情况下需要室温硫化体系，随干燥阶段的进行而发生硫化。对这些情况，普通的氨荒酸盐、氧化锌和硫等体系是可满足的，例如每一种用量为 1 质量份。如需要，可加入 1 质量份 ZMBT，以提高模量。

应该认识到，许多胶乳硫化体系在湿胶乳中比干胶膜中更活泼。胶乳在 1 ～ 2 周内会发生预硫化，尤其是在高环境温度的地区。这样胶黏剂的特性会发生改变，例如即使有增黏树脂存在黏性也会降低。要想延长贮存期，有必要把配合剂作两部分，将促进剂和硫分开。作为替换的办法，可使用以二苯基氨荒酸锌为基料的促进剂，因为它在氨保护胶乳中活性较小。

在机械作用对黏合有重要作用的情况下，通过硫化来提高模量是有用的，因为为了提高刚性而加入填料的量可以减小。有时使用填料来降低成本，但填料用量应有限制，对于要求较高性能的用途，通常使用硫化胶黏剂。

非织造布通常用涂胶黏剂或浸渍胶黏剂的均匀纤维网片来制备。天然胶乳的许多市场已被特种合成聚合物分散体所取代，但是对于机械性能，特别是回弹性很重要的场合，仍选用天然胶乳。

天然胶乳也选作浸渍橡胶的动物鬃毛 / 椰子壳粗硬纤维制品黏料。对用作包装和室内装潢材料，回弹性是特别重要的。

一些硫与动物毛发结合后，需要进行额外的硫化，以获得低压缩变形和良好回弹性。中等硫用量适于毛发 / 椰子壳硬纤维混合制品。根据不同的最终用途，掺和量可为纤维质量的 10% ～ 100%。喷胶纤维垫应于 60 ～ 70℃干燥，并在 100℃热空气中硫化 30 min。低氨胶乳具有更好的机械稳定性，为了保护用于黏合交叉纤维的薄胶膜，需要使用有效的防老剂。

采用凝固剂浸渍方法生产乳胶手套。模具浸于硝酸钙溶液后留下一层凝固剂。当模浸于适当的胶乳胶料，就形成一层胶乳凝胶，再经干燥和硫化后取下。家用手套通常具有植绒内衬，以赋予柔软温暖的手感，而且也很易套戴。植绒还能直接用于胶乳凝胶上，因此要使用湿胶乳中间层。对于植绒黏合，胶黏剂必须是流体，而且是用非离子表面活性剂稳定胶黏剂以防止钙离子的凝胶作用。加入增黏剂使黏度增加以使有足够的胶黏剂附着在凝胶上，以达到固定植绒的目的。

（9）天然橡胶溶液胶黏剂

这一类胶黏剂使用固体橡胶为主体材料，将其溶于溶剂制成简单溶液便是有用的胶黏剂。然而，工业胶黏剂比较复杂。一般需根据用途通过仔细配合助剂和溶剂才可得到合适的产品。这里介绍目前使用的主要助剂。

①增黏树脂

为了使胶黏剂的干燥表面有永久黏性或在溶剂挥发后至少保持黏性较长时间，这里使用增黏树脂是有利的。各种天然树脂及其衍生物如松香、松香和松香酯、萜烯、古马隆和古马隆-茚等已被应用。合成石油树脂也广泛使用，但通常是与来源于生物资源的树脂配合使用。

②软化剂

除非过度素炼，否则橡胶用起来可能太硬，因此要使用软化剂，如用于外科橡皮膏中的羊毛脂，以及液体聚丁烯。

③补强剂

为了提高不饱和橡胶胶黏剂的黏接强度，应选用炭黑作补强剂。炭黑必须在橡胶溶解于溶剂前加到密炼机或二辊开炼机内与橡胶一起混炼。当然，这样会提高橡胶胶黏剂的刚度，可以加入一些软化剂以平衡补强剂的影响，尽管这样做可能会给胶黏剂性能带来相反的效果。过去经常采用全胎再生胶来加入炭黑，但是，正如前述这种方法的应用已在减少。使用多官能异氰酸酯可得到不同类型的补强，因为这样做会产生一定的交联。合理的做法是加到可硫化溶液胶黏剂中。但是，其对胶黏剂的配方和性能的影响存在差异。像可硫化溶液胶黏剂一样，那些用异氰酸酯补强的胶黏剂应作双组分提供，在使用前再混合。可是现在的情况是一个组分和典型非硫化溶剂胶黏剂在成分上是相同的，而另一组分则是普通的异氰酸酯溶液。此外，硫化总是在室温下进行的，异氰酸酯容易与水和其他带有活泼氢的化合物反应，因此，应尽量使用无水溶剂，特别避免使用槽底烃类溶剂。当使用混合溶剂时，应忌醇类。在橡胶制备或素炼期间，偶然带入的少量羟基，通过异氰酸酯，使天然橡胶发生交联。异氰酸酯也可以与涂胶黏剂的基材料起反应。

氯化橡胶也是天然橡胶胶黏剂可采用的补强剂，可以改善各种胶黏剂配方的内聚强度和对许多材料的黏接强度。

④防老剂

对天然胶而言，除了外科应用外，用1质量份防老剂或按供应商所推荐的份数即可满足要求，应仔细选择防老剂，并牢记防老剂迁移到基材上的可能性。

⑤填料

除炭黑外，用于溶液胶黏剂配方中其他的填料作用都不大。少量陶土或重质碳酸钙有时用于控制黏度，但通常是用混合溶剂达到此目的。此外，氧化锌也用于外科橡皮膏和胶带。在需要某些填缝性能时，也加重质碳酸钙或陶土。可是，溶液胶黏剂大体上不是良好的缝隙填料。

在制鞋工业中天然橡胶被广泛用作轻质防水鞋，工农业用胶靴及布帮胶底鞋等。用作鞋用胶黏剂的固体天然橡胶主要是烟片胶及氯丁橡胶，近年来也有其他的材料在研究中。烟片胶或绉片胶极易溶解于苯、汽油中，再加入适量增黏剂，配成黏补普通胶鞋、车内胎的胶液，使用十分方便。普通配方见表 12–11。

表 12–11　配方（质量 / 份）

成分	质量 / 份	成分	质量 / 份
烟片胶或绉皮胶	100	甲苯（120 号汽油）	500 ~ 1000
松香	3 ~ 5		

制备方法是先将生胶切成小块，然后在开放式炼胶机上破丝，破丝后的烟片按配方比例加入溶剂，5 ~ 6h 后就能全部溶解。也可以不破丝直接将烟片剪成碎块，用溶剂浸泡 24h 以上也能成均匀胶液，但胶接效果略差。

将天然橡胶进行塑炼，再加橡胶辅料进行混炼，混炼胶加溶剂配制成胶液。这种胶液按用途不同可配制成黑色的（称作黑胶浆）和本色的（称作白胶浆）。黑胶浆主要用于硫化皮鞋、模压皮鞋及胶鞋生产中，黏中底胶、刷边胶、黏外围条及外底胶（表12–12）。

表 12–12　配方（质量 / 份）

成分	质量 / 份	成分	质量 / 份
天然胶	100.00	氯化锌	5.00
硫磺	2.30	松香	2.00
促进剂 M	0.90	硬脂酸	1.00
促进剂 D	0.45	碳酸钙	20.98
促进剂 DM	0.20	色料	0.5 ~ 1

上述混炼胶时不加硫黄，混炼胶用 4 倍的 120 号汽油作溶剂制成胶浆，待使用前加入硫磺粉并搅拌均匀。

在胶黏皮鞋绷楦复帮中可使用黏合保持时间较长，在溶剂型胶黏剂中相对而言毒性较小的白色或浅灰白色天然橡胶胶黏剂。另外，白胶浆也用作布面胶鞋的围条与鞋面布、鞋面布与鞋面布等。白胶浆可配制成单组分胶浆和双组分胶浆，通常气温在 15℃ 以上用双组分胶浆，使用时将两组分胶浆按 1∶1 配合，以防止胶浆在存放期交联硫化。

感光胶卷的胶片与轴芯的连接一般采用两种方式：挂钩式，黏贴式。过去生产的135和120胶卷一般采用挂钩式。挂钩式存在着许多不足，如胶卷与轴芯连接处易于脱钩，且有些胶片末端断裂，造成使用上的不便。随着高分子化学的发展，美国柯达公司率先将压敏胶黏带制品应用于135胶卷上，这种胶贴式先进工艺的应用使整个胶卷生产流水线生产速度大大加快；而且胶片与轴芯的连接更牢固，不会产生脱落与断裂现象，使得胶片严整度、美观性都有极大提高。1992年福建省轻工业研究所完成了1号黏纸的研制与应用的课题，经过两年多的试验工作，采用国内原料生产出中试产品，经厦门福达感光材料公司生产线上实际应用，胶卷合格率达到95%以上，完全满足该厂引进的柯达全自动卷线机的生产使用要求，填补了我国国产彩色胶片整理所需的特种胶黏带的空白，质量达到国际同类产品的先进水平。陈元正选择了以橡胶弹性体为主体与丙烯酸酯单体进行接枝共聚，再添加适量的增黏剂、交联剂、填料、抗氧剂、防静电剂等。

将天然橡胶与氯丁橡胶素炼后，和溶剂投入反应设备中。开启搅拌至两种橡胶混溶均匀，升温至75℃；加入适量的丙烯酸酯单体，经过约30 min，加入BPO引发剂，控制一定温度与转速，反应4~5 h，降温至50℃，加入终止剂，搅拌30 min后，分别加入增黏剂、交联剂、无机填料、抗氧剂、防静电剂等，继续搅拌5 h，过滤，除去杂质，静置、消泡，即为便于涂布的黏稠状压敏胶。按上述三元共聚的合成工艺路线制备的压敏胶其性能完全可满足胶片黏贴的生产需要。

烟片1号胶制得的胶浆具有较高的剥离强度，但硫化后露在围条外面的胶浆发黏。通用型氯丁胶虽然能克服胶浆硫化且露在围条外和刷浆时滴在大底上的胶浆发黏这一不利因素，但通用型氯丁胶在油中不溶解，虽然可以溶解在乙酸乙酯中，由于乙酸乙酯毒性大，刷浆后干燥过快给工艺上带来一些困难。为了改善天然橡胶、氯丁橡胶单独使用时带来的上述缺点，在保证附着力符合国家标准的前提下，使硫化后汽油浆不再因发黏污染鞋面，鞋与鞋相互黏连而影响产品质量，刘玉巧采用氯丁胶和天然胶并用进行试验。结果表明采用70%天然橡胶与30%氯丁橡胶并用制备的汽油浆不仅解决了长期以来汽油浆发黏问题，而且从经济效益上也是一种较为理想的布面胶鞋热硫化胶黏剂。氯化橡胶具有优良的耐化学腐蚀性、良好的黏附性和贮存稳定性。含氯量约为60%的氯化橡胶溶于芳烃和氯烃等有机溶剂后即可用作极性橡胶和金属材料黏接的胶黏剂，经改进后也能黏接天然橡胶与钢。其胶膜耐酸、碱和海水，但不耐芳烃和油类。若在氯化橡胶中加入树脂、改性剂和增塑剂可提高黏接性能和扩大使用范围。用酚醛树脂、醇酸树脂、氯化聚烯烃、芳香族亚硝基化合物及邻苯二甲酸二丁酯等改性，可显著地提高氯化橡胶胶黏剂的黏附性能，并能用于非极性橡胶与金属的黏接。

随着人们环保意识的增强，对胶黏剂的无毒性要求日益提高，传统的乒乓球拍用胶黏剂为氯丁橡胶胶黏剂，其溶剂为甲苯，有一定气味和毒性，现在国际比赛中已禁止使用。因此，用无毒型乒乓球拍胶黏剂替代传统的氯丁胶黏剂已成为必然趋势。国外该领域已有定型产品，但价格较高。卢秀萍等用天然橡胶为基材，研究橡胶、溶剂、增黏剂的品种及用量等因素对胶黏剂各种性能的影响，筛选出最佳配方，以替代进口乒乓球拍用胶黏剂。研究所得样品与国外同类产品相比，具有黏接强度高、黏度基本相同等特点。

我国从20世纪40年代开始，氯丁橡胶胶黏剂一直作为皮鞋冷黏型胶黏剂沿用至今。

由于我国氯丁橡胶产量少，且适用于胶黏剂的就更少，因此国内绝大多数皮鞋生产者和胶黏剂生产厂商一直使用昂贵的进口氯丁橡胶。陈美等应用 ENR 代替氯丁橡胶制备皮鞋冷黏型胶黏剂，降低胶黏剂生产成本。

炼胶是影响 ENR 胶黏剂质量的重要环节。由于 ENR 是采用天然胶乳经化学反应制得，对热很敏感，所以在炼胶时要特别注意控制炼胶机辊的温度。当胶片炼至一定可塑度后，机辊中心要通入冷水冷却降温，以保持 60 ℃为最佳，直至出片，才能获得良好的溶解度和黏接力。将炼出的胶片剪成 1 ～ 2cm 宽的条状胶片或方状胶块，然后放进装有事先溶解有树脂的溶剂的瓶中，一边搅拌，一边进料。若冬天气温太低，溶剂需事先加热至 40℃左右。在使用前需加进 35% 固化剂。结果表明 ENR 胶黏剂无论黏合皮 - 硫化胶还是人造革 - 硫化胶，其剥离强度均高于国家标准指标，且其初黏性能好，符合皮鞋冷黏的工艺要求，颜色与氯丁胶胶黏剂相似，符合要求。因此它可大幅度降低胶黏剂生产成本，具有显著的社会效益和经济效益。

马宏伟等以天然橡胶和丁苯橡胶为主体，α- 萜烯树脂为增黏剂，并配以其他助剂制备 PVC 压敏胶黏带，研究了压敏胶黏剂的工艺、配方、性能和影响因素。

将天然橡胶和丁苯橡胶在炼胶机上进行塑炼，然后依次加入防老剂、增黏剂、硫化剂等进行混炼。将混炼好的胶片置于温度为 130 ～ 145 ℃的干燥箱中硫化 10 ～ 15 min。把硫化过的橡胶切成小块，用溶剂溶解，并加入经预反应过的 2402 酚醛树脂溶液再加入所需量的溶剂，搅拌均匀即为压敏胶黏剂。

环氧化天然橡胶由于分子中引入极性基，使它赋予许多 NR 所没有的特性。例如它具有良好的湿滑抓着性、高阻尼性、良好弹性、气密性及耐油性。它与许多极性物质有着良好相容性。因此用它配制的胶黏剂具有良好的黏合特性。

将 ENR 干胶与硫化剂及其他助剂在炼胶机上塑炼均匀，然后溶于甲苯或混合溶剂（由乙酸乙酯、丙酮、汽油、环乙烷组成）中，其固含量为 13% ～ 6%，涂 4 杯黏度（固含量 13%）。

ENR 胶黏剂对塑料、PVC、酚醛板、人造革、橡胶、皮革、钢、木材等均具有良好黏接力。初黏力好，具有耐水、耐酸、耐碱的特点。适用于软、硬材料黏合，如鞋类及其他工业应用，是一种良好的常温硫化橡胶型胶黏剂。马来西亚橡胶研究所采用甲苯、丁酮混合溶剂制得 ENR 胶黏剂，该胶黏剂可黏合橡胶 / 橡胶、橡胶 / 金属、极性聚合物 / 金属等。肖发荣等也对 ENR 胶黏剂作了大量研究，采用甲苯、环己烷、丙酮、汽油、乙酸乙酯、丁酮等组成不同混合溶剂，制得常温硫化胶黏剂。这种胶黏剂具有良好的初黏力及高黏接强度，对于橡胶、真皮、人造革、软硬 PVC、橡塑材料、ABS、酚醛、木材、竹子、玻璃、水泥、陶瓷、钢铁、铝板等都有强黏接力，而且对于同材或异材黏接都适用。它可用于制鞋工业，建筑装修，亦可作为家庭使用。例如，修补皮鞋脱底、海绵鞋脱底大型运输带破口、电气外壳、复印机外壳、船用海绵与钢板黏合、水管喷头塑料与橡胶黏合、家用竹木黏合等都适用。实验室采用市售橡胶及人造革、真皮作黏接试验结果如下：

硬 PVC/ 硬 PVC>9 MPa；木材 / 木材 >4.6 MPa；酚醛 / 酚醛 =4.6 MPa；钢板 / 钢板 = 9 MPa；PVC 革 /PVC 革 >0.4 MPa，橡胶 /PVC 革 >0.28 MPa，橡胶 / 橡胶 >0.28 MPa，橡胶 / 真皮 >0.28 MPa。

由于橡胶为市售的橡胶板，其强度只能达这一水平，试验中橡胶面均破坏。而部分环氧化开环产品制成的胶黏剂对人造革有更好的黏接特性。此胶黏剂特点如下：①初黏力好，目前初黏力达 15 ～ 20 N/2.5cm，黏接力高，胶黏剂与被黏物质相容性好；②涂胶干燥时间可调，短至 3 ～ 5 min，长至 30 min，黏接强度随时间增长而不断增大，到达最佳强度时间为 5 ～ 18 h，根据黏接材质不同而有较大差异；③常温交联固化后可耐 20% 碱液，20% 硫酸液。

第13章　紫外光固化胶黏剂

自从美国 Inmont 公司于 1946 年取得第一个紫外固化油墨专利，联邦德国 Bayer 公司于 1958 年发表了把光能应用于涂膜的固化的技术之后，光固化涂料、光固化油墨的研究开发变得十分活跃。当时是将不饱和聚酯和苯乙烯相互溶解，加入光聚合引发剂使苯乙烯进行自由基光交联聚合，这种光固化树脂在木器涂饰方面可以使用。但是在要求迅速固化的涂料中，逐渐用丙烯酸酯系树脂取代了上述体系。丙烯酸酯系单体与甲基丙烯酸系单体相比，其光固化速度大约快 10 倍，所以在把固化性（速度）当作第一要素的油墨、涂料、印刷版、光致抗蚀剂等领域广泛获得应用。

13.1　概　　述

在紫外光辐射下，液态体系中的光引发剂受激变为自由基或阳离子，从而引发体系中含不饱和双键物质间的化学反应，尤其是各类聚合反应，固化形成体形结构。目前所使用的大部分体系是自由基引发聚合休系，其固化的基本原理可表示为如下反应式。

链引发：

$$PI \xrightarrow{hv} R\cdot$$

$$R\cdot + CH_2 =\!\!= CHR \longrightarrow RCH_2 C\cdot HR$$

链增长：

$$RCH_2 C\cdot HR + nCH_2 =\!\!= CHR \longrightarrow R(CH_2 CHR)_n -\!\!- CH_2 -\!\!- C\cdot HR$$
$$(P\cdot)$$

链终止：

$$R\cdot + R\cdot \longrightarrow R-\!\!-R$$

$$P\cdot + P\cdot \longrightarrow P-\!\!-P$$

$$P\cdot + R'H \longrightarrow P-\!\!-H + R'$$

$$P\cdot + O_2 \longrightarrow P-\!\!-OO\cdot$$

光固化体系经光辐照后，由液态转化为固态一般可分为四个阶段：

①光与光引发剂之间相互作用，它可能包括对光的吸收和／或光敏剂与光引发剂之间的相互作用；

②光引发剂分子化学重排，形成自由基（或阳离子）中间体；

③自由基（或阳离子）与低聚物和单体中的不饱和基团作用，引发链式聚合反应；

④聚合反应继续，液态组分转变为固态聚合物。

紫外光固化属于化学方法，与其他固化方法比较，UV 固化具有许多独特的优势，主要表现在以下三方面。

（1）费用低

液态的材料最快可在 0.05 ～ 0.1s 的时间内固化，较之传统的热固化工艺大大提高了生产率，更满足大规模自动化生产的要求，其产品质量也较易得到保证，由于是低温固化，可避免高温对各种热敏基材（如塑料、纸张或其他电子产品等）可能造成的损伤，甚至在某些领域成为保证产品高质量的唯一选择。

（2）费用低

UV 固化仅需要用于激发光引发剂（或光敏剂）的辐射能（如中、高压汞灯的辐射），不像传统热固化需要加热基材、空间及热量，从而可节省大量的能源；同时，由于 UV 固化材料固含量高，材料实际消耗量也较少。

（3）污染少

传统的热固化工艺会向大气中排放大量有机溶剂 VOC，以涂料为例，全世界每年消耗涂料 2000 多万 t，其中有机溶剂约占 40%、即每年有大约 800 多万 t 溶剂进入大气，进入大气的有机物可以形成比二氧化碳更为严重的温室效应，而且在阳光照射下可形成氧化物和光化学烟雾。

UV 固化基本不使用有机溶剂，其稀释用的活性单体也参与固化反应，因此可减少因溶剂挥发所导致的环境污染以及可能发生的火灾或爆炸等事故。

因而，紫外光固化技术是项节能和环保新技术，一般认为其符合"3E 原则"。所谓 3E，即 energy，节省能源，在紫外固化中不必对基材进行加热，其能耗一般为热固化的 1/5；ecology，环境保护，紫外固化材料中溶剂较少，所用能源类型为光能电能，不燃油燃气，无漏室气体产生，可被称为"绿色技术"；economy，效益经济，紫外固化装置紧凑，流水线生产，加工速度快，节约场地空间，劳动生产率高；另外，紫外固化涂层薄，原材料消耗少。紫外固化技术由于具有上述优点，在生产应用中显示出强大的生命力，广泛应用于化工、机械、电子、轻工、通讯等领域。

但是光固化树脂也有它自身的缺陷，如对于非透光性材料就不能应用，对于异面光不能达到的地方也不能应用，残存的光敏剂或分解后的引发剂会对老化性能产生一些影响等。

13.2　紫外光辐射固化技术

紫外光固化与电子束固化大体相同，究竟采取哪种固化手段，一般是由胶黏剂（或涂料）的固化体系、生产规模、设备投资等条件所决定的。总体来说，紫外光固化设备比电子束简单得多，投资也少，但紫外线能量低，穿透力差，通常用于较薄的涂层和透明材料的黏合，而且在固化体系中必须含有引发剂，这些是与电子束固化的根本差异。

13.2.1　紫外光辐射固化的特点

紫外光辐射固化的特点是：固化速率快，不到 1 min 即可完成固化，有利于自动化生产线，提高劳动生产率；固化温度低，节省能源，室温即可固化，可用于不宜高温固化的材料；紫外光固化所消耗的能量与热固化树脂相比可节约能耗约 90%；无污染，可采用低挥发性单体和低聚物，不使用溶剂，基本上无大气污染，也没有废水污染问题。

13.2.2　光源设备

紫外光可由碳弧光灯、超高压汞灯，金属卤化物灯、荧光灯和氙灯等产生。由于高压汞灯和金属卤化物灯的光源强度、发射稳定性、分光能量分布均匀性都比较好，故较实用。其主要光谱在紫外区，光谱及其能量关系如图 13-1 所示。

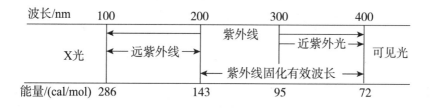

图 13-1　光谱及能量关系（1 cal=4.18 J）

高压汞灯使用温度较高，故必须用水冷却，灯泡寿命仅为约 200 h，而中压汞灯主要波长在 250 ～ 600 nm，功率在 100 ～ 500 W，应用温度较低，只需空气冷却，灯泡使用寿命可近千小时，有经济价值，目前比较广泛应用。

13.2.3　紫外光反射装置

为了提高紫外光的利用率，在生产过程中还采用了一些反射装置配套使用，如图 13-2 所示。

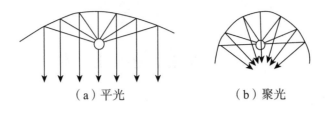

（a）平光　　　　　　　　（b）聚光

图 13-2　反射装置

13.2.4　使用紫光灯应注意事项

（1）控制真氧浓度防止污染环境，空气中氧气经过 100 ~ 210 nm 紫外光照射后，可生成臭氧，浓度大时有恶臭。

（2）紫外光对眼睛、皮肤有刺激性，易引起炎症，应避免直接接触。

（3）细心操作，保护灯泡，灯上附有积炭时，用前以酒精棉擦除，装灯时要戴手套。

（4）酸液应包装在棕色瓶中，避光保存，可延长保存期限。

13.3　紫外光固化体系组成

紫外光固化材料一般以低聚物（又称预聚物）为基础，加入特定的活性稀释单体（又称活性稀释剂）、光引发剂和多种添加剂配置而成，在以下章节中将对其进行详细介绍。其中各组分所占大致比例及功能见表 13-1。

表 13-1　UV 固化体系基本组成及其功能

名　称	类　型	含量 / %	功　能
光引发剂	自由基型，阳离子型	≤ 10	吸收紫外光，引发聚合
低聚物 （预聚物）	环氧丙烯酸酯 聚酯丙烯酸酯 聚氨酯丙烯酸酯 聚醚丙烯酸酯 其他	≥ 40	体系主体，决定固化后材料的主要性能
稀释单体 （活性稀释剂）	单官能度 双官能度 多官能度	20 ~ 50	调整黏度并参与固化反应，影响固化膜性能
其他成分	溶剂，染料，稳定剂，表面活性剂等	0 ~ 30	视用途不同而异

13.3.1　光引发剂

任何能吸收辐射能，经过化学变化产生具有引发能力的活性中间体的物质都可成为光引发剂，它对管固化体系的灵敏度（固化速率）起决定作用。

芳香酮类是最常用的光引发剂，其反应类型主要包括以下六类。

吸收：$K \xrightarrow{h\upsilon} K\cdot$（单线态）

荧光：$K\cdot$（单线态）$\longrightarrow K\cdot$（三线态）$+ h\upsilon'$

系统间过渡：$K\cdot$（单线态）$\xrightarrow{ISC} K\cdot$（三线态）

磷光：$K\cdot$（三线态）$\longrightarrow K + h\upsilon''$

猝灭：$K\cdot$（三线态）$+ Q \longrightarrow Q\cdot + K$

自由基产物：$K\cdot$（三线态）$\longrightarrow R\cdot$

"三线态"和"单线态"分别表示分子在活化状态时的电子自旋构象。光谱学的选择性规则禁止由基态的单线态直接生成三线态，常通过"系统间过渡"（ISC）的自旋翻转过程来实现。

对于一般的光引发体系，主要有如下性能要求：①在紫外光源的光谱范围内具有较高的吸光效率；②具有较高的活性体（自由基或阳离子）量子产率，③在单体树胎基体中具有良好的溶解度；④具有长时间的贮存寿命；⑤光固化以后不能由于引发剂的原因而产生颜色（主要是不变黄），不能在老化时引起聚合物降解；⑥无气味，毒性低；⑦价廉易得，成本低等。

光引发剂种类繁多，按光解机理可分为自由基型和阳离子型，其中自由基型引发剂又可大致分为分裂型和提氢型两种，阳离子型引发剂又可分为重氮盐类第一代阳离子型引发剂和碘鎓盐、硫鎓盐金属卤化络合物类第二代阳离子型引发剂，但一般不用于丙烯酸酯类反应。

13.3.2　单体和稀释剂

在紫外光固化丙烯酸酯体系中，单体是光固化的主体，是依靠单体的聚合产生固化，形成黏接接头。因此单体的性质决定了固化动力学、聚合程度以及产物的物理性质及黏接性能，从其发展历程可大致分为以下三个层次。

第一代单体基本上是简单的丙烯酸、甲基丙烯酸及其酯。这些单、双官能度的单体黏度较低，利于动力学浸润和润湿，有助于黏附，但它们对于紫外光的响应较低，挥发性太大，环境污染也大，利用率较低。三官能团化合物固化速度快，但固化膜容易发脆、发皱严重，附着力较差。这些单体目前仍在使用，如 CA（丙烯酸环已酯）、IBA（丙烯酸异冰片酯）、EGDA（缩乙二醇二丙烯酸酯）、HDDA（1，6-己二醇二丙烯酸酯）、TMPTA（三羟甲基丙烷三丙烯酸酯）、PETA（季戊四醇三丙烯酸酯）等。

第二代单体基本上由乙氧基化和丙氧基化的醇类丙烯酸酯构成。其特点是固化速度快，收缩率比第一代单体小，毒性和刺激性偏小，在光纤涂层中得到了应用。其代表有EOTMPTA（乙氧基化的三羟甲基丙烷三丙烯酸酯）、POTMPTA（丙氧基化的三羟甲基丙烷三丙烯酸酯）等。

第三代单体分为不同的类型，其中甲氧基丙烯酸酯类有较快的固化响应，黏度低，收缩低，溶解性较好，例如HDOMEMA（1，6-己二醇甲氧基单丙烯酸酯），而引入氨基甲酸酯或碳酸酯等基团的丙烯酸酯类，反应活性会大大提高。

为调节体系的黏度，在光固化体系中还需要使用一些稀释剂。根据稀释剂在固化过程中的反应性可分为活性稀释剂和非活性稀释剂，其中活性稀释剂本身也是一种单体，除了对黏度和流变性有调节作用外，还会影响体系的固化速度、提高固化程度并改善固化涂层的性能。活性稀释剂最重要的是低黏度的单官能和多官能度的丙烯酸酯，也包括乙烯基醚类的单体，也具有广泛的应用前景。

（1）非活性稀释剂

非活性稀释剂的作用相当于有机溶剂作用，可使黏度等流变性能达到所需范围。如果所用的稀释剂具有挥发性，它就是溶剂，其含量不超过5%～10%，因为溶剂含量过多，它的挥发会大大影响涂层的性能，尤其是光泽度和收缩率。如果所用非活性稀释剂沸点很高，不具或挥发性较低，则保留成为固化后材料的组成部分，在固化后的体系中起到增塑的功能，使涂层具有一定程度的柔性。

（2）单官能单体

常见单官能丙烯酸酯单体的主要特性见表13-2。

（3）双官能单体

近年来，人们对二元醇的丙烯酸酯进行了广泛的研究。例如乙二醇、一缩二乙二醇、二缩三乙二醇、三缩四乙二醇、聚乙二醇、1，4-丁二醇、新戊二醇、1，6-己醇以及二缩三丙二醇的丙烯酸酯等。其中，有些单体因存在毒性已被淘汰，多缩乙二醇二丙烯酸酯就是一例，主要表现在对皮肤的刺激性和长期动物喂养研究结果对其安全性产生了怀疑。因此双官能在内的多官能丙烯酸酯的大部分研究工作除关注使用性能外，大部分都致力于开发对皮肤刺激性小、不过敏和无长期危害性的材料。二缩三丙二醇二丙烯酸酯（TPGDA）和1，6-己二醇二丙烯酸酯（HDDA）就是其中较成功的例子。因为双官能单体是最常用的单体，下面将介绍其中最有代表性的几种。

① 二缩三丙二醇二丙烯酸酯（TPGDA）。

$$CH_2=CH-\overset{\displaystyle O}{\overset{\displaystyle \|}{C}}-O-(C_3H_6O)_3-\overset{\displaystyle O}{\overset{\displaystyle \|}{C}}-CH=CH_2$$

这是近年来应用较成功的一种双官能单体，其主要优点有黏度较低，刺激性较小，对大部分丙烯酸酯化的低聚物都有良好的溶解能力，且活性较大，对塑料等低表面能的基材有一定的侵蚀能力，从而可以增加附着力。正因为如此，在TPGDA商品化供应市场的多年内，它已成为UV材料中使用最多的单体之一。

表 13-2　常见单官能单体的主要特性

单体名称／缩写	相对分子质量	沸点 /℃	蒸气压 /kPa	黏度 /mPa·s	收缩率 /%	T_g /℃	备　注
苯乙烯 /St	104	145	8.9		14.6	100	价廉，固化慢极易挥发，固化快
N-乙烯基吡咯烷酮 /NVP	111	193	0.009	2.07			活性高，稀释性佳，有气味
丙烯酸丁酯 /BA	128	147	0.60	0.9		-54	气味浓，易挥发，涂层软
丙烯酸异辛酯	184	229	0.013	1.7		-85	中等活性.味浓，涂层极软
丙烯酸正己酯	156	190	0.080			-60	中等活性味浓，涂层极软
丙烯酸环己酯	154	182	0.093		12.5	15	味浓，涂层性能佳
丙烯酸正癸酯	212	> 250				-40	软蜡性质
丙烯酸异冰片酯 /IBOA	208	270		15	8.2	75	味浓，活性大硬，活件大稀释性差味浓，稀释性差
丙烯酸二环戊基氧乙酯	248	82/0.67 kPa		20	10	12	稀释性差
丙烯酸羟乙酯 /HEA	116	134/0.13 kPa		5.34		-60	
丙烯酸苯氧基乙酯	192	65/0.27 kPa		20			
丙烯酸四氢呋喃酯	122						

② 1，6- 己二醇二丙烯酸酯（HDDA）。

$$CH_2=CH-\overset{\overset{\displaystyle O}{\|}}{C}-O-(CH_2)_6-O-\overset{\overset{\displaystyle O}{\|}}{C}-CH=CH_2$$

这是另一种较为广泛应用的双官能丙烯酸酯。它的突出优点有稀释能力强，活性大且黏度低，不是过敏物质，其经口毒性低，而且长期动物喂养研究的结果良好。由于HDDA 的主体是直碳链，因此它是现有双官能丙烯酸酯中能提供柔软性、附着力、活性和韧性等最佳综合性能的单体。因为这些原因，该单体被大量应用于木器、地板、纸板涂料，以及涂饰柔性印刷用纸的许多配方中。

③双酚 A 二丙烯酸酯（DDA）。

$$CH_2=CHC\overset{\overset{\displaystyle O}{\|}}{O}CH_2\overset{\overset{\displaystyle OH}{|}}{C}HCH_2OPhC\overset{\overset{\displaystyle CH_3}{|}}{\underset{\underset{\displaystyle CH_3}{|}}{}}PhOCH_2\overset{\overset{\displaystyle OH}{|}}{C}HCH_2O\overset{\overset{\displaystyle O}{\|}}{C}CH=CH_2$$

这种单体气味低、刺激小且固化快。它是附着力强、耐划痕和耐磨性佳的优异成膜物质。它可应用于金属装饰和纸板涂料方面的胶版印刷油墨，也应用于各种不同的涂料配方之中。

④三缩四乙二醇二丙烯酸酯（TEGDA）。

$$CH_2=CHC\overset{\overset{\displaystyle O}{\|}}{O}(CH_2CH_2O)_4\overset{\overset{\displaystyle O}{\|}}{C}CH=CH_2$$

它可供需要良好附着力和柔顺性的低黏度涂料使用。它在金属装饰、纸板涂料以及乙烯类地板涂料方面曾得到应用。但研究表明它是可疑的致癌物，这是妨碍其应用的决定性因素。研究表明，除三缩外，其他的多缩乙二醇丙烯酸酯类也多有毒性。

（4）三官能单体

①三羟甲基丙烷三丙烯酸酯（TMPTA）。

$$CH_2=CH-\overset{\overset{\displaystyle O}{\|}}{C}-O-CH_2-\overset{\overset{\displaystyle CH_2-O-\overset{\overset{\displaystyle O}{\|}}{C}-CH=CH_2}{|}}{\underset{\underset{\displaystyle CH_2-O-\overset{}{\underset{\underset{\displaystyle O}{\|}}{C}}-CH=CH_2}{|}}{C}}-CH_2-CH_3$$

TMPTA 的黏度约为 0.1 Pa·s，其活性很高，它可供罩光清漆和印刷油墨使用，很少的用量就能促进固化程度。它是至今应用最广泛的多官能丙烯酸酯之一。除各种油墨和涂料外，它还应用于许多高档次的领域，如可用于电线和电缆的涂料以及聚合物混凝土。

②季戊四醇三丙烯酸酯（PETA）。

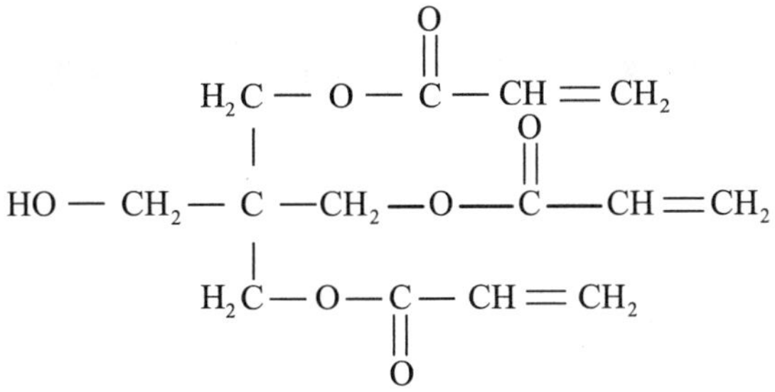

PETA 的黏度约为 0.8 ～ 1.2 Pa·s，比其他多官能单体高得多，它极其活泼，能产生高交联密度的固化涂层。有时，它还可用作其他体系的添加剂，以增加固化速率。此外，它还能提高光泽度、硬度和耐磨性。PETA 已被应用于供平版印刷和湿法胶印的装饰性涂料。它的主要缺点是对皮肤刺激较大，可能是未酯化的羟基使单体产生亲水特性而渗入皮肤。

（5）官能度更高的单体

四官能、五官能基至六官能的丙烯酸酯单体也有产品供应，但用途有限。它们的共同特点是活性大，交联密度高，所得涂层非常坚硬，同时也很脆。此外，这些材料也可能对皮肤产生很大的刺激性。其典型的例子有如下所示的季戊四醇四丙烯酸酯，它在常温下为固体。其他官能度更高的丙烯酸酯的例子还有二季戊四醇五丙烯酸酯及二季戊四醇六丙烯酸酯等。随着官能度的提高，固化速率加快，但固化膜更硬、更脆。

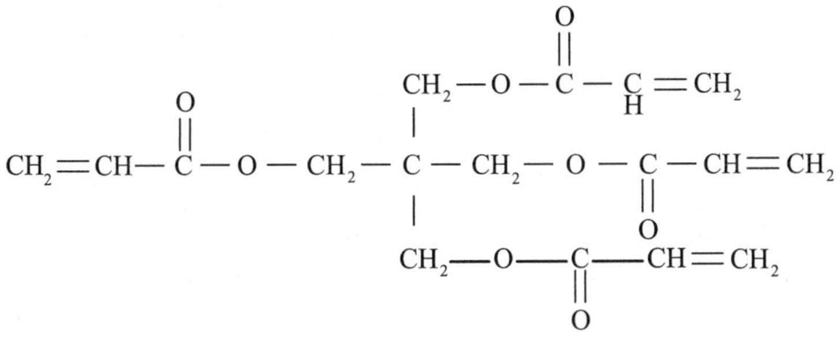

（6）乙烯基醚类单体

乙烯基醚类单体的情况见表 13-3。

表 13-3　乙烯基醚类单体应用总结

体系	100%环氧	乙烯基醚和环氧	100 % 乙烯基醚	乙烯基醚和丙烯酸	乙烯基醚和不饱和聚酯	乙烯基醚和丙烯酸酯	100 % 丙烯酸酯
固化机理	阳离子	阳离子	阳离子	混合	自由基	自由基	自由基

续表

体系	100%环氧	乙烯基醚和环氧	100％乙烯基醚	乙烯基醚和丙烯酸	乙烯基醚和不饱和聚酯	乙烯基醚和丙烯酸酯	100％丙烯酸酯
固化速率（空气）	慢	快	快	快	慢	中等	中等
固化速率（N2）	慢	快	快	快	中等	快	快
在金属上附着力	好	好	差	差	差	差	差
是否需要后固化	要	要	否	否	否	否	否
湿气阻碍作用	有	有	有	无	无	无	无
配方的宽容度	有限	中等	有限	宽	有限	非常宽	非常宽
形成的聚合物	—	贯穿的聚合物	三维的聚合物	贯穿的聚合物	交错的聚合物	统计的聚合物	—

13.3.3　预聚物

辐射固化用预聚物又称低聚物，是含有不饱和官能团的低分子聚合物，多数为端丙烯酸酯的低聚物。和常规的热固化材料一样，在辐射固化材料的各组分中，预聚物是光固化树脂的主体，它的性能基本上决定了固化后材料的主要性能。一般来说，预聚物分子量大，固化时体积收缩小，固化速率也快，但分子量大，黏度升高，需要更多的单体稀释。因此，预聚物的合成或选择无疑是UV固化料配方设计时的重要一环。

早期的自由基光固化树脂为不饱和聚酯体系，用苯乙烯作为活性稀释剂，之后才出现了丙烯酸酯光固化树脂。比较而言，前一体系聚合速率较慢，苯乙烯挥发性也强，气味很大；而后者的价格比前者要高。丙烯酸酯光固化树脂主要由丙烯酸酯化预聚物及活性稀释剂组成，活性稀释剂主要为多丙烯酸单体和单丙烯酸单体。

目前，UV固化用的预聚物类型几乎包括了热固化用的所有预聚物类型。所不同的是，UV预聚物必须引入可以在紫外光辐射下交联聚合的双键或环氧基团。

预聚物的种类繁多，性能也大相径庭。其中，应用较多的有环氧丙烯酸酯、聚氨酯丙烯酸酯、聚酯丙烯酸酯、聚醚丙烯酸酯、丙烯酸树脂、不饱和聚酯、多烯/硫醇体系、水性丙烯酸酯以及阳离子固化用预聚物体系等，见表13-4。

表 13-4 常用紫外光固化预聚物结构和性能

类型	固化速率	抗张强度	柔性	硬度	耐化学性	抗黄变性
环氧丙烯酸酯	快	高	不好	高	很好	中至不好
聚氨酯丙烯酸酯	快	可调	好	可调	好	可调
聚酯丙烯酸酯	可调	中	可调	中	好	不好
聚醚丙烯酸酯	可调	低	好	低	不好	好
丙烯酸酯树脂	快	低	好	低	不好	很好
不饱和聚酯	慢	高	不好	高	不好	不好

现在工业化的丙烯酸酯化的预聚物主要有 4 种类型,即丙烯酸酯化的环氧树脂、丙烯酸酯化的氨基甲酸酯、丙烯酸酯化的聚酯、丙烯酸酯化的聚丙烯酸酯,其中以环氧丙烯酸酯和聚氨酯丙烯酸酯两种为最重要。

环氧丙烯酸酯(EA)是一类在 UV 固化领域应用极广泛的预聚物。在 UV 固化领域常用的有下述几种:①双酚 A 型环氧丙烯酸酯;②酚醛环氧丙烯酸酯;③环氧化油丙烯酸酯;④酸及酸酐改性环氧丙烯酸酯。

环氧丙烯酸酯(EA)多由环氧树脂和丙烯酸反应而成,其制备条件因不同类型的 EA 而异。能促进环氧基与羧基反应的催化剂有强碱和有机胺类等。环氧基与羧基之间的加成为放热反应,为防止丙烯酸上的不饱和基团在制备环氧丙烯酸酯的过程中发生自由基聚合,选择合适的阻聚剂非常重要。常用的阻聚剂有酚类,如对苯二酚等。

为降低黏度,在反应初期或反应后可加入稀释剂。温度控制也是重要的工艺条件之一,温度过低,反应需要很长的时间才能完成;温度过高,易发生不饱和双键的聚合或其他副反应,难以实现目标反应,甚至会酿成重大生产事故。

双酚 A 型环氧树脂一般由双酚 A、过量的环氧氯丙烷及 NaOH 反应而成。根据反应条件不同,可制得液态的低分子量到固态的高分子量的环氧树脂。各种类型的双酚 A 型环氧树脂都可被丙烯酸酯化得到双酚 A 型 EA。目前这类 EA 应用非常广泛,高黏度和可能发生黄变是其主要的不足之处。

双酚 A 型 EA 预聚物分子结构中由环氧基与羧基反应所形成的羟基使附着力提高。分子中含有苯环,刚性大,由其配制的涂料在固化后,膜的光泽度高、硬度高、拉伸强度大,耐化学品性优异。固化速率快等是这类预聚物的突出特点,能广泛应用于各种辐射固化涂料与油墨的调配,但同时也有固化膜的脆性大以及柔韧性不好等缺点。

双酚 A 型 EA 预聚物黏度较高,必须使用相当量的稀释单体或低黏度预聚物才能获得满意的施工黏度。

实际应用时,常根据用途的不同对其加以改性。改性的方法很多,这也是 EA 有广泛的适用范围的原因。具体有 4 种:选择不同分子量的双酚 A;以部分二元酸或相应的酸酐代替丙烯酸制备预聚物以增加预聚物的分子量,从而减少 UV 固化时的收缩;以部分柔性的羧酸(如蓖麻油酸等)代替丙烯酸以增加固化材料的柔韧性,降低 T_g 等。

酚醛环氧树脂由苯酚或邻甲酚与甲醛反应制得的中间产物，再与环氧氯丙烷反应而成。而线形酚醛 EA 则由高环氧值、低黏度的线形酚醛环氧树脂和丙烯酸反应而成。

由其结构式可见，每个酚醛 EA 分子中往往多于两个双键，因此官能度大，交联密度高，固化速率快，固化膜硬度高，有优良的耐热性、耐溶剂性和耐候性。其适用范围与双酚 A 型 EA 相似，但其黏度较大、价格也较贵，常用于特定的用途，例如可作为印制线路板等电器件的 UV 固化涂料和油墨用预聚物。其配方举例见表 13-5。此体系固化速率快，产物硬度为 6H，附着力好，耐磨性能好。

表 13-5　酚醛型 EA 应用示例

物质	含量（质量分数）/ %
酚醛型 EA	50
HDDA	15
TMPTA	50
光引发剂（如 SR1112）	8
流平剂	1

植物油的主要成分是羧酸三甘油酯，在羧酸部分中都含有双键。

不同的植物油所含的羧酸成分不一样，所含的双键数及位置也不一样。把这些双键与过氧酸反应可以转化为环氧基，得到含环氧基的油。目前主要是环氧化豆油，环氧化亚麻子油等。环氧豆油很易得到，既有商品化的产品，也可通过过氧化物与豆油反应自己制备。每个环氧豆油分子含有 34 个环氧基（一般为 3.6 个），很容易在类似于制造双酚 A 型 EA 的条件下被丙烯酸酯化。通常，环氧豆油丙烯酸酯的黏度很低（20 ~ 30 Pa·s）。

环氧豆油丙烯酸酯的结构可简单表示如下：

$$
\begin{array}{c}
\mathrm{CH_2O-\overset{\displaystyle O}{\overset{\|}{C}}-R^1-O-\overset{\displaystyle O}{\overset{\|}{C}}-CH=CH_2} \\[2mm]
\mathrm{CHO-\overset{\displaystyle O}{\overset{\|}{C}}-R^2-O-\overset{\displaystyle O}{\overset{\|}{C}}-CH=CH_2} \\[2mm]
\mathrm{CH_2O-\overset{\displaystyle O}{\overset{\|}{C}}-R^3-O-CH-CH=CH_2}
\end{array}
$$

环氧豆油丙烯酸酯对颜料润湿件优良，价格便宜，对很多基质都有良好的附着力，且对皮肤刺激性小，缺点是固化速率相对较慢，涂层软（这与其他类型的相比有明显不同）。通常与其他比较活泼的预聚物配合使用，适合配制油墨以及纸板清漆、木器清漆等的制造。

其配方举例如表 13-6 所示。此配方附着力好，柔韧性好。

表 13-6　环氧豆油丙烯酸酯应用示例

物质	含量（质量分数）／%	物质	含量（质量分数）／%
环氧豆油丙烯酸酯	40	HDDA	23
TPGDA	29	光引发剂（SR1113）	8

目前大量改性 EA 预聚物是用酸或酐改性的。改性的目的有多种：有的是为了引入柔性长链，克服环氧树脂的脆性；有的是为了引入不饱和双键，提高光固化速率，并改进辐射固化涂层的性能；有的是为了增加预聚物的分子量，以减少固化收缩率等。常用于 EA 改性的酸或酸酐有丁二酸、己二酸、反丁烯二酸、马来酸酐、邻苯二甲酸酐等。

酸及酸酐改性的 EA 预聚物的形式有多种，但大体上可分为以下两种。

（1）酸及酸酐为主链改性 EA 树脂这是一种线形结构的 EA 树脂，一般有以下两种改性方式。

第一种形式先由酸与酸酐与环氧树脂反应，生成带羧基的环氧树脂，再与丙烯酸羟烷酯反应，即可合成出长链柔性 EA 树脂，其结构示意如下：

丙烯酸酯 — 环氧树脂 ←（二元酸或酸酐 — 环氧树脂）n — 丙烯酸酯

第二种形式先由酸酐与丙烯酸烃乙（丙）酯反应，生成带羧基的丙烯酸半酯，此半酯再与环氧树脂反应，即可合成出此类改性 EA 树脂，其结构示意如下：

丙烯酸——酸酐——环氧树脂——酸酐——丙烯酸酯

（2）以酸酐与 EA 中的羟基反应为基础的改性 EA 树脂 EA 树脂中带有羟基，可以同酸酐反应，则可制得侧链带羧基的 EA 树脂。羧基的引入提高了分子的极性，增加了树脂的亲水性及对极性基质的黏附性，同时也可制得碱溶性感光树脂。

此外，以酸酐与 EA 树脂中羟基反应进行改性，还有一种特别的形式，即先由环氧树脂与丙烯酸进行反应，再加入不饱和酸酐，则可得到带支链的 EA 树脂，这种带支链的 EA 官能度多，固化膜硬度大，且由于羟基减少，分子极性降低，对非极性物的附着力也相应增加。典型的例子有采用马来酸酐、低分子量的双酚 A 环氧树脂、丙烯酸三者可以合成出如下式所示的改性 EA：

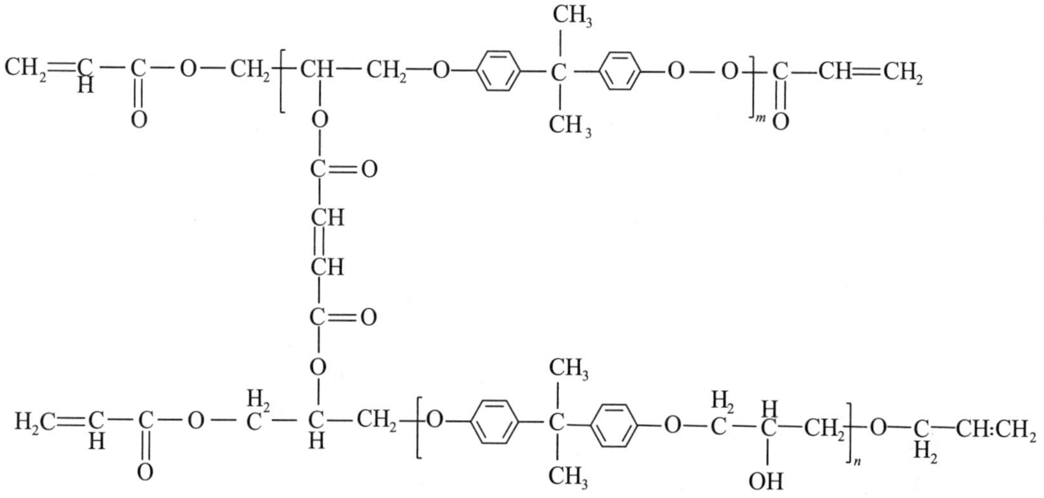

用相同的 UV 固化配方制备涂膜的性能表明（表 13-7），经马来酸酐改性的双酚 A 型 EA 分子量增大，支化度增加，交联密度增加，因而固化速率快，固化膜硬度高，具有优良的耐候性，且附着力好。

表 13-7　固化物性能比较

性能	马来酸酐改性 EA	EA
固化速率 /（m/min）	6	4
硬度（铅笔）	3H	2H
附着力（划格法）	100/100	80/100
耐盐水 /h	>72	72
耐冲击性 /（N/cm）	392	392

除上述改性的环氧丙烯酸酯外，还可有其他类型的改性环氧丙烯酸酯，表 13-8 概述了这些环氧类预聚物制备时的反应特点以及产品性能。

表 13-8　其他类型的改性环氧丙烯酸酯

改性类型	制备特点	产品性能
普通双酚 A 型 EA	为使反应稳定，可用复合催化剂和阻聚剂；反应温度高，环氧基酯化完全；适合进行第二次羟基酯化反应	稳定性好，贮存期可达二年；乙烯基含量高，光固化速率快；色泽较浅

续表

改性类型	制备特点	产品性能
磷酸酯改性 EA	反应温度适中；需添加一定量的稀释剂；常需用催化剂	光固化速率快；对金属附着力好；有一定的阻燃性
弱碱水溶性 EA	需用优质 EA；羟基酯化温度较高；需控制酸值	$n > 1.8$，涂层成膜性良好；用马来酸酐代替部分苯酐，可提高碱溶性
氨基改性 EA	需用优质 EA，否则易胶结或缩短贮存期；严格控制反应温度	有很高的增感性，尤其与夺氢型光引发剂配合使用，固化速率很快；改善 EA 的脆性；减小固化时的体积收缩
磷酸酯改性酚醛 EA	选择适当的催化剂	对金属附着力好；耐醚性优于普通双酚 A 型 EA
硅氧烷改性 EA	需用优质 EA（反应在高温、高真空条件下进行）；聚硅氧烷中间体不宜过多，以免影响固化速率	能提高 EA 的耐磨性和耐候性，对某些基材（如聚碳酸酯）附着力极优；增加聚硅氧烷中间体中苯基含量，可提高产品的耐温性

聚氨酯丙烯酸酯（PUA）又称丙烯酸氨基甲酸酯，作为一种重要的感光性材料，其 UV 固化产品以优异的综合性能，广泛用于木器涂料、罩光清漆、印刷油墨等领域。

PUA 会由于其组成与结构的不同，而表现出不同的性能，并进而使得由此制备的 UV 固化材料的应用性能各具特点。

聚氨酯丙烯酸酯通常由大分子二元醇（或多元醇）等羟端基的预聚物与二异氰酸酯反应得到端异氰酸酯的预聚物，再由此预聚物与丙烯羟乙酯反应得到。羟端基化合物可以是聚酯、聚醚、聚丙烯酸酯或聚氨酯，二异氰酸酯可用芳香族二异氰酸酯如 TDI（甲苯二异氰酸酯）、MDI（二苯甲烷二异氰酸酯）或脂肪族二异氰酸酯如 HDI（己二异氰酸酯）、IPDI（3 异氰酸甲酯 -3，5，5′- 三甲基环己基异氰酸酯或异佛尔酮二异氰酸酯）、HMDI（氢化 4，4′- 苯基甲烷二异氰酸酯或二环己基甲烷二异氰酸酯）等。

制备 PUA 的基本方法如下。

主反应：

$$\sim\sim\sim NCO + HO \sim\sim\sim \longrightarrow \sim\sim\sim NHCOO \sim\sim\sim$$

副反应 1：

$$\sim\sim\sim NCO + H_2O \longrightarrow \sim\sim\sim NH_2 + CO_2 \uparrow$$

副反应 2：

$$n RCH = CH_2 \xrightarrow{\text{（聚合反应）}} \left[CHR \quad CH_2 \right]_n$$

一般来说，PUA 树脂分子中包含三种化学结构的链段：二异氰酸酯形成的氨基甲酸酯嵌段、多元醇形成的主链、丙烯酸羟烷酯形成的链端。其中，主链的组成与结构对 PUA 性能影响最大（对长链 PUA），其固化特性由位于链端的丙烯酸酯决定。由于氨基甲酸酯的存在，使 PUA 具有优异的综合性能。随着 PUA 分子量的增加，固化膜会降低，柔性及在溶剂中的溶胀性增加；反之，分子刚性增加，交联密度增大。PUA 的官能团增加会增加其交联密度和固化速率，固化膜脆性增加。

合成 PUA 的二异氰酸酯可以是芳香族的，也可以是脂肪族的。所得的 PUA 在性能和用途方面皆有较大的差异。对于经由芳香族二异氰酸酯合成的芳香族 PUA，由于含有苯环，因而链呈刚性，其固化膜通常具有较高的机械强度和较好的硬度、韧性、耐磨性等性能。相对而言，这种 PUA 成本较低，其缺点是固化膜耐候性差，易变黄。

对于经由脂肪族或脂环族多二异氰酸酯合成的脂肪族 PUA，由于其主链是饱和烷烃，所以耐光，耐候性优良，不易变黄，且黏度较低，固化膜较柔韧，综合性能较好。

构成 PUA 主链的多元醇在预聚物分子中占主体地位，其化学结构决定了 PUA 基本性能，对材料的 UV 固化性能影响最大。按主链的构成可分为聚酯主链、聚醚主链和聚烯烃主链等多种，应用最广泛的是前两种。

聚酯主链 PUA 由聚酯多元醇与异氰酸酯反应形成，一般机械强度较高，由其生成的 PUTA 固化膜在拉伸强度、模量、耐热性等指标上都很优异。聚酯链主要受构成主链的多元酸及多元醇种类、结构的影响。例如，在主链中引入苯二甲酸，所得 PUA 固化膜耐热老化性能、硬度、拉伸强度等指标均会比主链含己二酸固化膜的相应指标要高；如果在主链中引入带环状烷基的多元醇构成聚酯，则 PUA 固化膜柔韧，强度好，尤其适用于 UV 涂料中。

聚醚主链 PUA 由聚醚与异氰酸酯反应形成。一般来说，用以形成聚醚主链的聚醚多元醇多是环氧乙烷、环氧丙烷等进行均缩聚或缩聚而形成的各种多元醇产物。此外，还有三官能团甘油和四官能团醇类做起始剂形成的多元醇。聚醚聚氨酯内烯酸酯树脂既有由芳环等形成的硬链段，又有由长链的聚醚等柔性链形成的软链段，故具有较好的柔性，固化膜柔韧性好，广泛应用在木材、电子电器、汽车制造、涂料等领域，但往往机械性能，如硬度、模量及耐热性能等较差。

聚烯烃主链 PUA 可由端羟基 1，2- 聚丁二烯（HTBN）合成，HTBN 的结构如下所示：

$$\text{HO} \left[\text{CH}_2 - \text{CH} \right]_n \text{OH}$$
$$|$$
$$\text{CH}$$
$$||$$
$$\text{CH}_2$$

其产物固化膜具有优异的柔韧性和耐候性。

聚硅氧烷主链 PUA 的主链结构为

$$\left[\text{SiR}_2 - \text{O} \right]_n$$

其中 R=CH$_2$ 或其他烷基，n=2 ～ 50。此类预聚物由于 Si—O 键能高于 C—C 键能，键长较大，因此主链柔顺性更好，固化膜的耐热性、耐寒性、耐湿性均优异。缺点是树脂分子极性低，分子间作用力弱，机械性能不高，但对含硅表面附着力好。这种 PUA 预聚物多用于玻璃、石英等表面的涂料，例如 UV 固化的石英玻璃光导纤维涂料。

大量的研究和应用实践证明，PI-JA 作为预聚物配制的 UV 固化材料具有以下特点。

（1）PUA 具有氨酯键，其特点是在高聚物分子链间能形成多种的氢键，使得聚氨酯膜具有优异的机械耐磨性和柔韧性，断裂伸长率高。

（2）涂膜具有优良的耐化学品性和耐高、低温性能。

（3）涂膜对难以黏结的基材，如塑料，能产生较佳的附着力。

（4）PUA 的组成和化学性质比 EA 有更大的调整余地，因此可合成多种具有不同官能度（六官能度的芳香族 PUA 都有商品供应）、不同特性的 PUA 预聚物，如高硬度的、韧性的、弹性体的 PUA 固化膜均可制得，从而可在很大范围内调整以 PUA 为预聚物的 UV 固化材料的性能，以适应不同的需要。

就 PUA 的应用来说，它可制成无溶剂型的、水基的、热固化型的及粉末型的多种形式的涂料。可以说，PUA 是具有极佳的综合性能和优异的耐化学品性能的预聚物之一，它们能理想地兼备耐化学品性和抗冲击性。但是，较高的成本是妨碍其广泛应用的一个巨大障碍。正因为如此，目前只有在其他类型的预聚物的性能难以达到要求时，才考虑使用 PUA。

聚酯丙烯酸酯可由二元酸、多元醇、丙烯酸一步酯化制得；可由二元酸、多元醇、丙烯酸两步酯化制得；可由二元酸、环氧乙烷加成后再与丙烯酸酯化制得；也可由丙烯酸羟基酯与二元酸（酐）酯化制得。

与其他类型预聚物比较，黏度低与价格便宜是聚酯丙烯酸酯的最突出的优点。由于聚酯丙烯酸酯黏度较低，因此它们既可以当预聚物，也可以作为稀释单体使用，而且其最大用途是作活性稀释单体。一般来说，它主要应用于 UV 固化清漆涂装聚氨酯革、软硬 PVC、皮革、金属、丝网印刷油墨等。

此外，由于聚酯丙烯酸酯对某些基材（如塑料）具有良好的附着力，因此，也常与环氧丙烯酸酯等配合使用以增加对基材的附着力。其应用的典型配方见表 13-9。

表 13-9　聚酯丙烯酸酯应用实例

组　分	含量（质量分数）/ %
聚酯丙烯酸酯	27
环氧丙烯酸酯	12
活性稀释单体	35
聚硅氧烷丙烯酸酯	8
BP	5
叔胺	3

续表

组　分	含量（质量分数）/ %
聚乙烯蜡	3
消泡剂	5

聚醚是另一类可以丙烯酸酯化的低黏度树脂。低分子量的含有羟基的丙氧基化的三羟甲基丙烷、季戊四醇 $[C(CH_2OH)_4]$ 聚酯可通过与内烯酸乙酯的酯基转移作用在有机钛酸酯催化剂的作用下制备。这种丙烯酸酯化了的聚醚分子量低，黏度也低，即便溶解在高黏度的丙烯酸酯单体中时，黏度也不高。此类体系固化膜很硬，柔韧性很低，所以对金属、塑料和纸张等产品的抛光并不太适用。其黏度甚至比分子量相仿的聚酯丙烯酸酯还低，而且价格便宜。此外，不少聚醚丙烯酸酯可视为活性稀释单体。

聚醚丙烯酸酯既可作为预聚物又可作为活性稀释单体应用，表 13-10 所示是其作为预聚物的应用实例。

表 13-10　聚醚丙烯酸酯应用实例

组　分	含量（质量分数）/ %
聚醚丙烯酯	5.5
环氧丙烯酸酯	5
活性稀释体	31
光引发剂	8
聚硅氧烷表面活性剂	1

在聚硅氧烷中引入丙烯酸酯后可以通过 UV 引发的自由基聚合而固化。同常规的有机硅的湿固化和加成相比，固化速率快，且在有机硅中引入了丙烯酸酯等极性基团，增加了强度。同一般的聚丙烯酸酯相比较，因主链含有硅氧烷，具有一些独特的性能，如比较柔软，耐溶剂，有较好的热稳定性以及较低的表面能等。

具有丙烯酸基团的聚硅氧烷化合物大部分都可以通过光化学的方法进行交联。具体的例子有丙烯酸聚硅氧烷、丙烯酸氨基甲酸酯聚硅氧烷和由其他含有硫醇烯基团的聚硅氧烷固化的丙烯酸聚硅氧烷。

丙烯酸基团可以通过两种键链链连到硅氧烷主链上：第一种是通过对湿度敏感的 Si—O—C 键，第二种是利用 Si—C 键。

具有 Si—O—C 键的丙烯酸聚硅氧烷可由二羟基硅烷（或二烷氧基硅烷）与含有羟基的内烯酸酯按照下述路线通过酯交换制备。

$$—O—Si—OR（或—O—Si—H）+OH—R'O—CO—\underset{H}{C}=CH_2$$

$$\longrightarrow —O—Si—R'O—CO—\underset{H}{C}=CH_2$$

可以利用醇或水来移动反应的平衡，以便得到目标产物。

当前，在涂料研究领域里，一个引人瞩目的动向就是对于树状和超支化聚合物的关注。这类聚合物来自 Abx 型单体，其中 x 为重复单元的个数，通常不小于 2。这类单体在每一个重复单元都提供一个潜在的支化点，这样一来就可以得到支化程度非常高的结构。树状聚合物和超支化聚合物的区别就在于前者构造非常完满，而超支化聚合物是多分散的，允许有线形链段，即支化度小于 1。树状聚合物与线形聚合物的性质具有很大的差别，而超支化聚合物的性能介于两者之间。树状聚合物的一个缺点就是合成步骤复杂，并且每一步都需要纯化，这既使生产过程复杂，同时又使其价格昂贵。比较而言，超支化聚合物生产过程简单而且价格便宜。因此，尽管并不能得到树状聚合物的最终性能，超支化聚合物在工业上仍然具有很大的吸引力。超支化聚合物的一些性质也与线形聚合物不同，比如它们具有较低的熔融黏度、较好的溶解性能。树状聚合物和超支化聚合物中大量的端基是决定材料性能的最重要因素，大量的端基也使得有可能对超支化聚合物进行改性，以得到不同的性质。树状聚合物和超支化聚合物具有较小的缠绕，从而使流变性具有牛顿流体的性质。低黏度、高溶解性以及大量端基使超支化聚合物在涂料领域受到很大的重视。

对所合成的上述超支化聚合物进行性能测试后发现，其端基的极性对聚合物的黏度和玻璃化转变温度有很大的影响，UV 固化残留的不饱和键也很少。

与传统的线形聚酯丙烯酸酯或不饱和聚酯比较，丙烯酸酯改性的星形超支化聚酯具有高官能度、球对称三维结构以及分子内和分子间不发生缠结等特点，因而可望提供低黏度、高活性和与基材具有高黏结力等优良性能。但是作为一种新材料，超支化聚合物还有很多的性能有待于人们去认识、去开发，要达到在辐射固化领域里广泛应用的程度，还有一段路程。在此只做了一些基本的介绍，希望引起光固化研究同行的重视和兴趣。

13.4　应　　用

13.4.1　胶黏剂

当前，紫外线固化胶黏剂类型主要包括压敏胶黏剂、层压胶黏剂和热熔胶等。紫外线固化胶黏剂的主要用途有：

①光学棱镜（包括光学反射镜片）的组合，定位黏接；
②电子元件的固定；

③光导纤维成束、成带、连接；

④注射针头和塑料针筒的黏合；

⑤首饰的钻石粒黏接,工艺晶黏接(水晶、玻璃等材料)以及螺帽、螺栓的固定黏接等。

13.4.2　装配胶黏剂

UV固化胶黏剂成功用于电子工业已有多年,这个领域需要固化速率快、铺展能力好、易于控制的胶黏剂。电子工业中胶黏剂的用途很多，如线圈黏接、扩音器膜黏接、导管中导线的黏接与密封、液晶显示器黏接和膜开关黏接等。

一个较为特殊的应用是共形涂层，用于保护印刷线路板上印制图形的表面。为使被遮盖区域完全固化，特别采用了双固化体系。

在进行辐射固化后，第二步（热固化、潮湿固化或氧化固化）用于增强第一步的辐射固化。

UV固化胶黏剂在医疗器械上也有许多应用，如针头等物件与注射器、过滤器、动脉仪等阀门或多向接头及其他配件的黏接。这涉及许多不同基材的黏接，诸如不锈钢、铝、玻璃、聚碳酸酯、PVC和其他热塑性材料，而且常需要填充并黏接窄缝，所用的胶黏剂要求耐消毒、安全可靠，因为患者的生命往往取决于这些器械的功能。

光学扫描系统（CD等）的光路含有各类关键组件，比如激光器和探头、透镜、反射镜及光栅等。这些组件在批量生产时要进行大量组装，而且同时要求容差很小，对使用环境具有很好的稳定性。表13-11列出了光学扫描系统光路里一些组件的典型容差值，这些数值基于甲基丙烯酸酯标准UV胶黏剂。

表13-11　光学扫描系统光学容差

种类	定位/μm	稳定性/μm	种类	定位/μm	稳定性/μm
平行光线透镜	50	200	激光器	50	0.5
光栅	100	200	探头	0.5	0.5

安装组件的一个选择就是使用胶黏剂。要将不同的基质（玻璃、塑料和金属）连接起来而又不能很重是先决条件，往往还要求体积不能太大。对于在线大量生产，UV固化胶黏剂是一个很好的选择。

由于胶黏剂聚合收缩问题，可能在三维方向上存在定位问题，正如同球形透镜涂料一样。就这一点而言，激光器及探头是极其精密的组件。对于商品化的UV胶黏剂（Loctite 359），聚合收缩率为6%，这对于三维方向来说，结果不能实用。要正确定位，就需要UV胶黏剂的体积收缩为零。可通过以下两种途径来减少聚合时的体积收缩：一是添加丙烯酸酯预聚物；二是加入无机填料。然而，以上两种情况都将导致反应时间延长（降低固化速度），黏度增加及力学性能（黏合强度）下降。例如，加入2%～5%的aerosil后，聚合体积收缩将减少到 3.5%，但同时固化时间增加 3 倍，这主要是改性后 Loctite 胶黏剂的透明性变坏所致。

使用 UV 固化环氧树脂以后，将会使聚合收缩减少。但由于反应速度相对较慢，在一定程度上限制了这类树脂的使用。即使是最快速的类型（使用碘盐为光引发剂），在类似条件下，也比 Loctite 胶黏剂慢 10 倍，且聚合收缩率达 2%。

这类问题不能通过化学的方法来解决，然而，使聚合收缩的影响主要集中于 x、y 方向，而不是 z（光轴）方向来改变黏合的方式，Loctite 359Uv 胶黏剂解决了此问题。对通常黏合方式的间隙和优化后的黏合方式间隙，表 13-12 列出了定位和环境试验后的稳定性结果。

表 13-12　模拟实验结果

结构	定位	稳定性
通常间隙	4.9%	8.2%
改进后间隙	1.0%	0.3%

13.4.3　压敏胶黏剂

压敏胶黏剂是一类无需借助于溶剂、热或其他手段，只需施加轻度指压，即能与被黏物黏合牢固的胶黏剂，它主要用于制造压敏胶黏带、黏合片和压敏标签。由于使用方便，揭开后一般又不影响被黏物表面，因此用途十分广泛。

压敏胶胶黏剂采用 UV 固化技术可能是最理想的选择，因为压敏胶产品是单面涂胶、平面涂覆、固化需要高速。UV 固化技术能以紧凑的设备代替庞大的干燥通道，非常适合压敏胶产品的工艺要求。

目前，水基和溶剂型压敏胶产品仍以较好的性能和较低廉的价格优势占据着较大的市场份额，见表 13-13。

表 13-13　压敏胶市场份额估计

压敏胶胶种	份额 / %	压敏胶胶种	份额 / %
辐射	5.5	热熔型	45.8
固化溶剂型	4.7	水基	44.0

随着对环境保护的重视，已经有越来越大的压力要求用在生态学上较能接受的替代品去取代有机溶剂型胶黏剂。辐射固化胶黏剂可通过将适当的聚合物溶解在活性稀释剂中制得。所产生的黏性取决于所用的聚合物（或聚合物混合物）的性质以及稀释剂的稀释。

一般说来，丙烯酸异辛酯、乙酸乙烯酯、丙烯酸异冰片酯或 N-乙烯基吡咯烷酮这样的单官能稀释剂有利于降低固化产物的 T_g，固化产物基本上是热塑性的材料。可以通过加人少量 HDDA、 TEGDA 或 TMPTA 之类多官能丙烯酸酯的方式来适度调节、控制成品胶黏剂的性质。但是目前一些价廉且适用于压敏胶的活性稀释剂，常常挥发性较大，且有特征气味。这可能是今后辐射固化胶黏剂需要进一步改进的地方（表 13-14）。

另外，要使活性单体最大限度地转化成聚合物，还要选择高效的光引发剂并与固化设备匹配。

表 13-14　紫外光固化压敏胶黏剂的典型配方

名称	含量（质量分数）/ %
合成橡胶（美国固特利奇公司）	15
顺丁烯二酸二癸酯	5
丙烯酸系共聚物／乙酸乙烯酯	50~60
丙烯酸异辛酯	10
多官能丙烯酸酯	10~20
安息香乙醚	3

13.4.4　层压胶黏剂

许多种材料都可被层压黏合，例如纸张、聚酯薄膜、聚乙烯膜、金属箔和织物以及纸或薄膜/木材、薄膜/薄膜、纸/箔等不同的组合，层压后可授予材料各种不同的特性。大多数使用辐射固化胶黏剂的用户采用连续的卷筒材进料。紫外光层压胶黏剂可按 100% 的固含量配制成各种黏度，以适合多种涂覆设备使用。

胶黏剂组分的选择取决于被层压的两种表面。层压黏合的强度取决于胶黏剂的内聚强度和黏合强度的组合。其中，内聚强度受 T_g 和伸长率的影响；而黏合强度则受润湿和界面间键合力的影响专门开发的聚酯丙烯酸酯、聚氨酯丙烯酸酯和环氧丙烯酸酯都可用作生产各种胶黏剂的主要成分，以满足不同的实际要求。有些基材如聚乙烯，与使用常规方法一样，即使用辐射固化胶黏剂也难以层压，但开发适合这类薄膜的层压胶黏剂对于胶黏剂制造厂并不存在不能克服的困难。

辐射固化的层压胶黏剂已应用在下述领域：家具装饰膜的层压，柔性包装膜或箔的层压，标签生产中的层压，包装工业的复合层压。

在标签工业中，复合层压是基本工艺。目标是以透明膜保护标签印面，印后再涂覆胶黏剂，复压 PP 膜，射线透过 PP 膜使胶黏剂固化。胶黏剂多以丙烯酸酯类单体和低聚物为基础。

包装工业中涉及各种各样的层压材料，多数情况下是透明膜与纸或纸板的黏结，例如信封、口袋、盒子上透明窗的装贴。辐射固化胶黏剂适用于快速固化，还必须是耐热胶黏剂，水基或热熔胶黏剂均不能满足要求。

最近报道了紫外光固化的层压胶黏剂的一个非常特殊的应用领域，即利用 UV 技术生产层压安全玻璃。照常规方法，聚乙烯醇缩丁醛膜用作夹于两片玻璃间的胶黏剂，然后进行热滚压并将组合的玻璃放在压热机中，加热到 130℃并升压至 1.3MPa。每批安全玻璃的总生产时间为 24 h。显然，UV 固化法提供了大大缩短生产周期和节省车间用地面积的机会。但是要达到非常高的质量标准、透明度和耐泛黄性等指标，技术难度较大，对这方面的研究和技术开发仍在继续。这种方法的另一个优点是提高了经济效益，大大降低了层压玻璃的价格，使它能更经济地应用于其他方面，例如办公楼和民宅的窗户。

表 13-15　紫外光固化层压胶黏剂配方

名称	含量（质量分数）/ %
聚氨酯丙烯酸酯	33
丙烯酸异冰片酯	33
TMPTA	25
颜料和稳定剂	5
光引发剂	4

层压黏合的一个重要市场是多种薄膜之间的黏合。多层薄膜或复合膜在工业及食品包装中占有很大的市场。很多包装材料都是由几种薄膜黏合在一起而制成的复合多层膜，每层膜都有自己的特点，如聚乙烯隔水且能热封，涤纶可隔氧，而聚酰胺则可保持食品的芳香味。这样将不同特点的薄膜组合在一起，就可使其具有食品包装或工业包装所需要的综合性能。

复合膜目前主要有以下两种生产工艺：①共挤出技术，即由几台挤出机同时挤出吹塑成膜，该技术的主要缺陷是一次性投资大且技术复杂。由于要求被挤出材料不仅热熔，而且熔点应相近，流变性能相似，故产品的种类受到很大限制。②黏合技术，这是一个传统工艺，包括涂覆、溶剂挥发、压合、干燥或固化等步骤。由于环境保护的要求，属应被淘汰的工艺。

上述两种工艺存在的一个共同问题是聚烯烃类（聚乙烯、聚丙烯等）很难与其他极性聚合物（纤维素、涤纶、聚酰胺等）和无机及金属材料（玻璃、铝箔）相黏结，主要原因是聚烯烃的表面能太低。这种低表面能在生产上带来两个问题：一是许多复合膜很难被制备；二是即使能够制备也易剥落，从而影响产品的质量。目前工业上解决这个问题的主要措施是在聚烯烃的薄膜表面引入一些极性基团，如电晕处理、火焰处理等。共挤出技术则往往使用特种胶黏剂（如离子型聚合物）。

表面光接枝是一种向表面引入特殊基团的表面改性方法，它的主要优点是可选择的官能团（单体）范围宽、接枝量多，并可定量控制。经上述措施可大大提高聚烯烃的表面能，而后即可用合适的胶黏剂制备复合膜。通常把这种先进行表面改性、后复合的工艺称为二步法。

有研究者曾报道，根据表面光接枝原理和方法，研究开发了光接枝制备复合膜的一步法工艺，即所谓的光接枝层合技术。其化学原理是由表面自由基引发固化，且固化反应与表面接枝（表面改性）反应同时进行。因此两膜与固化层之间无明显的界面，在特定的体系中是化学键相接，而不是靠吸附力。这种方法的理论创新点又将传统的表面改性方法发展成了一种加工成型方法，在黏接科学中实现了一步无界面黏接。其技术优点如下：将传统的先表面改性、后复合的两步法合并成一步法复合，简化了工艺；被黏体品种可大幅度扩大，可以是所有的天然与合成有机薄膜（橡胶、纤维素、耐高温材料等），也可以是有机薄膜与纸、木材、金属铝箔的复合体；由于被黏体与固化层之间是化学键联结，不仅大大提高了层合体的黏接强度，还可从根本上解决复合膜中存在的剥落问题；可制备溶剂可分型复合膜或耐热、耐溶剂型复合膜；设备造价低，工艺简单，具有市场竞争力。

光接枝层合隐含着光接枝固化的原理，属于高新技术，但接枝反应的引发活化能较高，其聚合活性或层合速度尚不及普通的光固化型复合工艺。有关的应用研究正在进行中。

综上所述，辐射固化胶黏剂已在许多领域占据一定的市场，在设备、化学以及制取方法上的新进展已经显现，近期和将来的技术进步将有助于紫外光固化胶黏剂的继续增长和持有更大的市场占有率，并且紫外光固化胶黏剂将渗透到更新的应用领域。

第14章 热 熔 胶

14.1 概　述

　　本书中从热熔胶热塑性的本质出发，以在整个热熔胶生产和施胶的过程中都没有化学反应发生作为热熔胶的定义。因此，如果基于某种需要而在高分子链上引入官能团，在后端加工时刻意让化学反应发生，不应称之为热熔胶。凡是在室温仍存在黏性或永久开放的热熔胶，称之为热熔压敏胶。各种热熔胶都有可能成为热熔压敏胶。但其中以SBC（苯乙烯嵌段共聚物）为基础的热熔压敏胶最容易制备。由于没有挥发性有机物质，具有快速固化等优良特性，热熔胶和热熔压敏胶都有很多应用市场。

14.2　热熔胶的组成

　　热熔压敏胶通常由4个主要成分组成：苯乙烯嵌段共聚物（SBC）、增黏剂（天然和石油树脂）、增塑剂（各类矿物油）和抗氧化剂 （AO）这4个组成成分有各自的功能与流变性。本章只讨论各个组成成分的功能。

14.2.1　苯乙烯嵌段共聚物

　　SBC为热熔压敏胶提供了内聚力、强度和耐热性。室温下苯乙烯相（塑料相）在胶黏剂中形成物理性交联网络。SBC在苯乙烯相的玻璃化转变温度以上熔融并且可以流动，这个温度大约为90～110℃。热熔压敏胶市场中有4种常用的SBC：苯乙烯－异戊二烯－苯乙烯（SIS）、苯乙烯－丁二烯－苯乙烯（SBS）、苯乙烯－（乙烯－丁烯）－苯乙烯（SEES，氢化的SBS）和苯乙烯－（乙烯－丙烯）—苯乙烯（SEBS，氢化的SIS）。每种SBC都有着自身特殊的分子结构，可用于各式各样的特殊应用场合。

苯乙烯嵌段　　　　　　　异戊二烯嵌段　　　　　　　丁二烯嵌段

乙烯－丁烯嵌段　　　　　　乙烯－丙烯嵌段

早期 Dow Chemical 曾经将 SIS 的部分苯乙烯改为 α－甲基－苯乙烯（AMS），用以提高 SIS 的耐性。因为 AMS 本身可以得到将近 160℃的软化温度。如果该计划成功，SIS 的耐热应用市场将可大幅提升，特别是汽车市场。不过，因为"甲基－苯乙烯与中间嵌段（如异戊二烯）的兼容性较苯乙烯佳，形成 SAMS（Random SAMSZ/Isoprene）-Soprene-（Random Isoprene/SAMS）-SAMS 的五段结构，使得该计划并没有得到预期的耐热性，最后该计划中止。为了环境保护及提高热熔压敏胶的耐热性及耐增塑剂性能，未来的原料制造厂及胶黏剂研究者应在热熔压敏胶的耐热性和耐增塑剂性能方面继续努力。

SBC 中苯乙烯含量（质量分数）、偶联度（三嵌段百分含量）比例和熔体流动速率（MFR）是影响热熔压敏胶黏性能和加工性能的三个关键分子结构参数。每个单独的 SBC 分子都是由中间嵌段（橡胶相）和端嵌段（塑料相）组成的。这些端嵌段结合在一起时就形成了物理性交联相。

当周围温度高于物理性父肽化点时，这些结合的相就会再熔融分开。当苯乙烯含量增加时物理性交联相（塑料相）的形态会从圆球状（spherical）变成柱状，进而成为板状。相同的配方，苯乙烯含量增加时，胶黏剂就会较硬。如果二嵌段比例增加（三嵌段比例减少），胶黏剂较会流动或润湿接触表面。很多应用的差异其实就在热熔胶在施胶或接合时的流动性与接触面积。MFR（MI）值越大，表示高分子的分子量越小，也因此可得较低的熔融黏度或稠度。反过来说，当一个 SIS 的 MI 值越低，高分子的分子量越大，就表示相同的配方混合后的稠度较高。虽然配方会呈现类似的剥离力与初黏力，但是配方的耐热剪切或高温内聚力会较高。SAFT（剪切黏接失效温度）也会相对升高。因此，提供隐定的批次间 MI 值，对于 SBC 制造商是非常重要的。目前许多 SBC 的制造商多提供混合后 SBC 的 MI 值。往往配方者或下游工厂人员得到相同或相似的 MI 值，却得不到相似的耐热剪切失效温度 SAFT 或高温持黏力。这是因为 MI 值分布不均所造成的。

总而言之，对于一个配方者而言，苯乙烯含量、二嵌段比例和熔体流动速率都是研究热熔压敏胶重要的信息。

14.2.2 增黏剂

增黏剂是使用石油或天然原料合成的低分子量聚合物，软化点的范围从室温以下到160℃；相对分子质量300 ~ 2500。增黏剂可以为胶黏剂提供特殊的黏着性和较低的熔体黏度。热熔压敏胶最常使用的增黏剂有两大类，见图14-1。

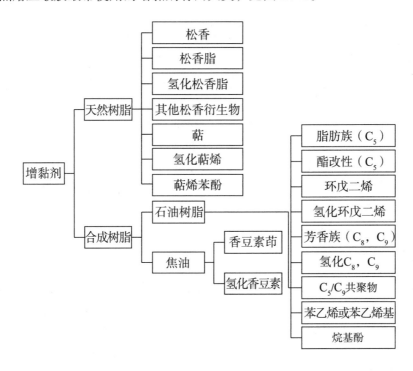

图 14-1 增黏剂

（1）石油烃类树脂（脂肪族）、C_5（芳香族）、C_9（双环戊二烯，DCPD）、C_9/C_{10}（共增黏剂）、C_5/C_9（共增黏剂）和它们的加氢树脂。这些增黏剂的单体都是从石油裂解和精馏得到的。

（2）天然树脂、松香、萜烯以及它们的衍生物。萜烯是从松节油的馏分和柑橘中得到的。α-蒎烯、β-蒎烯和柠檬烯是三种主要类型的萜烯原料。松香可以直接从松树中得到。松香酸的三个来源是：①直接从活的松树上割浆采收；②木松香，从老树干中流出；③浮油松香，为木纤维制浆过程中的副产物。

增黏剂的选择主要取决于所用的 SBC 和应用市场。SBC 和增黏剂兼容时，混合得到的热熔压敏胶是透明的，而且室温黏性通常比较高。兼容性较差或不兼容的 SBC 和增黏剂共混物则呈现浑浊或不透明状，室温黏性较低或者根本不黏。目前有很多增黏剂的制造厂商可以提供各式各样及不同分子量或软化点的增黏剂来调整胶黏剂的特性。然而，若无法在分馏时控制在增黏剂中同分异构体，如异戊二烯、间戊二烯和双环戊二烯的比例，就无法得到相同或类似的 C_5 树脂，也就无法与 SBC 得到兼容性相同的结果。进而会使胶黏剂得不到相同的胶黏物性。因此，增黏剂的制造厂应尽可能提供同分异构体相同比例的增黏剂。当然，每一次都得到相同的软化点或分子量的树脂，就可以使混合后的热熔压敏胶得到相同或类似的玻璃化转变温度，也因此可得到相同或类似的胶黏物性。

增黏剂的分子量和软化点有直接关系。分子量越大则软化点越高。相同的热熔压敏胶配方，加入不同软化点的树脂，固然会得到不同的耐热性，但也使热熔压敏胶的耐低温性产生变化。通常加入软化点较高的增黏剂，会得到略高的耐高温性能，但同时也会损失一些耐低温的特性。因为热熔压敏胶的玻璃化转变温度会随着增黏剂的软化点增高而上升。这里的平衡点必须和 SBC 与加入的矿物油种类共同思考。

有许多人不明白增黏剂制造厂为何很少提供较低软化点的增黏剂。通常增黏剂在低于软化点 45℃ 以下的温度储存时会有结块现象。如果增黏剂在夏天贮存，且在没有空调的仓库内，100℃ 的增黏剂可能没有结块的现象，但是 85℃ 或以下的增黏剂可能就会开始结块。为了解决此问题，三方面人员须共同努力。合成增黏剂人员要提供具有稳定的低软化点的增黏剂；使用厂仓库的温度在夏天时要尽量降低；必要时，使用厂须将已结块的增黏剂预先打碎再投入混合设备内。如此便可很容易借助低软化点的增黏剂得到耐低温性较佳的热熔压敏胶。

14.2.3　增塑剂

增塑剂或是矿物油可以有效地大幅降低胶黏剂的硬度和熔融黏度，改善热熔压敏胶的耐低温性能，同时还可以降低胶黏剂的配方成本。SBC 基热熔压敏胶配方中常用的增塑剂有两种类型，矿物油与聚丁烯油，每一种矿物油是含有不同比例链烷基（C_p）、环烷基（C_n）和芳香基（C_a）组分的混合物。具有不同比例碳型类别或溶解度参数的矿物油与所选用 SBC 有不同程度的兼容性，因此会对胶黏性造成不同程度的影响，特别是耐低温和耐高温的性能。通常含有 C_a 的矿物油，芳香烃会与苯乙烯互溶，明显地降低胶黏剂的耐热性，不建议使用于 SBC 中。另外，每种矿物油的玻璃化转变温度不同（这部分可以从各矿物油流变性的结果获得），通常 C_p 值越高或 C_n 值越低，玻璃化转变温度越低。不同来源的矿物油和相同比例的 SBC 混合后的胶黏剂玻璃化转变温度会改变，也因此得不到相同的胶黏物性。建议在使用所选择的矿物油之前先了解每种矿物油的特性，流变数据是很好的依据。聚丁烯油 $(\!+\!CH_2\!-\!CH_2\,(CH_2CH_2)\!\!+\!\!\!{}_n)$ 的极性或兼容指数非常低，因此和多数没有加氢的 SBC 的橡胶中嵌段不太兼容。在与 SBC 混合使用时，聚丁烯油的氢化程度和分子量是两个兼容性的重要参数。氢化程度越高则极性越小，与橡胶中嵌段的兼容性越差。分子量越低，与 SBC 的兼容性越好。以聚丁烯油取代矿物油虽可以大幅提高热熔压敏胶的内聚力和耐热性，但是会因与橡胶中嵌段兼容性较差而渗油，因而导致翘边的问题较为明显，需要注意。

通常矿物油的使用量要控制在 SBC 质量的 40% 之内，来防止渗油。例如，SBC 含量是35%，矿物油可以加入14%。这种特性对不渗油或低渗油纸标签的应用甚为重要。当SBC的分子量提高或MI值降低，矿物油的含量就可以增加。为了得到适当的玻璃化转变温度，在不加入很高矿物油含量造成渗油的情况下，通常可以引进较低化点的增黏剂。但是液态增黏剂容易造成鬼影现象，也要特别注意。

14.2.4 抗氧化剂

在化学品市场中有很多不同类型的抗氧化剂。基本上可以分为一次抗氧化剂，如胺与酚类，和二次抗氧化剂，如硫醇与亚磷酸酯类。一般来说，适当的抗氧化剂应该能够有效地终结在混合中的热老化、机械剪切和长期贮存时环境所产生的反应性自由基，以防止或减少热熔压敏胶的裂解。

14.3 聚 酯 树 脂

聚酯胶黏剂系一热熔型胶黏剂（简称热熔胶）。热熔型胶黏剂问世已有几个世纪，然而，以合成聚合物为基料的热熔型胶黏剂直到20世纪50年代才开始在市场上出现。热熔胶均以热塑性树脂或橡胶为主体材料组成，加热时熔融，可被涂布于被黏体上，冷却时固化，在被黏体上产生胶接力。在大多数情况下，它们几乎不含溶剂，乃是含有100%固体的胶黏剂。其特征如下：

①胶接力发挥迅速，仅在几秒钟内即可实现，被誉称短时间胶黏剂。
②可胶接对象广泛，既胶接又密封。
③无溶剂公害，无须干燥工序，可再活化胶接。
④光泽和光泽保持性良好。
⑤屏蔽性卓越。
⑥使用经济，贮运方便，占地面积小。
其不足之处如下：
①耐热性不够，使用受到限制，长时间加热或反复熔融受到一定限度。
②胶接强度不高，不能用作结构胶黏剂。
③受季节性影响。
④耐药品性差，几乎能溶解于所有有机溶剂中。
毕竟热熔胶具有其他胶种无法比拟的一些优点，其快速固化、无公害等吸引着包装、木工等行业的广泛应用。奈何反应性热熔胶问世时间短，尚需克服一些工业化的难点。并非所有的热塑性树脂或橡胶均可用作热熔胶，它必须具备下列性能。

①加热时熔融灵敏。
②长时间加热或局部加热时，不发生氧化、分解、变质等现象。
③在使用温度下，黏度变化有规则。
④耐热、耐寒兼具，且具柔软性。

⑤对被黏体的适应范围广，胶接强度高。

⑥色泽尽可能浅，很少臭气，熔融胶黏剂无拉丝性。

常用的热熔胶基料有聚乙烯、聚丙烯、乙烯 – 乙酸乙烯、聚酰胺、聚酯等树脂和苯乙烯 – 丁二烯 – 苯乙烯、苯乙烯 – 异戊二烯 – 苯乙烯等弹性体。另有苯乙烯 – 乙烯 – 丁二烯 – 苯乙烯和苯乙烯 – 乙烯 – 丙烯苯乙烯等嵌段共聚物。

鉴于热熔胶上述特征，已在包装（瓦楞纸板和厚纸箱）、书籍装订（无线装订）、胶合板（芯板胶接）和木工（贴边）等领域获得应用。近年来，随着热熔胶性能的大幅度提高，又扩展到汽车、建材、家电和无纺布制品等产品组装领域。对热熔胶性能的要求变得更多样化，非但对原来较易胶接的纸、本质纤维等有其黏接性，且对难以胶接的被黏体如金属、塑料、陶瓷等也应有良好的黏接性。此外，在汽车、建材等领域中应用，尚需有耐热性和耐蚀性等的要求。

14.3.1 聚酯胶黏剂性能

聚酯胶黏剂与聚乙烯 – 乙酸乙烯酯不同的是后者需配以增黏剂、蜡、增塑剂等，以调整其黏度和胶接性；而前者以共聚物单独使用为主，故原料单体的选择、生产工艺和聚合度等对胶黏剂的性能影响至关重要。例如，树脂的熔点影响热熔胶的胶接温度和胶接耐热性，树脂的玻璃化转变温度对胶接强度、柔软性、耐湿性等有影响，见表14-1。

表 14-1　树脂特性对热熔胶性能影响

树脂特性	影响热熔胶的性能	树脂特性	影响热熔胶的性能
熔点	胶接温度、耐热性	结晶速度	涂布工艺性
玻璃化转变温度	胶接力、柔软性、耐湿性、耐热震动、电气绝缘性	分子骨架	胶接力、耐溶剂性、耐湿性、耐水解性、耐热震动、高周波胶接性、柔软性
结晶度	胶接力、耐溶剂性、柔软性、耐湿性	末端羧基	耐水解性
分子量〈熔融黏度〉	胶接温度、胶接力、涂布工艺性、耐热震动	介电损耗	高周波胶接性
		含水率	涂布工艺性、电气绝缘性

现市售的用作热熔胶的聚酯大多以对苯二甲酸与1，4- 丁二醇为主要原料，加入第三、第四或更多一些成分进行共缩聚，制得的不少品种已满足多方面的要求。当然，完全满足各特性要求是不可能的，因其中存在着矛盾。如低温胶接和耐热性，流动性和分子内聚力就是两对矛盾。因此，需按应用重点特性要求来选择相宜的胶黏剂。

采用共聚物可降低聚酯熔点，且比低熔点的均聚物还低，胶层比组分相近的低熔点物还柔软。将脂肪链引入聚酯分子可降低熔点、增加柔韧性、提高黏附性,若系结晶型聚酯,尚可加快结晶速度。

聚酯分子中二醇的碳链越长,熔点和玻璃化转变温度越高,结晶速度也越快。若碳原子为偶数,则生成的结晶型聚酯比相邻的奇数聚酯的熔点更高、结晶性更易、速度更快。

结晶性易受侧链单体的引入而破坏,因它降低了聚合物链的规整性。非结晶型聚酯耐溶剂性差。

聚酯在使用温度下遇水有水解趋向,故系统需干燥。该热熔胶在多数情况下是高熔融黏稠物,为缩短熔融时间,便于高黏度物料输送,一般采用螺杆挤出机和炉栅熔化器作施胶器具。

14.3.2 聚酯胶黏剂新用途

聚酯热熔胶黏剂的上述特性,使之能于以下数领域中获得广泛应用。

(1)纤维加工

纤维用胶黏剂的特性要求是对纤维具有良好的胶接性、耐干洗、耐洗涤、柔软、速固化、适应纤维加工特性等。

由于聚酯树脂可根据要求选择原料单体,自由地被合成出从高结晶性强韧树脂至非结晶性柔软树脂,甚至液态树脂,分子中柔软的C—O键赋予它低熔点、低熔融热,因此,很适用于纤维加工业。尤其是涤纶纤维广为世人应用后,其消耗量明显递增。

所用树脂多为对苯二甲酸、间苯二甲酸、乙二醇和丁二醇为主体的无规共聚物,也有用以对苯二甲酸、间苯二甲酸与聚四亚甲基醚二醇(聚四氢呋喃二醇)共聚的聚酯。后者是由短碳链的结晶性聚酯部分形成的硬段和长碳链的非结晶性聚酯部分形成的软段交替排列所形成的嵌段共聚物,具有优良的柔韧性,甚至在0℃以下也保有此特性。

施工时可采用凹板涂辊器,即胶黏剂经挤出机或炉栅熔化器熔融,供给凹板涂辊器施胶。这时将胶黏剂涂于一被黏体上,即刻与第二个被黏体层压贴合。

聚酯热熔胶中最大一部分是预制成薄膜、粉末、网状或棒状等。应用时,将其置于被黏体上,加热、加压,使两被黏体胶接。例如,男女服装用补强衬垫及其他织物、无纺布在生产时以及聚氨酯泡沫与室内装饰布复合时,均用胶粉撒在一被黏体上,贴合、加热活化,使之胶合、复合。也可用聚酯胶网制作服装各部件。

在服装工业中另一用法是将胶黏剂涂覆于一被黏体上备用,当用时通过加热活化使之与第一被黏体贴合。

热熔型聚酯尚可拉成细丝,与高熔点纤维混合,在特殊用途的无纺布制造中当作胶黏剂。

总之,由于聚酯热熔胶对羊毛、棉、木棉、麻等天然纤维和涤纶、聚酰胺等合成纤维均有良好的胶接性,已用于衣料服装、地毯、垫片、车辆内装饰等纤维制品层压以及薄膜、无纺布等制作。

含有乳酸组成的聚酯热熔胶具有生物可降解性,用于一次性制品的制作,有利于保护环境。

（2）制罐等金属容器

通常用热固性树脂胶黏剂制作罐等金属容器，但其固化时间长，不适应高速、自动化流水线。为实现通过侧缝胶接每分钟制罐筒体 600、800 个的高速化，开发了结晶性的但玻璃化转变温度低的、耐寒、耐热、耐热震动的聚酯热熔胶。

（3）汽车工业

聚酯热熔胶不仅耐热、耐寒，且耐汽油等燃料和油，因而可用于汽车工业中的燃料过滤器、油过滤器和空气滤清器等滤纸胶接。将聚酯浸于 60℃汽油中 100 h，其断裂抗张强度保持率为 86%～100%，伸长率为 83%～92%。

聚酯胶黏剂对金属和极性塑料具有优良的胶接性，且可高速胶接，故广泛用于制振钢板、轻量钢板、不锈钢板等金属自身层压或聚酯 / 钢板、聚氯乙烯 / 钢板等金属 / 塑料层压等。应用时以胶膜层压，加热活化胶接。这对汽车的轻量化提供物质基础。

聚酯的耐热和耐水性使之用为汽车玻璃门窗的防水密封剂；其电绝缘性使之用于汽车电闸的防湿、电气绝缘用填充料。

（4）电子工业

聚酯热熔胶的优良耐热、耐湿和电气特性使其于电子工业中获得应用，如变压器接头固定、偏光偏转线圈固定、聚氯乙烯电线捆束等以及电气毛毯和软电枢的加热线圈绝缘或固定等，为电子工业的技术革新提供功能性材料。难燃聚酯的开发更可扩大其在该领域的应用。

芳族和脂环族二元酸与脂族二元醇的共聚酯可用作 LED 滤光器阵列元件的胶黏剂。Eastman Kodak 公司开发的该类共聚酯，用以胶接支撑玻璃和聚碳酸酯染料接收层，作为有色液晶显示器的滤光器阵列元件。该胶黏剂赋予良好的胶接性，胶层均一、平滑、透明，在下一加工工序处理温度下不降解。

（5）木工家具

木工家具用的聚氯乙烯、三聚氰胺等装饰板贴面，过去均用聚乙烯 - 乙酸乙烯酯热熔胶。因其耐热、耐水和耐候性不够理想，故厨房、盥洗间附近使用的家具或户外用木工制品有改用性能更好的聚酯热熔胶的趋势。

（6）涂层、复合

利用聚酯的耐热性、耐候性、可挠性能以及适度的表面硬度，将其用于熔融涂层、流体浸渍；也可用于铅笔木杆的特殊要求涂层；聚酯的无毒性可使之用于食品包装袋的复合；利用其可挠性，可将其用于地毯等厚织物的复合。表 14-2 列出聚氯乙烯 / 聚丙烯复合剥离强度及其耐老化性能。涂布温度为 200℃，涂布量为 6 g/m²，露置时间为 10 s、15 s。

14.4　聚酰胺胶黏剂

聚酰胺胶黏剂是热熔胶黏剂中的一类，且与聚酯胶黏剂一样，具有较好的性能，故两者并称为高性能热熔胶黏剂。

以重复的酰胺基（—CONH—）为分子主链的聚合物均可称之为聚酰胺。作为热熔胶黏剂，可分成两类：一类为二聚酸型，是由大豆油脂肪酸、妥儿油脂肪酸或棉籽油酸的二聚酸与二胺缩聚成的生成物，常称之为脂肪酸聚酰胺或简称为聚酰胺；另一类为聚酰胺型，是由二元酸和二胺缩聚生成的聚合物，常称之为聚酰胺。

目前，热熔胶所用聚酰胺原料趋向于石油资源。

14.4.1 聚酰胺胶黏剂的特性

大多数聚酰胺胶黏剂的特性如下。

（1）有明显的熔点，软化温度范围窄。这保证了热熔胶黏剂在施工时稍冷却就可迅速固化，发挥其较高的胶接力；在接近软化点温度时，胶接强度受温度的影响不大。

（2）聚酰胺的结晶性是相邻分子之间酰胺基氢键结合的缘故，舒展了的平面呈折叠的片状单晶，它们聚集起来就成球晶。球晶是在聚酰胺从熔融状态冷却固化时产生，即从透明态变为带乳白色的不透明态。

在相应的聚酰胺中，随着主链上碳原子的增加，其熔点降低，即结晶性下降。空间位置又决定了聚酰胺的结晶结构，偶数碳原子链由于相邻分子间酰胺基氢键结合力强，比相邻的奇数碳原子链的聚酰胺的结晶度高，相应的熔点也高。

（3）优异的色泽，被黏体不会受其沾污；低的气味基本不污染环境；具有抗黏连性。

（4）酰胺基系一极性基团，与多种金属和非金属均有很好的亲和力，由于极性强，能与被黏体产生很大的分子间引力，黏附性优良。对经处理的聚乙烯和聚丙烯材料也有胶接性。

（5）次甲基系非极性链段，赋予聚酰胺分子链结柔顺性。

（6）与其他树脂的相容性良好，可向热熔胶黏剂组分中引入天然或合成树脂，如松香及其衍生物、硝化纤维素、聚乙烯蜡、无规聚丙烯、酚醛树脂或环氧树脂等以及增塑剂等，以改善其性能。

不同分子量或不同类型的聚酰胺也能良好相混，以调节热熔胶黏剂的施工工艺和物理机械性能。

（7）良好的耐油、耐化学和耐介质性能，使其能经受干洗处理。均聚物溶于强酸、强极性溶剂，共聚物的氢键结合力和结晶性下降，能溶于热甲醇。

（8）酰胺基的极性作用，使聚酰胺胶层具有吸水性，但经调配的聚酰胺，如降低酰胺基浓度、与现品种中吸水率最低的聚酰胺 12（原料为 ω- 十二内酰胺或 12- 氨基十二酸）共聚等，其隔湿性良好。

（9）聚酰胺的电性能良好。

（10）聚酰胺热熔胶黏剂系热熔胶黏剂中耐热性最好的品类之一，可耐温度为 105℃，可连续使用温度为 65℃以上。若向胶黏剂中加入 1% 1- 苯基 -3- 吡唑烷酮或 1-（4- 苯氧基苯）3- 吡唑烷酮等，可大幅度提高其耐热性，即使在 260℃的空气中保持 6 h 也不变色。其耐寒性良好，温度低至 -40℃仍保持抗冲击性。

14.4.2　聚酰胺树脂类固化剂

作为环氧树脂同化剂的聚酰胺是由二聚、三聚植物油酸或不饱和脂肪酸与多元酰胺反应制得的。由于结构中含有较长的脂肪酸碳链和氨基，可使固化物具有高的弹性、黏接性及耐水性；缺点是耐热性较差，热变形温度仅 50℃左右，耐汽油、烃类溶剂性差。陈声锐研究指出，通过胺值确定酰胺化程度，确定聚酰胺用量和环氧树脂配比，在提高固化物韧性及耐冲击性的同时，保持刚性、耐热性及耐化学品性能。研究结果表明：制备 C20 长链不饱和二元酸二甲酯和多种多元胺反应，可制备各种聚酰胺，随着其相对分子质量增加，拉伸剪切强度和 T 形剥离强度也随之增加，从而可配制高剪切强度和 T 形剥离强度的胶黏剂。

14.4.3　室温固化高强度结构胶黏剂

黑龙江省石化院不久前研发出一种室温固化高强度结构胶黏剂，其韧性优于传统的环氧树脂 – 聚酰胺胶种，有优良的板 – 板、板 – 芯剥离强度和抗冲击性能，还有优良的耐久性，对金属、非金属均有良好的黏接力，主要应用于建筑、车辆、风力发电叶片、电子等行业。

14.5　EVA 型热熔胶的材料与性能

近年来，热熔胶发展迅速，用途广泛。特别是 EVA 型热熔胶，需求量大而应用面宽，占热熔胶消费总量的80％左右。热熔胶发展这样快，主要是由于热熔胶与热固型、溶剂型、水基型胶黏剂不同，它不含溶剂，无污染，不用加热固化，无烘干过程，耗能少，操作方便，可用于高速连续化生产线上，提高了生产效率。又由于它在常温下是固态，可以根据用户的使用要求加工成膜状、棒状、条状、块状或粒状，还可用不同的材料调制不同的配方，以满足软化点、黏度、脆化点和使用温度等性能要求。热熔胶的材料和配方决定了热熔胶的性能和使用。对于不同的使用性能要求，选择适当的材料并设计一个合理热熔胶配方是至关重要的。

（1）EVA 树脂

EVA 型热熔胶由共聚物 EVA 树脂、增黏剂、蜡类和抗氧剂等组成。要想调配好一个所需要的热熔胶胶黏剂，首先应该选择好主体树脂，主体树脂是热熔胶的主要成分，对热熔胶性能影响很大，其微观结构决定了宏观的性能。EVA 树脂结构式如下：

$$\left(CH_2 - CH_2 - CH_2 - CH\right)_n$$
$$\mid$$
$$O$$
$$\mid$$
$$C = O$$
$$\mid$$
$$CH_3$$

EVA 树脂中共聚物的分子量及分子的支化度决定了树脂的性能。由于 EVA 树脂分子链上引进了乙酸乙烯单体，从而比聚乙烯树脂降低了结晶度，提高了柔韧性和耐冲击性。制备热熔胶用的 EVA 树脂一般 VA 含量 18%～40% 之间。树脂中 VA 含量增加，树脂在寒冷状态下的韧性、耐冲击性、柔软性、耐应力开裂性、黏性、热密封性和反复弯曲性增加，胶接的剥离强度提高，橡胶弹性增大，但强度、硬度、融熔点和热变形温度也随之下降。这样可以根据热熔胶的性能要求选择适当的 VA 百分含量的 EVA 树脂做主体材料。例如，在引进地板块生产线上，用于地板块拼接的热熔胶配方如下：EVA（VA28%）100 g，增黏树脂 115 g，蜡类 35 g，抗氧剂 2 g。

在该配方中选用了 VA 含量 28% 的 EVA 树脂，配制的热熔胶综合性能比较好。如果在配方中选用 VA 含量比较高的 EVA 树脂，那么配制出的热熔胶弹性大，硬度不够，拼接的地板块不挺直。如果选用 VA 含量比较低的 EVA 树脂，配制的热熔胶柔韧性差，低温性能不好，易脆裂，黏接强度低，不能满足工艺要求。因此选择适当的 VA 含量 EVA 树脂是很重要的。除 VA 含量和分子结构对 EVA 性能有影响外，共聚物分子量大小及分子量分布也有关系。世界各国生产 EVA 厂家很多，生产厂家都给出产品牌号、VA 含量、密度、熔体流动速率、特点及用途。如我国北京有机化工厂生产的牌号 28/150 和日本三井公司生产的牌号 220 都给出了 VA 含量 28%，密度 0.95 和熔体流动速率（MI）150。熔体流动速率（MI）与分子结构和分子量有关，根据资料报导，它们之间有下面的函数关系式：

$$MI=km^{-2}$$

式中：k 为常数；m 为聚合物平均分子量。MI 的数值是指在一定温度、压力下，每 10 min 从一个固定直径的喷孔中压出聚合物重量的多少，它能宏观地体现 EVA 树脂的机械性能，流变性及耐应力开裂性之间的依存关系。MI 值增加，熔融流动性增加，分子量、融熔体的黏度、韧性、抗拉强度及耐应力开裂性下降，而屈伸应力、断裂伸长率、强度与硬度不变，这样在设计 EVA 型热熔胶配方时，熔体流动速率（MI）值成为一个很重要的参考数据。一般来讲，MI 数值大，分子量相对小些，树脂融熔黏度低，配制的热熔胶黏度低，流动性好，有利于往被黏物表面扩散和渗透。黏接工艺上，有这方面性能要求的可选择 MI 相对大的 EVA 树脂，缺点是耐油性差。

MI 值为 15～400，在汽车制造中用于硬质泡沫黏接的热熔胶配方如下：EVA 树脂（VA28%，MI=400）100 g，增黏树脂 200 g，蜡类 143 g，抗氧剂 3 g。该配方选用的 EVA 树脂 MI 值大，配制的热熔胶融熔黏度低、流动性好，满足了生产工艺要求。MI 数值小，分子量相对大些，树脂融熔黏度大些，材料本身内聚强度高，配制的热熔胶强度也高，提高了胶接强度；缺点是黏度大，流动性不好和工艺性能差。EVA 树脂由于 VA 含量不同，MI 数值不同，厂家生产的产品型号很多，设计热熔胶配方时可根据热熔胶性能要求，选择适当 VA 含量及 MI 数值的 EVA 树脂来调试配方，也可用两种或多种 VA 含量和 MI 值不同的 EVA 树脂调试配方。这样，可以综合各种性能，取长补短，则调试出所需要的配方。

（2）增黏剂

为了增加对被黏物体的表面黏附性、胶接强度及耐热性，多数的 EVA 型热熔胶配方中需加增黏剂。增黏剂加入量一般为 20 ～ 200 份。EVA 和增黏剂配方中二者的比例范围很宽，主要取决于性能要求。一般随着 EVA 用量增加，柔软性、耐低温性、内聚强度及黏度增加。随着增黏剂用量增加，流动性、扩散性变好，能提高胶接面的润湿性和初黏性。但增黏剂用量过多，胶层变脆，内聚强度下降。设计热熔胶配方时，选择增黏剂的软化点和 EVA 软化点最好同步，这样配制的热熔胶熔化点范围窄，性能好。要想提高热熔胶耐热性，就得选择高软化点的材料，热熔胶配方的软化点随着材料的软化点增高而增高。增黏剂的品种很多，常用的增黏剂有松香、聚合松香、氢化松香、C_5 和 C_9 石油树脂、热塑性酚醛树脂、聚异丁烯等。要求选用的增黏剂与 EVA 树脂要有良好的相容性，在热熔胶融熔温度下有良好的热稳定性。同一个配方体系用不同的增黏剂增黏效果不一样，其软化点直接影响热熔胶的软化点，因此增黏剂在热熔胶中也起着很重要的作用。

（3）蜡类

蜡类也是 EVA 型热熔胶配方中常用的材料。在配方中加入蜡类，可以降低熔融黏度，缩短固化时间，减少抽丝现象，可进一步改善热熔胶的流动性和润湿性，可防止热熔胶存放结块及表面发黏，但用量过多，会使胶接强度下降，一般地加入量不超过 30%。

（4）其他助剂

为了防止热熔胶在高温下施工时氧化和热分解以及胶变质和胶接强度下降，为了延长胶的使用寿命，一般加入 0.5% ～ 2% 抗氧剂。为了降低成本，改变胶的颜色，减少固化时的收缩率和过度的渗透性，有时加入不超过 15% 的填料。为了降低熔融黏度和加快熔化速度，提高柔韧性和耐寒性，有时加入不超过 10% 的增塑剂。还可以根据性能要求加入各种改进剂、助剂来完成配方性能要求。最早将邻硝基氯苯直接催化加氢还原为 DHB 的文献始见于美国专利，反应中加入 2，3- 二氯 -1，4- 萘醌（DCNO）衍生物作还原促进剂，得 DHB 收率 80% ～ 90%。20 世纪 70 年代末和 80 年代初，有关催化加氢的报道逐渐增多，但有些文献的结果不是很理想。专利认为当采用羟基蒽醌或 2，6- 二羟基蒽醌作还原促进剂时，在苯、甲苯或二甲苯存在的碱介质中，将邻氯硝基苯一步还原为 DHB 时，质量较高，熔点在 85 ～ 86℃，但收率却不超过 84%。进入 20 世纪 90 年代日本东洋油墨制造公司申请的欧洲专利，DHB 收率为 91.5%，使用四氢化萘作溶剂；大连理工大学所做的研究，采用改进后的 Pd/C 为催化剂，甲苯为溶剂，DHB 收率为 93%。另外一篇日本专利的结果更好些，是以碱性水为还原介质，DCNO 为还原促进剂，十二烷基苯磺酸钠为乳化剂。由邻氯硝基苯还原为 DHB 明显分两个阶段，即先还原至 DOB，再由 DOB 至 DHB，但这两个阶段可在一个釜内只通过改变碱浓度就可完成。当选用 Pd/C 为催化剂时，DHB 收率为 96.4%，而用 Pd/C 时收率降为 94.2‰。催化加氢法日益受到人们的青睐，是基于其有许多优点：可不使用有机溶剂，免除了后处理及产品分离的麻烦；还原剂为氢气，对环境没有污染；产品收率高；反应釜压力并不高，对设备要求不苛刻；反应周期短；产品分离容易。但其技术要求较高，文献中均没有公开催化剂的制备方法，因使用贵金属催化剂，必须要考虑其重复使用，以降低成本。上述因素又为催化加氢法的工业化增加了困难。

从以上的评述可以看出，DHB 的制备方法较多，但其优缺点各异。水合肼法、铁粉法、硫氢化钠法只能从 DOB 还原为 DHB，工艺不完整，"三废"较多；甲醛法、甲酸法、锌粉法可实现由邻氯硝基苯到 DHB 的还原，由于"三废"较多，限制了这些方法的推广应用；电解法和催化加氢法可明显降低"三废"，具有较大的推广价值。事实上，国内已有用锌粉法，甲醛 – 水合肼联合法小批量生产 DHB，由于"三废"严重、质量不稳定，大都是开开停停。据报道，国外已有 DHB 的催化加氢法生产，国内想引进两套千吨级的催化加氢法生产技术。电解还原法未见工业化报道，可能是由于收率偏低，电费较贵，电化学工程问题难以解决，因此还需要进一步的研究开发。

第15章 厌氧型胶黏剂

15.1 概　　述

厌氧胶黏剂是一种单组分低黏度液体胶黏剂，它能够在氧气存在时以液体状态长期贮存，隔绝空气后可在室温固化成为不熔、不溶的固体。厌氧胶用于机械制造业的装配、维修，用途是相当广泛的。它可以简化装配工艺，加速装配速度，减轻机械重量，提高产品质量，提高机械的可靠性和密封性，主要用途有螺纹锁固、圆柱零件固持、结构黏接、浸渍铸件微孔等。厌氧胶系一类为解决机械产品中液体与气体泄漏、各种螺纹件在振动下松动及机械装配工艺改革而发展的工业用胶黏剂。它与机械工业的生产效率、产品质量、节能及环境保护等密切相关。国外每年有数十亿个零件采用厌氧胶胶接工艺，成为先进机械工业必不可缺的一类新型材料。厌氧胶是美国 GeneralElectric 公司 1945 年最先开发的，命名"Permafil"。1954 年 LoctiteCorp 将现今尚在沿用的四乙二醇双丙烯酸酯系实用化。

Krible 是稳定性厌氧胶的发明者。该胶黏剂与丙烯酸系单体聚合有关，故与第二代丙烯酸酯属同系产品，比后者实用化早；又与瞬干胶同系，但它不是由结构相同的同系物构成，而是由带有类似结构（丙烯酸双酯或甲基丙烯酸双酯）的不同化合物所构成，因而具有多品种、多性能的特点。

15.2 厌氧型胶黏剂

15.2.1 厌氧胶黏剂组成

厌氧胶黏剂是一种引发和阻聚共存的平衡体系。当涂于金属后，在隔绝空气的情况下就失去了氧的阻聚作用，金属则起促进聚合作用而使之黏接牢固。厌氧胶以甲基丙烯酸酯为主体配以改性树脂、引发剂、促进剂、阻聚剂、增稠剂、染料等组成。

（1）单体

常用的单体有各种分子量的多缩乙二醇二甲基丙烯酸酯、甲基丙烯酸乙酯或羟丙酯、环氧树脂甲基丙烯酸酯、多元醇甲基丙烯酸酯及小分子量的聚氨酯丙烯酸酯。由于这些单体中含有两个以上的双键，能参与聚合反应，因此，可作为厌氧胶的主体成分。为了改进厌氧胶的性能，还可加入一些增加黏接强度的预聚物和改变黏度的增稠剂。

（2）引发剂与促进剂

胶黏剂固化反应是自由基聚合反应，大多数使用过氧化氢异丙苯作为引发剂，另外配以适量的糖精、叔胺等作为还原剂以促进过氧化物的分解。引发剂用量约 5%，促进剂在 0.5%～5% 之间。

（3）阻聚剂

为了改善胶液的贮存稳定性，常加入少量的阻聚剂如醌、酚、草酸等，用量在 0.01% 左右。

为了易于区分不同型号的胶液，常加入染料配成各种色泽，以避免用错。

以上各组分按规定的比例配合成一个单组分胶液，它既能在室温下厌氧固化，又有一定的贮存期。

典型配方剖析见表 15-1。

表 15-1　厌氧胶典型配方分析

配方组成（质量份）	各组分作用分析	配方组成（质量份）	各组分作用分析
环氧丙烯酸双酯（100）	主剂，改性树脂	丙烯酸（2）	配合剂
过氧化羟基二异丙苯（5）	引发剂	糖精（0.3）	促进剂，加速固化反应
三乙胺（2）	促进剂，加速固化反应	气相白炭黑（0.5）	触变剂，改善胶液流淌性

15.2.2　厌氧型胶黏剂制法

厌氧胶的主要成分是丙烯酸或甲基丙烯酸双酯，其通式为

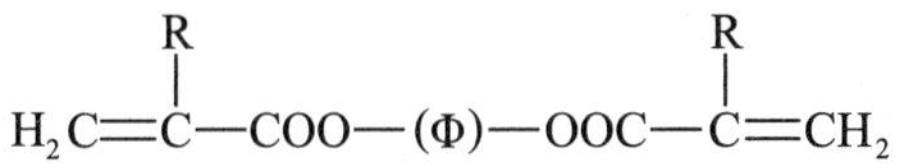

$$H_2C\!=\!\overset{R}{\underset{|}{C}}\!-\!COO\!-\!(\Phi)\!-\!OOC\!-\!\overset{R}{\underset{|}{C}}\!=\!CH_2$$

式中：R 为 H 或 CH_3，Φ 大致有以下几类。

（1）多元醇或缩水二元醇及其衍生物。这是初期的也是至今仍在应用的一类，人们称之为第一代厌氧胶黏剂。

（2）不饱和环氧树脂。这是一类后来发展起来的品种，具有环氧树脂和不饱和聚酯的特点。

（3）聚氨基甲酸酯及其衍生物。其能在较宽空隙内填充、固化。同时也提高了胶层的冲击强度、剥离强度和耐低温性能。人们称经过新的改性技术所加工的产品为第二代厌氧胶。

厌氧胶的配方中主要包括基料、引发剂、促进剂、稳定剂及其他助剂。

（1）基料

主要由丙烯酸或甲基丙烯酸及其酯类与相应的双官能或多官能化合物加成或缩合反应制得的单体作基料。例如，将端甲苯二异氰酸酯聚氨酯预聚体与丙烯酸或甲基丙烯酸羟丙酯加成反应，可制得聚氨酯丙烯酸或甲基丙烯酸双酯。单体的结构不同，反应所用原料、反应条件和所需催化剂也各不相同。

（2）引发剂

通常使用活化能较高，即分解温度较高的过氧化物如异丙苯过氧化氢、叔丁基过氧化氢、过氧化甲乙酮、过氧化环己酮、伸甲基过氧化氢等。其中用得最广的是异丙苯过氧化氢，用量约 2%～5%。

（3）促进剂

为使引发剂过氧化氢分解速度加快，使厌氧胶很快达到一定强度，配方中含有促进剂，大多用叔胺类。如 1，2，3，4- 四氢化喹啉、吡咯烷、N，N′- 二甲基间甲苯胺或哌啶等均可使厌氧胶在 10 min 内固化，也有用有机硫化物或有机金属化合物。

为使厌氧胶既有良好的贮存性，又有较快的固化性，常与胺类促进剂并用助促进剂如邻磺酰苯酰亚胺（糖精）类等。糖精与叔胺先生成盐，在过氧化物存在下，有效地促进单体的聚合反应。促进剂用量为 0.5%～5%。

（4）稳定剂（阻聚剂）

稳定剂有酚类、多价酚类、醌类、胺类、肟类、铜盐类等。常用对苯二酚或对甲氧基苯酚，用量为 0.01%。

配方例如下：

①聚醚甲基丙烯酸酯型。

四乙二醇二甲基丙烯酸酯 100 份；

1，4- 对苯二醌 200～400 mg/kg；

异丙苯过氧化氢 2～3 份；

糖精 0.5 份；

1，2，3，4- 四氢化喹啉 0.5 份；

其他（增稠剂、染料等）适量。

（根据情况可用 N，N′- 二甲基对甲苯胺）

②聚酯甲基丙烯酸酯型。

二乙二醇双甲基丙烯酸酯；

（聚酯丙烯酸酯）酞酯 100 份；

异丙苯过氧化氢 2～4 份。

（根据情况可用叔丁基过氧化氢）

单体必要量：

1，4- 对苯二醌 50～400 mg/kg；

乙二胺 1～2 份；

乙二醇 0.3～3 份。

因厌氧胶隔绝空气会固化，必须存放于透气的高压聚乙烯瓶中，且不能装满，留有空间。

因厌氧胶的施胶量很小，常用小塑料瓶包装。

15.2.3　厌氧胶黏剂的通用制造方法

厌氧胶胶液本身的制造比较简单，一般情况下就是将各组分按比例和顺序混合后，搅拌均匀即可。如果有加速固化促进剂时，尽量将它最后添加，或者将速固化促进剂分装，在使用前混入厌氧胶胶液中，也可把速固化促进剂配制成表面处理剂使用。在厌氧胶的制造过程中，通用聚合性单体、有机过氧化物、有机胺类、稳定剂等大都有商品出售，所以关键问题是制造特殊类型的聚合性单体及各种类型促进剂。

厌氧胶使用场合不同，对黏度要求不一样，封固螺丝，堵塞细缝、砂眼，流动性好，用黏度低的厌氧胶；一般密封，用中黏度厌氧胶；法兰面箱体结合面密封用糊状高黏度厌氧胶，当黏度低时可以设法增稠。增稠的方法主要采用加入可溶于胶液的高聚物，如一定分子量的聚酯、聚氯乙烯、聚甲基丙烯酸酯、苯乙烯-丙烯酸酯共聚物、丁腈橡胶、丙烯腈橡胶等。加量视所用聚合物的分子量和所需胶液黏度而定，一般为 1%～3%，加入聚合物除增稠外，还可调节强度。

另外，又有专利报道，为了使用方便将厌氧胶"固态化"。例如，将胶液增稠到高黏度，涂到螺纹槽中，再喷涂一层氰基丙烯酸酯或放置在二氧化硫的气氛中使胶液表面自聚，形成一层膜将胶液包在螺纹槽中，空气能透过膜维持胶液稳定，使用时不必临时涂胶。

如果将具有一定熔点而不溶于胶液的有机物，如聚乙二醇、石蜡、硬脂酸等，机械分散到胶液中，可制成不同熔点的厌氧胶，利用它的低熔点性质，在高于熔点的温度浸涂螺丝。室温下凝固在螺纹槽中，使用时也不必涂胶。

如果加入较多（胶量的 30%～40%）的可熔聚合物，再用低沸点溶剂适当冲稀，制成均匀稠液，涂在上蜡的平板上，溶剂挥发，留下薄膜或薄片具有厌氧性质，可作密封垫片或密封膜用。也有用在浸渍了过氧化物引发剂的多孔性基材上涂厌氧胶黏剂的方法制造厌氧黏接片。

厌氧胶固态化最成功的例子是微胶囊化。它是将厌氧胶包在由它自聚成膜的小胶囊中，胶囊直径约 0.2～0.8 mm，胶含量约占总质量的 70%～80%。空气透过囊壁维持胶液稳定，使用时由于黏接面间挤压囊壁破裂，胶液流出，在不接触空气时很快聚合固化。微胶囊的制备主要采用机械搅拌将厌氧胶分散到含有分散剂（聚乙烯醇或聚甲基丙烯酸钠）的水中成小液滴，使液滴外层聚合成膜而又马上终止。目前常用两种方法：一是分散到二氧化硫或亚硫酸氢钠的水溶液中，2 min 后倾出过滤、洗涤、晾干即可。另一种是分散到三价铁水溶液中，加入抗坏血酸，搅拌 2.5 min 后，加入双氧水，倾出过滤、洗涤、晾干即成。此法中，当还原剂抗坏血酸加入时，Fe^{3+} 马上被还原成 Fe^{2+}，Fe^{2+} 立即引发液滴外层聚合，2.5 min 成膜之后，加入双氧水，将 Fe^{2+} 氧化到 Fe^{3+}，终止聚合。

将小胶囊封固在螺纹槽中可制成专用螺丝。其方法是将小胶囊加到 6% 聚乙烯醇水溶液中制成糊状物，涂到螺丝上，再浸以 2% 硼砂、5% 水杨酰苯胺的水溶液，3 ～ 5 s 聚乙烯醇成膜，将小胶囊固结在螺纹槽中。这样就把液体厌氧胶变成固体状态，贮存、运输和使用都很方便。这种螺丝装配 5 min 后，拆卸扭矩即可达 5 N·m，3 h 可达 20 N·m。

15.2.4　厌氧胶黏剂的配方设计

从厌氧胶黏剂的组成可以看出，厌氧胶是由丙烯酸酯类单体、引发剂、促进剂、稳定剂、增塑剂和其他助剂制成的。厌氧胶性能的优劣，其关键在于配方设计。

丙烯酸酯类单体是厌氧胶的主要成分，主要包括丙烯酸或甲基丙烯酸的双酯或一些特殊的丙烯酸酯如甲基丙烯酸羟丙酯。丙烯酸双酯的结构式为

$$H_2C=\overset{\displaystyle R}{\underset{\displaystyle |}{C}}-COO-R'-OOC-\overset{\displaystyle R}{\underset{\displaystyle |}{C}}=CH_2$$

R′ 为多元醇或缩水二元醇及衍生物、不饱和聚酯、环氧树脂、聚氨酯等。经实验和经验认为，丙烯酸酯类单体应占配比的 90% 以上。引发剂的用量约为 1% ～ 5%，视性能要求而定，其中最为常用的是异丙苯过氧化氢，加入量为 5% 左右。

15.3　厌氧型胶黏剂应用工艺

首先用汽油或丙酮等溶剂洗净螺纹或胶接面。必要时进行表面处理。表面处理剂由胺、有机硫或有机金属等类化合物溶解于溶剂中组成。表面涂覆表面处理剂后，必须晾置 5 min，以挥发除尽溶剂。使用表面处理剂可大幅度缩短固化时间，使被黏体在几分钟乃至几秒钟内定位，有利于自动流水装配线上使用。

然后，用胶液瓶将几滴胶液涂覆于螺纹或胶接面上，上紧螺丝或贴合胶接面。放置片刻，使之固定。

挤出于螺纹或胶接面外的胶黏剂，因暴露于空气中不会固化，很易拭除。

15.4　厌氧胶黏剂基本特征及性能特点

15.4.1　厌氧胶的基本特征

厌氧胶的基本特征是固化时体积收缩相对较小，溶液型，常温固化，耐热、耐冲击性、耐药品性好。厌氧胶的基本组成如下。

（1）单体

厌氧胶的单体是不同官能度和分子量的（甲基）丙烯酸衍生物，主要有聚醚、聚酯、

聚氨酯等系列，研究得最多、至今还在广泛应用的仍然是四缩乙二醇甲基丙烯酸双酯。甲基丙烯酸酯类衍生物具有比较容易合成、性能好、固化快、对氧气的敏感性小等优点，因而被广泛采用。

（2）引发剂和加速剂

最常用的厌氧胶引发剂是异丙苯过氧化氢和叔丁基过氧化氢，在组分中通氧气也能引入氢过氧化物。加速剂是指一类能和引发剂（多半为氢过氧化物）相作用以加速厌氧胶固化的化学添加剂，多半是含氮、硫化合物和有机金属化合物，如糖精、有机酰肼、氰基化合物等。

（3）稳定剂和阻聚剂

稳定剂是一种能和导致引发的化学物质反应，从而防止引发聚合的添加剂，例如某些螯合剂能和单体中的痕量过渡金属螯合。所谓阻聚剂是指那些能中止聚合的添加剂，氧就起阻聚剂作用，最普通的阻聚剂是酚类和醌类。

（4）改性剂

加到厌氧胶中，不影响厌氧固化特征，且能改善其他各方面性能的物质叫作改性剂。

15.4.2 厌氧胶的性能

厌氧胶的品种繁多，性能不一。因它是交联型的，能耐温、耐溶剂和耐化学药品。具体性能如下。

（1）使用方便。厌氧胶系单组分、无溶剂、在无氧存在下由于胶接面的催化作用，能室温固化的胶黏剂，使用安全、方便。胶缝外胶料易除去，胶接件美观。

丙烯酸双酯单体的聚合过程主要是在引发剂存在下发生的游离基聚合反应。氧以下式生成 2 价游离基，且以共振形态存在。

$$O=O \rightleftharpoons \cdot O-O \cdot$$

共振形态

当有引发剂存在且无氧时，激发游离基聚合；但当氧存在下，无游离基产生，聚合就停止。活性型和非活性型丙烯酸酯的结构以下式示意。

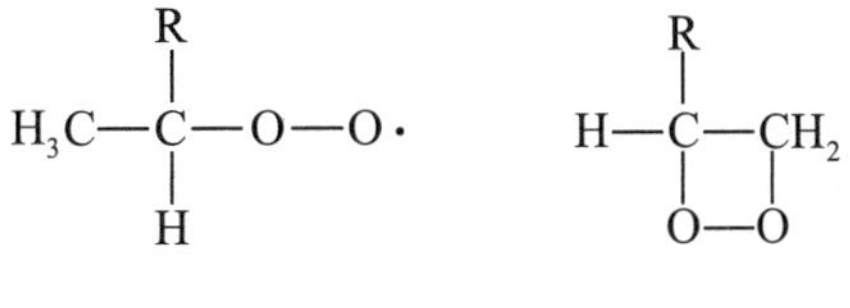

非活性型　　　　**活性型**

（2）对被黏材料的润湿性良好，单位面积的施胶量少。可胶接各种金属如钢铁、铜、铝等以及各种非金属如玻璃、陶瓷、橡胶和热固性塑料等。其胶接强度不低于室温固化的环氧树脂胶黏剂。

厌氧胶的固化速率和胶接强度往往与被黏体的性质有关。对较活泼的金属如铜、铁、钢、锰、黄铜等能加速固化，因这些金属离子能促进过氧化物引发剂的分解。其胶接强度也高，对非活性表面如纯铝、不锈钢、锌、镉、钛、银等以及抑制性表面如经过阳极化、氧化或电镀处理过的金属表面和非金属表面如玻璃、陶瓷、塑料等固化速度慢，胶接强度也低。采用表面处理剂如有机酸铜盐、2–巯基苯并噻唑或叔胺等可改善之。

（3）固化后的厌氧胶具有良好的耐热、耐寒、耐酸、耐碱、耐盐类、耐水、耐油、耐醇等有机物质和冷冻剂介质等性能。

（4）适应性强，性能范围可调。由于厌氧胶由聚合物单体、有机过氧化物引发剂、还原剂和稳定剂组成，其单体又可以是丙烯酸或甲基丙烯酸双酯，也可以是环氧–丙烯酸或聚氨酯–丙烯酸等。若单体与配方不同，厌氧胶的性能截然不一。可从高强度的结构胶到可再拆重装的低强度胶，可从常温使用的胶到200℃以上使用的高温胶，可从几个毫帕斯卡·秒到高黏度的触变胶，甚至胶片；可从脆性胶层直至具高延伸率的弹性胶层等。由于改变了单体结构，固化后的厌氧胶性能范围更宽，剥离强度更好（因引入聚氨酯弹性体）。

（5）厌氧胶属无溶剂型，固化收缩性小，且对金属的胶接性高，故用于紧固螺栓，可靠性高。

（6）贮存期长。只要包装得当，保管合适，室温下至少可贮存一年，甚至更长一些。厌氧胶也存在一些不足，具体有：①间隙过大时不易固化，一般允许间隙为0.10～0.25 mm；②不适用于疏松或多孔材料如泡沫塑料等的胶接。这不仅是因为厌氧胶黏度低，易被吸收或流失，更重要的是上两个状态下包含的氧阻止其固化。胶接非金属和某些惰性金属如不锈钢、铬、锌、锡等表面时，需使用表面促进剂。

15.5 常用厌氧胶品种

厌氧胶品种繁多，今举数例简要说明。

（1）通用型

通用型厌氧胶分聚醚型和聚酯型两类。聚醚型的代表例：

$$H_2C=\underset{\underset{COO-(CH_2CH_2O)_4-\underset{CO}{\overset{CH_3}{C}}=CH_2}{\overset{CH_3}{|}}}{C}$$

四乙二醇二甲基丙烯酸酯聚酯型属多官能度醇的甲基丙烯酸酯或丙烯酸酯。其例如下：

三羟甲基丙烷三甲基丙烯酸酯

表 15-2 列出不同单体与固化时间和松出扭矩的关系。

表 15-2　固化时间和松出扭矩关系

单位名称	胺用量 /%	松出扭矩 /（N·cm）		
		10 min	20 min	30 min
四乙烯二甲基丙烯酸酯	1.0	814	2040	2991
三乙二醇二甲基丙烯酸酯	1.0	412	1893	2844
三羟甲基丙烷三丙烯酸酯	0.5	1079	1765	3805
三乙二醇二丙烯酸酯	0.5	2040	2579	2716
1，4- 丁二醇二丙烯酸酯	0.5	677	1491	1628
乙二醇二甲基丙烯酸酯	1.0	137	814	1491
β- 羟乙基甲基丙烯酸酯	0.5	0	0	951
甲基甲基丙烯酸酯	0.5	0	0	0
十八烷基甲基丙烯酸酯	0.5	0	0	0
乙基丙烯酸酯	1.0	0	0	0

表中数据是按下述配方测出的：单体 50 mL；异丙苯过氧化氢 1 mL；糖精 0.18％；1，4- 对苯二醌 500 mg/kg；N，N′- 二甲基对甲苯胺表中指定量。表中数据表明，双酯比单酯具有明显的优良机械性能。

（2）环氧 - 丙烯酸酯胶黏剂

胶接强度要求高的结构型厌氧胶常采用含有强极性基的树脂，例如聚氨酯 - 甲基丙烯酸酯和环氧 - 甲基丙烯酸酯。1966—1967 年三个公司同时发表了环氧 - 丙烯酸酯新产品的性能和用途。它们是日本的昭和高分子（株），商品名为リボキツ；荷兰的 Shell ChemicalCo.，商品名为 Epocril；美国的 DowChemicalCo.，商品名为 Derakane。昭和高分子（株）于 1963 年开始开发这类产品。以环氧树脂和（甲基）丙烯酸等不饱和酸的加成反应物为基料，苯乙烯等可聚合性单体为稀释剂组成。选择不同的原料可得性状和性能各异的品种和牌号。代表性的环氧 - 丙烯酸酯结构式如下：

$$\text{H}_2\text{C}=\overset{R}{\underset{}{C}}-\overset{O}{\underset{}{C}}-O-[\text{CH}_2-\underset{OH}{\overset{H}{C}}-\text{CH}_2-O-\underset{\text{CH}_3}{\overset{\text{CH}_3}{\underset{}{C}}}-O-\text{CH}_2-\underset{OH}{\overset{H}{C}}-\text{CH}_2-O-\overset{O}{\underset{}{C}}-\underset{}{\overset{R'}{C}}=\text{CH}_2]_n$$

$$\text{H}_2\text{C}=\overset{R}{\underset{}{C}}-\overset{O}{\underset{}{C}}-O-[\text{CH}_2-\underset{OH}{\overset{H}{C}}-\text{CH}_2-O-\underset{Br}{\overset{Br}{\bigcirc}}-\underset{\text{CH}_3}{\overset{\text{CH}_3}{C}}-\underset{Br}{\overset{Br}{\bigcirc}}-O-\text{CH}_2-\underset{OH}{\overset{H}{C}}-\text{CH}_2-O-\overset{O}{\underset{}{C}}-\overset{R'}{C}=\text{CH}_2]_n$$

式中：R、R′ 为 CH₃ 或 H₂。

上述产品的耐药品性优良，尤其是耐酸和溶剂，耐温可到 200℃，加入双马来酰亚胺可达 230℃，溴化型耐燃性优良。

作为厌氧胶，昭和高分子（株）以烷撑多元醇多（甲基）丙烯酸酯作稀释剂配制，商品名为リクンロッケ。用于汽车、电气、机械等工业中螺栓锁紧防松等。用于轴承轴嵌合的拉拔强度为 9709 ～ 12 945 N，摩擦剪切强度为 21.7 ～ 29.0 MPa。

若用以胶接锚钉用，尤其以混凝土为基础，壁、柱等场合埋入螺栓时作固定胶黏剂用，这类丙烯酸酯比常用的不饱和树脂胶黏剂更耐混凝土中碱性的侵蚀，延长固定物的耐久性。 利用环氧－丙烯酸酯分子结构中的乙烯基可光固化的原理，可制作光固化胶黏剂。由于它兼有耐热、耐药品等特性，飞快地进入光固化胶黏剂领域，成为与聚丙烯酸酯、聚氨酯丙烯酸酯并列的主要光固化胶黏剂树脂之一。尤其更适用作近年开发的印刷线路板碱显像型抗蚀墨水基料，实际上已在大量应用。 此外，利用该类聚合物与玻璃纤维的强胶接性，常用其作为玻璃增强塑料的底涂剂或胶黏剂。 中国科学院广州化学研究所研制、生产的 GY 型厌氧胶中有从双甲基丙烯酸二缩三乙二醇酯和环氧树脂的双甲基丙烯酸酯等为主要单体制成的。引发体系采用氧化－还原体系。胶黏剂具有较好的力学性能，适合机械产品锁固密封和固定用。 加入双马来酰亚胺后，可使胶黏剂的耐温性提高到 230℃。胶中也加入螯合剂，以清除胶液中过量金属杂质。如 GY-360 的黏度为 1500 ～ 3500 mPa·s，静剪切强度 ≥ 15.0 MPa，工作温度为 -55 ～ 230℃。以 E-44 环氧树脂甲基丙烯酸酯等为组成的 GY-340 单组分快固化厌氧胶的黏度为 150 ～ 300 mPa·s（25℃），28℃时 2 ～ 6 h 基本完成固化，最大松出扭矩 2942 N·cm，可填充最大间隙为 0.18 mm，间隙小于 0.06 mm 时的静剪切强度为 19.6 MPa，使用温度为 -55 ～ 150℃，贮存期为一年。

（3）聚氨酯丙烯酸酯厌氧胶

厌氧性聚氨酯胶黏剂是将氨基甲酸酯加成聚合化学和游离基引发的加成聚合化学融合在一体，形成的一类胶黏剂。例如，将 β－甲基丙烯酸羟乙酯与等物质的量的二异氰酸酯如甲苯二异氰酸酯，或端异氰酸酯聚氨酯预聚体反应生成中间体。加入有机过氧化物，隔绝氧后，丙烯酸官能团就聚合，使胶液形成胶膜，产生胶接强度。 引入氨基甲酸酯聚合物可改进厌氧胶的脆性。例如，将甲苯二异氰酸酯加入 N220 聚醚，于 80 ～ 85℃反应 3 h 后，加入甲基丙烯酸羟丙酯、冰乙酸和对苯二酚，于（100±2）℃

反应 2 h，直到游离异氰酸酯值小于 0.5%，趁热倒出。冰乙酸作为酸性催化剂加入，使反应体系酸值达 9 ～ 10 mg/g，有利于副反应的减少和树脂黏度的降低。又如，向甲基丙烯酸羟丙酯、对苯二酚和冰乙酸中加入甲苯二异氰酸酯，反应物温度自升到 100℃，于 95 ～ 100℃反应 1.5 h 直至游离异氰酸酯值小于 0.5%，趁热倒出。若向前一树脂 50 份和后一树脂 20 份中加入甲基丙烯酸羟丙酯 30 份、异丙苯过氧化氢 3 份、N，N′- 二甲基苯胺 0.5 份、邻苯甲酰磺酰亚胺 1 份、丙烯酸 2 份、对苯二醌 0.02 份制成厌氧胶与前一树脂 25 份和后一树脂 45 份、其他组分相同制成的厌氧胶相比。前者柔性链段多，常、低温抗剪强度高，50℃的低，呈现出聚醚聚氨酯弹性体的特有性质。后者低温抗剪强度低，常温和 50℃的高。具体数据见表 15-3。被黏体为 45# 钢；喷砂处理；胶黏剂于 25 ～ 27℃固化 18 h。

表 15-3　不同聚氨酯厌氧胶性能

厌氧胶序号	常温抗剪强度	50℃ 45 min 后抗剪强度 /MPa	40℃ 45 min 后抗剪强度 /MPa
1#	16.6	11.7	22.9
2#	28.5	21.1	9.3

也可用聚酯多元醇作基本原料。

为提高氨基甲酸酯系厌氧胶的耐温性，常与其他类单体配合使用。作为平面密封，取代垫片，很有价值。

（4）含四氟乙烯填料的厌氧胶

向厌氧胶中加入聚四氟乙烯微粒，可用作管道密封剂，代替四氟乙烯带。国产品有 GY-190，铁锚 310。例如，铁锚 310 是由丙烯酸双酯单体 50 ～ 70 份、树脂 30 ～ 50 份、促进剂 0.5 ～ 1 份、阻聚剂 0.05 份、增稠剂 2 ～ 3 份、引发剂 3 ～ 5 份、二氧化硅 2 ～ 3 份、聚四氟乙烯微粒和整合剂适量组成的。其定位时间 1.5 h，24 h 内完全固化。胶层破坏扭矩为 16.86 N·m，松出扭矩为 2.94 N·m。适用于各种螺纹管道和管塞的高压密封和 0.5 mm 以下大缝隙防漏。使用温度为 –55 ～ +200℃。

（5）可预涂微胶囊型厌氧胶

可预涂厌氧胶系厌氧胶中的新族。先将厌氧胶液体包封制成微胶囊，再用黏附剂将其黏附于螺纹件等需锁紧密封的零件上。该零件可贮存，随时应用。当应用时，零件就位，将微胶囊挤破，即可反应固化达到锁紧密封等目的。Loctite 公司是该胶最早生产者。微胶囊型胶黏剂的特点是：①通过微胶囊化，可避免混合和计量的失误；②可制得适用期长的胶黏剂，便于操作；③两液快固化型胶黏剂常受适用期的制约，微胶囊化后，不受制约；④可预涂。省却各生产线上的涂胶设备和人工，提高生产效率。中国科学院广州化学研究所也在研究开发可预涂微胶囊型厌氧胶，且在汽车制造厂试用。例如，GY-540 中强度可预涂厌氧胶是采用界面成壳技术。将厌氧胶胶液分散于水液中，用引发剂如亚硫酸钠等引发液滴表面聚合成壳，将胶液滴包裹于内，直至所需的壳厚。再用终止剂如甲醛停止其反应。加含促进剂的丙烯酸酯乳液黏附剂组成可预涂胶。又如，高强度可预涂微胶囊厌氧胶 GY-560 采用新制备技术，免去制造微胶囊时需分离工序，直接于水溶液中制成产品，工艺简便。其基本原理是将厌氧胶液和其他组分分散于黏附剂水溶液中，涂覆于螺纹件等零件上，烘干后，即成含有无数微小的包有厌氧胶滴的微胶囊预涂层。使用时，挤破微胶囊，流出胶液，自行反应固化，达到锁紧密封效果。

用此法将水剂双组分胶微胶囊化，形成一液型。既可用机器，又可手工涂布，使用方便。该胶性能与用途和美国 Loctite 的 Dri-L.oc204 类似，适用于钢、镀锌和磷化螺纹件等金属零件，起紧锁密封作用。

GY-560 厌氧胶原本分 A、B 两组分，A 组分为厌氧胶的水剂液体，B 组分为含有过氧化物的固化剂。两组分的重量比为 100：（3.5～4.0）。预涂后的主要性能指标：

固化速度 [（23±2）℃初固]<2 h；

可工作温度 -55～+120℃；

完成固化时间 [（23±2）℃]48 h；

预涂后室温贮存期 >3 个月；

完成固化后室温破坏扭矩 >18 N·m；

M10 钢螺纹件。

胶层耐介质（机油、柴油、润滑油和煤油等）性能良好，热老化和湿热老化性能优良。

（6）厌氧性压敏胶

厌氧性压敏胶是指具有压敏性的厌氧胶，即以压敏性黏附于被黏体上，借隔绝空气固化，胶接强度在室温下短时间内达到最高值。它可由压敏性聚合物、溶剂、环氧丙烯酸酯、三羟甲基丙烷三丙烯酸酯、异丙苯过氧化氢、二甲基对甲苯胺和对苯醌等组成。制备厌氧性压敏胶的关键是贮存稳定性问题。有资料报道，将胶黏剂涂覆于多孔材料基材上，以塑料网或另加一层透气性塑料膜隔离，可制得稳定的压敏胶带。

（7）其他

国外正致力于性能更高的厌氧胶的研制。①耐高温厌氧胶使用主链为硅或氟的有机聚合物。②紫外线固化厌氧胶是一种可用于快速组装，逐渐提高胶接强度的胶黏剂。它能在无氧存在下固化，而溢出胶液在紫外线照射下固化，减少污染，同时扩大厌氧胶的应用领域如平面胶接等。将可游离基聚合的乙烯基单体（如丙烯酸双酯）、异丙苯过氧化氢、1，2，3，4-四氢喹啉、草酸、光敏剂（如苄基二甲缩酮）等配合，可制得 15 s 内可光固化，20 min 内厌氧固化的光固化厌氧胶。人们称该类胶黏剂为第三代厌氧胶黏剂。其他如大间隙平面密封、大直径管接头、快固化和高强度结构厌氧胶等也正在研究、开发。

15.6　厌氧胶技术与进展

15.6.1　单体与树脂

单体与树脂作为基本组分对厌氧胶的性能具有很大的影响。它们多为聚醚、聚酯、聚氨酯环氧等的末端含丙烯酸酯或甲基丙烯酸酯改性物。目前亦开始使用主链是烯烃的化合物或硅、氟化合物等。总之，各种形式的合成树脂使厌氧胶性能得到改善。如厌氧胶黏剂一般黏度低，不适于较大缝隙的黏接和密封，且使用时易滴淌而污染其他零件，对此，采用由六亚甲基二异氰酸酯与含丙烯酸基的多元醇反应生成的聚氨酯甲基丙烯酸酯作为聚合性单体的一种，即可制得不用添加触变剂、自身有触变性的厌氧胶，其触变指数达 3.3 ～ 6.0。厌氧胶逸出部分不固化是其另一缺点，用常温是固态的丙烯酸酯低聚物代替过去常温为液态的丙烯酸酯低聚物作为厌氧单体可克服此缺点。为了改进厌氧胶物性较脆的缺点，采用特种聚氨酯甲基丙烯酸酯等即可制得高弹性厌氧胶。此外，将含羟基的甲基丙烯酸酯与多元醇结构单元中无醚键的多元醇甲基丙烯酸酯并用可制得初黏性及耐水性皆优的化合物，将二甲基乙烯基硅烷基封端的硅氧烷化合物与乙炔炭黑和过氧化物引发剂复配可制得厌氧快固硅橡胶复配物，含三聚异氰酸环或三聚异氰酸环的聚（甲基）丙烯酸酯配成的厌氧胶耐热性优良，含环缩醛基的甲基丙烯酸酯配制的厌氧胶可解决快固性和油面黏接性问题。

15.6.2　固化体系

为改进厌氧胶的性能，国内外相继开发出各种固化体系，主要有以下几方面。

（1）快固性固化体系

关于厌氧胶的研究课题很多，其首要问题就是快固性。日本大仓工业株式会社研究出一种含糖精（邻磺酰苯酰亚胺）、多环叔胺或苄环叔胺、自由基引发剂及水等组成的固化体系，可使固化时间缩短为 3 min。采用由糖精与 1，2，3，4- 四氢喹啉的盐（STQ 盐）、与 6- 甲基 -1，2，3，4- 四氢喹啉的盐（SMQ 盐）、与 1，2，3，4- 四氯喹啉的盐（SQA 盐）等糖精与胺反应生成的盐（S- 胺盐），与少量氢过氧化物引发剂和水配合，可制得在 1 min 以内快速固化的厌氧胶。此外，采用糖精、苯磺酰肼、水混合作促进剂及采用吡唑和吡唑啉 -5- 酮的混合物作促进剂，亦可制得在 1 min 以内快速固化的厌氧胶。

（2）非（氢）过氧化物固化体系

采用过氧化物或氢过氧化物作引发剂，易引起皮肤过敏，且对普通钢表面有腐蚀作用，为此开发出非（氢）过氧化物固化体系。如用无机盐（如铵、碱金属或碱土金属的过硫酸盐等）、叔胺等作促进剂，与 N- 亚硝基二苯胺并用，可制得高强度、不加速腐蚀、适于普通钢及不锈钢等惰性表面黏接的厌氧胶。采用含卤素化合物如含卤素芳香族化合物及含苯酰的卤化物等作第一引发剂，采用仲胺、叔胺、有机硫酰亚胺、过氟代烷基磺酰 –N– 苯胺或硫醇作第二引发剂，可制得贮存时引发剂不会分解、不会引起爆炸的厌氧胶，该胶适于活性及惰性金属面的黏接，若与底涂剂配合亦可黏接非金属材料。此外，有机过羧酸与 HN– 酸性化合物（如硫酰胺等）的混合物及 S– 胺盐与偶氮系引发剂的混合物均可取代过氧化氢固化体系制备性能良好的厌氧胶。

（3）紫外线固化厌氧胶

紫外线固化厌氧胶是一种允许快速组装又逐渐提高黏接强度的胶黏剂，它能使溢出胶液固化，减少污染，同时能扩大厌氧胶的应用领域如平面黏接等。据日本文献报道，将自由基聚合单体、异丙苯过氧化氢、1，2，3，4– 四氢喹啉、草酸、光敏剂（如苄基二甲缩酮）等配合可制得光固化时间为 15s 厌氧固化时间为 20 min 的光固化厌氧胶。

（4）湿固化厌氧胶

湿固化厌氧胶可望用于大间隙及非金属的黏接，从技术上讲是可行的，但必须首先解决容器形状、贮存方法等。

15.6.3　稳定体系

为改进胶液的稳定性，需研制高效的稳定体系。厌氧胶常用氢醌、苯醌、草酸、金属螯合物等化合物稳定剂。有报道，使用亚硝基苯酚作稳定剂效果较好，可制备较大黏度的厌氧胶。选用苯基环氧乙烷、环氧化植物油等环氧化合物作为厌氧胶稳定剂，可以改进因 0.01 mmol 强酸所引起的不稳定性。一般厌氧胶中添加填料后易产生凝胶，对此，采用特种偶氮化合物作稳定剂，可得到高填料含量的厌氧胶，当填料含量达到 50 % 以上时仍有 1 年以上的贮存期。采用磷酸与乙二胺四（亚甲基膦酸）作稳定剂，亦可提高高填料含量厌氧胶的稳定性。对于含水固化体系，由于水的加入，厌氧胶在短时间内即产生凝胶，需添加特定的稳定剂如有机胺类或双氰胺等。

15.6.4　特殊应用

（1）厌氧性压敏胶

厌氧性压敏胶是指在使用前保持压敏性，于使用状态隔绝空气而固化，黏接强度快速提高的胶黏剂，它为室温固化型压敏胶。厌氧性压敏胶的一个配方例由压敏性聚合物、溶剂、环氧丙烯酸酯、二羟甲基丙烷三丙烯酸酯、异丙苯过氧化氢、二甲基对甲苯胺、对苯醌等组成。有报道，在胶中添加可溶于有机溶剂的钒化合物（如钒的乙酰丙酮盐等），可加快胶的固化速率，并能固化厚度为 5 μm 的厚膜，其黏接强度高，适于金属与非金属材料的黏接。此外，加入钴、铁、锰、铜等的化合物亦能达到此效果。厌氧性压敏胶带，其稳定方法非常重要。用连续泡沫体这样的通气性材料部分浸渍厌氧胶。然后用聚乙烯等通气性薄膜隔离，可制备厌氧性压敏胶带，但该胶带在无压力作用时不固化，限制了它的应用。也有的在压敏胶带上隔一层透气性膜，然后再隔一层泡沫，但因泡沫的空气含量有限，因而贮存稳定性并不太好，且胶黏剂有从基材向泡沫迁移的现象，因而不实用。有报道，采用多孔材料作胶带基材，在其上涂布胶黏剂，然后在胶带之间隔一层塑料网或再加一层透气性塑料膜，结构如图15-1所示，这样可得到稳定的压敏胶带。

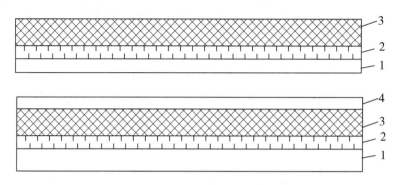

图 15-1　厌氧性压敏胶带

1-基材；2-厌氧胶层；3-塑料网；4-透气性塑料膜

（2）厌氧胶垫

厌氧胶垫的关键是改进贮存稳定性。过去常采用在胶垫之间隔一层凹凸不平的剥离纸的办法，但隔离纸的制造比较麻烦。据日本专利报道，在多孔基材中浸渍引发图15-1厌氧性压敏胶带剂，然后在其一面或两面附设不含引发剂的胶黏剂层，在其间隔离一层不阻碍胶黏剂因受压而向基材渗透的透气性塑料膜，这样在贮存过程中，引发剂与其他成分隔离，使用时通过加压使胶层压入基材的孔隙内，与引发剂接触而厌氧固化。另外，将促进剂和叔胺等制成微胶囊，采用非（氢）过氧化物作引发剂，这样制得的厌氧胶垫不用隔离纸，长期堆积卷压贮存不发生固化，而一旦隔绝空气即快速固化。

（3）预涂型微胶囊厌氧胶

厌氧胶是液态，存在涂布操作繁杂、涂布不匀、易起皮、有臭味、胶液易滴淌等问题。将液体厌氧胶制成微胶囊，涂布于螺纹等部件上制成预涂"干"厌氧胶的零件，对操作者的毒性降低且可较长时间贮存，随时可用，从而使生产工艺大大简化。如将过氧化物微胶囊和由溶有二甲基苯胺的丙烯酸酯单体为芯物质制备的微胶囊溶于加有黏接剂、颜料等的溶剂中即可得到预涂厌氧胶原液。预涂微胶囊厌氧胶的涂布方法有喷涂和浸涂等方式。

目前，预涂原液中所含溶剂皆为有机溶剂，涂布时溶剂散发到环境中造成污染。随着环境保护要求的提高，预涂微胶囊厌氧胶逐步趋于采用水系或其他非溶剂型代替有机溶剂型。但水对囊壁有渗透作用，导致囊芯物质固化。此外，还存在涂布方法、干燥时间等问题。对于非溶剂型微胶囊，若使用丙烯酸系单体作基料，在其中加入固化剂和以厌氧胶为芯物质的微胶囊制成预涂布厌氧胶原液，预涂后采用UV固化则效果较好，它既具有极短的固化干燥时间，又克服了环境污染的缺点。

（4）其他

为了提高厌氧胶的性能，还有许多其他改性方法。如对于常拆卸部件所用的厌氧胶，其破坏扭矩应大于松出扭矩，对此常采用聚酯类增塑剂进行改性，但效果不太理想。有报道，采用少量蓖麻油、聚己内酯等改性效果较好。在厌氧胶中加入含聚合双键的硼酸酯，则硼酸酯与空气中的水反应形成薄膜，从而使内部丙烯酸系单体隔绝空气而固化，制得有空气固化性的厌氧胶。据研究表明，含 N- 取代马来酰亚胺化合物，尤其取代基为羧基、羟基等极性基的马来酰亚胺的厌氧胶，其耐热性和黏接性均得到提高，它在 200℃热老化 400h 仍具有很高的强度。这可能是因为在常温主要是甲基丙烯双键发生聚合反应，加热至 150℃以上时，马来酰亚胺与残余双键聚合而生成最终固化物。厌氧胶在较广的范围内得到应用。为了提高生产率，降低成本和提高可靠性，已设计出自动化涂胶系统。在设计涂胶设备时，应根据厌氧胶的厌氧特性选择与厌氧胶相容的材料，各部件不得使用含有不稳定因素的材料（如金属、易发热材料等）。

15.7　厌氧型胶黏剂新用途

厌氧胶的主要用途如下。

（1）螺纹件锁紧，代替弹簧垫圈，用于高度振动的机械及仪表。锁紧的螺纹件的破坏扭矩至少可达 24.52 N·m，保证螺纹件不松动，且兼具密封性、防锈性。

（2）管道的紧固连接和管接头的螺纹密封连接代替聚四氟乙烯生料带，以杜绝管道中物料的泄漏。即使在高压（5.88 MPa）下也能使用。

（3）作液体垫圈密封法兰面或机械箱体结合面。与固体垫圈比，可降低成本 50%～70%，形状可以是任意复杂的，稍有裂伤的法兰也能使用。

（4）作为轴承、滑轮、套筒等零部件的紧配固定胶黏剂，用于机械组合。

（5）真空浸渍。用于设备或结构件上的裂缝以及铸件砂眼、针孔的修补，代替传统的熔接法。

总之，厌氧胶在国外的机械制造和设备安装等方面，已获得广泛应用。对控制跑冒、滴、漏颇有效果；对节能、控制污染等具有重要意义。真空浸渍术用于先进的粉末冶金业，更是意义深远，已于航空、宇航、导弹、炮弹等军用工业及汽车、工程机械、石油化工及各种轻、重工业的机械产品生产中成为一类重要的工业用胶黏剂。

厌氧胶的施工性能适用于自动化流水作业，据报道，法国有条自动生产流水线，采用厌氧胶黏剂每天可生产 1 万多个零件。该流水线包括待加工零件输入清洗、脱脂、施胶胶接、固化、后加工、无损检验以及已加工的合格零件输出。

上述用途中，以锁紧密封用厌氧胶的用量最多，仍沿用 20 世纪 70 年代的发明技术。装配固定用厌氧胶的应用也较广泛。密封专用胶在现阶段发展较快，除弹性柔韧厌氧密封胶外，尚有各种能在大间隙平面、大直径管接头、耐高温工作场合使用的厌氧密封胶。

厌氧浸渍胶系乐秦公司拳头产品，占该公司厌氧胶总销售量的三分之一。

其他国家多用别类材料浸渍机械加工零件，用量较美国少得多。工业消费领域以汽车业为主。每辆汽车用量为 60～100g。汽车用厌氧胶占其总销售量的 25%。航空工业应用的胶种很多，一架飞机将涉及 15～20 种厌氧胶。因飞机总产量不大，厌氧胶的总消费量小。

第16章 压敏胶黏剂

16.1 概述

热熔压敏胶（HMPSA），是溶液型和乳液型压敏胶之后的第三代压敏胶产品，其应用范围更为广泛。它投资成本低，加工速度快，生产中无溶剂，无毒害，无挥发，有利于环保及安全生产。热熔压敏胶是固含量100%的固体胶料，使用比较方便，特别是快速涂布，不需要干燥，固化快，无公害。缺点是高温黏接性差，蠕变大，需要特殊的涂胶工具，操作温度高。

华东师大与上海三信化学（有限）公司合作以丙烯酸丁酯及（2-乙基己基）酯、丙烯酸为主原料，选环烷酸钴、一乙酰基一丁内酯等新型低温活性引发剂，应用本体聚合法，研制出环境友好型丙烯酸压敏胶黏剂新产品。技术上在30%～60%范围内可控制聚合温度，所制产品在相同分子质量条件下，黏接质量性能与溶剂型丙烯酸酯压敏胶黏剂相当，其抗撕裂强度达6.47～11.2 N/25 mm。

16.2 压敏胶黏剂性质

以无溶剂状态存在时，具有持久黏性的黏弹性材料。该材料经轻微压力，即可瞬间与大部分固体表面黏合，又能容易地剥离。材料的弹性模数必须小于1MPa。具有施工时润湿被黏面的液体的性质和使用时抵抗剥离的固体的性质。压敏胶黏剂主要有两大类，一类是天然橡胶、SBR等合成橡胶、SIS等嵌段共聚体为主要成分的橡胶型压敏胶，另一类是丙烯酸类压敏胶。

16.3 树脂型压敏胶

树脂型压敏胶是压敏胶的一种，以聚合物为主要成分。最常用的树脂是聚乙烯基醚和聚丙烯酸酯两类。聚丙烯酸酯压敏胶的优点是具有很好的耐久性和外观，近年来发展最为迅速。其通常由丙烯酸的长链脂族酯的聚合物和丙烯酸的短链脂族酯、甲基丙烯酸羟烷基酯或乙酸乙烯酯的聚合物或共聚物组成。

16.4　水乳液型橡胶压敏胶黏剂

水乳液型橡胶压敏胶黏剂是一类以水为分散介质，以各种橡胶胶乳为主体材料，与增黏树脂乳液、抗氧剂及其他添加剂共同配制而成的橡胶压敏胶黏剂。与同类的溶液型压敏胶相比，水乳液型橡胶压敏胶具有下述优点：①由于不必使用有机溶剂，因而涂布时无火灾危险，也不会污染环境；②乳液的黏度随固体含量的变化较小，因而可制得具有较高固体含量的胶黏剂；③胶乳中橡胶聚合物的分子量较高，故干燥后胶膜的内聚力较大，耐候性也比较好。

因此，这类压敏胶很早受到人们的注意。然而，它们的初黏力和180°剥离强度一般都不如相应的溶液型压敏胶。其原因除了橡胶胶乳（尤其是天然橡胶胶乳）的分子量太大外，主要还由于乳颗粒的表面存在着较多的表面活性剂，涂布后干燥成膜时这些表面活性物质会富集在压敏胶的表面以及胶层和基材的黏接界面上，导致压敏胶黏制品初黏力、黏接力和黏基力的下降。

因此，水乳液型橡胶压敏胶的开发几乎都是围绕如何提高胶黏剂的初黏力和剥离强度的问题进行的。虽然已在专刊文献中提出过许多改善黏性的方法，但由于在全面性能上始终赶不上同类的溶液型产品，故长期以来一直没有得到很大的发展。只有在20世纪70年代中期石油危机的冲击下以及制定严格的环境污染法以来，人们才真正大力进行开发。目前，在美国（如3M公司）和日本已有不少实际应用的例子，尤其是制造牛皮纸胶黏带、压敏胶黏接标签和其他纸基压敏胶黏接制品方面。今后，它们的重要性还将不断增加。在我国，乳液型压敏胶的开发工作则刚刚开始。

以一种贮存稳定的压敏胶为例，该胶黏剂适用期长，有良好的贮存稳定性，由氮丙啶化合物交联剂与（甲基）丙烯酸聚合物溶液混合而制得。

（1）生产配方

配方见表16-1。

表16-1　配方

丙烯酸-2-乙基己酯	29
N，N′-二甲基氨基乙基异丁烯酸酯	1
乙酸乙烯酯	18
三羟甲基丙烷三［β-（2-甲基氮丙啶基）丙酸酯］	0.3
丙烯酸丁酯	47
丙烯酸	5

（2）生产方法

在过氧化二苯甲酰存在下，于乙酸乙酯中，将含丙烯酸 -2- 乙基己酯、丙烯酸丁酯、乙酸乙烯酯、N，N′- 二甲基氨基乙基异丁烯酸酯及丙烯酸的混合物聚合，制得 40％固含量的聚合物溶液，取该溶液 100 g 与 0.3 g 三羟甲基丙烷三 [β -（2- 甲基氮丙啶基）丙酸酯]，混合，制得初始黏度力 1.3 Pa·s，40℃下 8 h 后黏度为 1.5 Pa·s 的胶黏剂。

（3）产品用途

用于压敏性胶黏带的制作。

16.5　接触胶黏剂

接触胶黏剂是一种特殊的压敏胶，其最大特点是"接触"后产生黏结作用，即将同一种胶黏剂涂覆在两个被黏物的表面上，通过两个涂覆面的相互接触发生黏结。被黏面在涂覆接触胶黏剂后，首先需要干燥形成透明的、不黏连的聚合物膜，这也是接触胶黏剂与普通压敏胶的主要区别所在。

16.5.1　水性聚氨酯转移接触胶黏剂

水性聚氨酯主要用于转移型接触胶黏剂的制备。转移型胶黏剂与普通胶黏剂略有不同，两个被黏表面所涂覆的胶黏剂可以是同一种聚合物，也可以是同一类聚合物，但分别与基材的黏结强度不同。当两个被黏表面接触时，两种胶黏剂会黏合在一起；一旦两个黏结件被剥离开，通常会使一种胶黏剂涂膜与基材分离而转移到另一种胶黏剂涂层的表面，因此这类胶黏剂通常是一次性的。Krampe 等首先将 15％的水性聚酰胺分散液涂覆于纸质上并立即在 120℃下干燥，使分散液在基材上形成隔离层，然后在隔离层表面涂覆 35％的水性聚氨酯分散液，形成可转移的聚氨酯涂层；另外，在电晕处理过的高密度聚乙烯膜上涂覆一层水性聚氨酯涂层（固含量为 35％），80℃干燥 5min。以上两种涂层材料的聚氨酯在室温下便可以进行黏结。水性聚氨酯转移接触胶黏剂可以用于多种封口带的制作，且封口为一次性。通过选择不同的隔离剂和涂覆工艺，还可以将转移涂层和结合层分别涂覆于其他多种聚合物膜基材上，形成转移型接触胶黏剂制品。

16.5.2　天然胶乳型接触胶黏剂

天然胶乳本身即可作接触胶黏剂，如 National Starch 生产的 KL 系列"冷密封胶"实际就是接触胶黏剂。将此种胶黏剂涂覆在基材或基膜上，干燥后可以将其卷起堆放也不会发生黏连，但在一定的压力下，胶黏剂涂膜会发生牢固的黏结作用。

天然胶乳最大的特点是黏结快，适合作"快攻"型胶黏剂。这主要因为在压力与快速剪切作用下，乳胶粒表面的保护胶体容易被破坏，使天然胶乳的橡胶分子链暴露出来，形成致密良好的聚异戊二烯膜，因此表现出良好的黏结性能。在将天然胶乳作为接触胶黏剂时，一般需要对其进行改性，主要分为化学改性与共混改性。泰国是最早对天然胶乳进行化学改性并工业化的国家，目前，其产品添加胶乳占化学改性产品的绝大部分市场份额。我国对天然胶乳用作接触胶黏剂的化学改性研究工作也有了很大进展，但截至目前还没有工业化产品面世。 与其他水性产品共混是天然胶乳作为接触胶黏剂最常用的方式，例如与丙烯酸系乳液聚合物共混。目前市场上有许多可用于天然胶乳共混改性的商用乳液产品，如 BFGoodrich 的 Hycar 系列乳液，该乳液采用丙烯酸丁酯、苯乙烯、丙烯酰胺、丁二烯、衣康酸等共聚制得，还有用丁二烯与苯乙烯进行聚合，然后对天然胶乳进行改性所得的接触胶黏剂产品。

16.5.3 氯丁胶乳与氯偏乳液接触胶黏剂

在胶黏剂领域，氯丁胶乳与天然胶乳的作用及性能相近，接触胶黏剂除了大量使用天然胶乳外，氯丁胶乳在该领域也得到广泛的应用。Brath 于 1975 年就采用氯丁胶乳为基料，以碱催化剂制备的对叔丁基苯酚甲醛树脂作增黏树脂，再加入少量氧化锌，可制得高剥离强度的接触胶黏剂。另外，也可以采用天然增黏树脂对氯丁胶乳进行改性，并用金属氧化物进行交联。

日本专利将氯丁胶乳用羧基和赋予其乳化能力的一种树脂乳液进行改性，得到水分散型的接触胶黏剂，其接触黏性在低压、低温、高湿以及干燥后的共聚力、耐热性均得到较好改善。 由偏二氯乙烯和丙烯酸酯进行共聚制备的不同玻璃化转变温度（T_g）的氯偏乳液共混，可以得到接触黏性好、黏结强度高、高温抗蠕变性能好的接触胶黏剂。Padget 采用偏二氯乙烯与丙烯酸酯为单体，制备了低 T_g 为 –50 ～ 0℃、高 T_g 为 0 ～ 30℃的两种乳液，凭借低 T_g 聚合物的接触黏性与高 T_g 提供的抗蠕变性能（即持黏性），通过不同 T_g 聚合物在共混的同时提高胶黏剂的接触黏性与持黏性。

16.5.4 乙烯基酯聚合物接触胶黏剂

聚乙酸乙烯酯的 T_g 为 27℃，对各种基材的黏结性能良好，一般可采用内增塑型单体（如乙烯）与其共聚，其黏结性能可得到很大提高。适当乙烯含量的乙烯 – 乙酸乙烯共聚乳液（EVA）也可以作为接触胶黏剂使用，与聚丙烯酸酯和橡胶类接触胶黏剂相比，EVA 接触胶黏剂常常表现出接触黏性（初黏性）和黏结强度差的缺点，可以通过增加增塑剂用量进行改善。Tam 等采用乙烯含量为 23% ～ 27%、固含量为 40% ～ 70% 的 EVA 乳液，其中除乙烯与乙酸乙烯酯单体外，还加入 3% 其他共聚单体，最终制得接触黏性好、黏结强度高，尤其与非极性表面之间的黏结牢度高的接触胶黏剂。采用 N- 羟甲基丙烯酰胺（NMA）参与共聚的 EVA 乳液是一种特殊的聚合物乳液（EVA/NMA 乳液），该乳液的 T_g 可以控制在 –30 ～ 30℃之间，通常作为接触胶黏剂的聚合物乳液的 T_g 为 –16 ～ 5℃。加入 NMA 后，体系的黏结强度得到显著提高，同时还可以改善乳液对基材的润湿作用。采用乙烯基酯与丙烯酸酯共聚，通过选择其他适当的共聚单体以及调节单体的配比，所得到的水乳型胶黏剂不需要添加其他助剂，便可直接应用于地板、装饰性层压等材料的接触黏结。另外，还可以将乙酸乙烯酯与氯丁胶乳在增黏树脂中直接共混，可以得到初黏力好、耐热和耐水性优异的水分散型接触胶黏剂。

16.5.5　丙烯酸酯聚合物接触胶黏剂

和普通的压敏胶一样，接触型胶黏剂也可以用丙烯酸酯聚合物来配制。丙烯酸系单体种类繁多，不同的丙烯酸系聚合物 T_g 差异较大，而且丙烯酸系单体与各种乙烯基不饱和单体的共聚特性也有所不同，使该系列产品的物理性质可设计性很强。普通压敏胶与接触型胶黏剂的差别主要表现在聚合物的 T_g 设计上，接触胶黏剂的 T_g 需更高一些，以满足其在常温下涂膜不发黏的要求。因此，通过选择软硬单体的最佳配比，控制聚合物的 T_g，便可采用丙烯酸系单体制备出性能优异的水乳型接触胶黏剂。

信封封口胶、食品袋的密封胶等冷密封胶也是典型的接触胶黏剂，这类胶黏剂以前常采用天然胶乳作为主要黏料，而目前采用苯丙乳液制得的产品性能更佳。Duct 通过对该类型的接触胶黏剂与天然胶乳类密封胶进行对比发现，所合成密封胶的密封强度、黏结力、机械强度、稳定性、氧化稳定性、适用时间等性能参数更优异。Sanderson 等通过一定的聚合工艺制备出分子量分布较宽的丙烯酸酯聚合物乳液型接触胶黏剂。他们采用多种丙烯酸酯单体制备出高相对分子质量（$5 \times 10^2 \sim 1 \times 10^5$）的乳液聚合物，然后在聚合反应后期加入链转移剂制备低相对分子质量（$1 \times 10^5 \sim 2 \times 10^6$）的聚合物，使二者有机地混合在一起。接触胶黏剂由 5% ～ 70% 的低分子量聚合物与 30% ～ 95% 的高分子量聚合物组成，聚合单体主要包括丙烯酸丁酯、丙烯酸 –2– 乙基己酯等软单体，甲基丙烯酸甲酯、苯乙烯、甲基丙烯酸和衣康酸等不饱和羧基单体以及丁二醇双丙烯酸酯、N– 羟甲基丙烯酰胺等交联单体与功能单体。

第 17 章　橡胶胶黏剂

17.1　概　　述

橡胶胶黏剂是一类以氯丁橡胶、丁腈橡胶、丁基橡胶、硅橡胶、聚硫等合成橡胶或天然橡胶为主体材料配制成的胶黏剂。它具有弹性，适用于柔软的或热膨胀系数相差悬殊的材料，如橡胶与橡胶、橡胶与金属、塑料、织物、皮革、木材等材料之间的黏接，在飞机制造、汽车制造、建筑、轻工、橡胶制品加工等部门中有着广泛的应用。橡胶胶黏剂主要分两大类：结构型胶黏剂和非结构胶黏剂。结构型又分溶剂胶液型和胶膜胶带型。它们多为复合体系（除聚氨酯外），非结构型胶黏剂又分溶剂型（硫化和不硫化）、压敏胶膜胶带型、水乳胶液型（硫化和不硫化）。非结构型胶黏剂多为单用橡胶体系。

17.2　氯丁橡胶胶黏剂

在合成橡胶胶黏剂中，氯丁橡胶胶黏剂是应用最广泛、产量最大的一种胶黏剂，约占合成橡胶胶黏剂总量的 70% 以上。它是氯丁二烯的加成聚合物，其玻璃化转变温度为 $-40 \sim 50℃$，溶于苯、氯仿，分子结构中有强极性基团—Cl，因而有良好的黏合性和初黏力，且耐日光、耐臭氧老化，耐油性，耐溶剂，耐酸碱，抗曲线和防燃烧等优点，是一种重要的非结构胶。其主要缺点是贮存稳定性较差，耐热耐寒性不够好。氯丁橡胶胶黏剂按形态可分为溶液型氯丁胶黏剂和氯丁胶乳胶黏剂两类，前者又可分为填料型、树脂改性型和室温硫化型三类。氯丁橡胶由氯代丁二烯经乳液聚合制得。

$$n\mathrm{CH_2}＝\mathrm{CH}－\overset{\mathrm{Cl}}{\underset{|}{\mathrm{C}}}＝\mathrm{CH_2} \longrightarrow \left(\mathrm{CH_2}－\mathrm{CH_2}－\overset{\mathrm{CH}}{\overset{|}{\mathrm{CH}}}\right)_n$$

分子链中有极性较大的氯原子存在，故结晶性高，在 $-35 \sim +32℃$ 之间放置均能结晶。这些特性使氯丁橡胶在室温下即使不硫化也具有较高的内聚强度和较好的黏附性，非常适合胶黏剂用。氯丁橡胶胶黏剂具有良好的耐臭氧、耐水、耐化学试剂、耐油和耐老化等性能；缺点是贮存稳定性较差以及耐寒性不够好。目前其已广泛地应用于制鞋、汽车制造、飞机制造、建筑、造船、电子及轻工等工业部门。

17.2.1　氯丁橡胶胶黏剂配方基本组成

氯丁橡胶胶黏剂主要由氯丁橡胶、硫化剂、促进剂、防老剂、补强剂、填料、溶剂等配制而成。4%的氧化镁与5%氧化锌混合物是氯丁橡胶最常用的硫化剂，它们除了作为硫化剂以外，氧化镁还可吸收氯丁橡胶老化时缓慢释放出的氯化氢，它与树脂预反应可促进初期黏合强度的提高，且能改善耐热性，从而在混炼时能防止胶料焦烧等。

（1）黏料氯丁橡胶，国产型号有 LDJ-240（即 66-1 型），相当于美国 AC 型，结晶速度快。

（2）硫化剂作用是使氯丁橡胶熟化、交联，常用的有氧化镁和氧化锌。

（3）促进剂为使胶黏剂室温快速硫化，一般添加促进剂，如促进剂 NA-22、促进剂 C（二苯基硫脲）、氧化铝等。

（4）交联剂常采用异氰酸酯（20%三苯基甲烷三异氰酸酯的二氯甲烷溶液），可提高耐热性，提高与金属的结合力，形成牢固的化学键；其缺点是易和水反应凝胶；用量为 10%～15%。

（5）增黏剂为提高胶黏剂的黏附性和耐热性及触变性，常加入增黏剂，在配方的基础上加入叔丁基苯酚树脂 45 质量份、氧化镁 4 质量份和水 1 质量份，即成为氯丁橡胶胶黏剂标准耐热配方。

（6）防老剂为防止橡胶本身老化以及制成胶液后产生老化，需加入防老剂，如防老剂 D、防老剂 A。

（7）填料具有补强和调节黏度的作用，并可降低成本。常用的填料有碳酸钙、陶土、炭黑等。

（8）溶剂一般采用甲苯、氯烃及丁酮作溶剂，溶解氯丁橡胶。

17.2.2　氯丁橡胶胶黏剂的制造工艺

氯丁橡胶胶黏剂的制造包括橡胶的塑炼、混炼以及溶解等过程。生胶的塑炼是在炼胶机上进行的，一般温度不宜超过40℃。目的是降低生胶分子量和黏度，以提高其可塑性。在塑炼过程中，橡胶大分子链断裂，分子量由大到小，从而使分子量分布均匀化。塑炼后在胶料中依次加入防老剂、氧化镁、填料、氧化锌等配合剂进行混炼，混炼的目的是借助炼胶机滚筒的机械力量将各种固体混合剂粉碎并均匀地混合到胶料中去。为了防止混炼过程中发生焦烧（早期硫化）和黏滚筒的现象，氧化锌和硫化促进剂应该在其他配合剂与橡胶混炼一段时间后再加入。混炼温度也不宜超过40℃，在混炼均匀的前提下混炼时间应尽可能短。经混炼后的胶料剪切成小块，放入溶解器中，倒入部分溶剂，待胶料溶胀后搅拌使之溶解成均匀的溶液，再加入剩余的溶剂调配成所需浓度的胶液。

17.2.3　填料型氯丁橡胶胶黏剂

填料型氯丁胶一般适用于对性能要求不太高而用量又比较大的胶接场合，如木材、织物、PVC、地板革等的黏接。如表 17-1 所示下述配方（质量份）。

表 17-1　填料型氯丁橡胶的配方

配方	质量 / 份	配方	质量 / 份
氯丁橡胶（通用性）	100	氧化钙	10
氧化镁	8	汽油	136
碳酸钙	100	乙酸乙酯	27
防老剂	2		

该胶主要用于聚氯乙烯地板的铺设胶接以及橡胶与金属的胶接等。硫化条件为室温下 1 ～ 7 天。抗剪强度水泥与硬质聚氯乙烯为 430 kPa，剥离强度为 1.5 kN/m²。

17.2.4　树脂改性型氯丁橡胶胶黏剂

加入改性树脂的目的是为了改善纯氯丁胶或填料型氯丁胶耐热性不好、黏接力低等缺陷。古马隆树脂、松香脂、烷基酚醛树脂等很多树脂可对氯丁胶进行改性，其中应用最广的是热固性烷基酚醛树脂（如对叔丁基酚醛树脂）。这种树脂能与氧化镁生成高熔点化合物，从而提高了耐热性，同时由于其分子的极性较大，增加了黏接能力。用于配制氯丁 – 酚醛胶的对叔丁基酚醛树脂，相对分子质量一般控制在 700 ～ 1000，熔点控制在 80 ～ 90℃，用量一般在 45 ～ 100 份之间，用于橡胶与金属胶接时宜多用些树脂，用于橡胶与橡胶胶接时宜少用些树脂。

17.2.5　室温硫化型双组分氯丁胶

在氯丁胶胶液中加入多异氰酸酯或二苯硫脲、乙酰硫脲等促进剂，可使胶膜在室温下快速硫化，它既具有氯丁橡胶的弹性，同时又具有高胶接强度和耐热性的特点，由于这类胶液活性大，室温下数小时就可全部凝胶，故一般配成双组分贮存，随用随配。多异氰酸酯溶液是浓度为 20％ 的三苯基甲烷三异氰酸酯的二氯乙烷溶液。氯丁胶胶液是将混炼胶溶解在苯、甲苯、汽油和乙酸乙酯等溶剂中。

17.3　丁腈橡胶胶黏剂

丁腈橡胶是由丁二烯与丙烯腈经乳液共聚制得的弹性高聚物。丁腈橡胶胶黏剂是以丁腈橡胶为基体，加入适合的配合剂配制而成的。它具有优良的耐油性、耐热性、贮存稳定性和对极性材料很好的黏附性，缺点是价格较贵且对光和热容易变色。典型配方剖析见表 17-2。

表 17-2　氯丁橡胶胶黏剂典型配方分析

配方组成	质量 / 份	各组分作用分析
氯丁橡胶	100	黏料，起主要黏附作用
氧化镁	4 ~ 8	硫化剂，使氯丁橡胶固化交联
氧化锌	5 ~ 10	硫化剂，使氯丁橡胶固化交联
轻质碳酸钙	60	填料，调整黏度，降低成本
炭黑	40	填料，调整黏度，降低成本
甲苯	100	填料，调整黏度，降低成本
防老剂 D	2	防止橡胶本身胶液老化

17.3.1　丁腈橡胶胶黏剂配方基本组成

单一的丁腈胶不能作胶黏剂使用，常需加入适合的配合剂才能获得理想的效果。常用的配合剂有溶剂、酚醛树脂、环氧树脂、硫化剂、增塑剂、防老剂等其他助剂。

（1）丁腈橡胶

根据丙烯腈的含量不同，产品有丁腈 –18、丁腈 –26、丁腈 –40 等。

（2）树脂丁腈橡胶极性强，黏接力大，但结晶性差，内聚力弱，通常加入相容性好的树脂来改善胶黏剂的性能。常用的树脂有环氧树脂、酚醛树脂等，用量在 30 ~ 100 份之间，太多会降低胶膜弹性，太少则改性不显著。

（3）填料

它常作胶黏剂的辅助材料，可提高胶黏剂的性能，降低成本，也可用作颜料。如黑色颜料——炭黑，白色填料——氧化锌、二氧化钛等。

（4）防老剂

它可防止胶黏剂由于空气中氧、紫外线和热作用的老化。一般采用没食子酸丙酯作防老剂。

（5）硫化及促进剂

为了提高胶黏剂的耐热等性能，可采用硫化剂使橡胶分子产生交联（硫化）。为了加快硫化的速度，通常并用硫化促进剂。常用的硫化剂有硫黄、秋兰姆二硫化物、有机过氧化物 – 二异丙苯过氧化物。促进剂常采用 DM（二硫化二苯并噻唑）。若使用超促进剂 MC（环己胺和二硫化碳的反应产物）、PX（N– 乙基 –N– 苯基二硫代氨基甲酸锌）等，可制得在室温下硫化的双组分耐油丁腈橡胶胶黏剂。

（6）溶剂的选择

溶剂选择时需考虑溶解性、相容性、干燥速度和毒性等因素。常用的溶剂有丙酮、甲乙酮、甲基异丁酮、乙酸乙酯、乙酸丁酯和氯苯等。典型配方剖析见表 17-3。

表 17-3　丁腈橡胶胶黏剂典型配方分析

配方组成	质量 / 份	各组分作用分析
丁腈橡胶	100	黏料
氧化锌	5	缓慢的硫化剂，使橡胶交联
乙酸乙酯	20	溶剂，溶解丁晴橡胶，调整胶液黏度
硫磺	2	硫化剂，提高胶黏剂耐温性、强度
促进剂 M 或 DM	1	促进剂，加速交联，氧老化
没食子酸丙酯	1	防老剂，防止胶黏剂热，氧老化
炭黑	50	填料，降低成本，染色

17.3.2　丁腈橡胶胶黏剂的制造工艺

丁腈橡胶胶黏剂的制备通常有两种形式，即胶液和胶膜。液状胶黏剂主要通过下述步骤：丁腈生胶加热、加入配合剂、混合炼制、切碎、加入溶剂搅拌成浆。膜状胶黏剂的制备方法要根据胶黏剂的物理状态决定，一般可分为干法和湿法两种。干法即无溶剂成膜法，成膜时不需加入溶剂，把胶黏剂基料直接通过压延机连续压延成膜或刮涂在载体上。湿法是溶剂成膜法，先制胶黏剂溶液，经处理后烘干脱溶剂，再在室温下揭膜。丁腈橡胶由丁二烯与丙烯腈经乳液共聚制得。丁腈橡胶具有优良的耐油性、良好的耐热性和贮存稳定性以及对极性表面很好的黏附性，可用作胶黏剂，分溶液性和胶乳型两类。主要用于耐油产品中橡胶与橡胶，橡胶与金属、织物等的黏接。另外，其常用来改性酚醛、环氧树脂以制得性能很好的结构胶黏剂。

17.4　改性天然橡胶胶黏剂

天然橡胶由橡胶树流出来的胶乳经凝固而成，其主要成分是异戊二烯（即 2- 甲基丁二烯），它具有良好的黏着性，广泛用于胶黏剂，黏接橡胶、织物、皮革、纸张等。天然橡胶胶黏剂由天然烟胶片、硫化剂、促进剂、防老剂和溶剂组成。通常通过化学改性，增加分子的极性，以改善天然橡胶胶黏剂的性能。其中氯化橡胶胶黏剂最为常用。

（1）氯化橡胶胶黏剂

在天然橡胶的四氯化碳溶液中通入氯气，使其发生双键的加成作用以及部分碳氢链取代作用，可制得白色粉末状氯化橡胶。氯化橡胶胶黏剂典型配方剖析如表 17-4 所示。

表 17-4 天然橡胶胶黏剂典型配方分析

配方组成	质量 / 份	各组分作用分析
氯化橡胶	100	黏料，起黏附作用
聚 2，3- 二氯 -1，3- 丁二烯	5	改性剂，提高胶黏剂黏附性
2，5- 二亚硝基对甲基异丙苯	10	改性剂，提高胶黏剂黏附性
甲苯	300	溶剂，溶解黏料，调整黏度

（2）天甲橡胶胶黏剂

天甲橡胶是用聚甲基丙烯酸甲酯接枝到天然橡胶分子上制成的。它的分子链上既有极性的聚甲基丙烯酸甲酯，又有非极性的橡胶烃。因此，适用于黏接不同表面性质的物体。

17.5 氯磺化聚乙烯胶黏剂

氯磺化聚乙烯由高压聚乙烯的四氯化碳溶液通以二氧化硫和氯气反应而制得。由于引入了活性氯磺酰基（—SO$_2$Cl），改善了聚乙烯的极性状态，使聚合物对极性和非极性材料都有良好的黏接力。

（1）氯磺化聚乙烯胶黏剂配方的组成

①氯磺化聚乙烯主料：因为分子中含有氯磺酰基，因此，可与金属氧化物、胺类反应交联，活性氯原子可与胺类、硫醇类反应交联成键。②固化剂：一类是多价金属氧化物，如氧化铅、氧化锌、氧化镁等；另一类是有机酸的盐类，如硬脂酸锌、三价马来酸铅和硬脂酸铅等；也可用环氧树脂作固化剂。③促进剂：有 M、DM、二硫化秋兰姆及二硫代氨基甲酸盐等。NA-22 是室温硫化双组分胶液的第二促进剂。有机酸也有促进作用，能提高强度，常用材料有硬脂酸松香和氯化松香、歧化松香等。④填料：有炭黑、硫酸钡、陶土、钛白粉。⑤防老剂：采用防老剂 D 来提高胶液耐老化性。⑥增塑剂：可提高黏着性，有时掺入丁腈橡胶作为增塑剂。

（2）典型配方剖析

见表 17-5。

表 17-5 氯磺化聚乙烯胶胶黏剂典型配方分析

配方组成	质量 / 份	各组分作用分析
氯磺化聚乙烯	100	黏料，起黏附作用

续表

配方组成	质量 / 份	各组分作用分析
多价金属氧化物	15	固化剂，使黏料交联
松香	10	促进剂，加速固化
防老剂 D	2	提高胶液的耐老化性
促进剂 M	3	加速固化反应
炭黑	30	填料，降低成本
甲苯	100	溶剂，溶解黏料，调整黏度

17.6 聚硫橡胶胶黏剂

聚硫橡胶是一种类似橡胶的多硫乙烯树脂。它由二氯乙烷与硫化钠或二氯化物与多硫化钠缩聚制得，它实际是处于合成橡胶与热塑性塑料之间的物质。聚硫橡胶具有良好的耐油、耐溶剂、耐水、耐氧、耐臭氧、耐光和耐候性，以及较好的气密性能和黏附性能。聚硫橡胶配制的胶黏剂主要作为织物与金属、橡胶、皮革等材料间的黏接，也常用来制造胶黏带。为了提高聚硫橡胶胶黏剂的黏附力，可在组分中加入二异氰酸酯、其他橡胶以及合成树脂等。聚硫橡胶本身硫化后，具有很高的弹性和黏附性，是一种通用的密封材料。它能与环氧树脂一起制备改性环氧结构胶黏剂，当聚硫橡胶和环氧树脂混合后，末端的硫醇基可以和环氧基发生化学作用，从而参加到固化后的环氧树脂结构之中，赋予交联后的环氧树脂较好的柔韧性。聚硫橡胶胶黏剂典型配方剖析如表 17-6所示。

表 17-6 聚硫橡胶胶黏剂典型配方分析

配方组成	质量 / 份	各组分作用分析
聚硫橡胶	350	主料，起黏附作用
氯丁橡胶	150	改性剂，提高胶黏剂韧性，黏附性
间苯二酚 – 甲醛树脂	500	改性剂，提高胶黏剂的耐温性
黏土	700	填料，降低成本，提高初黏力
三氯乙烯	1000	溶剂，溶解橡胶，调整黏度

17.7　羧基橡胶胶黏剂

羧基橡胶胶黏剂由烯烃或二烯烃与含羧基的烯类单体（如丙烯酸、甲基丙烯酸等）共聚而制得，也可将含羧基的单体与丁苯、丁腈、氯丁、聚丁二烯、天然橡胶的溶液或乳液混合并反应来制备。由于羧基的引入，大大地提高了橡胶的黏附性能，尤以羧基丁腈橡胶胶黏剂使用面最广。羧基橡胶胶黏剂一般采用多价金属氧化物（如氧化锌）作为硫化剂，使其与羧基作用硫化，也可与酚醛树脂直接配合。溶剂通常用甲乙酮、苯、氯代烃等。羧基橡胶胶黏剂主要用于橡胶与金属、橡胶与纤维、织物、皮革、纸张等材料的黏接。典型配方剖析如表 17-7 所示。

表 17-7　羧基橡胶胶黏剂典型配方分析

配方组成	质量 / 份	各组分作用分析
羧基丁腈橡胶	20	主料，起主要黏附作用
甲乙酮	200	溶剂，溶解橡胶和树脂，调整黏度
酚醛树脂	80	改性剂，提高耐温性
古马隆树脂	2	改性，提高黏附性
氧化锌	2	硫化剂，使橡胶交联硬化
硬脂酸	0.2	促进剂，加速硫化
钢与钢剪切强度	7.3 MPa	

17.8　聚异丁烯、丁基橡胶胶黏剂

聚异丁烯是由异丁烯单体在三氟化硼催化下聚合而得的无色透明弹性体，具有良好的耐老化、耐氧化、耐寒等特性，是制造透明压敏胶黏带的主要成分，也可制成黏接聚乙烯、聚丙烯、蜡纸等非极性难黏材料的胶黏剂，又可用来制造密封腻子。丁基橡胶是异丁烯与少量的异戊二烯或丁二烯的共聚物。只有高弹性和耐寒、耐老化、耐氧化剂、耐油、低的透气性和无臭无味等性能。由于分子中含有少量双键，能用硫黄硫化体系或氧化铅 – 对苯醌二胺非硫化体系进行硫化而成交联结构，因此宜作胶黏剂使用。为了改善胶黏剂的黏附性可将丁基橡胶氯化或溴化。丁基橡胶胶黏剂主要用于黏接各种织物、硫化或未硫化丁基橡胶、其他橡胶或热塑性塑料。不固化型丁基腻子多用于船舶甲板和建筑物密封，具有良好的气密性和动态扭变的适应性。丁基橡胶胶黏剂典型配方剖析如表 17-8 所示。

表 17-8　丁基橡胶胶黏剂典型配方分析

配方组成及各组分作用	甲组分／质量份	乙组分／质量份
丁基橡胶（黏料）	100	100
硬脂酸（软化剂）	3	3
氧化锌（活化剂）	5	5
半补强炭黑（填料）	—	—
松香脂（增黏剂）	40	
汽油（溶剂）	750	715
异丙醇（溶剂）	7.4	7.0
对苯醌二肟（硫化体系）	4	—
氧化剂（硫化体系）	—	8
硫黄（硫化体系）	1.5	1.5

17.9　硅橡胶胶黏剂

硅橡胶胶黏剂是以线型聚硅氧烷为基体的胶黏剂。硅橡胶胶黏剂具有很高的耐热性和耐寒性，能在 -65 ～ 250℃温度范围内保持优良的柔韧性和弹性，而且有优良的防老性，优异的防潮性和电气性能。缺点是胶接强度不高及在高温下的耐化学介质性较差。线型聚硅氧烷的分子主链由硅、氧原子交替组成，其分子结构为如下：

$$-\underset{\underset{R}{|}}{\overset{\overset{R}{|}}{Si}}-O-\underset{\underset{R'}{|}}{\overset{\overset{R}{|}}{Si}}-$$

式中：R、R′ 为有机基团，它们可以是相同的或不同的，可以是烷基、烯烃基、芳基或其他元素（氧、氯、氮、氟等）。硅橡胶具有良好的热稳定性（300℃时仍有较高的强度）、良好的耐寒性，耐候（臭氧、紫外线）性。

17.9.1 硅橡胶胶黏剂配方基本组成

（1）硅橡胶

主料，它主要提供耐热性，经改性后具有一定的黏附性。品种有甲基硅橡胶、甲基乙烯基硅橡胶、苯基硅橡胶、苯醚硅橡胶、腈硅橡胶及氟硅橡胶。

（2）填料

它的作用是提高机械强度、耐热性和黏附性。采用的填料有白炭黑、二氧化硅、硅藻土、二氧化钛、金属氧化物等。

（3）增黏剂

它是获得黏附性的重要组分。可采用有机硅氧烷、硅酸酯、钛酸酯、硼酸或含硼化合物以及硅树脂。

（4）固化剂

主要采用过氧化物，如过氧化苯甲酰、2，5-二甲基-2，5-双（叔丁基过氧基）己烷、邻苯二甲酸二辛酯和碳酸铵等。含羟基硅橡胶室温硫化交联时还需要加入催化剂，主要是二丁基锡、辛酸锡。典型配方剖析见表 17-9。

表 17-9 硅橡胶胶黏剂典型配方分析

配方组成	质量/份	各组分作用分析
107＃硅橡胶	100	主料，提供耐热性和黏附性
气相二氧化硅	20	填料，提高黏度和触变性
甲基三甲氧基硅烷	4	交联剂
二甲基二甲氧基硅烷	4	交联剂
K H-550	2	偶联剂，提高黏接强度
二月桂酸二丁基锡	0.5	促进剂，加速交联

17.9.2 不同品种硅橡胶胶黏剂的获得

加热硫化型硅橡胶胶黏剂采用一般或改性的硅橡胶为主体制成，通过加热硫化完成黏接过程。主要用于硅橡胶与金属黏接，以及机械制造中金属两零件的紧固和结合。半硫化或不硫化硅橡胶胶黏剂它是以硅橡胶为主体，应用时部分硫化或不硫化，用于压敏胶黏带、自黏带和密封腻子，黏接力不高，但使用方便。主要用于耐高温或低温（-73～260℃）的电气工业部门装备中。室温硫化型硅橡胶胶黏剂它是以羟基封端的聚硅氧烷为主体材料，室温硫化，主要用于硫化硅橡胶与金属、金属与金属等的黏接。它可分为双组分和单组分两种。双组分硅橡胶胶黏剂以硅羟基封端的线型聚硅氧烷为主料，配以固化剂、催化剂、填料等组成，硫化速度受空气中湿度和环境温度的影响，但主要因素是催化剂的性质和用量。单组分硅橡胶胶黏剂由端羟基硅橡胶、固化剂、填料组成，使用时接触空气中的水分固化，使用方便，黏接性能良好，用于硅橡胶、金属、玻璃、陶瓷和塑料等多种材料互黏和自黏。

17.10 丁苯系橡胶及其胶黏剂新应用

丁苯橡胶（SBR）是最早工业化和当前产量最大的合成橡胶。丁苯系列橡胶大体上可分为乳聚丁苯橡胶（ESBR）、（无规）溶聚丁苯胶（SSBR）和热塑性丁苯胶（TPSBR）等三大类。

丁苯橡胶是由丁二烯和苯乙烯在 25～50℃以上（高温丁苯橡胶）或在 10℃以下（低温丁苯橡胶）乳液聚合制得的无规共聚物。由于它的极性小，黏性差，很少单独作胶黏剂用，大多采用加入松香、古马隆树脂和多异氰酸酯等树脂改性，增加黏附性能。改性后的丁苯橡胶可用于橡胶、金属、织物、木材、纸张、玻璃等材料的黏合。本节对于丁苯系橡胶的各品种及其在胶黏领域的应用作一简述。

17.10.1 乳液聚合丁苯胶

乳液聚合丁苯胶简称乳聚丁苯胶（ESBR），该胶首先在 1933 年由德国 Farben 公司开发成功。乳聚丁苯胶有用热法生产所得的硬胶和以冷法合成所得的软胶之分。软胶性能优于硬胶，故其产量已占全部乳聚丁苯胶的 90% 以上。目前全球乳聚丁苯胶的总生产能力约为 447 万 t/a，占合成橡胶总生产能力的 32%。主要发达国家乳聚丁苯胶生产能力已经过剩，一般不再建新的生产装置。我国已有兰化、齐鲁、吉化等公司生产该类橡胶，但总体上仍供不应求。每年由我国周边国家进口约 7 万 t 左右，对此国内有关部门已采取扩建和新建措施。

按国际合成橡胶制造商协会（IISRP）对乳聚丁苯胶品种分成以下各系列。

1000 系列高温乳聚丁苯胶，是在 50℃左右聚合制得的硬质丁苯胶。

1100 系列高温乳聚丁苯炭黑母炼胶，是把炭黑直接分散到高温乳聚丁苯胶乳中，且使之凝聚制得的共沉胶料。

1500 系列低温乳聚丁苯胶，是在约 5℃温度下聚合所得的软质胶，是目前丁苯胶最大宗的产品，分污染型和非污染型两类。国内主要生产 1500 型和 1502 型。

1600 系列低温乳聚丁苯炭黑母炼胶，是把炭黑直接分散到低温乳聚丁苯胶乳中的共沉胶料。

1700 系列低温乳聚充油丁苯胶，是把乳状非挥发填充油（高芳烃油或环烷油）与聚合度较高，物性较好的丁苯胶乳掺和，且使之凝聚所得的充油橡胶。如国内曾出品 1712 污染型和 1778 非污染型两种充油胶。

1800 系列低温乳聚充油充炭黑丁苯母炼胶，是一类充油量 15 份或 15 份以上的炭黑共沉胶料。

此外，还有其他品种。

（1）一般丁苯胶乳

一般丁苯胶乳（SBI）是由上述乳液共聚制得的胶乳，其耗用量曾占全部合成胶乳的80％左右，按结合苯乙烯含量，分为低、中和高三类苯乙烯丁苯胶乳。但常指结合苯乙烯小于50％的丁苯胶乳，其相对分子质量处于1325万范围内。丁苯胶乳的粒子比天然胶乳小得多，不含蛋白质之类物质，故易于渗透和不会腐败，其耐热和耐老化性能也较高，但其物理机械性能次于天然胶乳。

（2）预硫化丁苯胶乳

预硫化丁苯胶乳（PVSBL）是丁苯胶乳经预硫化处理后所得的胶乳，有较好的工艺和成品性能。可用来生产浸渍、挤出、注模式涂胶等制品。

（3）高苯乙烯胶乳

高苯乙烯胶乳（HSL），严格说来应称为高苯乙烯乳液，是苯乙烯与丁二烯共聚、比例超过1∶1时所制得的胶乳，其薄膜类似塑料薄膜，几乎无橡胶的弹性。

（4）大粒径丁苯胶乳

又称高固丁苯胶乳（SBR-HSL），一般丁苯胶乳的胶粒粒径在0.04～0.05 mm间，胶乳浓度也处于30％～40％范围内。对此，若采用物理（或化学）附聚或微重力种子聚合等方法可制得粒径为0.7～20 mm，固物含量高达70％左右的大粒径丁苯胶乳。该胶乳即使在高固物含量下仍能保持流动状态，故可广泛应用于涂料、胶黏剂、胶乳海绵或ABC树脂等的制造中。

（5）羧基丁苯胶乳

羧基丁苯胶乳（XSBL）是由丁二烯、苯乙烯和少量不饱和羧酸（丙烯酸或甲基丙烯酐）经乳聚制得的胶乳。由于在橡胶大分子中引入含羧基的第三单体，能提高该胶乳的极性和反应能力，从而能增进胶乳的黏合性能。由该胶乳所得的干胶，即为羧基丁苯胶。

（6）丁苯吡胶乳

丁苯吡胶乳（VPSBL）简称丁吡胶乳，是丁二烯，苯乙烯与乙烯基吡啶的三元乳聚共聚胶乳，因在大分子链中引进吡啶基团而提高极性，故能增强人造丝、聚酰胺、聚酯等纤维材料与橡胶的黏合性能等。

（7）羧基丁苯吡胶乳

即在上述丁苯吡胶乳的聚合中，还使用丙烯酸或酯基丙烯酸等不饱和羧酸等四单体所制得的胶乳，如日本所开发的C-VP型胶乳，其黏合性能据称还优于上述丁苯吡胶乳，如可黏合芳纶等难黏合材料。

（8）液体丁苯胶

液体丁苯胶（LSBR）是国外近期开发的品种，按照美国ASTM-SAE标准的分类，是属于通用非耐油R型的。已有多种液体丁苯胶，大体上有一般和端羟基两类别，其相对分子质量一般介于1000～3000间，其合成方法可分为游离基聚合和离子聚合两种，但以前者为主。如Flosbrene25（吡乙烯含量25Y），PolybdCS-15（苯乙烯含量25％，端羟基），Lithe-neA（苯乙烯含量5％～10％、相对分子质量900～3000），LitheneB（苯乙烯含量5％～10％、相对分子质量900～1800）等品种是游离基聚合物，而 Ricon150（苯乙烯含量 20%、相对分子质量 2050±150）和 Ricon100（苯乙烯含量 20%、相对分子质量 2200±200）则是阴离子聚合的产品。

（9）粉末丁苯胶和颗粒丁苯胶

粉末丁苯胶（PSBR）和颗粒丁苯胶（GSBR）在国外也有少量生产和应用。其优点在于可散装运输，松散贮存，气动输送，自动称量，加快混炼，宜作胶浆，降低能耗，实现混炼和后续成型（挤出，注压等）的连续化和自动化。

（10）木质素丁苯胶

木质素丁苯胶又称木质素增强丁苯胶（LRSBR），是丁苯胶乳内掺木质素，经搅拌和共沉得到的胶料。有防老、质轻等优点，可用来制造胶鞋，自行车胎等要求高弹性和低硬度的橡胶制品。

（11）高苯乙烯丁苯胶

又简称高苯乙烯胶（HSR），是苯乙烯含量为 85%～87% 的高苯乙烯树脂乳液与丁苯胶（常与 SBR1500）胶乳混合和共凝而得的共混干胶。除可单独用来制作高硬度又相对密度较低的鞋底、硬质泡沫鞋底外，还常与天然胶、丁苯胶或顺丁胶等二烯烃类橡胶并用制作鞋底或胶面胶鞋等物。

17.10.2　溶液聚合丁苯橡胶

（1）无规溶液聚合丁苯胶

又俗称溶聚丁苯胶（SS-BR），是 20 世纪 60 年代初由美国 Fire-stone 和 Phillips 率先实现工业化生产的。目前溶聚丁苯胶的全球总生产能力已接近 100 t/a（包括苯乙烯系热塑性弹性体）。

溶聚丁苯胶因具有低滚动阻力、高抗湿滑和耐磨耗等优异性能而成为 20 世纪 80 年代以来合成橡胶发展的热点之一。目前存在的问题主要是价格偏高（比乳聚丁苯胶高 17% 左右）。在 2000 年美国、西欧和日本的产量分别为全部丁苯胶的 25%，30% 和 31%。我国已有燕山石化和茂名石化两公司正式出品这种橡胶，如茂名石化公司生产的 1204 个品种等。

（2）无规和嵌段并存的溶聚丁苯胶

如国外的 carflen1215 溶聚丁苯，其苯乙烯的排列方式是无替换，但有嵌段的部分，且苯乙烯含量也高于常规同类橡胶，是一种节约燃油型轮胎用胶，且具有一定的抗湿滑性。

（3）中高乙烯基溶聚丁苯胶

简称为乙烯基丁苯胶（VSBR），是 20 世纪 80 年代开发的新产品，分别有乙烯基 / 苯乙烯含量为 20/10，30/15，40/20，50/25 和 60/30 等品种，其玻璃化转变温度也随上述次序递增，致使抗湿滑性提高，故宜于用来制作高性能轮胎,雪泥鞋和塑料的增韧剂等。

（4）锡偶联溶聚丁苯胶

偶联溶聚丁苯胶（SnC-SBR）是以环己烷为溶剂，正丁苯锂己烷溶液为催化剂，四氢呋喃为无规化剂，在单体转化率达 99% 以上后，向反应混合物再加入少量丁二烯，得到聚合物链末端为丁二烯阴离子的聚合物，然后加入偶联剂四氯化锡或三丁基氯化锡使线形聚合物链转化为带支化结构的聚合物，所得橡胶有门尼黏度较低，易加工，炭黑分散性好和结合量高，硫化胶耐磨，高强，滚动阻力小和高抗湿滑等优特点，主要用作节能型和高耐磨胎，自然也宜于制作鞋底。

（5）高反式 –1，4– 丁苯胶

高反式 –1，4– 丁苯胶（HTSBR）制法之一，如采用二叔醇钡氢氧化物 / 有机锂催化体系，由于二烯与苯乙烯经溶液聚合制得，结合苯乙烯量为 5% 的橡胶，其反式 –1，4– 结构占 76%，1，2– 结构为 8%，也是一种无规共聚物，具有结晶，强度高，黏结好，较耐热，耐老化和耐磨等优点，故也是轮胎，鞋底，胶黏剂等制造原料。

（6）胺化物改性溶聚丁苯胶

该胶的制法与上述锡偶联溶聚丁苯胶的制法相似，即先后成活性丁苯胶，后加上胺化物，而制得胺化物为大分子末端的改性丁苯胶，故能提高炭黑在该胶内分散和结合能力，提高硫化胶的强度和耐磨性能。

（7）硅氧烷偶联溶聚丁苯胶

在以有机硅为催化剂的丁苯胶聚合中，在分子链中导入苯乙烯单体后，使所得大分子末端连接上反应性烷氧基硅基团，所得橡胶除有高贮存稳定性外，且能与白炭黑良好结合，硫化胶有白或浅色，强度和回弹率高等优特点，可制作白色或浅色乘用轮胎，胶鞋等橡胶产品。

（8）苯乙烯丁二烯异戊二烯橡胶

苯乙烯丁二烯异戊二烯橡胶（SBIR）是由苯乙烯、丁二烯和异戊二烯三单体，在四甲基乙二胺（TMED）/ 烷基锂作催化剂下，经溶液聚合合成的新橡胶。其微观结构由 1，2– 聚丁二烯（5% 或 11%），1，4– 聚丁二烯（32% 或 25%），3，4– 聚异戊二烯（4% 或 15%），1，4– 聚异戊二烯（20%，19% 或 18%）和苯乙烯（30% 或 31%）等组成，故具有分别表征溶聚丁苯胶和 3，4– 聚异戊二烯胶的两个玻璃化转变温度，从而有极高的抓地性能，故极宜于用作高速行驶轮胎的胎面胶。由于最近才得到开发和应用，故尚未在制鞋业中使用。

（9）氧化丁二烯丁苯胶

氧化丁二烯丁苯胶（CB–SBR）是以氯化丁二烯代替丁二烯与苯乙烯共聚的橡胶，简称氯苯橡胶，也可视作以苯乙烯改性的氯丁橡胶。与一般氯丁胶比，其结晶度和结晶速度都较低，故其低温性能和工艺性能较好，可制作耐油、耐燃、耐寒型橡胶制品和胶黏剂。

（10）氢化丁苯胶

氢化丁苯胶（HSBR）又称加氢丁苯胶或饱和丁苯胶。该胶具有较高的耐臭氧、耐候、耐热、耐有机溶剂、强韧，与聚烯烃良好相容等性能，可用作聚烯烃塑料的改性剂，单独或并用方式制造胶管或鞋底等物。例如，日本旭化学工业已开发出称作 SAV-1 的氢化丁苯胶，据称是苯乙烯 / 乙烯 /1– 丁烯的微观结构物，是一种节油型轮胎用胶，自然也宜用来作其他橡胶制品。又如，日本合成橡胶社出品称作 Dynaron 的氢化丁苯胶，其苯乙烯含量分别为 10% 和 30%，主要可用作聚丙烯、丙烯酸酯树脂的改性剂。此外，其还出品 Dynaron 合金，是该胶与聚丙烯的共混物，是一种热塑性弹性体，能制作透明软质片、板和管、医疗器械、食品容器、文具、日用品、汽车内部装饰材料等。

17.10.3　热塑性丁苯橡胶

热塑性丁苯橡胶（TPSBR）是苯乙烯系热塑性弹性体（TPES）的主要产品，可分成线型嵌段和星型嵌段两个类别，作为线型嵌段有二嵌段（SB）、三嵌段（SBS）、五嵌段（SBSBS）和多嵌段（MB）等线型嵌段共聚物，而作为星型嵌段有三臂嵌段、四臂嵌段和多臂嵌段等星型嵌段共聚物。

（1）星型嵌段丁苯胶

如采用1,3,5-三氯化甲基苯（三官能团偶联剂）与丁二烯苯乙烯活性聚合物相反应，则能生成三臂的星型嵌段共聚物，而若使用四氯化硅（四官能团偶联剂）与上述双嵌段活性聚合物相反应，则能制得四臂星型嵌段共聚物，依次类推，使用官能团数越多的化合物偶联剂，制得同一臂数的星型嵌段共聚物越多。另外，在使用同一苯乙烯/丁二烯单体配比下，所制得的星型嵌段共聚物有比线型嵌段共聚物高得多的分子量，故其门尼黏度、拉伸强度、伸长率、抗负荷等性能皆高于线型嵌段共聚物。此外，其还有较好的耐热性能。其用途主要为制作鞋底，做胶黏剂，塑料、橡胶或沥青等的改性剂。

（2）线型嵌段丁苯胶

线型嵌段丁苯胶在国外着力开发的首推美国的Shell公司。其产品也皆以Kraton品牌命名，首先研制的是SB型双嵌段线型共聚物，但因有冷流动和胶料强度低的缺点，后被三嵌段共聚物所代替，但诸如以二烯烃（丁二烯包括在内）作大分子端基BSB型的三嵌段线型共聚物也无所需的强度性能，因而得到大规模生产和应用的是SBS型三嵌段线型共聚物。其合成方法可采用烷基锂作催化剂，先后进行苯乙烯的聚合和再在其上的丁二烯单体的聚合，后再加进苯乙烯经聚合形成上述苯乙烯/丁二烯/苯乙烯（SBS）的三嵌段线型共聚物，此一热塑性弹性体（TPE）如同上述星型嵌段共聚物一样在国内也已正式生产。其用途包括代替聚氯乙烯做注塑靴鞋、模压鞋、单元鞋底，胶面胶鞋胶面的透明亮油，做胶黏剂、轮胎以外的通用橡胶产品、聚合物改性剂或增容剂等。另外，该橡胶在制鞋业中俗称为"热塑性橡胶"（TPR），可见其重要性。此外，该公司还有SBS/S共混胶出售（可用作胶黏剂和密封胶）和出售内含全部配合剂的混炼胶。此后，为了提高SBS的耐热和耐候性能，上述Shell又出品经加氢的SBS，即SEBS（苯乙烯/乙烯/苯乙烯）热塑性强性体，该胶在高温下稳定，耐老化，易于加工成型主要用作油品的增稠剂，还可用作鞋底、汽车部件、医疗器械、密封制品、家用电器和复合材料等，还可用作聚酰胺、聚苯乙烯、聚烯烃、聚苯醚、聚芳酯等塑料的抗冲击改性剂。而后该公司又推出SEBS/异戊二烯的嵌段共聚物，具有耐热、耐臭氧、高强和抗撕等特点，主要作胶黏剂使用。另外，还出品马来酸酐接枝SEBS等。由于提高了极性，故可用作聚酰胺6、聚酰胺66、聚对苯二甲酸丁二酯（PBT）、聚对苯二甲酸乙酯（PET）和聚碳酸酯（PC）等工程塑料的抗冲击改性剂。

此外，尚有充油SBS，可用作压敏胶黏剂；氧化SBS，可用作媒介型底涂胶黏剂；甲基丙烯酸甲酯接枝SBS，也可作媒介型底涂胶；氯丁胶/SBS/甲基丙烯酸甲酸三元接枝胶黏剂，可黏合聚氯乙烯造革鞋帮，SBS单元底等。再之，上述甲基丙烯酸甲酯接枝SBS乳液与氯丁胶乳相结合，可用作冷黏合底胶黏剂等。另外，已开发出诸如甲基苯乙

烯 / 丁二烯 / 甲基苯乙烯，苯乙烯 / 丁二烯 / 甲基苯乙烯，苯乙烯 / 丁二烯 / 甲基丙烯酸甲酸，酯基苯乙烯 / 丁二烯 / 甲基丙烯酸甲酯，苯乙烯 / 丁二烯 / 丙烯腈等三嵌段线型热塑性丁苯胶衍生物和硅偶联甲基苯乙烯 / 丁二烯四臂星型嵌段共聚物等。

17.10.4　胶乳型胶黏剂

作为丁苯系列胶乳，已有热乳聚丁苯胶乳、冷乳聚丁苯胶乳、预硫化丁苯胶乳、高苯乙烯胶乳、大粒径丁苯胶乳、羧基丁苯胶乳、丁苯吡胶乳、羧基丁苯吡胶乳和氯丁胶乳共混物等。丁苯系列胶乳是产量最大，品种最多的合成胶乳。虽然一般丁苯胶乳用作胶黏剂并不理想，但因价格便宜，耐老化、耐热和耐油性较好，所以也常用作胶黏剂的基料。如用 23% ～ 25% 浓丁苯胶乳（干量）15，沥青 44，松香皂 1.4，甲基纤维素 0.1，水 33 的配合液，可用作织物、金属的胶黏剂。若用丁苯胶乳（干量）100，10% 酪朊酸钾 2，氧化锌 2 加硫磺 1 和防老剂 1 组成的混合分散液 4，促进剂 3，软水 6，增稠剂适量的调配液，可用作织物布料、织物与皮革、织物与纸张的胶黏剂。

又如用丁苯胶乳（干量）100，二酯基油酸酯 1.5，白炭黑 1.5，防老剂 1，氧化锌 5，硫磺 3，促进剂 TT1.5，促进剂 EZ1 的配制物，可用作毛鬃垫胶黏剂。

若用丁苯胶乳（干量）100，硫磺 1，氧化锌 2，超速促进剂 0.75 ～ 1.25，防老剂 1，稳定剂 0.25 ～ 0.5 的配合液，可用作纸张浸渍胶黏剂，以制作鞋中底、仿革基纸等。

再若用中粒白土 75，细粒白土 15，沉淀碳酸钙 10，颜料分散体适量，淀粉 11，丁苯胶乳 3，消泡剂适量，促进剂适量的配合物，以印刷辊涂低，可制得凸版印刷纸。

又若用中粒白土 55，细粒白土 15，沉淀碳酸钙 30，颜料分散体适量，酪素 13，丁苯胶乳 7，消泡剂适量，促进剂适量的配合物，以气刀涂纸，可制得胶版光亮纸。

如用丁苯胶乳（干量）50，聚丙烯酸乳液 50，胶体硫磺 3，促进剂 2 ～ 4，防老剂 1 ～ 2，石棉 300，高岭土 50，着色剂适量，可制作耐热、耐油、耐压石棉密封垫圈。

另如用丁苯胶乳 70，丁二烯甲苯丙烯酸共聚胶乳 30，非离子型表面活性剂 3，聚乙烯甲基醛 9，水溶性蜜胺树脂 10，固化催化剂 1，氧化锌 5，硫酸锌 4 的配合液，可用作无纺布的纤维胶黏剂。

再如用高苯乙烯胶乳 100，锌钡白 300，钛白粉 50，瓷土 150，甲基纤维素 7，油酸羧基乙胺 3，松油 1.5，磷酸三丁酯 5，湿润剂 5 的配合物，可用作室内墙壁涂料。

如用高浓度丁苯胶乳 100，稳定剂 4.5，氧化锌 5，硫磺 2，防老剂 1，促进剂 2 的配方，可迅速制得预硫化胶乳，宜于用作织物浸渍和涂胶胶黏剂。

又如用大粒径丁苯胶乳 62，天然胶乳 30，高苯乙烯树脂乳液 8，油酸钾 3，防老剂 1.5，三乙基三亚甲基三胺 1，四焦磷酸钠 0.5，促进剂 M1.5，促进剂 EZ1.5，黏土 100，氧化锌 4，硫黄 2.4，乙酸铵 1.2 ～ 1.5 的配合物，可用作海绵胶黏剂。

另如用 45% 羧基丁苯胶乳 100，甘油三缩甘油醚 3，硫脲 5 的配制物，可用作铝箔，木板的胶黏剂。

又如用羧基丁苯胶乳 100，轻质碳酸钙 400，冷水可溶淀粉 40，聚丙烯酸钠 2 的配合料，可用作机织地毯背涂料。

又如用丁苯吡胶乳 10.68 ～ 11.24，酚醛树脂 0.84 ～ 0.97，甲苯二异氰酸酯 0.57 ～ 0.71，甲醛 0.46 ～ 0.53，环氧树脂 0.23 ～ 0.3，金属化合物 0.003 ～ 0.006，水适量的配合液，可用来浸渍聚酰胺、聚酯、人造丝等化学纤维，以制作各种橡胶制品。

若用羧基丁苯胶乳 140，丁苯吡胶乳 50，马来酸化的聚丁二烯 10，甲乙酮 10，胶体硫磺 1，2-（N- 辛酰胺基甲基）硫代苯并噻唑 2，异丙基黄原酸锌 2，水 50，甲醇 100 的配制物，可用作橡胶与金属黏合的胶黏剂。

17.10.5　液体橡胶胶黏剂

液体丁苯橡胶虽然产量不大，使用面不广，但若单独使用，可制作压敏胶黏剂，以生产不干胶带等，若在一般液体丁苯胶中配入硫磺硫化系统，即可用作热硫化型胶黏剂，而对于端羧基液体丁苯橡胶，在配合使用多异氰酸酯下，则可用作冷黏型胶黏剂。

17.10.6　溶剂型胶黏剂和胶黏胶料

颗粒或粉末状丁苯胶能加快在溶剂中的溶解，此外，充油丁苯胶不仅可制作压敏胶黏剂，也宜用来制作溶剂型胶黏剂。

如用充油丁苯胶 100，煤油 40，芳烃操作 10，FEF 炭黑 60，氧化锌 5，硫磺 2.2，防老剂 BLE1，促进剂 CZ1.2，促进剂 D0.3 的 100 份混炼胶，溶于 900 份汽油中，可用作热硫化胶黏剂。

若用低温乳聚丁苯胶 100，三氧化二铁 30，氧化锌 3，橡胶增塑剂 50，硫磺 0.5，HsBg Pa0.5，促进剂 0.75，二（邻苯甲酰胺苯基）二硫化物的混炼胶，可用作无溶剂热硫化胶黏胶。

又若用 3 号烟片胶 30，低温乳聚丁苯胶 70，氧化锌 5，硬脂酸 1，古马隆 8，操作油 10，特种石蜡 1，黑油膏 5，本质素处理碳酸钙 20，白艳华 30，轻质碳酸钙 20，硬质陶土 30，防老剂 C1，促进剂 DM1，促进剂 TT0.2，硫磺 1.75，颜料适量的混炼胶，可直接黏贴在布料上，以生产水产用防水裤。

如用丁苯胶 38，顺丁胶 40，丁苯炭黑母炼胶 3，高苯乙烯母炼胶 36，氧化锌 4，硬脂酸 1.5，古马隆 6，防老剂 1，白炭黑 30，内脱模剂 3，硬质陶土 60，软化剂 20，增塑剂 2，硫磺 2.25，促进剂 M0.5，促进剂 DN11，促进剂 D0.8 的混炼胶，可用作皮鞋直接注压大底胶料。

用 1509 丁苯胶 100，活性氧化锌 2，硬脂酸 1.5，防老剂 1，白炭黑 35，内脱模剂 2，软化剂 3，石蜡 0.5，增塑剂 3，促进剂 RobaC4.4 型 1，硫磺 2.25，促进剂 CZ1.5，促进剂 TT0.2，促进剂 H1 的混炼胶，可直接注压透明鞋底。

又如用风干胶 70，溶聚丁苯胶 30，硫磺 2，促进剂 DM1.2，促进剂 M1.5，促进剂 TS0.2，氧化锌 10，硬脂酸 0.5，活化剂 ACtingSL1，白炭黑 50，碳酸钙 40，钛白粉 20，防焦剂 0.5 的混炼胶，溶于汽油 / 甲苯（2：1）的混合溶剂中，制成 30 ～ 50 质量份的溶液，可作鞋用热硫化胶浆。

若用星型或线型嵌段 SBS100，与聚苯乙烯相相结合的树脂 37.5 或 40，与聚丁二烯相结合的树脂 10 或 37.5，稳定剂 6 或 0.6，正己烷 150 或 270，丙酮 150 或 90，甲苯 150 或 90 的混合胶浆，可黏合帆布、聚氯乙烯、不锈钢和木材等。上述与聚苯乙烯相结合的树脂有古马隆 – 茚，烷基化芳烃，热反应碳氢树脂，聚 α– 甲基苯乙烯／乙烯基甲苯共聚物，聚苯乙烯，混合芳烃和聚 α– 甲基苯乙烯等。与聚丁二烯相结合的树脂有混合烯烃聚合物、氢化松香甘油酯、高稳定松香季戊四醇酯、高稳定松香甘油酯、氢化松香季戊四醇酯、聚萜烯、萜烯酚醛、改性聚萜烯、氢化混合烯烃、饱和脂环碳氢化合物等。

又如用 SBS100，古马隆 – 茚树脂 75，低分子量烷芳树脂 25，稳定剂（330/DLTPP=1:1）0.6，甲苯 120，环己烷 120，甲乙酮 60 的胶浆，可用作活化型胶黏剂。

再如用 SBS100，酚醛树脂 45，氧化镁 8.6，氧化锌 5，防老剂 1，正己烷 107，丙酮 107，甲苯 107 的胶浆，是一种反应接触型胶黏剂；可大幅度提高对帆布等织物材料的黏合强度和耐热性能。

17.10.7　热熔型胶黏剂

诸如 SBS、SEBS、氢化丁酯胶等皆宜于用作热熔型胶黏剂。

另如用 SBS100，C5 混合聚合物 100，稳定剂 1，石蜡 85 的混合物，也可用作装配用热熔胶黏剂，特宜用于对帆布之类的黏合中。

再如用 SBS100，混合烯烃聚合物 200，稳定剂 1 的混合物，可用作热熔压敏胶黏剂，用于鞋里材料等的黏合。

根据统计和预测，丁苯系列橡胶在过去、现在和将来皆为产量最大的合成橡胶，作为其主要用途之一，即是可用作胶乳型、溶剂型、无溶剂型、热熔型等胶黏剂。

作为胶乳型胶黏剂，一般丁苯胶乳正在被大粒径、羧基、丁苯吡、羧基丁苯吡等新型胶乳所代替，且多以间苯二酚 – 甲醛 – 乳胶（RFL）形式应用于浸渍、涂覆等对纤维材料的黏合之中。另与氯丁胶乳等并用，可用作冷黏型胶黏剂。

而诸如颗粒、粉末、充油、溶聚、SBS 等丁苯胶宜用作溶剂胶黏剂。而如充油丁苯、充油 SBS、SBS/SB、SEBS/I、一般液体或端羟基液体等丁苯胶，可用作压敏胶黏剂和交联型胶黏剂。另如氢化丁苯胶、SBS、SEBS 等热塑性橡胶，宜用作热熔型胶黏剂。

再如氯化 SBS、甲基丙烯酸甲酯接枝 SBS、马来酸酐接枝 SEBS 等改性 SBS 丁苯胶，可用作底涂胶黏剂。

最后，各种无溶剂、使用或不使用增黏剂胶黏胶料的开发，也具有重大应用价值。

第18章 水性胶黏剂

18.1 概 述

18.1.1 基本概念与范畴

由能分散或能溶解于水中的成膜材料制成的胶黏剂就是水基胶黏剂，也常常称为水性胶黏剂。其中，成膜材料一般都是有机聚合物。动物胶、淀粉、糊精、血清蛋白、白蛋白、甲基纤维素及聚乙烯醇都属于此类胶黏剂，还有一些酚醛与脲醛树脂的可溶性中间体亦属于此类。有些胶黏剂成膜材料能借助碱液溶解或分散在水中，此类的例子有酪蛋白、松香、虫胶、含有羧基的乙酸乙烯酯或丙烯酸酯的共聚物（如含巴豆酸、甲基丙烯酸或马来酸酐者）以及羧甲基纤维素等。

有许多水基胶黏剂都是从胶乳制得的。起初胶乳指来自橡胶树的天然橡胶分散液。现在该术语也用来指通过乳液聚合制得的合成树脂和合成橡胶乳液。这样的胶乳例子包括由丁二烯－苯乙烯、丁二烯－丙烯腈、氯丁二烯等乳液聚合的合成橡胶；还有由乙酸乙烯酯、（甲基）丙烯酸（酯）、氯乙烯、偏二氯乙烯和苯乙烯等乳液聚合的合成树脂。

通过将固体橡胶或树脂乳化或分散也可制得水性分散液。再生胶、丁基胶、松香、松香衍生物、沥青、煤焦油，以及从煤焦油和石油衍生的合成树脂的分散液口通过此法制得。20世纪70年代，以固体橡胶为基料和多种添加剂配制而成的水基胶即已面世，其中还可添加合成烃类树脂或松香皂衍生物来增大强度特性。

这些水分散型水基胶黏剂使用水作为其流动载体，其胶黏剂粒子分散在水中，从而降低胶体黏度，使其能以不同厚度用于各种被黏物。在胶黏剂固化期间，流动载体的挥发一般发生于大烘箱中，但挥发与固化也能发生在温和、无加热的开放条件下。

需要指出的是，现在水基胶黏剂并非都是100%无溶剂的，可能含有有限的挥发性有机化合物作为其水性介质的助剂，以便控制黏度或流动性等。

18.1.2 主要品种与分类方法

水基胶黏剂品种较多，分类方法也不太统一，为叙述方便，本书仅介绍常规分类法。

（1）常规分类法

按常规分类法可将水基胶黏剂分为以下几种。

①水溶液型水基胶黏剂。

②天然或改性天然高分子的水溶液，如有些淀粉或糊精、纤维素及蛋白质类胶黏剂。

③合成聚合物的水溶液，如聚乙烯醇（PVA）等。

④水分散型或乳液型水基胶黏剂。

⑤合成树脂胶乳，如聚乙酸乙烯酯（PVAC），聚丙烯酸酯类等。

⑥合成橡胶胶乳，如丁苯橡胶、丁腈橡胶、氯丁橡胶胶乳等。

⑦固体橡胶或树脂经乳化或分散所制得的水性分散液如水基再生胶或丁基胶等。

⑧其他如水基聚氨酯，既可在非连锁聚合的合成期间乳化或分散制得，也可用已制成的离子型聚氨酯固体再乳化或分散制得。

此外，还有水性无机黏接剂，主要是硅酸盐或水玻璃类黏接剂。但严格说来，它们不属于胶黏剂（adhesives）范畴。其中，水分散型水基胶黏剂种类繁多，性能各异，用途广泛，配方与制备技术亦较复杂，代表着胶黏剂无溶剂水基化的发展主流。按照其中高分子的亲水性和水分散性又可分为自乳化型与外加乳化剂（表面活性剂）乳化分散型水基胶黏剂，还可按乳化剂类型分为阳离子型、阴离子型和非离子型等。而由水溶性聚合物制得的水溶液型水基胶黏剂因耐水性较差，用途与发展潜力有限。

（2）其他分类法

胶黏剂也可按化学组成、功用、物理形式、固化方式等不同方式分类和描述，见表18-1。按固化方式可分为溶剂基、水基、热熔、压敏、反应型、厌氧及紫外固化胶等。大多数胶黏剂在不同类别中互有重叠，有些合成聚合物既可配制成溶剂基胶黏剂，也可配制成水基胶黏剂，故难以指定某特定高分子为溶剂基或水基胶黏剂。另外，有些水基胶可以制成固体形式售出，使用时再加水溶解或分散。水基丙烯酸系压敏胶也在大量生产。用于水基和溶剂基胶黏剂的主要聚合物列于表18-1中。

表 18-1　胶黏剂的分类方法

分类方法		特征	例子
按化学组成	热固性	在升温下不可逆固化，升温与加压后不能流动	氰基丙烯酸酯、脲醛、环氧、丙烯酸
	热塑性	在升温下软化与流动	乙酸纤维素、聚乙酸乙烯酯、聚乙烯醇
	弹性体	有极好柔韧性与剥离强度的高弹性物	合成与天然橡胶、聚丁二烯
	合金胶	两种不同树脂的混合物	环氧－酚醛、丁腈－酚醛
按功用分	结构胶	用于工业装配中，帮助维持产品的结构整体性	聚氨酯、环氧、酚醛、聚酰亚胺、丙烯酸酯类
	非结构胶	使轻质材料结合在一起	动物与植物产品胶

续表

分类方法		特征	例子
按物理形式分	液体胶	低黏度	聚乙酸乙烯酯
	糊状胶	高黏度	淀粉
	胶带胶	膜状	
	粉末胶	粉、粒状	丙烯酸酯、苯乙烯系嵌段共聚物

值得指出的是，生命体内的胶黏剂与人类最早应用的胶黏剂（如骨胶、蛋清、浆糊等）都不是溶剂基胶黏剂，而主要是水基胶黏剂。"大自然是最高明的老师"，它似乎早已昭示了胶黏剂的正确发展方向之一——水基胶黏剂。深入研究这些天然或生物胶黏剂，人类在无溶剂型胶黏剂的发展中会少走许多弯路，并将取得更快更大的进步。在人类正迈向"智能材料时代"之际，仿生、机敏或智能型胶黏剂的研制与开发将离不开水基胶黏剂的大发展。

18.2　基本特点对比

18.2.1　水基胶黏剂与溶剂型胶黏剂的主要区别

胶黏剂类型主要有溶剂型、热熔型和水基型等，水基胶黏剂分为水溶型和水分散型，本节提到的水基胶黏剂是指水分散型胶黏剂。水基胶黏剂并不是简单地用水作分散介质代替溶剂型胶黏剂中的溶剂，两者的差别主要在于溶剂型胶黏剂是以苯、甲苯等有机溶剂作为分散介质的均相体系，物相是连续的。水基胶黏剂是以水作为分散介质的非均相体系，溶剂型胶黏剂的分子质量较低以保持可涂黏性，而水基胶黏剂的黏度与分子质量无关，它的黏度不随聚合物分子质量的改变有明显差异，可把聚合物的分子质量做得较大以提高其内聚强度。在相同的固含量下，水基胶黏剂的黏度一般比溶剂型的低，溶剂型胶黏剂的黏度随固含量的增高而急剧上升。溶剂型胶黏剂的增黏剂主要是酚醛树脂，使黏附力和耐热性都得到提高。水基胶黏剂含表面活性剂、消泡剂和填充剂等。水基胶黏剂易于与其他树脂或颜料混合以改进性能、降低成本，而溶剂型胶黏剂因受到聚合物间的相容性或溶解性的影响，只能与数量有限的其他品种的树脂共混，水基胶黏剂和溶剂型胶黏剂的黏合机理也不相同。

18.2.2　水基胶黏剂与其他胶黏剂优缺点比较

（1）水基胶黏剂

水基胶黏剂的成本低于等量的溶剂基化合物。即使是便宜的有机溶剂也比水贵。当用水作介质时，同有机溶剂相关联的易燃性与毒性问题被消除。水基胶黏剂较易配成极端范围的黏度与固含量。例如，水基胶比溶剂基胶黏剂更易制得高固含量－低黏度或高黏度－低固含量组合。在水分散液中的聚合物浓度可以比溶剂基胶黏剂高得多。水基胶黏剂的渗透与润湿可通过用表面活性剂或分散液中胶粒大小来控制。配方则可使用增稠剂使黏度增大到防止水基胶渗透到多孔性表面内。

水基胶的缺点是水的存在会使被黏织物收缩或使纸张卷曲与起皱，也会引起钢铁质应用与贮存设施产生腐蚀与生锈问题。在多数情况下，水基胶黏剂在装运与贮存期间必须防止其发生冻结，因为这可能永久性损害容器与产品。

（2）溶剂基胶黏剂

溶剂基胶黏剂则没有水基胶的上述缺点，而且它们的黏合接头通常比水基产品更耐水。它们一般有更大的黏性，能产生更大的初黏强度。对油性表面和一些塑料，溶剂基胶黏剂比水基胶黏剂的润湿性要好得多。其配方则可调用多种溶剂以改变挥发、干燥及固化速率。但是，由于有有机溶剂，就必须使用防燃防爆设备，并且在操作与应用时还必须多加小心。此外，当使用溶剂基胶黏剂时，还必须向身处溶剂环境中的现场人员提供通风，使毒性有害物的影响降低到允许的程度。

（3）热熔胶或 100% 固含量胶黏剂

热熔胶必须加热到流动才能应用。因为所用聚合物在连续加热时可能分解，故加热时间与温度必须控制。一方面聚合物热熔体的黏度随分子量与用量的增大而增大，从而导致涂胶困难；另一方面，要产生高黏接强度和韧性，又需用较高分子量与较高用量的高聚物，这是热熔胶的普遍矛盾问题。因此需要在分子量、浓度与温度之间寻求某种折衷平衡，以获得可操作的稳定性、施工应用性与黏接强度。精确地控制胶层也是困难的，尤其是在低胶层厚度范围内。但对于水基胶黏剂和溶剂基胶黏剂，使用高分子量材料就没有多少困难。即使是极高分子量的聚合物，也可制成高固含量与低黏度的水性胶乳。

热熔胶通常既不使纸张起皱，也不扰乱织物的尺寸。它们没有冻结危险，也消除了使用易燃与毒性有机溶剂的危害，并且不需要干燥设备。热熔胶有效贮存期通常不成问题，但这在水基或溶剂基胶黏剂中常常遇到。因为不需除去挥发性溶剂或水，故它们能应用于一个或更多的不可透性表面，但是被黏表面或零件需预热以达到适当的润湿与黏接。

热熔胶或 100% 固含量胶黏剂还有一些优点。例如，石蜡与沥青热熔胶不仅初始成本低，而且比溶剂基或水基胶黏剂的货运成本有效降低，因为运送的每一份物料都用在了最终黏接接头中成膜。同样，热熔胶的单位有效产品的包装成本较低。但是，沥青与石蜡用作胶黏剂时，对许多应用均缺乏内聚强度。高分子量聚合物，如橡胶、丁基胶或聚异丁烯，可添加来提高黏接强度。对这些材料，要制得有用的配合物，需将石蜡或树脂或增塑剂加热，以产生低黏度的聚合物流体。其他类型的热熔胶是基于高分子量的聚合物，如乙基纤维素、乙酸丁酸纤维素及聚乙酸乙烯等。

被视为 100% 固含量胶黏剂的胶带与胶膜通常通过将溶剂基分散液涂胶来制得；也可用压延法制造，但这是一种相当贵的制法且需要大量的设备投资。

上述三种类型胶黏剂的一般优缺点比较见表 18-2。

表 18-2　不同类型胶黏剂的一般优缺点

胶种	优点	缺点
水基胶	成本低 不燃 无毒性溶剂 固含量范围广 黏度范围广 能使用高浓度的高分子量材料 可调控渗透与润湿性	耐水性较差 会发生冻结 使织物皱缩 使纸张起皱或卷曲 会被某些金属器皿污染 腐蚀某些金属 干燥慢 电性能较差
溶剂基胶	耐水 干燥速率与开放时间宽 产生高初黏强度或黏性 易润湿某些黏表面	有易燃易爆危险 危害健康 需特殊防爆与通风设备
热熔胶	单位材料的包装与货运成本较低 不冻结 不需要干燥与干燥设备 易于黏接不可透表面 快速产生黏接强度 贮存稳定性良好 胶膜连续、耐水、不透过水蒸气	需特殊应用设备 黏度与温度限制使强度有限 连续加热下会分解 涂胶量控制性较差 可能需预热被黏物

18.3　水基胶黏剂的配方组成与特性

水分散型水基胶黏剂种类繁多，性能各异，代表着水基胶黏剂的发展主流。而水溶性水基胶种类较少，用途有限，性质与配方组成亦较简单。故本节仅讨论水分散型水基胶黏剂的主要配方组成与重要性质。

水分散型水基胶黏剂的配方组成一般包括树脂或橡胶（作为主要黏接成膜材料或非挥发成分、水作为流动介质与主要挥发成分）表面活性剂或乳化剂及其他必要添加剂（如消泡剂等）。由它们组成的水性胶乳或分散液有些就直接用作水基胶黏剂，但更多是针对具体用途再添加必要配合剂或改性剂（如增稠剂与填料等），或者将不同胶乳或分散液掺混起来用作胶黏剂。

　　水性胶乳或分散液的重要性质有固含量（非挥发物所占质量百分数）、黏度乳化剂或表面活性剂种类及用量、表面张力、pH、胶粒大小及其分布、成膜温度、机械稳定性。以下分别讨论这些性质。

　　在胶乳或分散液中，其聚合物以胶体或悬浮粒子分散于水中。每个胶粒被一层乳化剂或保护胶体同相邻胶粒隔开或保护着。因此，不论分散相中聚合物的分子量为多少，40% 或更高的固含量，伴以至少 1000 mPa·s 的黏度是容易达到的。

　　乳化剂与保护胶体的类型和用量对胶乳的性质有很大的影响。较大的用量将降低耐水性，用量过少又可能导致较差的稳定性，从而在泵送或施胶期间就可能导致破乳或开始凝聚，甚至在包装、贮存期间就开始分离。当需要胶黏剂快速破乳或快速固化时，较差的稳定性有时可能又是一个优点。

　　在水基胶黏剂制造期间，表面活性剂常用于降低表面张力，以便水能润湿其分散相。现有三大类表面活性剂：阴离子型、非离子型和阳离子型。大多数胶乳都是用阴离子型乳化剂制得的，另有少数用非离子型乳化剂制得。阳离子型乳液作为胶黏剂尚未发现普遍应用，但阳离子型沥青乳液具有令人感兴趣的黏接性质。非离子型的聚乙酸乙烯酯乳液被广泛用作胶黏剂。天然与合成橡胶、树胶及其他一些树脂胶乳都是阴离子型的。

　　表面活性剂会引起发泡，给应用带来麻烦。故防止发泡或泡沫一旦形成即予以破坏的化合物——抗泡剂或消泡剂，常用于水基胶黏剂中。

　　一般乳液与其他水分散型水基胶黏剂在寒冷气温下足够长时间可能发生冻结，故有时要添加降低冰冻点的化合物。一些水溶液型胶黏剂不怕冻结，当再熔为液态时，它们仍能令人满意而有用，但是乳液或分散液却可能受到冻结的不可逆损害，在冻结期发生的膨胀能损坏容器。被冻结的胶黏剂必须在暖温下保持许多小时后才能使用，具体时间依赖于其包装大小。添加某些表面活性剂可改善冻-熔稳定性。但这样可能会降低耐水性。冻结速率、达到的最低温度及冻结时间的长短都对乳液型胶黏剂所能通过的冻-熔循环次数有影响。为保险起见，即使是所谓冻-熔稳定型水基胶黏剂，也要防止它们在货运与贮存期间发生冻结。

　　乳液的 pH 及其乳化剂类型对胶黏剂配制者也是重要的，它们将决定能使用何种类型的添加剂或改性剂。当胶黏剂用于某些反应性被黏物时，pH 及乳化剂类型也对应用与黏接强度有影响。

　　粒度较细小的乳液有较高的黏度，且一般在包装和应用期间将更稳定。当将树脂或橡胶胶乳配成最终胶黏剂时，有时需要增大其黏度。例如，对仅需少量固含量的高分子乳液，或者对出于经济原因而被稀释的乳液，可能需向其中添加增稠剂以便应用。另一方面，当胶黏剂用于多孔和吸收性表面，也可能需要高黏度。但通过机动辊涂胶时，黏度也影响其胶黏剂的接收量或涂胶量。

　　广泛用于阴离子型乳液的增稠剂有酪蛋白、膨润土、甲基纤维素及聚丙烯酸钠等。聚乙烯醇可用于增稠非离子型的聚乙酸乙烯酯乳液。大多数胶乳增稠剂至少在某种程度上是通过聚结分散粒子来增大黏度。当黏度只有几百毫帕秒或更低时，就有脱稳的危险。增稠剂常通过提高黏度改善稳定性。

　　乳液及从乳液配制的胶黏剂在机械剪切下的耐凝聚能力可在宽广范围变化。要评价机械稳定性，可在标准条件下将一定量的乳液用一种特制混合器进行高剪切混合试验。表面活性剂与保护胶体能用来改善机械稳定性。

对某些类型的乳液胶黏剂，它们与被黏物的温度对于是否沉积成连续的胶膜和黏接强度是重要的。在室温下，一些树脂乳液在未加增塑剂时，并不沉积成连续的胶膜，或者在比室温稍低温度下就会形成不连续的胶膜，从而影响黏接强度。有一种类型的聚乙酸乙烯酯胶黏剂，在 4 ~ 10℃黏接木材的黏接强度，就只有在 21℃或更高温度使用时所得黏接强度的一部分。与增塑剂等复配后的胶黏剂的玻璃化转变温度（T_g）必须低于其施胶应用温度。

18.4　水基胶黏剂的用途

水基胶主要用于包装和建筑业，表 18-3 列出了水基胶在有关行业的应用。

表 18-3　水基胶的常见用途

应用行业	用途
建筑	包括安装地板、地毯、高压层压型浴盆、胶合板、瓷砖、绝热板及绝缘板等
非刚性连接	服装与其他非刚性品（如地毯）的黏接；机织布与无纺布的黏接
纸张、包装与表面保护	各种纸箱与纸板箱、标签及食品包装的制造
刚性连接	家具制造及其他制造业
胶布胶带	面具胶带与压敏胶带的制造
交通运输	包括汽车、小船、公交车及活动房屋的制造

水是表面张力相当高的物质，因此，水基胶尤其适用于高表面张力材料（如纸张）。水基胶最好应用于较长的连续涂胶生产线中，而不是间歇线中，因为水基胶需花费较长时间才与基材达成平衡。较长的生产线可使最终生产的产品增多，并确保该生产线的利润。

水基胶黏剂都用于至少有一个表面是可透过水或水蒸气的场合，除非用作热塑性热封或接触胶涂层。假如用于两个表面都是不可透水或水蒸气的场合，水基胶黏剂将不能干燥或难以形成有用的黏接强度。一个例外是内固化型水基胶，如水泥和一些双组分包装胶，两组分在临用前掺混，所存在的水被水泥或胶料固化所吸收。

必须认识到水基胶有某些缺陷。对低表面能的基材，如塑料薄膜、金属箔、乙烯基塑料与泡沫，水基胶并不很适用。与溶剂基胶黏剂相比，水基胶还有一些较差的性能特征，包括室温下的剥离强度较低，高温下的剪切强度较低，同一些大尺寸基材黏接时的柔性较差，耐水性较低。

第 19 章　土木建筑及装修用胶黏剂

我国建筑胶黏剂的发展具有很久的历史，最早人们使用的胶黏剂如黏土、熟石灰、动植物胶、沥青等。自从波特兰水泥问世以后，它便成为用途极广的砖板砌筑、黏贴、抹灰砂浆及批刮腻子的无机胶黏剂。随着科学技术的发展、应用领域的扩大和人们生活水平的提高，传统的动植物胶、矿物胶及水泥等无论在黏接性能或使用功能上逐渐不能满足使用要求。自 20 世纪 60 年代以后，我国开始生产酚醛树脂、环氧树脂、合成橡胶、聚乙酸乙烯乳液、聚乙烯醇缩甲醛等。70 年代开始生产苯丙乳液、乙烯乙酸乙烯共聚乳液、聚氨酯树脂等。90 年代开始生产聚硅氧烷密封胶、聚硫密封胶等。由于合成胶黏剂资源广泛、性能优异、施工简便，因而在我国建筑装饰、结构加固、防水密封以及防腐工程中被广泛采用，生产量逐年上升。

19.1　建筑胶黏剂的发展及展望

19.1.1　建筑胶黏剂的发展现状和趋势

随着经济的快速发展，中国迎来了大规模的建设期，同时新兴在建工程与大量加固、改造、维修产业并举发展，建筑用胶也到了更新换代的发展期。建筑用胶主要包括结构密封胶和建筑用密封胶，结构胶注重强度、延伸性、黏接性等力学性能要求，而建筑胶主要侧重于胶的耐久性、耐老化性等性能。简而概之，可以靠胶缝传递力的是结构胶，其余为建筑胶。

建筑用胶的雏形就是水泥砂浆，最初用于砌体黏接，发展至加入胶黏材料，用于黏贴室内外各种墙砖、地砖和石材，以及隔板板缝处理等，结构胶和建筑胶的分界线还不明确。现在建筑用胶的形态多样，有膏状、液体、粉状，颜色也五花八门，可以是由一种物质来进行施工，随着状态改变、与空气接触等，也可以是由两种或两种以上物质发生反应而实现其功能。

结构密封胶究其发源是在 20 世纪 70 年代后，结构胶西卡杜尔从法国流入中国，自此中国开始了结构胶研究，研制出 JGN 型建筑结构胶黏剂，开创了中国结构胶的新时代。结构胶强度高、抗剥离、耐冲击、施工工艺简便，用于各种材料之间的黏接，可代替部分焊接、铆接、螺栓连接等传统连接方式。

在我国建筑施工中结构胶的使用尚不及国外普遍，如地基桩的接长、柱子和梁的接头黏接、隔断墙中钢筋的黏接、屋盖系统黏接等，都有待于我们的进一步发展研究，并在实践中加以利用。

建筑用胶其弊端是一部分酸性聚硅氧烷胶在固化过程中会释放出刺激性气体，对呼吸道和眼睛都有刺激性，而一些醇型中性胶在固化过程中会释放出致癌物质甲醇，对人体产生危害，因而提高了对施工场所环境及施工操作水平的要求。综合来说，建筑用胶优点远多于缺点，所以加强建筑用胶的研究势在必行。研究者们不断优化胶的各种性能，弥补其不足之处。

建筑用胶因其优异的性能，广泛地应用在施工结构、建筑装修和安装等领域，伴随着建筑行业成为我国经济发展的支柱产业，建筑用胶也得到迅速的发展，加速了实现建筑设计标准化、施工机械化、构件预制化和建材的轻质高强多功能化的节奏，并且有助于提高施工速度、美化建筑、改进建筑质量、绿色环保减少污染，因此建筑用胶的发展研究很重要。

19.1.2 建筑胶黏剂的展望

（1）建筑胶黏剂档次偏低、品种较少

20 世纪 90 年代以来，发达国家大力发展高性能胶种，而我国目前仍以中低档胶黏剂为主。我国胶黏剂的产量虽占全世界的 11%，而产值仅占 3%，特别是建筑胶黏剂的表现更为突出。因此，应开发高性能的新胶黏剂品种，取代低品质的传统胶种。特别是应重点开发高质量的聚硅氧烷、聚氨酯、聚硫等结构密封胶，无溶剂低黏度环氧树脂及EVA 可再分散粉等产品。

另外，我国的住宅与公共建筑与发达国家相比能源浪费十分严重，外墙能耗是他们的 4～5 倍，屋顶能耗是他们的 1.5～2.2 倍，目前我国建筑能耗约占全国总能耗的1/4。为节省能源，我国大力推广聚苯板、加气混凝土砌块、空心砖、石膏板、岩棉板等轻型墙体材料，因此开发适宜这些墙体材料的抹灰砂浆及装修使用价格适中的建筑胶黏剂的工作十分紧迫。

（2）开发环保型的建筑胶黏剂

自 20 世纪 70 年代中期，我国广泛采用聚乙烯醇缩甲醛作为饰面砖板黏贴、抹灰砂浆、批刮腻子及黏贴壁纸用胶黏剂。采用焦油改性聚氯乙烯胶泥作为嵌缝密封剂。

实践证明：聚乙烯醇缩甲醛中含有残余的甲醛、焦油改性聚氯乙烯胶泥中含易挥发性的低分子有机化合物，这些物质均系致癌物质，而且技术性能也不能满足国家有关标准的要求，因此国家有关部门及有关省市下文淘汰禁用。最近国家技术监督局和建设部联合制定了《民用建筑工程室内环境污染控制规范（征求意见稿）》，其中对建筑胶黏剂的有关规定见表 19-1。因此我国应尽早开发水性、无溶剂型及预混、干拌水泥砂浆型建筑胶黏剂。

表 19-1　溶剂型胶黏剂中挥发性有机化合物、苯的含量

项目	氯丁橡胶胶黏剂	聚氨酯胶黏剂	环氧胶黏剂
挥发性有机化合物 /（g/L）	≤ 500	≤ 500	≤ 500
苯 /（g/L）	≤ 0.02	≤ 0.02	≤ 0.02

（3）加快标准及预算定额的制定工作

标准及预算定额制定的滞后，影响着我国胶黏剂的发展及设计应用的推广工作。我国已制定了建筑装饰胶黏剂、聚硅氧烧密封剂、防腐砂浆标准，有关建筑结构胶、混凝土界面处理剂，及室内污染控制规范正在审报和制定之中。

我国各地方的预算定额一般五年修订一次。以北京地区为例，在 1996 年制定的预算定额中几乎 70% 以上采用聚乙烯醇缩甲醛胶黏剂，每立方米砂浆仅增加成本 200 ～ 300 元；由于聚乙烯醇缩甲醛胶被淘汰，若采用目前市场上的中档胶黏剂，每立方米砂浆材料成本要增加 2000 ～ 2500 元。

（4）生产应规模化、集约化

全球最大的 10 家胶黏剂公司控制着世界三分之一以上的合成胶黏剂市场。我国目前胶黏剂厂家至少有 2000 余家，年产值约 100 多亿元，仅占世界产值的 3%，还不如汉高公司一家的产值，因而要优胜劣汰，促进我国建筑胶黏剂产业持续健康地发展。

我国建筑胶黏剂的发展趋势之一是多品种、专业化、系列化。装饰工程用胶的品种齐全，包括瓷砖胶黏剂、石材胶黏剂、混凝土界面剂、瓷砖填缝剂、保温板胶黏剂、木地板胶黏剂、壁纸、墙布胶黏剂以及其他装饰胶黏剂；建筑密封胶的品种更加专业化，包括混凝土建筑接缝用密封胶、玻璃幕墙接缝用密封胶、石材用建筑密封胶、彩色涂层钢板用建筑密封胶、建筑用防霉密封胶、中空玻璃用弹性密封胶、建筑窗用弹性密封剂、聚氯乙烯建筑防水接缝密封材料、公路水泥混凝土路面接缝材料等；加固修补胶的应用多样化，主要品种有碳纤维复合树脂（碳纤维胶）、钢板加固胶（黏钢胶）、钢筋锚固胶（植筋胶）、裂缝修补胶（灌缝胶）、其他修补胶（高铁轨道板修补胶、水工修补胶）等。目前，每年结构胶使用已经达到 10 万 t，品种超过 100 个，应用领域不断扩大。

19.2　建筑及装修胶黏剂近期应用

随着建筑业的大发展，建筑胶黏剂已发展成为应用广泛、量大面广的一类材料。在工程应用中，建筑胶黏剂承担着连接、密封、固定、防潮、防腐、阻尼、减震、耐磨、加固、防护等诸多功能。

建筑装饰工程包括墙地砖的黏接，石材的黏接，壁纸、木地板的黏接，玻璃幕墙的安装，门窗、卫生间的防水密封，各类板缝、伸缩缝的密封，墙体保温材料的黏接。

用于建筑加固与维修改造主要用于提高结构的承载力和使用寿命，包括新老混凝土的界面胶、钢板加固、碳纤维加固、裂缝修复、防水堵漏、古建筑物维修等。

其他应用复合建材的生产包括 GRC 板、纸面石膏板、各类预制板、铝塑装饰板、中空玻璃，预制保温板等，地铁、高速铁路的阻尼、降噪，地下工程的堵漏、快速抢修，交通标志施划，预制构件的装配，住房产业化的房屋拼装。

19.2.1　建筑胶黏剂应用领域的进一步拓展

（1）建筑结构胶黏剂由对旧建筑加固发展到新、老建筑物的改造上。建筑结构胶黏剂更多的用在建筑物用途与功能的改变加固、抗震等级提高的抗震加固、增加使用面积的加层加固、延长建筑物使用寿命的加固、生产车间的改造加固、各种灾害造成建筑物损坏的修复加固等。

（2）桥梁的施工与加固成为建筑结构胶黏剂用胶快速增长的热点。由于碳纤维、玻璃纤维加固技术的兴起，此项加固新技术优点突出，从而使建筑结构胶黏剂向桥梁加固方面扩展。与此相关的交通设施加固日益增多，如隧道、涵洞、立交桥、铁路桥等。

与此同时，桥梁新施工技术的发展与成熟，进一步扩大了结构胶黏剂现场施工的应用。例如一种具有先进水平的"预制悬拼架桥"施工技术，就是在将一件件预制的钢筋混凝土桥梁构件（箱梁）拼接时，建筑结构胶黏剂起着黏接密封防护的作用，这种现场施工用胶量很可观，一座桥梁均在 100t 以上。国内已有竣工通车（苏通大桥）和在建（厦门集美大桥）的实例。

广东九江桥被撞事故，也提醒人们应对现有桥梁进行定期检测与维护，确保安全。专家指出，国内桥梁的老化进程会大范围地提前到来。这一情况亦将会对建筑结构胶黏剂用量带来新的增长。

（3）新建筑物施工时的现场应用增多。主要是使用建筑结构胶黏剂进行施工中的植筋锚固、抗震建筑中的加强筋锚固、构件装配的黏接施工等。其植筋用建筑结构胶黏剂增长很是迅速。

（4）应用于建筑构件、制品（预制品）和复合板材制造的用量增加。建材制品的生产与制造，近年来也有不少应用建筑结构胶黏剂。如复合石材用此结构胶 2005 年已达 8000 余吨（不饱和聚酯树脂胶在迅速减少）。还有耐老化的防火复合板材、彩色钢板复合板材、蜂窝结构材的黏接也已广泛使用。

（5）出现了新的应用领域。一些新的加固技术已在试用或采用建筑结构胶黏剂。如用不锈钢丝网对墙体、结构梁、结构承重板的加固，它们也在采用高强水基环氧树脂结构黏接材料。新技术采用此类的新胶种，使其应用向更广的方面扩展开来。

19.3　建筑胶黏剂在加固工程中的应用

钢筋混凝土结构由于使用年限的延长或自然灾害等原因，会造成钢筋混凝土建筑构件强度、刚度不足引起的开裂、破损等情况。如何保证建筑物继续正常、安全地使用，是建筑行业经常碰到的问题。另外，近年来因用途变更而对建筑物原有结构、构件进行改造、加固补强的工程也日益增多。经过工程技术人员长时期的努力，逐渐形成了一套较为完善的切实可行的工程加固方法，在实际的加固工程中的到广泛的应用和发展。与此同时，各种各样的新型建材的出现也为加固技术、方法的不断创新提供了有利的条件。

19.3.1　胶黏剂的性能优势及分类

利用建筑结构胶黏剂对需补强、加固的建筑物进行加固，就是近来应用比较广泛的一类加固方法，这类方法主要是采用结构胶这一黏接材料，将补强用的钢板或型材，或是其他补强材料牢固地黏接于各种钢筋混凝土的构件上，使补强材料和原有构件形成协同工作模式，从而满足结构、构件原有设计强度、刚度、耐久性要求。应用建筑结构胶黏剂对各类构件进行连接、加固或修补，相比传统的连接加固方法有很多突出的优点。

按化学成分分类可将结构胶分为有机胶、无机胶。有机类结构胶是当前加固领域中大量采用的胶结材料，它有环氧树脂和改性环氧树脂类、聚氨基甲酸酯类、不饱和聚酯树脂类等。大部分是以环氧树脂或改性环氧树脂为主配制而成。以环氧树脂为主剂的结构胶，黏接力强，力学性能稳定，是一种比较成熟的黏接加固用结构胶。

无机类结构胶有硅酸盐类、磷酸盐类和陶瓷类等。无机类结构胶强度较低，品种不太多，但其胶层在长期荷载作用下强度稳定性好、徐变小、耐高温性强，是研究发展的方向。

在建筑行业中，环氧结构胶大量应用于各种构件的黏钢加固，包括修复桥梁、老厂房的梁柱缺损补强、柱子接长、悬臂梁黏接、水泥桩头接长、牛腿黏接等。我国处于地震多发的地层结构带上，以前的建筑物抗震设计级别低。据资料报道，我国有 14 亿 m^2 的旧建筑需要加固改造，而建筑胶的应用技术可解决许多传统建材和工艺无法解决的问题。例如，水泥桩头接长，用焊接方法需高级焊工方能保障桩头的垂直，但是胶黏剂初级工经培训后就能操作。在黏接钢梁时，不用电焊工艺，既节省器材，又没有着火问题，黏钢加固性能好，可提高断裂承载力 2 倍。环氧胶黏剂在土木建筑上的主要用途如表 19-2 所示。

表 19-2　环氧胶黏剂在土木工程上的主要用途

工程类别	黏接对象	典型用途	主要组成
基础结构	岩石－岩石金属－石或混凝土金属－混凝土金属－金属	疏松岩层的补强、基础加固、预埋螺栓、底脚等，柱子、桩头接长，悬臂梁加粗、桥梁加固、路面设施敷设	环氧－稀释剂－改性胺环氧－填料－改性胺双酚 S 环氧－缩水甘油胺树脂－丁基橡胶－改性胺

续表

工程类别	黏接对象	典型用途	主要组成
地面	瓷砖、花岗石 – 混凝土金属 – 混凝土砂石 – 混凝土橡胶 – 金属	耐腐蚀地坪制造中黏接结构及勾缝；地面防滑和美化、净化；地板的铺设	环氧 – 填料 – 改性胺环氧 – 聚硫橡胶 – 改性胺丙烯酸酯 – 环氧共聚乳液
维修	混凝土、钢筋、灰浆	堤坝、闸门、建筑物的裂缝、缺损、起壳的修复，新旧水泥黏接	环氧 – 糖醇 – 改性胺环氧 – 沥青 – 改性胺环氧 – 活性石灰 – 改性胺
装潢	金属、玻璃、大理石、瓷砖、有机玻璃、聚碳酸酯	墙面、门面、招牌、广告牌的安装和装潢	环氧 – 聚氨酯环氧 – 有机硅橡胶
给排水	金属、混凝土	管道、水渠衬里，管接头密封	环氧 – 改性芳香胺

19.3.2　建筑结构胶在加固领域的工程应用

（1）在黏接加固中的应用

这类应用范围主要是用结构胶作为一种黏接材料，将补强用的钢板或型材，或者是其他补强材料（如碳纤维、芳纶、氯纶）牢固黏接在各种钢筋混凝土的构件上，如梁、柱、节点、托架板面、隧道及拱形顶等，已施工完成的加固工程均获得满意结果。以梁为例，可以是建筑物上的普通承重梁，也可以是起重吊车用梁，还可以是公路桥梁的梁及板梁，铁路桥的钢筋混凝土梁等，通过精心设计施工，加固补强的效果非常好。

（2）在化学栓或锚筋上的应用

作为后锚固技术中的化学胶黏材料，将螺栓、钢筋、塑料杆及其他锚固用材埋于混凝土、岩石、砖、石材等基材中，发挥建筑结构胶黏剂的黏接强度，使后错固件牢牢地埋植于基材里，在外力作用下，起到承载作用，这是近几年来发展很快的应用领域之一。

（3）在灌注与修补黏接上的应用

可以是对外包钢加固用钢板与混凝土构件之间灌胶黏接应用，建筑结构胶黏剂将钢板与混凝土牢固地连成一体，起到共同工作的效果。也可以用于一般构件中裂纹的封堵，使之达到原来的设计要求，并且防止了裂缝继续扩大。这类应用同样是量大面广的一个领域，不但可以在建筑构件中应用，同样可以用在水利工程和军事工程等各种结构上的修补和修复。

（4）在现场施工黏接构件中的应用

在澳大利亚悉尼歌剧院混凝土屋盖的拼接拼装中曾经使用过，在我国也有柱子接长和地基桩接长的实际事例，但因其设计理论与计算方法的基础研究尚属起步阶段，目前还处于试用期。

（5）在黏接修补各类建筑物上的应用

胶黏剂还可以对各类老建筑、古建筑（木结构、温凝土结构、石结构及砖结构等）进行黏接修复，也可以对某一单元构件进行修补修复。其修复工艺简便，修补修复效果良好，此种应用实例是比较多的。

（6）在其他方面的应用

这方面是指在建筑及工程上的应用，如各类工程的应急抢险、防水堵漏、密封防潮以及防腐蚀等方面的应用。

19.3.3　建筑物的结构加固所用胶黏剂

（1）双组分室温固化环氧胶黏剂

通用的双组分室温固化环氧胶黏剂基本配方是采用双酚 A 型液态环氧树脂，以脂肪胺、改性脂肪胺、低分子聚酰胺作为固化剂。对这种配方加以调整可以用于建筑材料的黏接。在黏接和修补混凝土材料时，一般加入水泥和砂作为填料。这类胶黏剂在完全固化后，对混凝土的黏接强度是足够的，广泛用来对水泥混凝土结构进行加固和修补。但是这些固化体系一般需要在 20℃左右固化，而且固化时间长，不能满足室外施工时较低气温下快速固化的要求。由于所使用的固化剂具有水溶性，而环氧树脂同水混溶性不好，这种胶黏剂不对潮湿界面进行黏接，更不能在有水的条件下使用。

（2）潮湿界面黏接及水下固化胶黏剂

为解决环氧树脂在潮湿界面的固化问题，发展了酮亚胺缩合物固化剂。用乙二胺、已二胺、二亚乙基三胺等胺类以及它们与酚醛的缩合物与丙酮、甲基异丁基酮等酮类进行反应制备成酮亚胺。

这类固化剂在未接触水时是稳定的，遇到水分时则发生逆反应，亚胺键分解，释放出改性胺使环氧树脂固化。用带螺环结构的胺类固化剂与双酚 A 型环氧树脂配合也是一种很好的用于潮湿界面和水下固化的胶黏剂，并可在 -6℃固化。固化后的胶层具有收缩率小、强度高，柔性好的特点。

（3）专用建筑结构胶

上述两种胶黏剂是通用型环氧胶黏剂，可以用于建筑，也可在其他许多方面使用。对于作为受力较大部位使用的建筑结构胶往往有更高的要求，除在室温、低温、潮湿界面等条件下能固化外，还要求固化反应热低，强度高；既要求有较长的使用期，固化时间又不能太长。在固化后的性能方面要求耐高负荷，耐冲击应力，耐热胀冷缩应力，耐振动，耐大气老化，有的建筑物还要求耐较高的温度。要满足这些要求需要对环氧树脂和固化剂进行改性，并在配方中加入适当的添加剂，配制成专用的建筑结构胶黏剂。在世界范围内，这种专用结构胶的出现大约已有 30 多年。现在世界各国已有多种牌号。如法国的西卡杜尔 31 号、32 号，苏联的 EP-150 号，日本的 E-206，10 号胶等。中国科学院大连化学物理所于 1983 年研制成功 JGN 型建筑结构胶，取得了很好的应用效果。这些专用结构胶基本上是环氧树脂型的。

19.4 胶黏剂在钢结构建筑工程中的应用

19.4.1 胶黏剂在轻钢结构建筑屋面防水中的应用

造成金属板屋面漏水的原因是多方面的。材料特性引发漏水隐患，金属板热导系大，受温度变化造成接口处位移，受风载雪载等外力作用使金属屋面板发生弹性形变，不同材料连接应力变化不同步；压强不平衡引发漏水隐患，雨天屋外压强高于屋内；长期形成的风洞引发漏水隐患；房屋结构设计或板型缺陷引发漏水隐患等，所以金属板屋面防水问题显得非常突出和重要。

（1）解决金属板屋面漏水问题的方案

目前国内大多数钢结构企业采用聚硅氧烷胶密封防水，该材料黏接强度低、易老化、施工过程人为隐患多造成防水质量不可靠。部分钢结构企业采用密封胶泥或丁笨橡胶黏接带，这些材料使用寿命较短、易老化。针对金属板屋面漏水原因，除了房屋结构设计合理外，使用丁基橡胶防水密封黏接带作为轻钢结构维护中屋面防水的较佳材料，已在少数技术先进的企业得到应用。丁基橡胶防水密封黏接带由丁基橡胶与聚异丁烯共混而成，按照特别的生产配方，经过特殊工艺流程生产出的无溶剂环保型黏接材料。其特点是机械性能优异，黏接强度与抗拉强度好、可延伸弹性好；化学性能稳定，耐腐蚀、耐老化（使用时间可达 20 年），应用性能可靠，具有永久黏接力，防水性、密封性、耐低温及追随性好，施工方便快捷、环境适应性强、修复可靠，工艺简单。

（2）丁基橡胶防水密封黏接带在钢结构压型屋面板中的施工工艺

①新建钢结构彩板屋面防水工艺。

i. 根据采用彩板板型、设计合理的丁基橡胶防水密封黏接带应用节点。

ii. 根据彩板板型或接合部位间隙、接缝宽度，选用不同规格的黏接带。

iii. 将彩板接合部位擦拭干净。

iv. 从彩板一端开始，将密封胶带慢慢打开，沿接缝处将密封胶带黏接于下层彩板的搭接处，用手轻轻按压胶带，使其黏接牢固。

v. 撕掉密封胶带上的隔离纸，将接口上层的彩板压入接合处，用手顺序挤压接缝处使其黏接牢固。

vi. 将固定螺钉拧紧，使黏接带上下黏接面黏接密实。

②钢结构彩板屋面修复工程防水工艺。

大部分彩钢屋面漏水主要发生在屋面搭接处及屋面板与水泥墙面结合处。

i. 屋面搭接处修复工程防水工艺。

将屋面搭接处原用黏胶（有部分企业没有使用任何黏胶）清除干净并使接合面平整紧密接触。

将修复部位清洗干净。

选择合适规格的单面丁基橡胶防水密封黏接带直接覆盖修复部位。

按顺序碾压使黏接处黏接牢固。

ii. 屋面板与水泥墙面结合处修复工程防水工艺。

清除干净屋面板与水泥墙面结合处的原用黏胶。

将屋面板与水泥墙面擦拭干净，用聚氨酯：苯=1：2（容积比）处理水泥墙面。

选择合适规格的单面丁基橡胶防水密封黏接带直接覆盖修复部位。

按顺序碾压使黏接处黏接牢固。

19.4.2　胶黏剂在轻钢结构建筑植筋中的应用

建筑植筋技术是一种利用化学药剂作为锅筋与混凝土的胶黏剂保证钢筋与混凝土的良好黏接，从而减轻对原有结构构件的损伤的建筑技术。本技术应用于建筑物结构加固、功能改造等领域，为解决设计遗漏和续建工程提供了新的结构保障方法。

（1）植筋工艺流程

定位→钻孔→清孔→钢材除锈→锚固胶配制→植筋→固化、保护→检验。

（2）植筋工艺流程中的关键环节

①钻孔孔径和钻孔深度。钻孔孔径 d+4～8 mm（小直径钢筋取低值，大直径钢筋取高值，d 为钢筋、螺栓直径）。当基材强度等级不低于 C20，对 HRB335（Ⅱ级）、HRB400、RRB400（Ⅲ级）级螺纹钢筋，Q235、Q345 级螺栓和 5.6 级螺杆，钻孔孔深 15d，锚固力一般大于钢材屈服值即可。对无螺纹（即光圆）钢筋或螺杆，钻孔深度宜再增加 5d，实际钻孔深度可参考 15d 的基准，根据实际所需锚固力大小，并考虑构造要求，现场拉拔试验或按照有关规范计算确定。当基材强度等级低于 C20，或在素混凝土（或岩石）上植筋，应适当增加锚固深度。钻孔有效深度自构件表面坚实的混凝土算起。

②锚固胶配置。植筋胶为 A、B 两组分，配胶宜采用机械搅拌，搅拌器可由电锤和搅拌齿组成，搅拌齿可采用电锤钻头端部焊接十字形 14 mm 钢筋制成。少量可用细钢筋棍人工搅拌。取洁净容器（塑料或金属盆，不得有油污、水、杂质）和称重衡器按配合比混合，并用搅拌器搅拌 10 min 左右至 A、B 组分混合均匀为止。搅拌时最好沿同一方向搅拌，尽量避免混入空气形成气泡。胶应现配现用，每次配胶量不宜大于 5 kg。

③检验。植筋后 3～4 d 可随机抽检，检验可用千斤顶、锚具、反力架组成的系统作拉拔试验。一般加载至钢材的设计力值，检测结果直观、可靠。

④注意事项。锚固构造措施尚宜满足《混凝土结构加固设计规范》（GB 50367—2006）的有关规定；孔内尘屑是否清净，钢筋、螺栓是否除锈，胶配比是否准确，是否搅拌均匀，孔内胶是否密实决定了锚固效果的好坏；结构胶添加了纳米防沉材料，但每次使用前检查包装桶内胶有无沉淀是良好的习惯，若有沉淀，用细棍重新搅拌均匀即可；冬季气温低时，A 组分偶有结晶变稠现象，只需对 A 胶水浴加热至 50℃左右，待结晶消除搅匀即可，对胶性能无影响，施工场所平均温度低于 0℃，可采用碘钨灯、电炉或水浴等增温方式对胶使用前预热至 30～50℃左右使用，应注意不得让水混入桶内。施

工场所平均温度低于 –5℃，建议对锚固部位也加温 0℃以上，并维持 24 h 以上，结构胶的性能在不断改进中，使用说明也可能随之变更，请以随货配备的为准。

19.5　胶黏剂在土木建筑中的应用

19.5.1　聚酰胺热熔胶黏剂

聚酰胺热熔胶黏剂在土木建筑和家具制造方面获得广泛应用，例如具有现代化配套炊具的厨房装配、铝制窗框安装、太阳能供热装置组装、组合盟洗用具以及聚氯乙烯、塑料和金属的胶接。聚酰胺热熔胶黏剂对木材也有良好的胶接性，故可用于家具制造和钢制桌椅等，也可用于网球、滑雪等体育用具生产。少量使用时，可用棒状聚酰胺热熔胶黏剂借热熔枪熔融施胶。共聚酰胺、松香和高级脂肪酸等组成的胶黏剂可作包装用热敏胶带。

19.5.2　聚乙酸乙烯酯胶黏剂

作建筑用胶黏剂。聚乙酸乙烯酯胶黏剂对混凝土、金属玻璃、织物和塑料、陶瓷等也有良好的胶接性。如将聚乙酸乙烯酯乳液加入水泥浆中，必要时再加些石英粉、石膏粉或磷酸钙等填料，可用于胶接瓷砖，起到增黏、防滴落和提高胶接强度的作用。

聚乙酸乙烯酯乳液胶接的聚氯乙烯地板砖 – 水泥地面的剪切强度为 0.5 ~ 1.0 MPa，胶接木质地板 – 水泥地面为 2.0 MPa 左右。它可用作内墙装修用胶黏剂，如木材与石膏板、玻璃棉板、岩棉板、石棉水泥板的胶接，布、纸复合织物与胶合板、石膏板、石棉板、微粒板、砂浆混凝土的胶接，聚氯乙烯布与上述材料的胶接，石膏板与石膏板、玻璃棉板、岩棉板的胶接以及石棉板与玻璃棉板、岩棉板的胶接等。必要时，将乳液进行改性，以提高其胶接性能，扩大其应用面。如改性后的聚乙酸乙烯酯可将轻质钢架、砂浆混凝土与多种建筑材料胶接，对美化内墙起到一定作用。聚乙酸乙烯酯尚能用作喷射混凝土胶黏剂。

19.5.3　环氧胶黏剂

（1）建筑用环氧结构胶黏剂

该胶黏剂固化温度低、固化时间短、强度高、可调节性强、适用范围广。可用于与水泥掺混制成高强度混凝土，也可用于黏接混凝土，用于桥梁、建筑物和道路的裂缝修复等。

（2）油介质混凝土修补用环氧胶黏剂

对环氧树脂进行改性，使得其在吸油性、黏接性方面取得好的效果，使被黏物表面固化过程中不仅能吸收混凝土表面油层，而且使之逐步扩散到胶黏剂层中，形成均一整体，从而达到胶黏剂分子与被黏物分子最大程度地接触，使已渗入混凝土中的油介质能充分被修复材料吸收，且与混凝土本体黏接具有很高的强度。其主要用于修补混凝土，也可用于建筑物的修复。

（3）湿性石材黏接用胶黏剂

采用酚醛胺为固化剂，可在相对湿度大于90%甚至水下固化环氧树脂，因此，本胶黏剂可对湿性板材实施黏接，生产成本低，效率高，而且具有可在低温情况下进行操作、耐温情况好、抗冲击能力强、固化时间快的特点。其主要用于大理石复合板制作中湿性大理石、花岗石、瓷砖等板材的黏接。

19.6　胶黏剂在室内装修中的应用

19.6.1　壁纸与墙布用胶黏剂

（1）壁纸用聚乙烯醇胶黏剂

该胶黏剂具有抗水性强、耐老化、成本低廉、原料来源广、生产过程简单等特点。为了使壁纸防水也可将此胶涂于壁纸表面，但主要用于壁纸的黏贴。

（2）高强度壁纸用胶黏剂

该壁纸胶的冻融稳定性良好、机械稳定性好、耐老化等特点。主要用于壁纸黏贴、表面防潮，也可用于纸制品的制造。

（3）新型壁纸用胶黏剂

在耐水性、黏度等方面优于市售壁纸胶，且固体含量较高。新型壁纸胶制作工艺简单，性能优异，造价低，其耐水性和抗冻性明显优于市售壁纸胶，而且它的初黏性和黏接强度很好，加入增稠剂后增强了壁纸胶的径向压力强度。

（4）乙－丙多元共聚物改性聚乙烯醇胶黏剂

该胶黏剂外观为乳白色，无可见粗粒子、无混合黏团，黏度为6000 mPa·s；不挥发物含量为28%±2%；与普通白乳胶一样具有耐水、抗剪切性能好的优点，主要用于玻璃布的上胶。

19.6.2　塑料建材用胶黏剂

（1）塑料地板用胶黏剂

外观为乳白色无杂质均匀液体，固体含量为55%～60%，游离醛含量≤0.15%，黏度在20℃时100～170 mPa·s。

（2）塑料地板黏接专用胶黏剂

使用325普通硅酸盐水泥和自制的、未浓缩的酚醛树脂按30：100的质量比进行混合，可以代替氯丁－酚醛树脂用于塑料地板与水泥地面的黏贴，不仅克服了氯丁－酚醛树脂胶对环境的污染及对施工人员的身体伤害，而且成本低廉（只及氯丁－酚醛树脂胶的 1/8），具有实用价值。

（3）苯丙乳液塑料地板胶黏剂

BA-166 乳液为自交联型苯丙乳液胶黏剂，与水泥相容性和施工性良好，能较大幅度提高聚合物水泥胶浆的各项性能，符合 DBJ 01-63—2002 标准要求，可直接使用施工现场的水泥和砂配制，无须配用专用粉料；乳液用量低，使用方便，施工成本低。BA-166 乳液为水性聚合物乳液，在产品合成过程中未使用任何含甲醛的原料，杜绝了甲醛的毒性危害，属于环保型胶黏剂。

（4）塑料地板用氯丁橡胶胶黏剂

该系列胶黏剂初黏力高，耐水性能、耐老化性能好，可自行消除因温度和其他因素引起的变形，且现场施工性能好。其主要用于塑料地板、石膏、隔热材料、地面墙体装饰用胶等。

（5）建筑用氯丁胶乳胶黏剂

氯丁胶黏剂施工性能好，便于操作，初黏力高，耐老化性能及耐水性能优良，对由温度变化及其他因素引起的变形，具有吸收能力。氯丁胶黏剂最突出的优点是初黏力高，很大程度上能满足现场施工的要求。在建筑上的典型应用有将塑料地板、石膏板、隔热材料等黏贴在天花板或水泥墙面上，黏贴瓷砖、漆布底材、塑料地板，黏接窗框，用于其他密封黏接等。

（6）无苯低毒氯丁胶黏剂

该胶剥离强度高，常温和低温贮存性能良好，而且有害物质含量远远低于已颁布《室内装饰装修材料胶黏剂中有害物质限量》的国家标准（GB 18583—2001）。主要用于塑料地板、家具、建筑、装饰等领域，属于一种重要的接触型胶种。

（7）建筑用 PVC 硬管胶黏剂

该胶黏剂经 1 h 放量，剪切强度为 4.06 MPa，经 3 h 放量，剪切强度为 5.92 MPa，经 12 h 放量，剪切强度为 6.72 MPa，经 36 h 放量，剪切强度为 6.93 MPa，经 72 h 放量，剪切强度为 6.98 MPa，证明其适用性强。其主要用于建筑 PVC 输水（上、下水）管道工程中及应用于工业工程上的 PVC 管道工程，使用结果表明，该胶黏剂的性能，尤其是施工工艺性明显优于现有 PVC 胶黏剂的性能，其材料成本也明显下降，是建筑用 PVC 硬管及其他 PVC 硬管连接施工中较理想的黏接材料。

（8）甲基丙烯酸硅二醇双酯改性氯化聚丙烯胶黏剂

该胶黏剂生产工艺简单，产品既可室温固化，也可加热固化，使用方便，主要用于聚烯烃间的黏接。

19.6.3　瓷砖、大理石、石膏等装修材料用胶黏剂

（1）室温快固型丙烯酸酯胶黏剂

该胶无气味，贮存期为一年，固化时间在 25℃为 18 min，拉伸剪切强度为 27 MPa，可用于瓷砖、墙地砖、大理石、马赛克及其他材料的黏接。

（2）室温快固型丙烯酸酯胶黏剂

该胶黏剂可室温固化，但 50℃ 固化物性能更好，其贮存期为半年，剪切强度为 7.22 MPa，可用于瓷砖、大理石、墙体材料及其他材料的黏接。

（3）溶液聚合型甲基丙烯酸酯胶黏剂

这种胶黏剂耐水性、耐醇性以及耐汽油性良好，但不能耐芳烃与丙酮等溶剂，可用于有机玻璃与金属、聚苯乙烯、硬质聚氯乙烯、聚碳酸酯及 ABS 塑料的黏接，也可用于瓷砖、大理石、墙体材料的黏接。

（4）网贴玻璃马赛克黏接用改性丙烯酸酯胶黏剂

制得的乳胶为微泛蓝乳液，固含量为 45%±2%，黏度为 2000 ～ 2500 mPa·s，pH=6 ～ 7，稀释稳定性合格，贮存期为 3 个月。此胶可作为马赛克黏接用胶黏剂，熔融吹塑织物可作为一次性手巾、罩布、毛巾等物品。

（5）耐高温丙烯酸酯胶黏剂

该胶黏剂具有良好的高温黏接性能，80℃下对钢的黏合强度保持性好。由丙烯酸酯、羟基单体、羧基单体和乙烯基单体的共聚物与硅烷化合物配制而成。其用于水泥、金属等黏合，也可用于瓷砖、墙体材料和大理石的黏接。

第 20 章　汽车与交通运输用胶黏剂

汽车胶黏剂是汽车生产所需的一类重要辅助材料。在汽车产品增强结构、密封防锈、减振降噪、隔热消音和内外装饰等方面起着特殊的作用。随着汽车向轻量化、高速节能、安全舒适、低成本、长寿命和无公害方向发展，胶黏剂及其应用技术在汽车上的作用愈加重要。在 20 世纪 80 年代聚氨酯胶、氯丁酚醛、有机硅胶、环氧树脂胶、厌氧型胶、橡胶型胶在国内修造船行业逐步发展，获得满意的效果。

20.1　汽车胶黏剂的应用及其发展需求

20.1.1　汽车胶黏剂的应用

（1）汽车用胶黏剂分类与性能

汽车用胶黏剂大致可分为结构胶黏剂、非结构胶黏剂、密封胶、修复胶等。结构胶黏剂是一种以热固性树脂、橡胶和聚合物合金为主的胶黏剂（如环氧、酚醛、不饱和聚酯及其改性树脂等胶黏剂）系列。此类胶黏剂可提供光滑的外形，能传递较大的机械载荷应力，避免在胶层间产生应力集中，从而可提高装配件的使用性能和耐久性。黏接技术是目前汽车行业低成本高效率的最佳组装方式，其中应用范围包括车辆传动机构、机动部件、车体、发动机等核心部件的黏接及组装。

近年来，为显著提高汽车的性能，在大中型卡车上，除动力性能、燃料消耗率基本性能之外，更重要的是，增加了乘车舒适感、行使操纵性等所谓的感觉性能。在变速器的换挡操纵性能方面，往往要求更轻便、平滑、准确；而在现实中，随着发动机的高输出化，由于离合器、变速器的容量增加，变速器的操纵性能有恶化的倾向。

为此，以大幅度提高同步器容量为目标，采用多锥同步器的变速器进入了实用化。但是，多锥同步器使结构变得复杂，为了在使用条件过于苛刻的大中型卡车上得到应用，就有必要充分注意其可靠性。

对于同步器的作用，可分为同步、脱开、接合齿喷合的三个过程，在各个过程中，重要的是确保能够进行轻便、平滑操纵的性能以及包括这些性能的时效变化的耐久性。

①同步：由圆锥的同步扭矩使被同步端的转速与同步端转速一致的过程。

②脱开：同步完成后，齿套一面脱开锁销或者同步环，一面前进的过程。

③接合齿啮合：脱开完成后，齿套离开成为一体的同步环和同步器，到齿套完成与接合齿啮合的过程。

各个过程的性能随同步器结构的种类、参数等而变化。为了得到所需要的性能，有必要去选择最佳的结构；为此，在乘用车、小型卡车及大中型卡车的高速挡情况下，在同步负荷比较小的地方采用波格瓦纳型同步器（单锥同步器），在大中型卡车的低速挡的情况下，对于同步负荷比较大的地方，使用锁销式同步器成为主流。但是，为了进一步减轻同步操纵力，倾向于采用多锥同步器。

汽车同步器要长期浸泡在盛油的自动变速箱内，通过液压装置使同步器的各个锥环接合或断开达到变挡的目的，而黏接在锥环内外表面上的碳纤维耐摩擦材料——制动带是汽车上的一个关键部位，要求可在180℃环境下长期使用，并可在230℃下瞬时使用，制动带的可靠性取决于碳纤维耐磨材料与锥环的黏接强度并关系到汽车运行的安全可靠性。同步器在运转时存在强大的圆锥同步扭矩以及苛刻的温度环境，均要求用于黏接制动带的胶黏剂必须是耐高温结构胶黏剂。

（2）汽车胶黏剂的用胶

目前我国汽车胶黏剂的品种已经比较齐全，技术水平也在不断提高，应及早统一制订出与此相适应的材料行业标准。规范性能测试方法，建立完善质量保证体系已势在必行。

20.1.2　国内汽车胶黏剂的应用现状

国内汽车胶黏剂的应用起步于我国解放牌汽车诞生之时的20世纪50年代中期，在其后相当长的一段时间内，胶接技术在汽车上的应用一直处于较低的水平。20世纪80年代以来，我国汽车工业引进了整车整机和关键零部件制造技术近70项，随着引进技术消化吸收工作的不断深入，汽车黏接技术得到较快发展，各种不同用途的汽车胶黏剂如雨后春笋出现。特别是20世纪90年代以来，一些高性能高技术含量的汽车胶黏剂，如高强度预涂型微胶囊厌氧胶、湿固化聚氨酯挡风玻璃胶、双组分喷涂型水基顶棚胶等胶种的开发应用成功，标志着国内汽车用胶提高到一个崭新的水平。

从汽车整个制造过程所涉及的工作部位和功能这个角度出发，可将车用胶黏剂大致分为焊装工艺用胶、涂装工艺用胶、内饰件用胶、装配件用胶、特殊工艺用胶5大类别及用胶的品种。现在就整个汽车行业来说，汽车胶黏剂的应用，无论是用胶品种，还是使用部位以及单车平均用量均已接近世界先进水平。但是还应当看到，国产胶黏剂品种虽然发展很快，但仍未能完全满足汽车工业使用的特殊要求。其表现是胶黏剂品种不全，有的产品性能尚有差距，质量不够稳定，产品没有形成系列化、标准化，部分品种和原材料还需进口。此外，国内相关行业对汽车工业所需的专用涂胶设备的研制远远落后于汽车胶黏剂品种的开发，在某种程度上限制了优异胶种的推广应用或良好性能的体现。

20.1.3　汽车胶黏剂主要品种的发展

汽车制造向节能、环保、安全舒适、低成本长寿命发展的趋势对汽车胶黏剂的使用性能和工艺性能提出了越来越高的要求。现重点介绍几种主要汽车胶黏剂的国内外研究和应用情况。

（1）汽车折边胶

折边胶作为一种车用结构胶，黏接强度要求相对较高。在经历了环氧树脂、聚丙烯酸酯、聚氯乙烯等类胶黏剂并存局面之后，目前国内普遍应用单组分高温固化环氧胶。主要用于车门、发动机罩盖和行李箱盖板的内外折边部的黏接，取代原有的点焊结构。折边胶主要品种有环氧树脂类、聚氯乙烯类、聚丙烯酸酯类 3 种类型。

目前国内为了改善其脆性，通常采用合成橡胶或热塑性树脂进行增韧改性。

低温感应固化环氧类折边胶是国外技术的新发展，它克服了传统意义上的固化温度要求高、贮存期短的问题。橡胶型折边胶在国外也有应用，如美国 PPG 公司的 HC7707 胶，其剥离强度明显提高，贮存期间环境温度对其黏度影响不大，适合在无恒温装置的自动涂胶设备上使用。

环氧树脂类折边胶黏接强度高，受热分解时无腐蚀性气体放出，综合性能好，是目前国内外汽车厂家应用最多，也是人们对其进行性能改进研究最多的一类结构胶。环氧树脂类折边胶国产化品种较多，这些品种基本上都是按照相关汽车厂家引进车型的技术要求进行开发研制的。为了制得适用于南汽依维柯车型要求的半结构型折边胶，晨光化工研究院采用聚氨酯改性环氧树脂的技术路线，将制取的互穿网络聚合物 EPU 作为胶料的基材，按不同配比制得不同黏接强度和伸长率的汽车用半结构胶。同时，还研制了既能对预聚体的 NCO 基起作用，又能降低双氰胺固化剂分解温度，配胶后作双氰胺促进剂，在常温下可长期贮存，而在 150 ~ 180℃又能迅速固化的固化促进剂 ICN，研制的 CA-3、CA-4 半结构胶的性能达到意大利油漆公司的同类产品水平。

（2）车身顶棚胶

顶棚胶黏剂是指车身内饰软质或硬质顶棚材料黏接用胶。软质顶棚由 PVC 表皮材料或织物与 PU 软泡塑料复合面成，硬质顶棚由瓦楞纸与毛毡等材料制作。长期以来，车身软质顶棚的黏接用胶是溶剂型氯丁橡胶类胶黏剂（如 FN-303、XY-401 等），这类胶黏剂初黏性好，胶层柔韧，常态黏接强度较高，适合汽车流水线生产使用，但胶中有毒溶剂（如甲苯）污染环境、损害工人健康且存在火灾隐患，溶剂对 PVC 表皮内增塑剂的抽提易引起 PVC 折皱或变色而影响美观；另外，胶层耐热性差易引起顶棚脱落。

溶剂型氯丁胶以其初黏力好、使用方便、适合汽车流水线生产节奏的优势，长期成为软质顶棚与车身顶盖黏接普遍采用的胶种。但该胶在冬夏不同季节里的黏接质量较难控制，而有机溶剂的挥发对作业环境及人体健康也有影响。水基型和压敏型是车身顶棚胶发展的重要方向，日本的双组分水基丙烯酸酯胶，喷涂时凝胶迅速，初黏强度高，但两组分配比要求严格，需要专用涂胶设备，管理必须规范。压敏型顶棚胶是将压敏胶与软质车身顶棚材料复合在一起，其技术和工艺的综合性比较优越，目前国内亦有这类产品并在汽车生产中使用。

（3）快速固化挡风玻璃胶

单组分湿固化聚氨酯风挡玻璃胶的开发，是我国追赶世界先进水平的一大成果，但使用时聚氨酯胶需要配套的清洗剂、玻璃／漆面底剂，才能保证足够的黏接强度，而且固化速率较慢，在车窗玻璃装配过程中，需使用压敏胶带或装配夹具协助固持定位、工艺繁琐。为了克服这种不足，开发瞬时定位的单组分聚氨酯挡风玻璃胶应是胶黏剂研究下一步努力的方向。

根据国外报道，这种胶黏剂一般通过配备加热涂布装置，使微热涂布胶料对被黏物立刻产生较高的初黏强度，完成挡风玻璃的定位，然后逐步达到完全固化，既简化了工艺，又方便了操作。

20.2 在汽车制造中的胶黏剂用胶情况

随着汽车制造技术的发展及其不断提高的性能要求，胶黏剂作为汽车生产所必需的类重要辅助材料，应用越来越广泛。黏接技术在汽车制造上的应用，不仅可以起到增强汽车结构、紧固防锈、隔热减振和内外装饰的作用，还能够代替某些部件的焊接、铆接等传统工艺，实现相同或不同材料之间的连接，简化生产工序，优化产品结构。在汽车向轻量化、高速节能、延长寿命和提高性能方向发展的道路上，胶黏剂发挥着越来越重要的作用。

20.2.1 汽车车身制造工序

车身是汽车总体的主要组成部分之一。通常载重汽车的车身是驾驶室（包括车前板制件即车头部分），货箱及车架。大客车和轿车车身有些有车架，有些没有车架，车底板就起车架的作用。车身的制造按照其结构特点，大致要经历以下几道工序。

①车身的冲压该工序主要通过压力机上的模具，对金属板材在其压力下冲压成一定形状的车身零部件。

②车身的装配与焊接目前车身通常采用的装焊方式为接触点焊，分双边点焊和单边点得，接触点焊是在电极压力的作用下，将焊接件紧密接触，利用电流流经焊件时所产生的电阻热加热焊接件，使焊接点熔合在一起。

③车身的涂装经由焊装组装完成后的车身壳体要进行涂装，涂装的作用主要是起防锈、防腐，延长车身寿命和装饰目的。汽车车身涂装通常要经过如图 20-1 所示的工序。

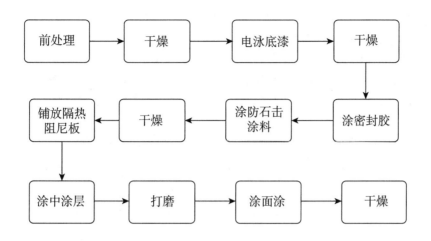

图 20-1 汽车涂装生产工序

20.2.2 汽车胶黏剂的应用

（1）汽车用胶黏剂选用原则

汽车生产是批量性、流水式生产，在生产过程中有其特殊性。此外，作为交通运输工具的汽车在各种道路、气候下行驶，因此，汽车用胶黏剂、密封胶必须充分满足和适应汽车制造厂中的生产工艺与大批量、流水线生产及应用性能要求。

（2）胶黏剂在汽车车身上的应用情况

车身上应用的胶黏剂主要有折边胶黏接剂、减震胶、抗石击涂料、指压胶、内饰胶等。

①折边胶。

汽车的车门、发动机罩盖和行李箱盖板等部件通常是将内、外盖板折边后点焊连接的。但是这种工艺使车身表面增添了许多由焊接而造成的凹坑，严重影响了车身的外观质量。为了解决这个问题，国外从 20 世纪 70 年代开始采用黏接取代点焊的方法来生产汽车车门、发动机罩和行李箱盖的折边结构，所用的黏接剂称为折边胶。

②防石击涂料。

防石击涂料是在涂装工序，喷涂在汽车底板上，用于缓冲汽车高速行驶过程中，诸如沙石等各种物体对底板的强力冲击，提高底板抗腐蚀能力，延长使用寿命的一种密封剂，另外还有助于降低车内噪声，改善乘员的舒适性，目前已被汽车厂家广泛采用。

③内装饰胶。

用于将软质顶棚材料黏贴到车身顶盖上，增添车内美观华饰。目前国内这一用途的胶种都以溶剂型氯丁胶为主，在工艺和性能上要求初黏力高，满足车身内饰生产线快节奏的需要，在汽车库存及使用过程中，不能引起顶棚材料产生变冬现象。

（3）汽车其他特殊工艺用胶

汽车制造工艺过程中还要用到多种其他胶黏剂，如刹车蹄与摩擦片黏接用的刹车蹄片胶，是以改性酚醛树脂为基材的胶黏剂，代替铆接工艺能保证可靠的黏接强度，降低噪声，延长摩擦片使用寿命；滤芯器生产用的滤芯胶，是增强树脂补强的 PVC 塑溶剂，能耐油、耐热老化，满足流水线作业要求；微孔堵漏用的浸渗剂，在粉末冶金件和发动机缸体等零件砂眼缺陷的弥补上作用明显；汽车装配过程用的压敏胶带，可以保护车身免于污染、磕碰，或协助零件装配时固持定位；铸造行业用的合成树脂黏结剂，主要有酚醛树脂、呋喃树脂及少量改性脲醛树脂三种，广泛应用在发动机缸体、缸盖等零件的铸造工艺上。

随着国际间汽车制造技术的发展和交流，胶黏剂密封胶必将越来越广泛的应用与汽车制造工业中。

20.2.3　汽车发动机、变速箱及车底盘的黏接密封

发动机是车辆的心脏，而底盘则相当于人体的脊梁，所以发动机和底盘的密封和防松是衡量车辆质量的很重要的指标。

发动机和底盘上的黏接密封部位包括发动机的油底壳、后桥壳、缸体孔盖、变速器孔盖的密封；装配螺栓的紧固密封、各种管接头处的密封等。其主要作用是防止燃油、润滑油、水、气的泄漏及螺栓的松动。

发动机和底盘上的黏接密封，目前所用的胶种主要是厌氧胶和 RTV 硅酮胶，应根据密封部位的温度、压力、密封间隙和形状以及是否经常拆卸等因素选择适宜的密封胶。

发动机及车底盘上的密封防松部位，主要有 4 种类型：①平面密封；②管路接头螺纹密封；③螺栓、螺丝的防松密封；④圆柱零件的固持。

20.3　汽车胶黏剂的展望及发展趋势

20.3.1　国内汽车胶黏剂的前景展望

（1）汽车胶黏剂品种前景

无毒不燃、无环境污染且具有良好初黏性的水基胶（如内饰用单组分水基胶）和热熔胶（如车身硬质顶棚胶和车身顶盖外焊缝用热熔胶带）。降低制造成本、减轻车身质量和具有较宽工艺适应性的塑溶胶（如低密度或低温塑化 PVC 类焊缝胶和抗石击涂料）。适应特定工艺要求或产品使用要求的汽车专用胶（如瞬时定位单组分湿固化型聚氨酯挡风玻璃胶、平面密封用可剥性更好的耐油聚硅氧烷密封胶、耐高温刹车蹄片胶等）。

（2）汽车胶黏剂的展望

2010 年我国汽车保有量达 4750 万辆，汽车年产量达 600 万辆。如此高的增长速度必然带动汽车相关胶黏剂行业的发展。参照国外先进工业国家不同车型单车用胶量进行估算，即轿车每车用胶约 20 kg、微型车约 5 kg、中型车约 16 kg、重型车约 22 kg。2010 年汽车工业胶黏剂需求量将达 108 万 t。

20.3.2　汽车胶黏剂的发展趋势

根据相关的研究，以及世界汽车工业新材料、新工艺的不断应用与发展，汽车用胶黏剂在未来具有几大发展方向。

（1）轻体胶黏剂

如低密度 PVC 焊缝胶、低密度 PVC 抗石击涂料等。普通 PVC 材料的密度为 $1.40\ g/cm^3$，而低密度 PVC 材料的密度可以达到 $0.9\sim1.0\ g/cm^3$，在使用相同厚度（体积）材料的情况下可以降低质量 30%～35%。

（2）绿色环保型黏接剂

目前，水基材料已开始出现并取代油型黏接产品。使用水基涂料可以替代目前广泛使用的 PVC 塑料溶胶，替代车内使用的沥青基阻尼板。由于水基材料可以为自干型或烘干型，阻尼系数比 PVC、沥青材料高，对环境污染小，应用前景很好。

如果能够在汽车规模的应用上可靠地预测黏结性能并且能开发出更快装配的胶黏剂的话，结构型胶黏剂下一代的重大技术突破就会出现。但现在的开发进步也很快，并且与很多种类的机械设计都有关联。

就全球来说，汽车工业的挑战是在提高性能和让用户能买得起的同时来提高车辆的燃油效率，在最近的一份研究报告中写道："最近在连接技术方面最大的进展就是结构型胶黏剂的性能。"

使用机械紧固技术和结构胶黏剂，这种结构是 2005 年推出的，使用的大多是铝结构型材。在有焊点的地方使用了自冲铆钉连接，在封闭结构的单面连接上使用的是自攻螺丝。在黏结固化循环中，是这两种连接方法首先把结构固定在一起，并且能在碰撞中避免黏结点剥落。热固化结构型胶黏剂是其中主要的连接介质。据说这种系统能提供超常的扭转强度。自冲铆钉（SPR）和胶黏剂的联合使用要比单独使用黏结剂具有强得多的抗剥落性能，其强度至少是单独使用铆接方法的三倍。另外，使用自冲铆钉可以在胶黏剂固化之前对主要结构进行夹具去电镀处理，在电涂过程中无需专家来固定就能保持其几何形状和尺寸。之所以需要这种新方法是因为点焊和 MIG（金属惰性气体）焊接会使铝材剥蚀。

20.4　汽车车门板用胶黏剂

在实际的应用中，热熔压敏胶是通过一种特殊的热熔胶机在熔胶槽中同时进行熔融和充氮气发泡的动作（Nordson FoamMelt，如图 20-2 所示）。使用多轴机械臂控制的喷头将已发泡的热熔压敏胶涂在固定曲线形状的 PP 薄膜或发泡板上，然后，将很黏的泡沫热熔压敏胶条以离型纸覆盖后装箱送往汽车装配厂。在汽车装配的输送带上，揭去离型纸后，用手持棍子顺着发泡的热熔压敏胶条将 PP 薄膜或发泡板压合在车门板上。要满足这种应用的热熔压敏胶在涂布时应该对 PP 具有良好的胶黏性能，同时还需要在低温、室温和高温环境下都能牢固贴合在车门板上。将来再从车门板被拆下进行维修时，发泡热熔压敏胶应该留在 PP 薄膜或发泡板上而没有任何残胶转移到车门板上。最重要的是，热熔压敏胶从高温发泡到冷却的过程中，应该具有非常高的内聚强度。如此，才能避免已发泡的热熔压敏胶条因为内聚力不足而造成表层发泡破裂，进而在胶黏接口产生部分不平整的孔隙。这些孔隙最终可能导致水分的渗入。通过这种热熔压敏胶发泡的技术来取代丁基橡胶基密封胶，除了可以满足售后维修市场的作业性需求外，还可以大幅降低每件车门所消耗的总用胶量与材料成本。

图 20-2　Nordson FoamMelt 热熔胶发泡设备

20.5　船用胶黏剂发展现状

20 世纪 90 年代初，国外数家公司看到我国修船行业仍然沿用传统手段解决磨损、腐蚀、跑、冒、滴、漏、渗，便及时推出全系列分子合金复合材料。其中，美国贝尔佐纳公司推出超金属复合材料，美国得复康公司推出多系列修补、黏接材料，美国乐泰公司推出厌氧型密封、锁固、黏接、固持材料，美国 3M 公司推出多功能、高强度各类胶带、压敏胶、光固胶、复合胶，瑞士卡斯特林公司推出以金属填料、硅酸盐陶瓷为填料的修补材料。1995 年以来，普施公司、香港高登公司、德国尤尼力公司及日本多家公司目光投向我国修造船市场，从船用主机系统直到油漆涂装，都渗透着国际上众多高科技产品。上述国外公司在获得可观的经济回报的同时，带来众多新材料、新工艺，使我国在修船手段、修船工艺和装备上大大地缩短了和国外先进水平的距离。各船厂都取得了相当大的社会效益和经济效益，并且造就了一批掌握新材料、新工艺的技术人才。

1990 年后，北京市机械局下属的数家院所、中国船舶工业总公司下属的科研单位和生产单位、装甲兵工程学院领导下的数家公司率先推出全系列高分子复合材料。1992—1995 年中科院广州化学所、成都有机化学研究所、国家金属学会多家黏接密封材料厂、大连第二有机化工厂、上海新光化工厂、上海天山新材料技术研究所研制生产的结构型、厌氧型、有机类和无机类材料推向船舶市场。国产分子合金复合材料以其质优、价廉、品种多、系列全、操作简单和不动火等特点，在市场销售份额上短短 5 年占据了总量的 60%。国产材料在赢得众多用户首肯的同时，仍有一定的不足，在资料、宣传、服务上和外国公司产品有一定的距离，产品的稳定性和贮存期等方面还不尽人意，有待改进。

20.6　船用胶黏剂的特点和要求

20.6.1　防腐蚀涂层和防护修补材料要求

涂装材料耐温 –40 ～ 100℃，高温固化或无固化；耐海水腐蚀、耐氯化钠和盐雾腐蚀。涂层应密实无孔，有良好的附着力及物理机械强度。通常船体涂装均进坞处理，船体内设备涂层选择酚醛树脂、无机富锌涂料、氯磺化涂料等。在船用主辅机机体内腔使用过程中，海水中的氯化钠对铸件腐蚀比较突出，选择防护材料还应考虑涂层耐热性 –40 ～ 250℃，耐振性和抗剥离性 17MPa。抗腐蚀、汽蚀、磨蚀表面涂层，可选择柔韧陶瓷复合材料，此类高分子聚合物是以陶瓷粉末和弹性材料为基材并配以固化剂的双组分复合材料，常温固化，固化过程中不收缩，柔韧陶瓷呈薄浆状，表面光洁平滑并具一定弹性。

各种主辅机内腔、泵、叶轮、螺旋桨、汽轮机叶片、贮罐流道、大口径管道弯头部位均可使用。船舱走道、橡胶类护栏木、软管、胶垫、贮油贮水槽、电缆用的橡胶型修复材料要求防腐、耐磨、抗冲击负载、常温固化。橡胶型修复材料本身具备绝缘强度 350 V/mil（1 mil=25.4 × 10^{-6} m）以上，表面电阻 2.5 × 10^{22} Ω，20℃时可长期浸泡于多种化学介质中。由于用途不同，橡胶型修复材料又分为普通黏接型、强韧型、可涂刷型。此类材料硬度 60 ～ 97（邵氏 A），耐温；湿态 55 ～ 70℃，干态 60 ～ 92℃。但在黏接各类密封圈、密封条时，要选用不含溶剂类的氰基丙烯酸瞬干胶，由于橡胶类材质成分各异，选用时应了解材质和工况要求，也可做试黏样块以保证选材无误。

20.6.2　结构型、填补类用料选择和要求

船舶在航运过程中，对由于失效疲劳、磨损、腐蚀造成的各类机件、机组、管道、泵阀和船体缺陷，用各种高分子复合材料修补，总体上应视为应急措施以维持船舶的正常航行。但往往有些产品的生产、销售人员把黏接、修补材料介绍成无一缺陷的永久型替换产品，其目的是为谋取暴利寻找依据。结构型材料对尺寸修复、各类型缺陷、机件断裂和局部工况应急加强取得无可非议的效果，由于此种材料绝大多数为环氧类的复合材料，操作方便、有效期长、常温固化，20 世纪 50 年代国外航运界几乎每条远洋船都视为远洋航行必备品。

由于环氧类材料主体为各类型添加剂和环氧树脂，因而此类产品应用面广而功能各异，例如添加各类型的黑色和有色粉末，黏度不同，固化剂不同，成品性能差异很大。

如抗压强度 42 ～ 120 MPa，抗拉强度 30 ～ 80 MPa，抗剪强度 0.5 ～ 24 MPa，硬度（邵氏 D）40 ～ 120，最终产品还可制成快固型和慢干型，固化时间（环境温度 25℃时）从 3 ～ 5 min 直至 30 ～ 45 min。通常快固型材料硬度高（邵氏 D70 ～ 92）、抗疲劳性、抗冲击性较差。常温固化型综合物理参数较高，各类技术指标稳定，抗老化时间长、硬度邵氏 D70 ～ 98。随着科技水平的提高，近两年市场上推出的耐高温环氧和超高温混合型环氧（高温 240℃、超高温 500℃）类材料对主机缸头、船用锅炉、重油舱加热管，增压器修复可发挥重大的作用。

第 21 章　电子电气用胶黏剂

电子工业各类电子设备（包括军事电子装备）、仪器仪表及其元器件和电子材料的生产制造中，胶黏剂的应用有着重要而特殊的作用。由于电子电器尤其是军事电子装备向小型化、轻量化、多功能、高性能发展，必须采用新型的黏接工艺和胶黏剂。如胶黏剂除可满足不同黏接强度的要求，有高强度、中强度；还可按生产工艺需要，设计高温、中温和室温固化；还有耐高温和超低温以及具有绝缘性、导电性、导磁性、导热性、阻尼性、吸收微波功能等性能各不相同的胶黏剂，可黏接各种性质各异、厚薄不均、大小不同乃至于微小的两种材料，达到以黏代焊、以黏代铆、以黏代螺纹连接、以黏代静配合的目的，可大大简化工艺、降低成本、缩短生产周期、提高生产效率。

21.1　电子电气用胶黏剂的分类

电子电器用胶黏剂可按不同方式进行分类，按化学成分可分为环氧树脂胶、酚醛树脂胶、有机硅胶、聚酯胶、聚氨酯胶、聚酰胺胶、聚酰亚胺胶、聚丙烯酸酯胶、沥青、虫胶等。

按电气性能可分为绝缘胶、导电胶、密封胶、导磁胶、导热胶、光刻胶、应变胶、防潮胶等。

按使用领域可分为电机胶、变压器胶、层压板胶、芯片胶、覆铜板胶等。

按使用方法可分为浸渍胶、灌封胶、浇注胶、黏贴胶、涂层胶、热熔胶、压敏胶等。

21.2　电子电气用胶黏剂的发展情况

电气、电子工业的迅速发展为黏接技术提出了许多亟待解决的新课题，胶黏剂以各种途径应用于电子工业的各个领域，从微型电路的固定到大型电机的密封，胶黏剂和黏接技术正在起着越来越重要的作用。虽然电子工业中使用胶黏剂的量只占全部胶黏剂产量的一小部分，但由应用胶黏剂后所取得的经济效果远非可以用胶黏剂本身的价值所能衡量的。随着电气仪表、电子设备向小型化、轻量化、高性能方向发展，采用黏接工艺代替传统的连接工艺已经势在必行，而且已被越来越多的使用部门所接受。

电气、电子工业部门应用胶黏剂大约开始于 20 世纪 20 年代。初期差不多完全使用天然高分子材料来实现黏接、绝缘密封和固定。例如，使用虫胶或改性沥青将云母片黏贴在基体上，小型电容器以石蜡作为绝缘体，普通电灯泡中玻璃与金属的固定是用虫胶和松香，大型电机在很长时间内把沥青视为理想的绝缘浸流材料等。

由于这些天然高分子材料耐热性都很有限，随着部件变热而发软，而且机械强度及电性能也不能满足实际情况的需要，自从第二次世界大战以后，电子产品对胶黏剂的电气绝缘性、耐热性、耐腐蚀性、耐湿热老化性等方面提出了愈来愈高的要求，以动植物天然高分子材料为基础的胶黏剂、灌注料及浸渍材料已退居次要地位，逐渐转向以热固性合成材料为基础的胶黏剂和灌注料。

应用得比较早的合成材料有酚醛树脂和聚酯树脂，两者都广泛用于电气绝缘和黏接上。它们与天然高分子材料相比，性能有很大改进，但是在使用过程中，固化收缩率高达 8% ~ 10%，同时放出低分子挥发物，导致较差的尺寸稳定性和电气绝缘性，不适宜要求较高的灌注密封方面的用途。

以环氧树脂和聚氨酯树脂为基料的热固性胶黏剂和灌封料相继出现，成功地解决了一系列的黏接和绝缘密封等问题。高压绕组的浸渍，环氧树脂和有机硅被认为是上等材料。20 世纪 60 年代中期，彩色电视机的晶体管化，由历来的真空管向硒整流元件转移，也广泛用环氧树脂和硅橡胶等进行整流电路的包封，其后由于硅二极管的出现，高压整流管日趋小型化，为防止水蒸气的浸透和提高黏接强度等，环氧树脂使用量逐年增加。

电子工业用胶黏剂的主要品种有环氧树脂、有机硅树脂、改性酚醛树脂、聚酯树脂、聚氨酯树脂以及氯丁橡胶和聚硫橡胶等为黏料的胶黏剂，以及针对电子工业的特殊性能要求和工艺特点开发的热熔胶黏剂、水溶性胶黏剂、厌氧胶黏剂、压敏胶黏剂、光固化胶黏剂以及阻燃灌封料等。

随着电子设备的小型化、轻量化、高容量化、高性能化，要求电子元器件高集成化、超小型化、超薄型化，对电子电器胶黏剂的要求越来越高，主要要求胶黏剂的成膜物高纯化，固化胶黏剂高耐热性、低吸湿性及良好综合机械性能等。例如，为了适应微电子产业的需要，自 20 世纪 80 年代后期开始，电子工业用的环氧树脂几乎不含离子性杂质，含水解氯极低；酚醛树脂游离酚及易挥发物的量达到极低，并且开发出一些低黏度的新型环氧树脂以便于制胶与应用。通过多功能化和基本结构改变生产出一些高耐热性与低吸水性的产品。

综合机械性能对于环氧树脂来说，主要着眼于增韧。多功能固化剂固化的环氧树脂固化物缺乏挠曲性和柔韧性，通过向树脂分子中引入软性分子骨架，加入活性高分子量增韧剂可制成强韧性的胶层。

21.3　胶黏剂在电子电气中的应用

21.3.1　电子元件导电胶的应用

（1）导电胶的概述

导电胶是一种固化或干燥后具有一定导电性能的胶黏剂，它通常以基体树脂和导电填料即导电粒子为主要组成成分，通过基体树脂的黏接作用把导电粒子结合在一起，形成导电通路，实现被黏材料的导电连接。由于导电胶的基体树脂是一种胶黏剂，可以选择适宜的固化温度进行黏接，如环氧树脂胶黏剂可以在室温至 150℃固化，远低于锡铅焊接的 200℃以上的焊接温度，这就避免了焊接高温可能导致的材料变形、电子器件的热损伤和内应力的形成。同时，由于电子元件的小型化、微型化及印刷电路板的高密度化和高度集成化的迅速发展，铅锡焊接的 0.65 mm 的最小节距远远满足不了导电连接的实际需求，而导电胶可以制成浆料，实现很高的线分辨率。而且导电胶工艺简单，易于操作，可提高生产效率，也避免了锡铅焊料中重金属铅引起的环境污染。所以导电胶是替代铅锡焊接，实现导电连接的理想选择。

目前导电胶已广泛应用于液晶显示屏（LCD）、发光二极管（LED）、集成电路（IC）芯片、印刷线路板组件（PCBA）、点阵块、陶瓷电容、薄膜开关、智能卡、射频识别等电子元件和组件的封装和黏接，有逐步取代传统的锡焊焊接的趋势。

（2）导电胶的分类

导电胶种类很多，按导电方向分为各向同性导电胶（ICA）和各向异性导电胶（ACA）。ICA 是指各个方向均导电的胶黏剂，可广泛用于多种电子领域；ACA 则指在一个方向上如 Z 方向导电，而在 X 和 Y 方向不导电的胶黏剂。一般来说，ACA 的制备对设备和工艺要求较高，比较不容易实现，较多用于板的精细印刷等场合，如平板显示器（FPDs）中的板的印刷。按照固化体系导电胶又可分为室温固化导电胶、中温固化导电胶、高温固化导电胶、紫外光固化导电胶等。其中，Uninwell International 收购 Breakover-quick 以后，成为全球导电胶产品线最齐全的企业集团，产品涵盖室温固化导电胶、中温固化导电胶、高温固化导电胶、紫外光固化导电胶等。

室温固化导电胶较不稳定，室温贮存时体积电阻率容易发生变化。高温导电胶高温固化时金属粒子易氧化，固化时间要求必须较短才能满足导电胶的要求。目前国内外应用较多的是中温固化导电胶（低于 150 ℃），其固化温度适中，与电子元器件的耐温能力和使用温度相匹配，力学性能也较优异，所以应用较广泛。紫外光固化导电胶将紫外光固化技术和导电胶结合起来，赋予了导电胶新的性能并扩大了导电胶的应用范围，可用于液晶显示电致发光等电子显示技术上，国外从 20 世纪 90 年代开始研究，其中 Uninwell International 的 BQ-6999 系列紫外光固化导电银胶属于行业首创，得到客户的普遍认可和高端客户的大力追捧。

（3）导电胶的组成

导电胶主要由树脂基体、导电粒子和分散添加剂、助剂等组成。目前市场上使用的导电胶大都是填料型。

填料型导电胶的树脂基体，原则上讲，可以采用各种胶黏剂类型的树脂基体，常用的一般有热固性胶黏剂如环氧树脂、有机硅树脂、聚酰亚胺树脂、酚醛树脂、聚氨酯、丙烯酸树脂等胶黏剂体系。这些胶黏剂在固化后形成了导电胶的分子骨架结构，提供了力学性能和黏接性能保障、并使导电填料粒子形成通道。由于环氧树脂可以在室温或低于150℃固化，并且具有丰富的配方可设计性能，目前环氧树脂基导电胶占主导地位。

导电胶要求导电粒子本身要有良好的导电性能粒径要在合适的范围内，能够添加到导电胶基体中形成导电通路。导电填料可以是金、银、铜、铝、锌。

（4）导电胶黏剂的应用领域

用于微电子装配，包括细导线与印刷线路、电镀底板、陶瓷被黏物的金属层金属底盘连接，黏接导线与管座，黏接元件与穿过印刷线路的平面孔，黏接波导调诺以及孔修补。用于取代焊接温度超过因焊接形成氧化膜时耐受能力的点焊。导电胶黏剂作为锡铅焊料的替代品，其主要应用范围有电话和移动通信系统；广播、电视、计算机等行业；汽车工业；医用设备；解决电磁兼容（EMC）等方面。在铁电体装置中用于电极片与磁体晶体的黏接。导电胶薪剂可取代焊药和晶体因焊接温度趋于沉积的焊接。用于电池接线柱的黏接是当焊接温度不利时导电胶黏剂的又一用途。导电胶黏剂能形成足够强度的接头，因此，可以用作结构胶黏剂。

（5）国内外导电胶黏剂的应用情况

目前国内市场上一些高尖端的领域使用的导电胶主要以进口为主：Uninwell International 公司、Ablistick 公司，3M 公司几乎占领了全部的 IC 和 LED 领域，日本的住友和中国台湾翌华也有涉及这些领域。日本的 Three-Bond 公司则控制了整个的石英晶体谐振器方面导电胶的应用。国内的导电胶主要使用在一些低档的产品上，这方面的市场主要由上海合成树脂所占有。Uninwell International BQ 系列的导电胶主要适用于LCM、LED 发光二极管，FV 太阳能电池组件，TP 触摸屏，光通信器件，电子标签，电子纸，智能卡封装，EL 冷光片，无源器件，封装测试，SMT 表面贴装，摄像头，手机组装，电脑装配，DVD，数码产品，半导体芯片，传感器，电气绝缘，汽车电子，医疗器械等行业的各种电子元件和组件的封装以及黏结等。

21.3.2　胶黏剂在电器中的应用

（1）电器用聚酰胺热熔胶黏剂

由亚油酸二聚物得到的碳原子数为 36 个的二聚酸型聚酰胺，是由胺值高、分子量低的液体树脂到高分子量的固态树脂，市售的牌号很多。

由于二聚酸型聚酰胺兼有柔韧、耐环境侵蚀以及良好的介电性能和对许多物体均有良好胶接性的特点，被广泛用于电器行业。

液体聚酰胺主要用作环氧树脂胶黏剂的固化剂、酚醛树脂胶黏剂的柔韧剂等。该两类胶黏剂均可用于电器。高熔点固体聚酰胺在低温下具有可挠性，直至较高温度仍具胶接强度，加之电气绝缘性良好，可用于家用电器导线的结束、电器接头包覆、电器热收缩套和密封电器接头生产和控制器断路器、报警器的电容器、通信电缆、通信器械、洗衣机、冷库立式冷却器、吸尘器、取暖器、碱性电池等生产中的有关部件胶接和密封。尤其是作为电视机的阴极射线管与偏转线圈的绝缘、固定用难燃胶黏剂更引人注目。施工常用热熔枪注入法。二聚酸型聚酰胺有如下特征：通过相互混合可将胶黏剂调整到软化温度为 100 ～ 200℃这样一个宽温度范围，通过液体和固体树脂配伍控制适合于加工的熔融黏度，可采用自熔胶接法将聚酰胺热熔胶黏剂用于漆包线胶接，即先将溶解性大的共聚酰胺溶解于甲酚系溶剂中，然后将其涂于聚氨酯或聚酯等漆包线的绝缘层上。绕成线圈后，通电流发热至 150 ～ 200℃时，电线能相互熔结。以聚酰胺自熔接的电线比聚乙烯醇缩丁醛自熔接在高温下的强度高。前者的自熄性又优于后者。

若用醇溶性共聚酰胺，利用醇在熔结层的膨润、溶解性，使熔接力得到提高。对改善制线、加工等过程操作性以及胶接层的性能方面曾进行过大量研究、开发工作。尤其如何使其难燃化更引人瞩目。

（2）风电叶片材料胶黏剂

中国制造 MW 级风轮叶片所用的关键结构材料大部分依赖进口，科技部"863"计划将给予 1500 万元经费支持 MW 级风力发电机组风轮叶片原材料国产化攻关项目。

据《中国化工报》报道，科技部"863"计划新材料领域办公室发布公告，设立 MW 级风力发电机组风轮叶片原材料国产化攻关项目，将通过风电叶片关键原材料的研制及工程化、叶片辅料原材料国产化的制备及应用技术研究、国产化原材料风轮叶片设计及制造技术开发，研究提出并形成相关行业标准和技术规范，保障中国风电产业健康、稳定和快速发展。

未来几年内，国家将重点支持高性能真空灌注环氧树脂体系的研发及工程化研究、高性能环氧结构胶黏剂的研发及规模化生产技术示范研究、高强高模 E 玻璃纤维及其多轴向织物的研发及工程应用技术研究、高性能泡沫夹芯材料以及高性能多用途叶片保护涂料的研发及规模化生产技术研究，力争在关键技术上获得突破，推动兆瓦级风轮叶片关键材料的国产化。

项目的总体目标是研究开发高性能真空灌注环氧树脂、高性能环氧结构胶黏剂、高强高模 E 玻璃纤维（织物）、高性能泡沫夹芯材料以及风电叶片涂料等兆瓦级风力发电机组风轮叶片制造所需关键材料，建成中试规模以上试验生产线，满足批量化生产需要，材料成本较国外同类产品降低 15% 以上；完成 3 套以上完全使用国产化关键结构材料兆瓦级叶片试验件的制作，按照国际标准完成叶片形式试验，并在风场实际装机试运行考核 2000 h，全面验证并评价国产关键结构材料的可靠性等综合经济技术指标；研究提出中国兆瓦级风轮叶片关键结构材料相关行业标准和技术规范。

科技部特别提出，为集合全国风电叶片材料领域的优势研发力量开展联合攻关，风电叶片材料国产化"863"项目须由企业牵头，与高等院校或科研院所等联合申请。

风轮叶片是风力发电机组的关键核心部件，约占其总成本的 20% 左右，因此有效控制风轮叶片的制造成本是降低风力发电机组总造价的重要途径之一。目前，中国制造

MW 级风轮叶片所用的关键结构材料大部分依赖进口，严重制约了中国风电叶片制造行业核心竞争力的提升。

21.4 电子电气用胶黏剂

21.4.1 环氧树脂类胶黏剂

环氧树脂的介电性能、力学性能、黏接性能、耐腐蚀性能优异，固化收缩率和线膨胀系数小，尺寸稳定性好，工艺性好，综合性能极佳，更由于环氧材料配方设计的灵活性和多样性，使其能够获得几乎能适应各种专门性能要求的环氧材料，从而使它在电子电器领域得到广泛的应用。

环氧树脂在电子电器领域中主要用于电力互感器、变压器、绝缘子等电器的浇注，电子器件的灌封，集成电路和半导体元件的塑封，线路板和覆铜板的制造，电子电器的绝缘涂敷，绝缘胶黏剂，高压绝缘子芯棒、高电压大电流开关中的绝缘零部件等绝缘结构等。

由于环氧树脂具有可燃、较脆、黏度较大等不足，因此在用于电子电器封装及绝缘时应设法提高材料的耐热性、介电性和阻燃性，降低吸水率、收缩率和内应力。可用的主要途径有合成新型环氧树脂和固化剂，原材料的高纯度化，环氧树脂的改性，包括增韧、增柔、填充、增强、共混等，开发无溴阻燃体系，改进成型工艺方法、设备和技术等。

21.4.2 酚醛树脂类胶黏剂

酚醛树脂胶黏剂浇灌电器元件、制作电气材料具有极其悠久的历史，酚醛树脂胶黏剂制备与应用的关键是酚醛树脂的性能与制备。

（1）酚类

可用的酚有单酚与多酚。单酚主要有苯酚、甲酚、对叔丁基苯酚、二甲苯酚。苯酚在常温下为固体（纯品 mp=40.9℃），能溶于多种有机溶剂与水中，苯环上有三个活性点，为最常用的一种酚。甲酚常温下呈液体状态，有邻、对、间甲苯酚三种异构体，由于它们的沸点相近难以分离，制备树脂时常采用混合甲酚。由于邻、对位异构体分子中只有两个活性点，因此间甲酚的含量对其生成热固性树脂程度、缩聚反应速率和反应程度影响很大。间位异构体含量越大，生成热固性树脂的可能性越大，反应越快，生成树脂的缩聚程度越高，产物的游离酚含量越少，胶化时间也越短。对叔丁基苯酚只能制备热塑性树脂，叔丁基的存在使制得的树脂对很多高分子化合物具有良好的相容性。二甲苯酚常温下也是液体，有六种异构体，其中只有 3，5- 二甲酚有 3 个活性点，可生成热固性树脂，2，3-、2，5- 和 3，4- 二甲酚只有两个活性点，只能生成热塑性树脂。多元酚中最常用的是间苯二酚，它是一种活性很大的三活性点酚类，用之制备的酚醛树脂在最后应用之前只能以酚过量的线型树脂存在。

（2）醛类

现已工业应用的醛主要是甲醛与糠醛，最常用的是甲醛，以 37% 的水溶液形式存在，放置时间过长或在气温较低时会逐渐形成乳白色或微黄色的聚甲醛沉淀。甲醛水溶液中一般含有一定量的甲醇（< 12%）及少量甲酸，这对酚醛缩聚能力会产生一定的影响。糠醛除含醛基外，还有烯双键，因此反应能力较强。苯酚糠醛树脂的耐热性较高，糠醛有时还被用作酚醛塑料的增塑剂。

21.4.3　聚氨酯类胶黏剂

聚氨酯类胶是以异氰酸酯基的化学反应为基础制成的一类胶黏剂，根据所用原料、操作条件、配制工艺的不同可制得不同性能的胶种。聚氨酯类胶黏剂能在不同条件下固化，生成性能各异的胶层，几乎对所有物件都有较好的黏接力，尤其是在低温（如 -250℃）仍有非常高的黏接强度。聚氨酯类胶黏剂操作工艺简单，应用范围极广，目前已广泛用于航空、航天、电子及其他工业上。

聚氨酯胶黏剂的主要原料有多异氰酸酯、多轻基化合物及助剂等。

21.4.4　有机硅胶黏剂

有机硅胶黏剂可分为以硅树脂为黏料和以硅橡胶为黏料两类，二者的化学结构有所区别。硅树脂是由硅氧键为主链的三向结构组成，在高温下可进一步缩合成为高度交联的硬而脆的树脂，而硅橡胶是一种线型的以硅氧键为主链的高分子量橡胶态物质，相对分子质量从几万到几十万不等，它们必须在固化剂及催化剂的作用下才能缩合成为有若干交联点的弹性体，由于二者的交联密度不同，因此最终的物理形态及性能也是不同的。

有机硅胶黏剂的特点是耐高低温、耐腐蚀、耐辐照，同时具有优良的电绝缘性、耐水性和耐候性，可黏接金属、塑料、橡胶、玻璃、陶瓷等，已广泛地应用于宇宙航行、飞机制造、电子工业、机械加工、汽车制造以及建筑和医疗方面的黏接与密封。

21.4.5　反应型丙烯酸酯类胶黏剂

以丙烯酸酯衍生物类单体、改性材料、引发体系等组成的聚合体系（尤其是室温聚合体系）被广泛应用于机械、建筑、电子、电器、医疗等领域，反应型丙烯酸酯类胶黏剂已成为电子电器胶黏剂的重要成员。

（1）单体

丙烯酸酯类单体是反应型丙烯酸酯胶黏剂的黏料，常用的丙烯酸酯类有甲基丙烯酸甲酯、甲基丙烯酸丁酯、丙烯酸乙酯、氰基丙烯酸酯、甲基丙烯酸羟乙酯等单酯，丙烯酸缩乙二醇双酯、苯酐甲基丙烯酰氧基乙二醇双酯、双酚 A 型环氧双丙烯酸酯、甲苯二异氰酸酯甲基丙烯酸羟乙酯加成物等双酯，及丙烯酰胺、羟甲基丙稀酰胺、苯乙烯、二乙烯基苯、丙烯腈等烯类单体。这些单体的组成结构不同能赋予聚合物不同性能，根据胶黏剂的性能要求可单独或配合使用。

（2）改性材料

改性材料一般为可溶于丙烯酸酯中的高分子化合物，有丁腈橡胶、氯丁橡胶、氯磺化聚乙烯等合成橡胶，ABS、SBS、聚甲基丙爆酸甲酯等合成树脂。加入这些改性材料可以改善胶黏剂的操作与使用性能，减少固化收缩等。将其预先溶在单体中形成溶液，使用时加入形成可溶性悬浮物，用量根据需要设定。有些改性材料本身含有碳碳双键，在聚合过程中还可以与单体进行共聚，形成交联或接枝共聚物，从而发挥更大的改性作用。

（3）引发剂

可用的引发剂有偶氮化合物、过氧化合物等，最常使用的是有机过氧化物，常用的有机过氧化物有异丙苯过氧化氢（158℃）、叔丁基过氧化氢（167℃）、过氧化二异丙苯（115℃）、过氧化二叔丁基（124℃）、苯甲酸过氧化叔丁酯（104℃）、过氧化苯甲酰（73℃）、过氧化环己酮等，括号内温度为半衰期为 10 h 的温度。

（4）促进剂

为了降低聚合温度，使胶黏剂能在室温或更低温度下固化成型，除应加入引发剂外，还应加入促进剂。过氧化物引发剂的促进剂是那些能对过氧化物限定性还原的物质即一种特殊的还原剂。常用促进剂有 N，N′- 二甲基苯胺、三乙醇胺等叔胺，十二烷基硫醇、四甲基硫脲等低价硫化合物，萘酸钴、甲基丙烯酸铁等过渡金属盐，以及丁醛苯胺、四氢吡啶、乙酰丙酮铝、二茂铁等，这些促进剂与过氧化物引发剂接触时，能发生部分氧化还原反应，使过氧化物能在较低的温度下分解，产生自由基，引发聚合。

值得注意的是，不同的促进剂对同一种引发剂，或同一种促进剂对不同引发剂的促进效率是不同的，使用时应严格注意。例如，N，N′- 二甲基苯胺对过氧化苯甲酰促进效果很好，对异丙苯过氧化氢、过氧化酮的效果却不好，而萘酸钴的效果正好与之相反。

另外，在构成氧化 – 还原引发体系时，有时还要加入一种化合物，以加快氧化还原引发速度，而这种物质单独与过氧化物配合时不发生促进作用，这种物质称助促进剂，如厌氧胶中使用的糖精。有时将一种促进剂当作另一种促进剂的助促进剂使用。

（5）稳定剂

烯类单体容易自行聚合，尤其是加入引发剂后更易发生聚合，为此人们在反应型丙烯酸酯类胶中加入一定量的稳定剂。常用的稳定剂有对苯二酚、对苯二烯、氯化亚铜、草酸等阻聚剂，2，6- 二叔丁基对甲苯酚等抗氧剂等。选用稳定剂往往是设计胶黏剂体系的关键，因为反应型丙烯酸酯类胶黏剂在固化之前是单体、引发剂、改性剂共同组成的不稳定体系，需加入稳定剂使之稳定化，但稳定剂的加入往往会使固化变慢，甚至使固化后胶黏剂的各项性能变坏。

（6）其他原材料

除以上各物质外，有时还需加入一些其他物质。例如加入增塑剂以降低胶层脆性，常用的有邻苯二甲酸二辛酯和癸二酸二辛酯及磷酸酯等。加入触变剂以避免胶在垂直面上发生流淌，如气相二氧化硅，适当加入对于避免胶液流失是有效的。加入增稠剂可以增加胶液的初黏力，常用的有聚乙烯醇、聚乙烯醇缩丁醛和聚乙二醇等。加入一定量的填料可以降低成本、减少收缩等。

21.4.6　不饱和聚酯类胶黏剂

不饱和聚酯价格便宜、黏度低、能常温或加热固化，固化后密度小，电绝缘性、耐腐蚀性和耐候性也比较好。但是它与环氧树脂相比，固化后收缩率大，黏接性、耐水性、耐化学腐蚀性、电绝缘性及耐热性远不及环氧树脂。不饱和聚酯胶黏剂广泛用于电子元器件的封装、浸渍，汽车工业中的密封与修补。

21.4.7　电子电气用杂环高分子胶黏剂

一些杂环高分子化合物具有良好的耐热性，并且低温性能也较好，在胶黏剂领域受到了广泛的重视，由于成本很高，因此当前主要用于航天、航空领域。

可用于电子电器的杂环高分子类胶黏剂有聚苯并咪唑类、聚酰亚胺类、聚喹噁啉类、聚芳砜类、聚次苯硫醚类等类型。

聚苯并咪唑是杂环高分子化合物中被首选作耐高温胶黏剂的一类聚合物，它是由芳香四胺与芳香二酸及其衍生物之间进行熔融缩聚反应制得的。其特点是瞬时耐高温性能优良，在 538℃不分解，作胶黏剂使用时先制成预聚体（二或三聚体），预聚体流动性比较好，且性能稳定，在 400℃下处理一段时间就可以固化完全。由于固化过程为缩聚反应，有水或苯酚等小分子物生成，因此固化时需施加一定的压力以免胶层中出现针孔。聚苯并咪唑的耐低温性能也很好，在液氮环境或更低温度下其剪切强度可达 30 ~ 40 MPa。这类胶黏剂可以黏接铝合金、不锈钢、金属蜂窝结构材料、硅片及聚酰胺薄膜等材料。

21.4.8　电子电气用热熔胶

热熔胶黏剂（简称热熔胶）是一种通过加热熔化后涂胶，冷却即行固化的方式来实施黏接目的的一类胶黏剂。制备热熔胶的材料基本上都是固体物质，其软化点必须较高，能使制得的热熔胶在室温下不发黏，熔融时流动性好，具有良好的湿润性，对一般材料亲和力大，本身的内聚强度高，能形成完好的黏接。

热熔胶不会造成环境的污染，可以黏接多种材料，固化速度快，可以反复使用。它的缺点是耐热性不太高，不宜黏接热敏感材料，难涂布均匀，不宜大面积使用。热熔胶黏剂可按基料种类分为天然材料热熔胶与合成材料热熔胶。天然材料热熔胶的黏料有沥青、蜡、松香、虫胶等。

合成材料热熔胶又可分为热固性树脂与热塑性树脂热熔胶两大类。热固性树脂热熔胶主要有环氧树脂和酚醛树脂两类。环氧树脂热熔胶由高分子量的 E 型环氧树脂或其他环氧树脂、固化剂及填料等组成的热固性热熔胶。酚醛树脂热熔胶主要由甲阶酚醛树脂、聚乙烯醇缩醛、聚酰胺等韧性树脂和填料等组成。热塑性树脂热熔胶有乙烯基树脂热熔胶，黏料为聚乙烯、无规聚丙烯、乙烯乙酸乙烯共聚物等；聚酯热熔胶，黏料为共聚聚酯；聚酰胺热熔胶，黏料为二聚不饱和脂防酸和少量其他二元酸与二元胺缩聚成的聚酰胺树脂；聚氨酯热熔胶，黏料为聚氨酯树脂。

21.4.9 电子电气用压敏胶黏剂

压敏胶黏剂是一种略施压力即可瞬时黏接的一种胶黏剂。压敏胶黏剂是制造胶黏带的一种胶黏剂，分为溶剂活化型、加热型和压敏型三类，其中压敏型的使用最为方便，发展迅速。

压敏胶黏剂可按其黏料种类分成橡胶型压敏胶和树脂型压敏胶，橡胶型压敏胶以橡胶为黏料，加入增黏剂、填料、防老剂等组成。根据橡胶种类又可分为天然橡胶、聚异丁烯橡胶、丁苯橡胶压敏胶等类。树脂型压敏胶的黏料为合成树脂，有均聚树脂和共聚树脂。配制压敏胶时需加入增黏剂、软化剂、填料及防老剂等。根据树脂种类又可分为聚烯烃、氯醋共聚物、丙烯酸树脂、有机硅及氟树脂压敏胶等类。

第 22 章　医药卫生用胶黏剂

胶黏剂在医疗卫生领域中的应用其实在很久以前就开始了，如用于跌打损伤和内病外治的膏药（俗称狗皮膏药）在我国医学中数千年前就有了。随着医药科学的进步，胶黏剂在医疗领域的应用越来越多，如橡皮膏、黏接牙齿、血管及人造血管的黏接，人工角膜、人造器官的生产及其与周围组织的黏接等。医疗卫生用胶黏剂应与人体组织适应，对人体无毒副作用或即使有副作用，其危害性也远小于其有益性，如不能有异物反应、过敏反应、疼痛反应、炎症反应，不能致畸、致癌等，黏接细胞组织的胶黏剂应对水有良好的润湿性，即具有一定的亲水性，固化的速度应可调节并尽可能快，一般要求常温快速固化，固化时热效应小；另外，要求使用方便，固化后胶层的机械性能，如硬度、强度、弹性能与所黏接的组织相适应，易灭菌，用于机体内部的胶黏剂固化物在黏接使命完成后可应迅速被机体代谢分解且分解物不影响细胞组织愈合、不形成血栓等。与此同时，胶黏剂也被广泛应用于医药行业中，比如医药包装、药用塑料材料和制品等方面，发挥着很大的作用。

22.1　胶黏剂在人体不同部位和组织中的应用

22.1.1　胶黏剂在外科手术中的应用

胶黏剂在外科的应用黏接对象主要是由细胞及结缔组织所构成的软组织，它的主要成分是胶原纤维等蛋白质，含有许多体液，并且不断地进行新陈代谢活动。对于这种极为特别的被黏接表面，采用的几乎都是 α- 氰基丙烯酸酯胶黏剂。也曾试用过异氰酸酯及环氧树脂等反应型的胶黏剂，但尚未获满意的结果。

在外科领域试用过胶黏剂的病例很多，譬如食道、胃、肠、胆道等的吻合，胃肠穿孔部位的封闭，动脉、静脉的吻合，人工血管移植，皮肤、腹膜、筋膜等的黏接，皮肤移植，神经的黏接与移植，输尿管、膀胱、尿道的黏接，气管、支气管的吻合，气管、支气管穿孔部位的封闭，自发性气胸的肺黏接，肝、肾、胰等切离片的再吻合，瘘孔的闭锁，防止脑脊髓液漏出，痔疮手术，移动肾固定，中耳膜再造，角膜穿孔封闭，实质性脏器止血，后腹膜及骨盆止血，消化道溃疡出血等。

胶黏剂用于生物体的目的是提高外科手术的技术和完全恢复生物体的机能。由于胶黏剂在生物体内是经过聚合、分解、吸收和排泄等过程，排出到体外的。而维持黏接力是依靠人体自身的愈合，胶黏剂的作用只县本干被黏合部位愈合之前一段时间，一般为1～2周左右起黏接作用。如果胶黏剂长期滞留于人体组织内部，可能会引起异物反应，如局部纤维化、形成无菌性浓覆以及组织发生坏死等症状，为防止这些副作用的产生，也要求胶黏剂能尽早排泄出来。

在外科手术中，胶黏剂的作用可分为以下几个方面。

（1）代替组织的缝合、结扎

软组织切开后的闭合，历来都是采用缝合和结扎。其缺点是操作繁杂、残留疤痕等，若采用胶黏剂代替缝合与结扎，可使创伤面的愈合迅速、操作简便、可靠等。

（2）血液、分泌液的封闭

手术、外伤等的止血、分泌液的封闭，在进行实质性脏器如肝、胰、脾、肾因肿瘤或病变而部分切除时的止血。仅采用缝合法要完全阳止出血或阻止体液的渗漏流出是不可能的，用胶黏剂可以顺利地解决这个手术中的关键问题。常用 α 氰基丙烯酸丁酯能获得满意的止血效果。

（3）血管、气管、消化道的吻合

①血管的吻合。用于血管吻合（包括人造血管的移植）的胶黏剂，除了满足一般医用胶黏剂的要求外，还应具备难以漏入血管内壁形成血栓、有良好的耐组织液性能等，其黏接强度必须能耐 26.67～33.33 kPa 的血压。血管的黏接有直接法、间接法、套接法、缝合固定法等。在手术中，多采用间接法或以黏接与缝合并用为主的方法。

②气管的吻合与封闭。在肺切除或切开、切除气管时，仅采用缝合法难以阻止发生空气泄漏。采用胶黏剂黏接，即支气管断端的封闭及气管的吻合，不仅手术简单，还能有效地阻止空气泄漏，效果很好。若与缝合法并用，效果更佳。还可用于单纯缝合法难以治愈的支气管皮肤痿。

③消化道的吻合。消化道的黏接吻合有食道、胃、肠道、胆囊等消化器官的吻合及消化道溃疡的止血。其黏接方法亦分直接法和间接法。由于采用缝合法已经可以比较安全顺利地进行消化道的修复及吻合，因此在临床上实际采用胶黏剂的还不多。对于食道与胃的吻合及胆囊与腔肠的吻合，在进行两层缝合之后再用胶黏剂密封，疗效比较好并有效地防止内容物的漏出。

④缺损软组织的修复。因外伤、畸形、癌切除等缺损组织可用胶黏剂进行修复。由于软组织的修复是靠自然愈合，故不需要胶黏剂较长时间地存在于组织内，而只需暂时起黏接作用即可。因此，胶黏剂最好能在一定的时间内（1～2周左右）被分解，吸收排出体外的为好。

⑤人工皮肤、创伤覆盖材料的黏接。在外伤、烫伤或烧伤等皮肤受到损伤的场合，为使不留疤痕，需用性能优良能满足皮肤要求的创面保护覆盖材料。有的修补物本身就是一种胶黏剂，使用更为方便。如人工皮肤能与软组织牢固地黏合并与人体组织生长在一起，水分能透过它的表面进行蒸发，还能防御外界细菌的感染。这种人工皮肤的主要成分是聚甲基丙烯酸经乙酯与黏稠状聚醚化合物。

22.1.2　胶黏剂在眼科手术中的应用

眼睛是人体中一个比较娇嫩的组织器官，所采用的胶黏剂必须是刺激性最小、固化后聚合体又比较柔软的胶黏剂，适用的有 α- 氰基丙烯酸高级烷基酯及氟代烷基酯。α- 氰基丙烯酸甲酯、乙酯等低烷基酯因刺激性大，固化后聚合体较硬不能用于眼科。

（1）为把胶黏剂安全而有效地用于眼科临床，必须满足下面几点要求。

①在使用前必须除去眼球表面的上皮层及疏松组织，以免胶黏剂只黏住易于与其下边组织分离的上皮细胞，导致黏接失败。

②黏接部位必须预先干燥，以免聚合太快，黏接强度降低。

③在保证足够黏接强度的前提下，胶黏剂的用量应尽量少，胶层尽量地薄，以减少刺激反应，并避免流散到不必要的部位。

④操作要准确、迅速，必要时可采用特殊器械。

（2）眼科手术中可采用的胶黏剂如下。

①眼睑手术，即把眼睑与下眼睑黏接以达眼睑闭合目的。

②在角膜手术中，对于不整齐的伤口在缝合后再用胶黏剂进行封闭。

③在白内障手术中，角膜的缘切口可以用胶黏剂黏接，也可以在缝合之后再用胶黏剂补强；在白内障手术中，可用胶黏剂摘除脱位的晶体。

④巩膜手术中用于缝合后补强及巩膜意外穿孔的封闭。

22.1.3　胶黏剂在整形外科中的应用

在整形外科所采用胶黏剂主要是骨水门汀，它是以甲基丙烯酸甲酯为主体的常温聚合骨胶黏剂，可用于补强及修复骨组织的缺损和用于人工关节置换的黏接。

自从 1941 年 Zander 把聚甲基丙烯酸酯用于人头盖骨的缺损部位以来，这种胶黏剂也在脑外科获得广泛的应用。据应用报告称，该水门汀（cement）[①] 对人体组织并无危害，以后就把它用于整形外科。1951 年 Haboush 在人工胯关节固定时采用了甲基丙烯酸甲酯骨水门汀，但有易磨损的缺点。1964 年 Charmley 采用常温聚合的甲基丙烯酸甲酯骨水门汀把金属制的人工胯关节黏接在骨骼上。

起初，引发聚合体系是过氧化苯甲酰 – 叔胺氧化还原体系，即在甲基丙烯酯甲酯中加入约 0.5% 的二甲基对苯胺，再加入聚甲基丙烯酸甲酯微细粉末，调成糊状使用。这种糊状物在室温下左右或体温上左右聚合固化，借机械镶嵌作用把金属与骨加以固定。

1973 年出现了改良的和骨组织有黏接性的骨水门汀，其主要成分为甲基丙烯酸甲酯与三正丁基硼。经确认其优点是聚合反应温升较低，对组织危害性小，未反应的残留单体数量少等。

---

① 　水门汀 .是由金属盐或其氧化物作为粉剂，与专用液体调和后发生凝固的一类具有黏结作的无机非金属材料。

为预防临床使用时发生感染，还可以在氧化还原引发的骨水门汀中加入抗生素。聚氨酯系的骨水门汀虽也曾进行过研究，但对组织有剧烈的毒害作用，尚未在实际中应用。

22.1.4　牙科用胶黏剂

在牙科修复治疗过程中，无论是龋齿、残根、残冠、楔状缺损等牙体病的治疗；牙列缺损、固定义齿等矫形修复；颌骨外科和颌面外科等治疗，均涉及牙齿与金属、塑料、陶瓷等修复材料的黏接问题。因此，黏接材料及黏接技术在牙科中不仅广泛应用，而且起着重要的作用。牙科用胶黏剂几乎均属生体硬组织的黏接，但是对于组成齿冠外层的牙釉质和组成其内层的牙本质来讲，其组成和结构均有很大的不同。要同时考虑对这两者的黏接，还是比较困难的。

黏接牙齿的方法大致有机械结合、化学结合及提高润湿性等。机械结合以酸蚀法为主，即用磷酸浸蚀牙釉质是现在临床应用最可靠的黏接增进法，其效果十分显著。其目的在于使牙釉质表面脱灰，除去覆盖在表面上的污垢，使齿面获得极性而洁化，同时改善树脂对牙质的"浸润"性，由于齿面的粗糙化，而增大黏接面和增强机械黏接力等。酸蚀剂除磷酸外，还研究了枸橼酸、乳酸、草酸、酒石酸、马来酸等。

化学黏接法多采用带有官能基团的单体提高与牙质的黏合性。近年来，也有利用维持亲疏水平衡性材料增加与牙质的黏合性或并用适当聚合引发剂及添加剂的胶黏剂。

作为一种牙用胶黏剂，除满足一般医用胶黏剂的要求外，还必须适应在口腔环境下的黏接。在口腔内存在的水分（大量唾液）、细菌、微生物，因吃冷热食物、饮料引起的温度变化（$-6 \sim 70℃$），受力大，黏接面小等条件的影响，易使材料分解老化，固化不完全等，往往是造成修复物脱离、第二次龋蚀的原因。

牙科用胶黏剂，包括黏固剂及合成树脂胶黏剂等。

22.1.5　骨科用胶黏剂

骨骼因外伤、折断或病变而采用黏合修补的手段，已有较长的历史。人造骨或人造关节等人工材料与骨组织的接合方法有用骨水泥的方法，由骨组织增殖的接合方法，以及使人造材料同骨组织进行微观黏合的方法。

骨水泥，当今使用的骨水泥主要由 A、B 两种成分组成。如 A 组分为聚甲基丙烯酸甲酯 38.8 g，过氧化氢 1.2 g。B 组分为甲基丙烯酸甲酯 21.8 mL，N，N′-二甲基对甲苯胺 0.18 mL，抗坏血酸 0.004 g，对苯二酚 [（$15 \sim 20$）$\times 10^{-6}$，质量浓度] 混合液 20 mL。手术时将它们混合成泥状填充到骨腔内，然后植入人造关节，由机械力完成接合。

由于骨骼黏接属生体硬组织的黏接，因此对于黏接强度（尤其是永久性黏接强度）的要求较高。

国外应用纤维蛋白胶黏剂修补断裂肌腱、保留腱网的方法，因无刺激性，肌腱恢复快，未发现有疼痛结节和瘘管，已取得良好效果。

22.1.6　医用胶布及治疗用含药胶布

医用胶布早已广泛用于外科的黏贴与包扎。人们熟悉的医用橡皮膏（医用胶布），于 1845 年在美国出现了第一个专利。作为医用胶布除要求黏接力适中、在轻度指压下就能完成黏接、对皮肤无刺激、无过敏反应外，还具有使用方便、适应性广的优点。在医用及日常生活中是一种颇受欢迎的黏合材料。继美国之后，日本、德国、加拿大和欧亚各国发展都很快。我国于 1930 年开始研究和生产医用胶布，近年来无论在品种和数量上都有很大发展。

治疗用含药胶布，近年来在治疗用含药胶布的应用和开发中发展很快。新的含药胶布不断出现，如伤湿止痛膏、麝香虎骨膏、肤疾宁、创可贴等。作为治疗用含药胶布除具有上述医用胶布所要求的性能和技术条件外，还应根据不同的要求，加入治疗用药剂和杀菌剂、霉抑制剂等，使之同时具有治疗功能。例如，肤疾宁是一种医用压敏胶，可以治疗皮肤病，它是将一种杀癣药物均匀地混合在压敏胶液中，然后再涂在具有良好透气性的载体上制成医疗用胶布。

22.2　医药包装行业胶材料的应用

22.2.1　药用塑胶材料和制品

虽然药品包装不像医用制品那样直接接触人体甚至埋放于人体内部，但如果不符合卫生和稳定性要求，间接接触也会严重危害生命安全。因此，所有用于药品包装的塑胶材料，均须符合国家药品监督管理局颁发的药包材规定。进口的和新开发的药品包装材料还需要进行申报和测试。

（1）主要的塑胶药品包装材料

用于药品包装的塑胶材料种类较多，包括 PVC、PE、PP、PS、PET、聚酰胺等。其中，PE、PP 和 PET 所占比例最大，PVC 的用量在减少。而橡胶材料的使用量则更少。

（2）主要的塑胶药品包装形式

塑铝复合袋、多层塑料复合袋、水泡眼式泡罩包装、各种盛装固、液体药品的药瓶和输液瓶是主要的药品包装形式。其中，水泡眼式泡罩包装正成为最重要的固体药品包装方式。PP、PE 和 PET 瓶在固、液体药品中都有使用。

22.2.2　液体药品包装

液体药品主要分为注射针剂、大输液和口服液。液体药品主要有瓶和袋两种包装形式。塑胶材料在针剂包装上进展缓慢。尽管普遍认为塑料瓶将有可能取代安瓿成为今后针剂的主要包装形式，但由于担心从塑料中滤出的成分可能会污染产品，各国药品管理机构都比较谨慎地管理塑料。

相反，塑料包装正在大输液药品上取得突破性进展。据不完全统计，目前全国已通过 GMP 证的缩液企业大约有 200 多家，输液生产能力在 30 亿瓶左右。年生产能力超过 1000 万瓶的企业做大输液包装。超过 100 家。其中，一些大型输液药生产企业包括双鹤药业、中国大家制药有限公司等，都在使用塑料瓶或袋。虽然目前玻璃瓶仍占中国大输液包装总量的 80% 以上，但随着聚烯烃塑料袋和 BOPP 瓶在该领域的迅猛发展，这一现状正在改变。特别是 BOPP 瓶，由于设备由国内生产，具有产量高、制品单位成本低等优点，正在国内大输液生产企业中迅速普及。由于 BOPP 瓶无法进行二次清洗等处理，因此，瓶子必须在经过 GMP 认证的厂房中进行生产，同时贮存条件也要符合 GMP 要求。聚烯烃输液袋生产线国内也引进了很多条，不过由于聚烯烃原料国内还不能生产，因此成本较高，在市场开拓方面有一些困难。在口服液上，软质塑料瓶已经部分获得应用，并逐渐扩大其应用范围。硬质塑料瓶也正在缓慢地替代玻璃用于包装糖浆等较大容积的液体药品，这同欧洲的发展相一致。其主要原因是塑料容器常有较宽的瓶顶，更容易灌装，在灌装线上的生产过程也较快；不易破碎并能提供较大的标签面积以承载更多的信息。

塑料在液体包装上的最大劣势是，通常从玻璃换用塑料瓶后，药品的保质期会缩短。单层塑料容器的阻隔性能有限，而复合塑料容器又受到价格因素的制约。欧洲目前采用的一个折中办法是在玻璃瓶外加上塑料收缩套管。

液体药品包装瓶所用材料主要是 PP、PE 和 PET。

22.2.3 固体药品包装

固体药品，包括片剂、颗粒剂和粉剂，塑料袋、塑料瓶及泡罩式包装是其主要的包装形式。

片剂是种类最多、销量最大的药品剂型。大容量玻璃瓶正迅速退出这一领域，取而代之的是塑料瓶和铝塑泡罩包装。

最常见的泡罩包装是由聚氯乙烯片（PVC）及复合双铝片（CFF）制成的。PVC 片具有很好的租容性，而且容易成型及密封，价格低廉，不过防潮阻隔性相对较低。CFF 具有很好的防潮阻隔性，但是容易扭曲及看不清内里的药品，因此，药丸类药品很少使用。

为了解决 PVC 泡罩阻隔性差，而双铝片泡罩价格高的问题，普遍采用在 PVC 上涂覆 PVDC 的做法。还有一些公司开发出了由氟化氯化物树脂的薄膜涂覆在 PVC 上，可以更好地提高阻隔性和透明性。

由于药品大多需要避光贮存，因此，白色 LDPE 瓶也是最常用的药品包装，特别适宜于剂量较大的中、西药丸、片包装。少量瓶子也根据需要制成透明的棕色瓶，这部分瓶子主要采用 PET 材料。瓶盖也大多采用 PE 或 PP 材料。

铝塑复合袋具有阻隔性好、加工简单等优点，使用非常广泛，是目前中西药粉、粒剂的主要包装形式。

总体上看，中国固体药品包装用瓶、袋在加工手段上基本上可以满足需要，存在的问题是如何保证产品的卫生安全性。

22.3 药品软包装复合及泡罩用胶黏剂

市场上销售的胶黏剂种类很多，本节叙述的胶黏剂主要用在药品或食品包装领域，诸如药用塑料薄膜与金属铝复合、与塑料复合，以及药用铝第与聚氯乙烯热压合使用的胶黏剂。

22.3.1 药品包装对胶黏剂的基本要求

（1）安全卫生性能好

应无异味无毒，如果药品直接接触胶黏剂，还应对所包装药品无腐蚀性。因药品包装材料所保护或包装的产品是直接入口的，不仅基材要无味，无臭、无毒，所使用的胶黏剂也要具有相同的性能，因此生产胶黏剂的原料、辅料、溶剂应具有安全性及卫生性。

（2）黏接性能优良

由于包装材料的材质不同，采用胶私剂把它们愁接起来，胶黏剂必须对不同材质的材料部具有化段的括接力。在药品包装复合材料中使用的基材种类繁多、性能各异，如纸张、织物、铝箔、塑料等，而塑料又有多种品牌，它们的表面特性分子结构各不相同，面对如此众多且复杂的材料，胶黏剂必须具有同时能黏两种以上不同材料的性能。

（3）耐热性良好

有些药品包装材料在包装工艺过程中要经受高温，如铝箔泡罩包装药品时，在150 ～ 220℃高温条件下才能把铝箔与聚氯乙烯热压封合；有的包装蒸煮食品需要连同包装一起高温蒸煮杀菌，这就要求胶黏剂要能经受高温的考验。

（4）耐化学、抗介质性优异

药品本身化学成分非常复杂，包装后又要经受高温处理和长期贮存，要保持包装材料的完美无缺，除基材本身应具有优良抗化学性、抗介质侵蚀能力外，胶黏剂的稳定性也很重要，要能抵抗各种介质与化学成分的侵蚀，否则会引起复合物分层剥离而失去作用。

（5）柔软性能好

用软包装复合材料包装药品时，包装柔软，方便携带很重要，应该可以折叠，胶黏剂也应具备这种性能。假如胶黏膜坚硬、性脆、不可折叠，与基材不匹配则失去了软包装的使用性能。

22.3.2 药品包装用胶黏剂发展趋势

目前药品复合包装材料压敏胶已被聚氨酯胶所取代，主要用酯溶性聚氨酯胶黏剂。此类胶黏剂为双组分酯溶性聚氨酯胶黏剂，其主剂是聚醚或聚酯多元醇经芳香异氰酸酯改性后，含羟基的聚氨酯多元醇，固化剂是芳香异氰酸酯与三羟甲基丙烷的合成物。这类胶黏剂性能优良、工艺成熟、品种多，但毒性大、成本高，其排放的大量溶剂污染环境。复合材料时间长了可能发生水解，释放出一种致癌物质 TDA（氨基乙磺酸二乙酸），严重危害操作者健康。随着环保意识的增强，此种胶黏剂的使用量不断下降。现在欧美发达国家使用此类胶黏剂的包装从 10 年前的 80% 锐减到现在的 30%。醇溶性聚氨酯胶黏剂的优点是用工业酒精作溶剂、生产成本低、卫生性能好、对工人无害、对环境无污染。其缺点是不耐 100℃高温，不能包装腐蚀性强的产品，生产过程中调配好的胶液只能在当天用完，如剩下只能稀释后保存，次日生产时，作为稀释剂使用。如果胶液已发白或增稠则不能使用。

以水溶性或水分散性溶剂为主的胶黏剂称水性聚氨酯胶黏剂，其优点是以水代替有机溶剂，不存在燃烧爆炸的潜在危险，而且成本低。但这种胶黏剂的性能差，胶液对被涂胶黏合的基材浸润性不佳，因为水的表面张力为 72 mN/m²，而基材表面张力只有 40 mN/m²，相差大，不亲和，黏接力不高。另外，水的热容量大，需要烘干，从而消耗更多的能量，成本随之提高，生产速度低，某些性能尚差于溶剂型胶黏剂。

药用复合材料胶黏剂向无溶剂型方向发展，无溶剂胶黏剂基本上也由双组分的聚氨酯胶黏剂构成，其主剂和固化剂在室温下黏度高，具有流动性，复合时主剂和固化剂按比例混合，升温后涂到基材上。由于不用有机溶剂，成本下降，不存在有机溶剂挥发对环境的污染，省去了设备庞大的烘干、加热鼓风、废气排放装置，降低了能耗。产品无残留溶剂损害、生产速度提高、维修费用低廉、效益显著，在药品包装领域应用前景看好。

22.4 药品软包装领域的聚氨酯胶黏剂

（1）泡罩包装

泡罩包装是将药品置于经吸塑成型的塑料硬片的凹坑（被称为"泡罩"或"水泡眼"）内，再用一张经过凹版印刷并涂有保护剂和胶黏剂的铝箔与该塑料硬片黏接热封合而成，从而使药品得到安全保护。

泡罩包装的主要材料是药用 FFP 铝箔、塑料硬片（聚氯乙烯 PVC）及胶黏剂。

泡罩包装用胶黏剂，早期是采用单组分的压敏胶。

（2）压敏胶

压敏胶的主要成分包括合成树脂胶黏剂（包括天然橡胶、合成橡胶类、纤维素类、聚丙烯酸酯类）、胶黏剂（包括松香、松香脂、各种石油树脂、环氧树脂或励醛树脂等）、增塑剂（包括氧化石蜡类、苯二甲酸类）、防老剂、稳定剂、交联剂、着色剂及填料等。

再早些时期的压敏胶都是以天然橡胶为主要成分。其配方是经塑炼的天然橡胶 100 份，聚蒎烯树脂（熔点在 70℃左右）75 份，石油树脂 5 份及部分聚合的三甲基二氯喹啉 2 份混合而成。另一个配方则由塑炼过的烟片橡胶 100 份，氧化锌 50 份，氢化松香 75 份及少量增黏剂、增塑剂配成。后来则用合成橡胶、合成树脂代替了天然橡胶，其中丙烯酸酯及其共聚物应用最为普遍，如丙烯酸共聚乳液制成高强度压敏胶，其配比与制造方法是把 100 份 43% 含固量的丙烯酸丁酯 – 丙烯酸 –2– 乙基己酯 – 乙酸乙烯共聚物乳液（组成比为 50 ： 17 ： 33）与 30 份 50% 含固量的乙烯 – 醋酸乙烯 – 氯乙烯共聚物乳液（组成比为 13 ： 36 ： 45）混合，涂在用电晕放电处理过的聚丙烯薄膜上，在 110℃ 条件下干燥 1 min，就制成压敏胶带。这种胶带对不锈钢的剥离，强度为 600 gf/25 mm² （1 gf=9.80665×10⁻³ N）。

随着对药品包装材料卫生性能要求的不断提高，由于天然橡胶配比的改鼎例加大的助游有异味，有的还有毒性，在药品、食品复合包装上已不被使用；丙烯酸类压敏胶仍具有一定的优点，如由于是单组分，不会交联固化，不必配胶，使用简单，未用完的胶液即使过夜或更长时间也不会变质，只要密闭不漏气保存即可；再就是被黏物表面状态优良，许多非极性材料如领到金同材料，表面张力小也能黏牢。但是由于复合药品包装中，材料种类繁多，企业已转向双组分聚氨酯胶黏剂，用于极性塑料和非极性材料的复合。

（3）聚氨酯胶黏剂

国内最早（20 世纪 70 年代）从事醇溶剂型聚氨酯胶黏剂研制开发的产品属于其中之一，即食品复合包装用胶黏剂。其主要用于食品软包装、药用包装及高阻隔复合材料的黏接，具有以下性能特点：

①对聚酯、聚酰胺、聚烯烃薄膜、铝箔、真空镀铝膜等均有良好的黏合力，尤其是用于聚酯对铝箔或镀铝膜有很好的复合效果，且还适用于聚氨酯油墨印刷薄膜的复合；

②产品色泽浅，透明性好，耐寒性强；

③ DE、DH 胶的初始黏接力强，复合成品率高，所需热化时间较短，有利于缩短生产周期；

④ DG 胶属高含固量，但黏度低，使用经济性好，且配好的双组分胶液稳定，铺展性和施胶操作性好，有利于复合工艺应用；

⑤ DE、DH、DG 胶均可与国内外干湿复合机配套使用，操作弹性大；

⑥ DE 及 DH 主体胶中不含有毒异氰酸酯，DG 胶的安全性也好。

目前，复合软包装材料胶黏剂正向无溶剂型方向发展，无溶剂胶黏剂基本上也是由双组分的聚氨酯胶黏剂构成，其主剂和固化剂在室温下黏度高，具有流动性，复合时主剂和固化剂按比例混合，升温后辊涂到基材上，由于不用有机溶剂，成本下降，不存在有机溶剂挥发对环境的污染，省去了设备庞大的烘干、加热、鼓风、废气排放装置，降低了能耗；产品无残留溶剂损害，生产速度提高，维修费用低廉，效益显著，在药品软包装领域是今后的发展方向。

22.5　氰基丙烯酸酯在医学上的应用

伤口快速胶黏剂是一种医用胶黏剂。医用胶黏剂又可为两大类：一类是适于黏连骨骼等的硬组织胶黏剂，如甲基丙烯酸甲酯骨水泥；另一类是适于黏接皮肤、脏器、神经、肌肉、血管、黏膜等的软组织胶黏剂。一般采用 α- 氰基丙烯酸酯类为医用化学合成型胶或纤维蛋白生物型胶，如 WBA 生物胶黏剂。

纤维蛋白生物型胶是从异体或自体血液中产生的，它富含纤维蛋白原和因子错，对脆弱拟杆菌、大肠杆菌和金黄色葡萄球菌等有杀菌作用。耳鼻喉科专家们把这种蛋白胶用于各种动物和人的伤口上，结果令人满意。但是使用异体血制的蛋白胶有传染肝炎和艾滋病的可能性。自体血产品较安全，但不适合急症医治需要，因为要临时从伤员自己身上抽血制取纤维蛋白生物胶再来黏合自己的伤口，这是很难做到的；并且纤维蛋白生物胶黏合速度慢、强度不高，不适合紧急治疗，因而人们把注意力放在氰基丙烯酸酯类胶黏剂的研究上。

氰基丙烯酸酯类胶黏剂同生物胶黏剂一样对细菌有抑菌作用。其中，对金黄色葡萄球菌和白色葡萄球菌、四联球菌、枯草杆菌均有高度抑菌作用，对溶血性链球菌、甲型链球菌、肺炎双球菌、绿脓杆菌、大肠杆菌、变形杆菌均有抑菌作用，对酵母菌的抑菌作用较低。

22.6　生物医学材料用胶黏剂的展望

我国医用胶黏剂的研究与开发正方兴未艾，为了促进生体材料用胶黏剂的进一步提高与发展，就得努力提高胶黏剂用于人体的各项性能。

今后，应加强对生物体（特别是内脏器官等）手术用胶黏剂的研制与开发。其品种将不会局限于氰基丙烯酸酯系胶黏剂，应着眼于合成新型的生体用胶黏剂，尽量满足生体用胶黏剂的基本条件及技术要求。即深入研究生体用胶黏剂与内脏器官等组织相互作用以及血液流动性等相关问题。其合成胶黏剂不仅性能优良，操作简便，影响胶黏剂性能的因素越少越好，从而可采用分子设计（物理性能、物化性能、合成设计、反应设计、界面设计等）全面而系统的进行深入研究。

总之，用于生体的胶黏剂要解决的难题很多，有待我们进一步去努力探索和开发。

参 考 文 献

[1] 程时远, 李盛彪, 黄世强. 胶黏剂 [M]. 北京: 化学工业出版社, 2008.

[2] 孙德林, 余先纯. 胶黏剂与黏接技术基础 [M]. 北京: 化学工业出版社, 2014.

[3] 黄世强, 孙争光, 吴军. 胶黏剂及其应用 [M]. 北京: 机械工业出版社, 2012.

[4] 张彦华, 朱丽滨, 谭海彦. 胶黏剂与胶接技术 [M]. 北京: 化学工业出版社, 2018.

[5] 童忠良. 胶黏剂最新设计制备手册 [M]. 北京: 化学工业出版社, 2010.

[6] 王慎敏, 王继华. 胶黏剂 – 配方·制备·应用 [M]. 北京: 化学工业出版社, 2011.

[7] 翟海潮, 张军营, 曲军. 现代胶黏剂应用技术手册 [M]. 北京: 化学工业出版社, 2021.

[8] 张玉龙. 环氧胶黏剂 [M]. 北京: 化学工业出版社, 2017.

[9] 胡玉民. 环氧固化剂及添加剂 [M]. 北京: 化学工业出版社, 2011.

[10] 翟海潮. 工程胶黏剂及其应用 [M]. 北京: 化学工业出版社, 2017.

[11] 曹通远. 热熔压敏胶技术及应用 [M]. 北京: 化学工业出版社, 2017.

[12] 张玉龙, 邢德林. 丙烯酸酯胶黏剂 [M]. 北京: 化学工业出版社, 2010.

[13] 杨保宏, 杜飞, 李志健. 胶黏剂 – 配方、工艺及设备 [M]. 北京: 化学工业出版社, 2018.

[14] 肖卫东, 何培新, 胡高平. 聚氨酯胶黏剂 – 制备、配方及应用 [M]. 北京: 化学工业出版社, 2009.

[15] 邵康宸, 卜彦强, 李驰, 等. 一种单组份环保型环氧树脂胶黏剂的制备 [J]. 化学工程师, 2022, 36(08): 93–95.

[16] 云梁, 李国峰, 包平, 等. 环氧树脂胶黏剂的制备及其老化性能 [J]. 合成树脂及塑料, 2022, 39(03): 31–34, 41.

[17] 邵康宸. 高性能环氧树脂胶黏剂的制备及应用研究进展 [J]. 化学工程师, 2022, 36(01): 50–52, 14.

[18] 李付全. 丙烯酸酯胶黏剂的研究进展 [J]. 现代盐化工, 2016, 43(06): 9–10.

[19] 冯海芬, 陈遒, 吴连斌, 等. 国内有机硅改性胶黏剂的研究进展 [J]. 有机硅材料, 2011, 25(05): 347–350.

[20] 徐海翔. 聚氨酯胶黏剂综述 [J]. 橡塑资源利用, 2018(03): 25–33.

[21] 隋月梅. 酚醛树脂胶黏剂的研究进展 [J]. 黑龙江科学, 2011, 2(03): 42–44.

[22] 董金虎, 杨甜甜, 刘利利, 等 . 脲醛树脂的研究与应用新进展 [J]. 塑料科技 , 2015,
      43(03): 92–98.

[23] 杜珺, 张增阳, 李捷, 等 . 厌氧胶黏剂的研究与发展 [J]. 船电技术 , 2018, 38(12): 61–64.

[24] 朱梦璐, 房宏伟, 李建武, 等 . 压敏胶黏剂研究进展 [J]. 塑料科技 , 2019, 47(02): 103–107.